普通高等教育“十四五”规划教材

表面工程原理与技术

黄 惠　周继禹　何亚鹏　陈步明　郭忠诚　编著

本书数字资源

北 京
冶 金 工 业 出 版 社
2022

内 容 提 要

本书体现了现代科学技术学科间的交叉和学科整合的需要，阐述了与材料表面工程科学技术密切相关的基本概念和基本理论，分类讨论分析了应用广泛的有发展前景的各类现代表面工程技术的基本原理与特点、使用范围、典型设备、工艺措施和应用实例等内容和功能。本书共分 9 章，主要内容有：表面工程概论，包括内涵与功能、学科体系与特色、设计与分类、发展历程、意义与应用；表面工程的基础理论，包括固体表面与界面的物理化学特征、表面摩擦与磨损；金属表面腐蚀与防护技术，包括表面腐蚀基本理论、金属表面活化、极化和钝化现象、金属腐蚀失效机制及防护措施；电镀技术，化学镀技术，化学转化膜技术，表面涂覆技术，表面改性技术，气相沉积技术。

本书涉及多学科领域，专业知识面广，内容丰富，既可作为冶金工程、新能源工程、应用化学、材料科学与工程及化工等相关专业本科生和研究生的专业课程教材，也可作为从事各类表面工程技术的科学研究、设计、生产和应用的科研和工程技术人员的参考书目。

图书在版编目（CIP）数据

表面工程原理与技术/黄惠等编著. —北京：冶金工业出版社，2022. 3
普通高等教育“十四五”规划教材
ISBN 978-7-5024-9053-9

Ⅰ. ①表…　Ⅱ. ①黄…　Ⅲ. ①金属表面处理—高等学校—教材　②金属表面保护—高等学校—教材　Ⅳ. ①TG17

中国版本图书馆 CIP 数据核字（2022）第 023048 号

表面工程原理与技术

出版发行　冶金工业出版社　　**电　　话**　（010）64027926
地　　址　北京市东城区嵩祝院北巷 39 号　　**邮　　编**　100009
网　　址　www. mip1953. com　　**电子信箱**　service@ mip1953. com

责任编辑　于昕蕾　张　丹　美术编辑　彭子赫　版式设计　郑小利
责任校对　郑　娟　责任印制　李玉山
三河市双峰印刷装订有限公司印刷
2022 年 3 月第 1 版，2022 年 3 月第 1 次印刷
787mm×1092mm　1/16；19. 75 印张；479 千字；305 页
定价 49. 00 元

投稿电话　**（010）64027932**　**投稿信箱**　**tougao@ cnmip. com. cn**
营销中心电话　**（010）64044283**
冶金工业出版社天猫旗舰店　**yjgycbs. tmall. com**
（本书如有印装质量问题，本社营销中心负责退换）

前　　言

表面、表面现象和表面过程是自然界中普遍存在的，也是人类社会发展时刻面对的。表面工程技术是研究表面现象和表面过程并为人类社会造福或被利用的科学技术。随着表面工程技术在各个工业领域的广泛应用，人们不断对传统表面工程理论与技术进行深入的科学研究、改进和创新，不断探索新的表面工程技术领域，认识也在不断深化。特别是高等院校各学科及专业向交叉学科方向调整后，表面工程技术的内涵显然不再局限于金属材料的表面工程。因此，表面工程科学与技术变成国际性的热门学科，为新材料、光电子、微电子等许多先进产业的迅速发展奠定了科学基础。

表面工程原理与技术涉及的学科领域广，专业知识面宽，内容丰富。它不仅是一门具有广阔知识面和极高使用价值的基础技术，也是一门新兴的边缘性交叉学科。表面工程原理与技术的发展，在学术上丰富了冶金学、材料学、机械学、电子学、物理学、化学及新能源等学科，为此开辟了一系列新的研究领域。因此，本书不仅适合各院校有关专业师生作为教材使用，也适合有关科研机构、工业、农业、生物、医药等领域从事研究、设计和制造方面参考使用。

本书是在编写本科生《金属表面处理》和研究生《表面工程》讲义的基础上，经过二十多年的教学实践，并参考国内外有关书籍与文献后重新组织编写而成的。参编的作者都是正在从事相关领域的表面工程技术研究及熟悉本领域中学术发展最新动态的中青年学者。然而，表面工程技术题材广泛，内容丰富，每一种技术涵盖的内容均比较多。因此，编写是尽量兼顾基础理论与学科前沿，力争在有限篇幅内使读者能对表面工程技术有一个基本了解。

本书共分 9 章，其中第 1~4 章和第 9 章由昆明理工大学黄惠教授负责编写，第 5 章由昆明理工大学郭忠诚教授负责编写，第 6 章和第 7 章由 705 研究所周继禹高级工程师负责编写，第 8 章由昆明理工大学陈步明教授负责编写，全书由黄惠教授统稿及审稿。昆明理工大学何亚鹏老师参加了本书第7章和第9章的前期编写工作；昆明理工大学表面工程团队的研究生也给予了许多具体的帮助，特别是博士研究生杨聪庆和何朴强给予了书稿的排版和编辑帮助，在此，向他们表示衷心的感谢！

本书编写过程中，征求了有关教师、学生及从事表面工程技术方面的科技和工程技术人员的意见和建议，并参阅和引录了许多文献资料，尽力使本书具体、全面一些。但由于学术水平和积累有限，本书难免存在一些问题和缺陷，殷切希望行业各位专家和读者批评指正。

编著者
2021年9月

目　录

1　表面工程概论

表面工程是改善机械零件、电子元器件等基质材料表面性能的一门工程技术学科。统计结果表明，世界钢材的10%因腐蚀而损失，机电产品失效原因的70%属于腐蚀和磨损，机电产品制造和使用中约1/3的能源直接消耗于摩擦磨损。2002年全国因腐蚀造成的损失近6000亿元，占当年GDP的5%。2006年全国因摩擦磨损造成的损失高达9500亿元，占当年GDP的4.5%。这些损失的关键原因在“表面”：磨损在表面发生，腐蚀从表面开始，疲劳损伤由表面延伸。因此，掌握零部件、电子元器件表面失效规律，采取工程技术措施提高其表面性能，预防和减缓表面失效，都是表面工程所要研究的内容。充分运用表面工程研究成果对节能、节材、保护环境具有重要意义。

对于机械零件，表面工程主要用于提高零件表面的耐磨性、耐蚀性、耐热性、抗疲劳强度等力学性能，以保证现代机械在高速、高温、高压、重载以及强腐蚀介质工况下可靠而持续地运行；对于电子元器件，表面工程主要用于提高元器件表面的电、磁、声、光等特殊物理性能，以保证现代电子产品容量大、传输快、体积小、高转换率、高可靠性的实现；对于机电产品的包装及工艺品，表面工程主要用于提高表面的耐蚀性和美观性，以实现机电产品优异性能、艺术造型与绚丽外表的完美结合；对于生物医学材料，表面工程主要用于提高人造骨骼等人体植入物的耐磨性、耐蚀性，尤其是生物相容性，以保证患者的健康并提高生活质量。表面工程中各项表面技术已应用于各类机电产品中，可以说，没有表面工程，就没有现代机电产品。表面工程是现代先进制造技术的重要组成部分，是维修再制造的基本手段。大力发展表面工程，对实施节能减排、建设“资源节约型、环境友好型”社会具有重要意义。表面工程已成为从事机电产品设计、制造、维修、再制造工程技术人员必备的知识，成为机电产品不断创新的知识源泉，也将成为21世纪工业发展的关键技术之一。

1.1　表面工程的内涵及功能

1.1.1　表面工程的内涵

表面工程是经表面预处理后，通过表面涂覆、表面改性或多种表面技术复合处理，改变固体金属表面或非金属表面的形态、化学成分、组织结构和应力状况，以获得所需要表面性能的系统工程。由此看出，表面工程的处理对象是金属或非金属的固态表面，获得所需表面性能的基本途径是改变固态表面的形态、化学成分、组织结构和应力状况。表面工程学是材料科学与工程中发展最为迅速的学科之一，在机械制造、冶金、电子、汽车与船舶制造、能源与动力、航空航天等工业领域中起着举足轻重的作用。

1.1.2 表面工程的功能

表面工程可使零件上的局部或整个表面性能改善，应具备如下功能：(1) 提高耐磨、耐腐蚀、耐疲劳、耐氧化、防辐射性能；(2) 提高表面的自润滑性；(3) 实现表面的自修复性（自适应、自补偿和自愈合）；(4) 实现表面的生物相容性；(5) 改善表面的传热性或隔热性；(6) 改善表面的导电性或绝缘性；(7) 改善表面的导磁性、磁记忆性或屏蔽性；(8) 改善表面的增光性、反光性或吸波性；(9) 改善表面的亲水性或疏水性；(10) 改善表面的黏着性或不黏性；(11) 改善表面的吸油性或耐磨性；(12) 调节表面的摩擦因数（提高或降低）；(13) 改善表面的装饰性或仿古作旧性等。

1.2 表面工程的学科体系与技术特色

1.2.1 表面工程的学科体系

表面工程是以多个学科交叉、综合、复合、系统为特色，逐步发展起来的新兴学科，它以“表面”和“界面”为研究核心，在有关学科理论的基础上，根据材料表面的失效机理，以应用各种表面工程技术及复合表面技术为特点，逐步形成了与其学科密切相关的表面工程基础理论，主要有：表面失效分析理论、表面摩擦与磨损理论、表面腐蚀与防护理论、表面（界面）结合与复合理论等。表面工程的学科体系以及表面工程技术的作用与功能初步概括如图 1-1 和图 1-2 所示。

1.2.2 表面工程的技术特色

表面工程是多种表面技术的复合和综合。随着现代科学科技的发展，一些传统的表面工程技术不断得到完善并以崭新的面貌出现；一批先进表面处理技术得以实用化并进入工业领域；特别是综合运用两种或多种表面工程技术的复合表面技术（也称为第二代表面工程技术）开始出现，复合表面技术通过最佳协同效应使工件材料的表面体系在技术指标、可靠性、寿命、质量和经济性等方面获得最佳的效果，克服了单一表面技术的局限性，解决了一系列工业关键技术和高新技术发展中的特殊技术问题。目前，复合表面技术的研究和应用已取得重大进展，如热喷涂与激光重熔的复合、化学热处理与电镀的复合、表面强化与固体润滑膜的复合、多层薄膜技术的复合、金属材料基体与非金属材料涂层的复合等，复合表面技术使基体材料的表面薄层具有更加卓越的性能。

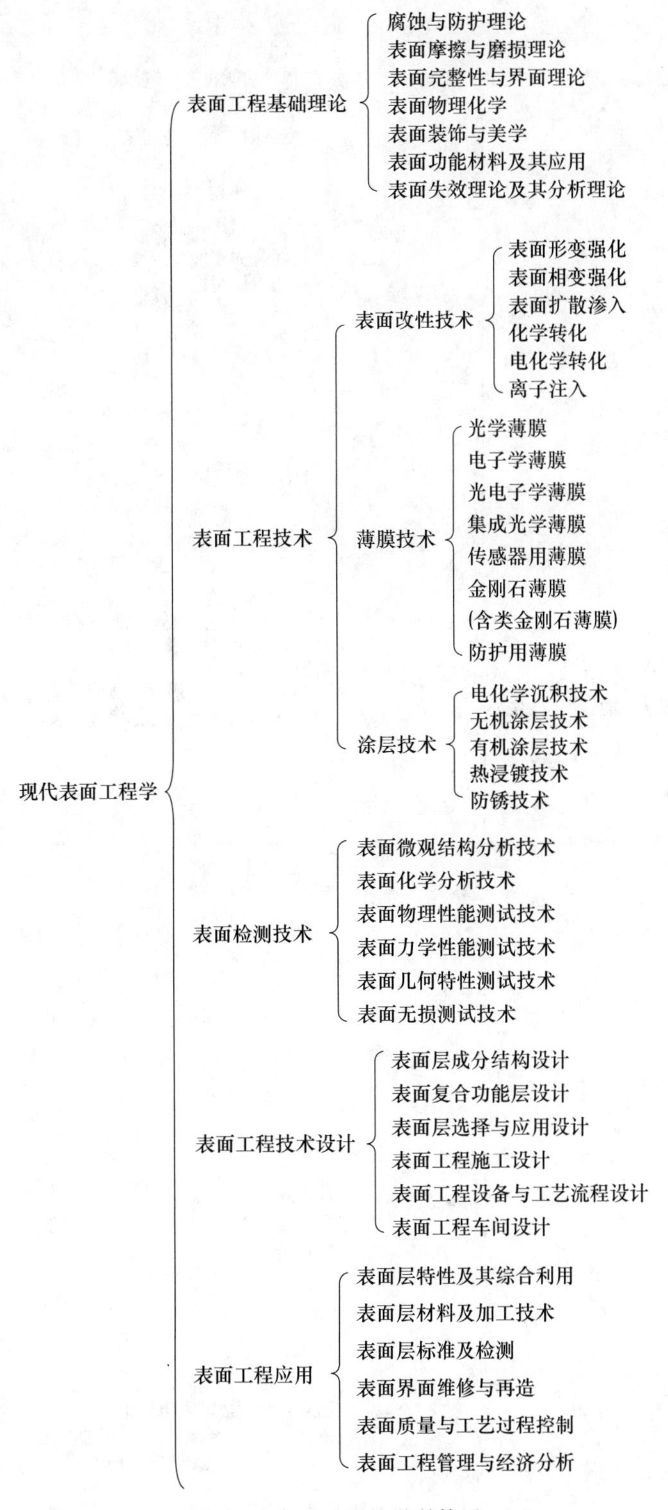

图 1-1 表面工程的学科体系

- 表面工程技术的作用与功能
  - 表面无所不在
    - 腐蚀从表面开始
    - 磨损在表面进行
    - 特种功能在表面赋予
    - 装饰美化在表面
    - 疲劳因表面损伤而显著加速
  - 提高耐腐蚀能力
    - 抗均匀腐蚀
    - 防晶间腐蚀与剥蚀
    - 防电偶腐蚀
    - 抗点蚀、耐磨蚀
    - 延缓腐蚀疲劳
    - 抗应力腐蚀和氢脆
  - 提高耐磨与减磨能力
    - 抗摩擦磨损
    - 减磨、润滑
    - 抗冲刷
    - 防黏结、防咬合
  - 赋予表面特种功能
    - 声、光、磁、电的转换
    - 导电、绝缘、超导
    - 存储记忆
    - 发光、消光、光反射、光选择吸收
    - 红外波、雷达波吸收与发射
  - 赋予表面其他物理特性
    - 传感
    - 亲油、亲水
    - 可焊、黏着
    - 疏某种介质
    - 耐热、导热、隔热、吸热、热反射
  - 赋予表面其他化学性质
    - 耐水、耐酸、耐碱、耐盐
    - 耐特定介质
    - 催化
  - 提高表面完整性
    - 光洁度
    - 清洁度
    - 致密度
    - 损伤程度
  - 赋予制件表面装饰特性
    - 美丽的图案
    - 鲜艳的色彩
    - 金属的陶瓷化
    - 非金属制件表面合金化
    - 非金属材料的抗老化

图 1-2　表面工程技术的作用与功能

1.3 表面工程的技术设计

为了更有效地发挥表面工程技术的应用特点，在确定采用某种技术之前，要进行科学的表面工程技术设计，主要包括表面层材料设计（耐蚀、耐磨、减摩、防滑、减振、耐高温材料等）、表面层结构设计（膜层总厚度、层数、每层的材料和厚度、各层的匹配等）、表面层工艺设计（形成膜层的工艺方法、工艺参数、工艺规程等）、工装设计（辅具、夹具、量具、控制台、工程车等）及技术经济分析（自然寿命、技术寿命、经济寿命、费效比等）等。

对于一些常规的材料应用问题或由于选材不当所引起的问题，通过了解加工或修复零件的技术要求或零件失效分析的结果，选择相应的表面工程技术以及涂层材料、表面层成分、组织结构、力学性能、工艺参数以及各种表面层的性能检测方法等，表面工程初步的技术设计体系如图 1-3 所示。

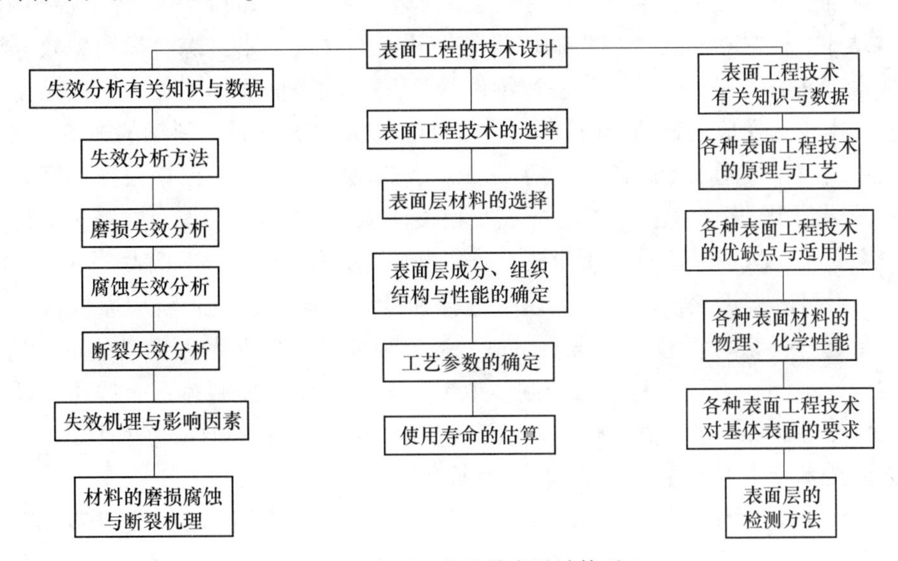

图 1-3 表面工程的技术设计体系

上述表面工程技术设计是在现有经验基础上初步建立起来的，尚难以确定表面体系是否具有最佳的经济可行性和技术性能。因此，进一步的研究工作是系统地建立模拟所需要解决的各种表面问题的数学模型，全面了解表面层的显微结构与其性能关系到对各种表面行为的预测，最终对表面工程的全过程进行精确地控制以获得所需要的表面性能；优化发展现有的表面工程技术，针对已知的条件设计出具有最佳性能的表面体系，最大限度地发挥表面工程技术的作用。

随着科技的进步，传统表面工程技术不断得到完善和发展，一批先进表面工程新技术相继推出，特别是复合表面工程技术和纳米表面工程技术的出现，使工件材料的表面体系在技术指标、可靠性、寿命、质量和经济性等方面获得显著提升，为满足装备制造及工业生产提供了丰富的技术手段，解决了一系列工业关键技术和高新技术发展中特殊的技术难题。为了有效地发挥表面工程技术的功能，在解决具体工程问题时，必须首先进行“表面工程技术设计”，包括表面技术与涂层材料的合理选用，表面层成分、组织结构及力学性能指标的确定，工艺参数的确定，使用寿命的估算等。表面工程技术设计的过程，是综合运用失效分析知识和表面技术知识解决工程问题的过程，其基本程序如图 1-4 所示。

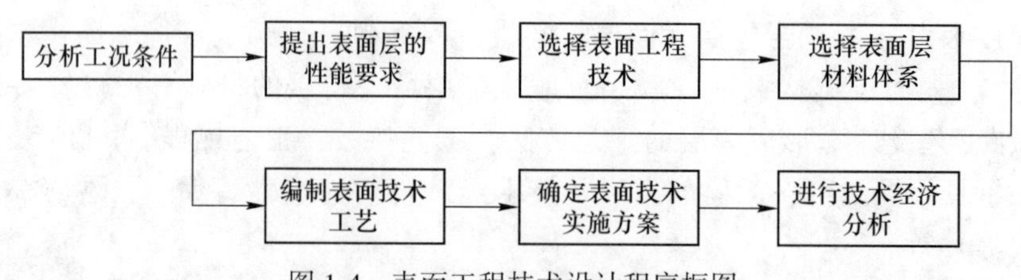

图 1-4　表面工程技术设计程序框图

表面层对零部件来讲虽然是局部，但在很大程度上决定着零部件及设备系统的质量、性能和寿命。只有将零件表面和设备系统作为一个整体，从系统上统一布局、统一设计，才能取得尽可能理想的结果。为了更有效地发挥表面工程技术的应用效果，必须做好表面工程技术设计。根据零件（产品）的服役条件和表面性能要求，综合运用失效分析和表面工程技术方面的研究成果，正确进行零件（产品）的表面层体系设计，在种类繁多的表面工程技术中选择最适宜的表面技术，并进行正确的工艺设计、科学的施工和严格的质量控制。表面工程技术设计的内容包括：（1）表面层体系设计。根据服役环境和功能要求设计表面层结构、涂层类型、成分构成及相关性能指标。（2）表面层工艺设计。根据表面层体系要求，选择最适宜的表面技术，并设计工艺路线及工艺规程。（3）表面技术材料选择与设计。根据表面层体系要求，选择和设计不同表面技术所用原材料。（4）表面工程装备选择与设计。施工厂房、场地、工艺装置（固定装备及活动表面工程车等）等选择与设计。（5）表面工程质量控制。拟定施工过程质量控制体系，选择和设计表面层质量的检测方法和检验标准。（6）表面工程经济技术分析。计算各种技术经济指标，对所选表面技术及施工工程进行技术经济性评价。

进行表面工程技术设计，对零部件、产品实施涂敷和改性的目的，主要有以下几个方面：（1）提高零件的耐磨、减摩性能。调整相对运动表面的摩擦系数、减少磨损和表面损伤，提高零件耐疲劳等力学性能，提高运行可靠性，延长使用寿命。（2）提高零件的耐蚀性能。适应服役环境的要求，耐各种介质的腐蚀，延长零件、产品的使用寿命。（3）赋予表面其他性能。如赋予表面某些电学、光学、磁学性能及耐特殊介质、催化防辐射、改善润湿、改善钎焊等性能。（4）美化表面。美化装饰表面，提高艺术效果。

根据上述目的，为了做好表面工程技术设计，必须对所要处理的零件和拟采用的表面技术有深刻的了解，这几个方面包括：（1）掌握零件的技术要求和特点。尺寸形状材料、热处理状态、表面成分、组织、硬度加工精度、相对位置精度和表面粗糙度等要求；是否是薄壁细长等易变形件，对受热的适应程度如何。（2）拿握零件的工况条件。载荷性质和大小、相对运动速度、润滑条件工作温度、压力、湿度、介质情况等。（3）明确零件的失效情况。失效形式、损坏部位、程度及范围，如磨损量大小，磨蚀面积、深度，裂纹形式及尺寸，断裂性质及断口形貌，腐蚀部位、尺寸、形貌、表面层状态及腐蚀产物等。由于表面技术既可用于机器设备零件和材料的制造，也可用于零件的修复、深入分析零件的失效情况，对于修复件的修复和强化显得尤为重要。(4) 零件的制造（或修复）工艺过程。当表面技术的使用只是作为零件制造（或修复）工艺流程中的一个或一组工序时，要明确它在其中所处的位置，与前后工序衔接的要求及应采用的工艺措施。(5) 熟悉不同表面技术的原理、工艺及运用特性。对于各种表面技术，要熟知其原理、工艺过程、采用的材料及所获得的覆层性能（包括耐磨、耐蚀、耐高温、抗疲劳等使用性能及硬度、应力状态、孔隙率、涂层缺陷等）、与基体的结合形式及结合强度、对基体的热影响程度、覆层的厚度范围、对前后处理（加工）的要求与影响等。

1.4　表面工程技术的分类

表面工程技术可以从不同角度进行归纳、分类。如按照作用原理，表面技术可以分为以下4种基本类型：(1) 原子沉积。沉积物以原子、离子、分子和粒子集团等原子尺度的粒子形态在材料表面上形成覆盖层，如电镀、化学镀、物理气相沉积、化学气相沉积等。(2) 颗粒沉积。沉积物以宏观尺度的颗粒形态在材料表面上形成覆盖层，如热喷涂、搪瓷涂敷等。(3) 整体覆盖。它是将涂覆材料于同一时间施加于材料表面，如包箔、贴片、热浸镀、涂刷、堆焊等。(4) 表面改性。用各种物理、化学等方法处理表面，使其组成、结构发生变化，从而改变性能，如表面处理、化学热处理、激光表面处理、电子束表面处理、离子注入等。

实际上，表面工程技术有着广泛的含义，综合来看，大致上可分为以下几个部分：(1) 表面技术的基础和应用理论。(2) 表面处理技术。它又包括表面覆盖技术、表面改性技术和复合表面处理技术3部分。(3) 表面加工技术。(4) 表面分析和测试技术。(5) 表面工程技术设计。

表面工程以各种表面技术为基础，即表面改性、表面处理和表面涂覆。随着表面工程技术的发展，又出现了综合运用上述3类技术的复合表面工程技术和纳米表面工程技术。现将各部分所包含的内容简略介绍如下。

1.4.1　表面改性技术

表面改性是指通过改变基质表面的化学成分以改善表面结构和性能的技术。这一类表面工程技术包括化学热处理、离子注入等。转化膜技术是取材于基质中的化学成分形成新的表面膜层，可归入表面改性类（图1-5）。

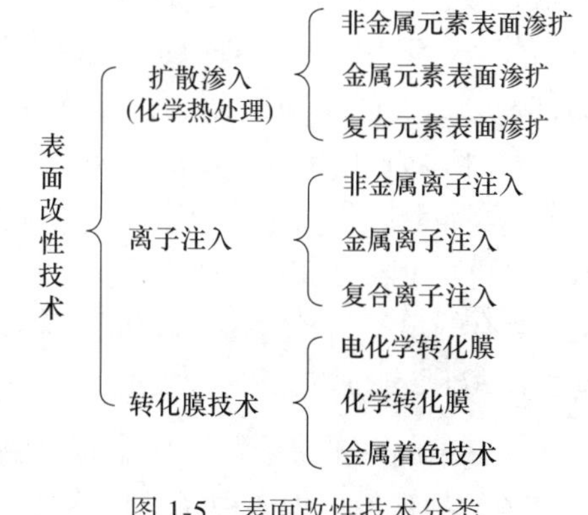

图1-5　表面改性技术分类

1.4.2　表面处理技术

表面处理是不改变基质材料的化学成分，只通过改变表面的组织结构改善表面性能的技术。这一类表面工程技术包括表面淬火、喷丸以及新发展的表面纳米化加工技术等（图1-6）。

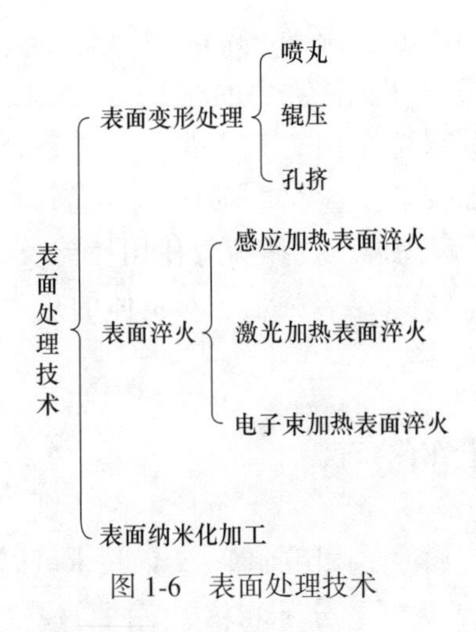

图 1-6　表面处理技术

1.4.3　表面涂覆技术

表面涂覆是在基质表面上形成一种膜层，以改善表面性能的技术。涂覆层的化学成分、组织结构可以和基质材料完全不同，它以满足表面性能涂覆层与基质材料的结合强度能适应工况要求、经济性好、环保性好为准则。涂覆层的厚度可以是几毫米，也可以是几微米。通常在基质零件表面预留加工余量，以实现表面工况需要的涂覆层厚度。表面涂覆与表面改性和表面处理相比，由于它的约束条件少，而且技术类型和材料的选择空间很大，因而属于表面涂覆类的表面工程技术非常多，而且应用最为广泛。这类表面工程技术主要包括电镀、电刷镀、化学镀、物理气相沉积、化学气相沉积、热喷涂、堆焊激光束或电子束表面熔覆热浸镀、粘涂涂装等。其中，每一种表面工程技术又分为许多分支（图 1-7）。

在表面工程应用中，常有无膜、薄膜与厚膜之分。表面改性和表面处理均可归为无膜。薄膜与厚膜属于表面涂覆技术中膜层尺寸的划分问题。有的学者提出，小于 25μm 的涂覆层为薄膜，大于 25μm 的涂覆层为厚膜。

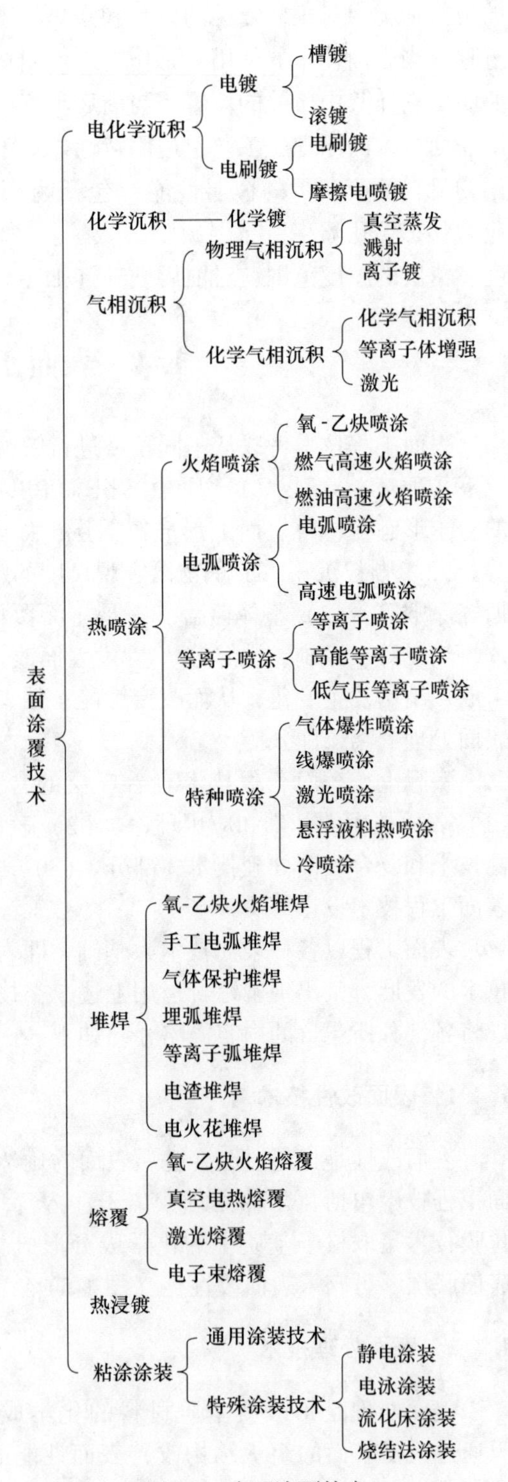

图 1-7　表面涂覆技术

鉴于 25μm 既不是涂覆层性能的质变点，也不是工艺技术的适应点，笔者支持按功能进行分类的提法，即把各种保护性涂覆层（如耐磨层、耐蚀层、耐氧化层、隔热层抗辐射层等）称为厚膜，把特殊物理性能的涂覆层（如光学膜、微电子膜、信息存储膜等）称为薄膜。

1.4.4 复合表面工程技术

复合表面工程技术是对上述3类表面工程技术的综合运用。复合表面工程技术是在基质材料表面上采用了2种或多种表面工程技术，用以克服单一表面工程技术的局限性，发挥多种表面工程技术间的协同效应，从而使表面性能、质量经济性达到优化。因而复合表面工程技术又称为第二代表面工程技术。

1.4.5 纳米表面工程技术

纳米表面工程技术是利用纳米材料的优异性能将传统表面工程技术与纳米材料纳米技术交叉综合，制备出含纳米颗粒复合覆层或纳米结构表层的技术。

1.5 表面工程技术的应用

目前表面技术的应用极其广泛，已经遍及各行各业，包含的内容也十分广泛，可以用于耐蚀、耐磨、修复、强化、装饰等，也可以是光、电、磁、声、热、化学、生物等方面的应用。表面技术所涉及的基体材料不仅有金属材料，也包括无机非金属材料、有机高分子材料及复合材料。表面技术的种类很多，把这些技术恰当地应用于构件、零部件和元器件，可以获得巨大的效益。

表面技术应用的重要性主要在于：

（1）材料的疲劳断裂、磨损、腐蚀、氧化、烧损以及辐照损伤等，一般都是从表面开始的。而它们带来的破坏和损失是十分惊人的，例如仅腐蚀一项，全世界每年损耗金属达1亿吨以上，工业发达国家因腐蚀破坏造成的经济损失占国民经济总产值的2%~4%，超过水灾、火灾和地质等所造成的总和。因此，采用各种表面技术，加强材料表面保护具有十分重要的意义。

（2）随着经济和科学技术的迅速发展，人们对各种产品抵御环境作用能力和长期运行的可靠性、稳定性提出了越来越高的要求。在许多情况下，构件、零部件和元器件的性能和质量，主要取决于材料表面的性能和质量。例如由于表面技术有了很大的改进，材料表面成分和结构可得到严格的控制，同时又能进行高精度的微细加工，因而许多电子元器件不仅可以做得越来越小，大大缩小了产品的体积和减轻了重量，而且生产的重复性、成品率和产品的可靠性、稳定性都获得显著提高。

（3）许多产品的性能主要取决于表面的特性和状态，而表面（层）很薄，用材十分少，因此表面技术可实现以最低的经济成本生产优质产品。同时，许多产品要求材料表面和内部具有不同的性能或者对材料提出其他一些棘手的难题，如“材料硬而不脆”“耐磨而易切削”“体积小而功能多”等，此时表面技术就成了必不可少的有效途径。

（4）应用表面技术，有可能在广阔的领域中生产各种新材料和新器件。目前表面技术已在制备高临界温度（T_c）超导膜、金刚石膜、纳米多层膜、纳米粉末、纳米晶体材料、多孔硅、碳60等新型材料中起关键作用，同时又是许多光学、光电子、微电子、磁性、量子、热工、声学、化学、生物等功能器件的研究和生产上的最重要的基础之表面技术的应用使材料表面具有原来没有的性能，大幅度拓宽了材料的应用领域，充分发挥材料的潜力。

1.5.1 在结构材料、工程构件及机械零部件上的应用

结构材料主要用来制造工程建筑中的构件、机械装备中的零部件以及工具、模具等，在性能上以力学性能为主。同时在许多场合又要求兼有良好的耐蚀性和装饰性。表面技术在这方面主要起着防护、耐磨、强化、修复、装饰等重要作用。

表面防护具有广泛的含义，而这里所说的“防护”主要指材料表面防止化学腐蚀和电化学腐蚀等能力。腐蚀问题是普遍存在的，工程上主要从经济和使用可靠性角度来考虑这个问题。有时宜用价廉的金属定期更换旧的腐蚀件，但在许多情况下必须采用热处理来防止或控制腐蚀，如改进工程构件的设计；构件金属中加入合金元素；尽可能减小或清除材料上的电化学不均匀因素；控制环境，采用阴极保护法等。另一方面，许多表面技术通过改变材料表面的成分和结构以及施加覆盖层都能显著提高材料或制件的防护能力。

耐磨是指材料在一定摩擦条件下抵抗磨损的能力。它与材料特性以及载荷、速度、温度等磨损条件有关。耐磨性通常以磨损量表示，为在一定程度上避免磨损过程中因条件变化及测量误差造成的系统误差，也常以相对耐磨性（即两种材料在相同磨损条件下测定的磨损量的比值）来表示。目前对磨损的分类尚未完全统一，大体有磨料、黏着、疲劳腐蚀、冲蚀、气蚀等磨损。正确确定磨损类别，是选材和采取保护措施的重要依据。采用各种表面技术是提高材料或制件耐磨性的有效途径之一。由于不同类型的磨损与材料表面性能的关系不同，所以要合理选择表面技术和具体的工艺。

强化与防护一样，具有广泛的含义。这里所说的“强化”，主要指通过各种表面强化处理来提高材料表面抵御除腐蚀和磨损之外的环境作用的能力。例如疲劳破坏，它也是从材料表面开始的，通过表面处理，如化学热处理、喷丸、滚压、激光表面处理等，可以显著提高材料疲劳强度。又如许多制品要求表面强度和硬度高，而心部韧性好，以提高使用寿命，通过合理的选择材料和表面强化处理，能满足这个要求。

在工程上，许多零部件因表面强度、硬度、耐磨性等不足而逐渐磨损、剥落、锈蚀，使外形变小以致尺寸变差或强度降低，最后不能使用。不少表面技术如堆焊、电刷镀、热喷涂、电镀、黏结等，具有修复功能。不仅可修复尺寸精度，而且往往还可提高表面性能，延长使用寿命。

表面装饰主要包括光亮（镜面、全光亮、亚光、光亮缎状、无光亮缎状等）、色泽（各种颜色和多彩等）、花纹（各种平面花纹、刻花和浮雕等）、仿照（仿贵金属、仿大理石、仿花岗石等）多方面特性。用恰当的表面技术，可对各种材料表面装饰，不仅方便、高效，而且美观、经济，故应用广泛。

1.5.2 在功能材料及元器件上的应用

材料根据所起的作用大致可以分为结构材料和功能材料两大类。但是确切地说，并非结构材料以外的材料都可称为功能材料。实际上，功能材料指具有优良的电学、磁学、光学、热学、声学、力学、化学、生物学功能及其相互转化的功能，被用于非结构目的的高技术材

料。功能材料常用来制造各种装备中具有独特功能的核心部件，起着十分重要的作用。

功能材料与结构材料相比较，除了两者性能上的差异和用途不同之外，另一个重要特点是材料通常与元器件“一体化”，即功能材料常以元器件形式对其性能进行评价。

材料的许多性质和功能与表面几何结构密切相关，因而通过各种表面技术可制备或改进一系列功能材料及其元器件。表1-1是表面技术在功能材料和器件上的部分应用情况。

表1-1 表面技术在功能材料和器件上的部分应用情况

作用	简要说明	常用技术	应用举例
光学特性	反射性	电镀、化学转化处理、涂装气相沉积	反射镜
	防反射性		防眩零件
	增透性		激光材料增透膜
	光选择透过		反射红外线、透过可见光的透明隔热膜
	分光性		用多层介质膜组成的分光镜
	光选择吸收		太阳能选择吸收膜
	偏光性		起偏器
	发光		光致发光材料
	光记忆		薄膜光致变色材料
电学特性	导电性	涂装、化学镀、气相沉积等	表面导电玻璃
	超导性		用表面扩散制成的Nb-Sn线材
	约瑟夫逊效应		约瑟夫逊器件
	各种电阻特性		膜电阻材料
	绝缘性		绝缘涂层
	半导性		半导体材料（膜）
	波导性		波导管
	低接触电阻特性		开关
磁学特性	存储记忆	气相沉积、涂装等	磁泡材料
	磁记录		磁记录介质
	电磁屏蔽		电磁屏蔽材料
声学特性	声反射和声吸收	涂装、气相沉积等	吸声涂层
	声表面波		声表面波器件
热学特性	导热性	电镀、涂装气相沉积等	散热材料
	热反射性		热反射镀膜玻璃
	耐热性、蓄热性		集热板
	热膨胀性		双金属温度计
	保温性、绝缘性		保温材料
	耐热性		耐热涂层
	吸热性		吸热材料

续表 1-1

作用	简要说明	常用技术	应用举例
化学特性	选择过滤性	大多数表面技术	分离膜材料
	活性		活性剂
	耐蚀		防护涂层
	防沾污性		医疗器件
	杀菌性		餐具镀银
功能转换	光-电转换	涂装、气相沉积、黏结、等离子喷涂	薄膜太阳能电池
	电-光转换		电致发光器件
	热-电转换		电阻温度传感器
	电-热转换		薄膜加热器
	光-热转换		选择性涂层
	力-热转换		减振膜
	力-电转换		电容式压力传感器
	磁-光转换		磁光存贮器
	光-磁转换		光磁记录材料

1.5.3 在保护和优化环境方面的应用

表面技术在人类适应、保护和优化环境方面有着一系列应用，并且其重要性日益突出，举例如下：

(1) 净化大气。人类在生产和生活中，使用了各种燃料、原料，产生大量的 CO_2、NO_2、SO_2 等有害气体，引起温室效应和酸雨，严重危害了地球环境，因此要设法回收、分解和替代它们。用涂覆和气相沉积等表面技术制成的触媒载体等是其有效途径之一。

(2) 净化水质。膜材料是重要的净化水质的材料，可用来处理污水、化学提纯、水质软化、海水淡化等，这方面的表面技术正在迅速发展。

(3) 抗菌灭菌。有些材料具有净化环境的功能。其中，二氧化钛光催化剂很引人注目。它可以将一些污染的物质分解掉，使之无害，同时又因有粉状、粒状和薄膜等形状而易于利用。研究发现，过渡金属 Ag、Pt、Cu、Zn 等元素能增强 TiO_2 的光催化作用，而且有抗菌、灭菌作用（特别是 Ag 和 Cu）。据报道，日本已利用表面技术开发出将具有吸附蛋白质能力的磷灰石生长在二氧化钛表面而制成的高功能二氧化钛复合材料。它能够完全分解吸附的菌类物质，不仅可以半永久性使用，而且还可以制成纤维和纸，用作广泛的抗菌材料。

(4) 吸附杂质。用表面技术制成的吸附剂，可以除去空气、水、溶液中的有害成分，以及具有除臭、吸湿等作用。例如在氨基甲酸乙酰泡沫上涂覆铁粉，经烧结后成为除臭剂，用于冰箱、厨房、厕所、汽车内。

(5) 去除藻类污垢。运用表面化学原理，制成特定的组合电极，例如 Cl-Cu 组合电极，用来除去发电厂沉淀池、热交换器、管道等内部的藻类污垢。

(6) 活化功能。远红外光具有活化空气和水的功能，活化后的空气和水有利于人的健康。例如在水净化器中加上能活化水的远红外陶瓷涂层装置，可以取得很好的效果，已经投入实际应用。

（7）生物医学。具有一定的理化性质和生物相容性的生物医学材料已受到人们的高度重视，使用医用涂层可在保持基体材料特性的基础上，或增进基体表面的生物学性质，或阻隔基材离子向周围组织溶出扩散，或提高基体表面的耐磨性、绝缘性等，有力促进了生物医学材料发展。例如在金属材料上涂以生物陶瓷、用作人造骨、人造牙、植入装置导线的绝缘层等。目前制备医用涂层的表面技术有等离子喷涂、气相沉积、离子注入、电泳等。

（8）治疗疾病。用表面技术和其他技术制成的磁性涂层可在人体的一定穴位，有治疗疼痛、高血压等功能。涂敷驻极体膜，具有促进骨裂愈合等功能。有人认为，频谱仪、远红外仪等设备能发出一定的波与生物体细胞发生共振，可以促进血液循环，活化细胞，治疗某些疾病。

（9）绿色能源。目前大量使用的能源往往有严重的污染，因此今后要大力推广绿色能源，如太阳能电池、磁流体发电、热电半导体、海浪发电、风能发电等，以保护人类环境。表面技术是许多绿色能源装置如太阳能电池、太阳能集热管、半导体制冷器等制造的重要基础。

（10）优化环境。表面技术将在人类控制自然、优化环境上起很大的作用。例如人们正在积极研究能调光、调温的“智慧窗”，即通过涂敷或镀膜等方法，使窗户可按人的意愿来调节光的透过率和光照温度。

1.5.4 在研究和生产新型材料中的应用

新型材料又称先进材料，为高技术的一个组成部分。具有优异性能的材料，也是新技术发展的必要的物质基础。由于表面技术种类甚多、方法繁杂，各种表面技术还可以适当地联合（复合）起来，发挥更大的作用，以及材料经表面处理或加工后可以获得许多不寻常（远离平衡态）的结构形式，因此表面技术在研制和生产新型材料方面是十分重要的。表1-2列出了这方面的重要应用，其中有些新型材料将对今后技术和经济的发展产生深远的影响。

表1-2 表面技术在研制和生产新型材料中的应用举例

序号	新型材料	简要说明	表面技术及其所起作用
1	金刚石薄膜（diamond film）	为金刚石结构。硬度高（80～100GPa）。室温热导率达11W/(cm·K)，是铜的2.7倍。有较好的绝缘性和化学稳定性。在很宽的光波段范围内透明。与Si、GaAs等半导体材料相比，有较宽的禁带宽度。它在微电子技术、超大规模集成电路、光学、光电子等方面有良好的应用前景，有可能是Ge、Si、GaAs以后的新一代的半导体材料	过去制备金刚石材料是在高温高压条件下进行的。现在利表面技术，如热化学气相沉积和等离子化学气相沉积等在低压或常压条件就可以制得

续表 1-2

序号	新型材料	简要说明	表面技术及其所起作用
2	类金刚石碳膜 （diamond like carbon film）	是一种具有非晶态和微晶结构的含氢碳化膜，又名 i-C 膜，a-C：H 膜等，其化学键为 sp^3 和 sp^2。在拉曼谱上特征峰为 1552 ~ 1558cm^{-1} 的漫散峰，而金刚石的特征峰在 1333cm^{-1}。类金刚石碳膜的一些性能，接近金刚石膜，如高硬度、高热导率、高绝缘性。良好的化学稳定性，从红外到紫外的高光学透过率等。可考虑用作光学器件上保护膜和增透膜、工具的耐磨层、真空润滑层等	所用的表面技术与金刚石薄膜相似，但条件较低，通常可用低能量的碳氢化合物的等离子体分解或碳离子束沉积技术来制得，因而设备较为简单，成本较低，容易实现工业生产。主要缺点是结构为亚稳态等
3	立方氮化硼薄膜 （cubic boron nitride film）	具有立方结构。硬度仅次于金刚石，耐氧化性、耐热性和化学稳定性比金刚石更好。具有高电阻率、高热导率。掺入某些杂质可成为半导体。目前正逐步用于半导体、电路基板、光电开关以及耐磨层、真空润滑层等	不仅能在高压下合成，也可在低压下合成，具体方法很多，主要有化学气相沉积和物理气相沉积两类
4	超导薄膜 （super-conducting film）	用 YBaCuO 等高温超导薄膜可制成微波调制、检测器件、超高灵敏的电磁场探测器件、超高速开关存贮器件，用于超高速计算机等	主要采用物理气相沉积如真空蒸发、溅射、分子束外延等方法制备。沉积膜为非晶态，经高温氧化处理后转变为具有较高转变温度的晶态薄膜
5	LB 薄膜 （Langmuir Blodgett film）	LB 膜是有机分子器件的主要材料。它是由羧酸及其盐、脂肪酸烷基族以及染料、蛋白质等有机物构成的分子薄膜。LB 膜在分子聚合、光合作用、磁学、微电子、光电器件、激光、声表面波、红外检测、光学等领域中有广泛的应用	将制备的有机高分子材料溶于某种易挥发的有机溶剂中，然后滴在水面或其他溶液上，待溶剂挥发后，液面保持恒温和被施加一定的压力，溶质分子沿液面形成致密排列的单分子膜层。接着用适当装置将分子逐层转移，组装到固体载片，并按需要制备几层到数百层 LB 膜
6	超微颗粒型材料 （ultramicro-grained materials）	超微颗粒是指超越常规机械粉碎的手段所获得的微颗粒，尺寸范围大致为 1 ~ 10nm，即小于 1μm。大于 10μm 的颗粒称为微粉，而小于 1nm 的颗粒为原子团簇。处于 1 ~ 10nm 的颗粒称为纳米微粒，是目前研究的重点。由于超细颗粒的表面效应、小尺寸效应和量子效应，使超微颗粒在光学、热学、电学、磁学、力学、化学等方面有着许多奇异的特性，例如能显著提高许多颗粒型材料的活性和催化率，增大磁性颗粒的磁记录密度，提高化学电池、燃料电池和光化学电池的效率，增大对不同波段电磁波的吸收能力等；也可作为添加剂，制成导电的合成纤维、橡胶、塑料或者成为药剂的载体，提高药效等	通常用机械粉碎的方法，得到颗粒下限尺寸为 1μm，所以超微颗粒要用表面技术来制备，例如用气相沉积的方法，即在低压惰性气体中加热金属或化合物，使其蒸发后冷凝，而控制惰性气体的种类与气压可以得到不同粒径的颗粒

续表 1-2

序号	新型材料	简要说明	表面技术及其所起作用
7	纳米固体材料 (nanosized materials)	指由尺寸小于 15nm 的超微颗粒在高压力下压制成型，或再经一定热处理工序后制成的具有超细组织的固体材料。按其材料属性，可分为纳米金属材料、纳米陶瓷材料、纳米复合材料和纳米半导体材料等。它们的界面体积分数很高，界面处原子间距分布较宽，在力学、热学、磁学等性能方面与同成分普通固体材料有很大的差异，例如纳米陶瓷有一定的塑性，可进行挤压和轧制，然后退火使晶粒尺寸长大到微米量级，又变成普通陶瓷；又如纳米陶瓷有优良的导热性，纳米金属有更高的强度等，因而有广泛的应用	纳米固体材料需要用纳米粉粒做原料，而后者通常是用气相沉积等方法制备的
8	超微颗粒膜材料 (ultramicro-grained film materials)	是将超微颗粒嵌于薄膜中构成的复合薄膜，在电子、能源、检测、传感器等许多方面有良好的应用前景	通常用两种在高温互不相溶的组元制成复合靶，然后在基片上生成复合膜。改变靶膜中的组分的比例，可以改变膜中颗粒大小和形态
9	非晶硅薄膜 (amorphous silicon film)	非晶硅太阳电池的转换效率虽不及单晶硅器件，但它具有合适的禁带宽度（1.7~1.8eV），太阳辐射峰附近的光吸收系数比晶态硅大一个数量级，便于采用大面积薄膜工艺生产，因而工艺简便、成本低廉。同时这种薄膜还可制成摄像管的靶，位敏检测器件和复印鼓等，引起了人们的兴趣	等离子体化学气相沉积等
10	微米硅 (microcrystalline silicon; μC-Si)	又称纳米晶。其晶粒尺寸在 10nm 左右。它的带隙达 2.4eV，电子与空穴迁移率都高于非晶硅两个数量级以上，光吸收系数介于晶体硅与非晶硅间。可取代掺氢的 SiC 作非晶硅太阳电池的窗口材料以提高其转换效率，也可考虑制作异质结双极型晶体管、薄膜晶体管等	等离子体化学气相沉积、磁控溅射等
11	多孔硅 (porous silicon)	多孔硅的孔隙率很大，一般为 60%~90%。可用蓝光激发它在室温下发出可见光，也能电致发光。可制成频带宽、量子效率高的光检测器。它的禁带宽度明显超过晶体硅	以硅为原料在以氢氟酸为基的电解液中阳极氧化而制得

续表 1-2

序号	新型材料	简要说明	表面技术及其所起作用
12	碳 60 （buckminster fullerene）	由 60 个碳原子组成空心圆球状的具有芳香性分子。它的四周是由 12 个正五边形碳环（C—C 单键结构）和 20 个正六边形碳环（苯环式）构成，宛如一个“足球”。碳 60 分子的物理性质相对稳定，化学性质相对活泼，它和它的衍生物具有潜在的应用前景。已发现 K3C60 以及 Rb、Cs 等碱金属掺杂的超导性。目前这类材料的温度 T，已超过 40K，高于其他有机超导体，进一步发展后成为一种高性能低成本的超导材料	碳 60 是 Rohlfing 等在 1984 年将碳蒸气骤冷淬火时通过质谱图发现的
13	纤维补强陶瓷基复合材料 （fiber reinforced ceramic matrix composite）	是以各种金属纤维、玻璃纤维、陶瓷纤维为增强体，以水泥、玻璃陶瓷等为基体，通过一定的复合工艺结合在一起所构成的复合材料。这类材料具有高强度、高韧性和优异的热学、化学稳定性，是一类新型结构材料。目前除了纤维增强水泥基复合材料碳-碳复合材料等已获得实际应用外，还有许多重要的纤维补强陶瓷仍处于实验室阶段，但在一系列高新技术领域中有着良好的应用前景	对于结构材料来说，受力状况是重要的。复合材料在力场中，只有通过界面才能使增强剂和基体二者起到协同作用。界面是影响复合材料性能的关键之一。在一些重要的复合材料中，例如碳纤维补强陶瓷基复合材料等，纤维必须通过一定的表面处理，使纤维与基体“相容”
14	梯度功能材料 （functionally gradient materials）	根据要求选择两种不同性质的材料，连续地改变两种材料的组成和结构使其结合部位的界面消失，得到连续、平稳变化的非均质材料。其组织连续变化，材料的功能随之变化。这种材料用于航空、航天领域，可以有效地解决热应力缓和问题，获得耐热性与力学强度都优异的新功能。此外，在核工业、生物、传感器、发动机等许多领域有广泛的应用	许多表面技术如等离子喷涂、离子镀、离子束合成薄膜技术、化学气相沉积、电镀、电刷镀等，都是制备梯度功能材料的重要方法

1.6 表面工程发展历程

表面工程是指表面预处理后，通过表面涂覆、表面改性或多种表面工程技术复合处理，改变固体金属表面或非金属表面的形态、化学成分、组织结构和应力状态，以获得所需表面性能的系统工程。现代工业的发展对设备与零部件表面性能的要求越来越高，特别是在高速、高温、高压、重载、腐蚀介质等条件下，零部件材料的破坏往往自表面开始，如磨损、磨蚀、高温氧化等，表面的局部损坏又往往造成整个零件失效，最终导致设备停产。因此，改善材料的表面性能，能有效地延长其使用寿命。许多国家都致力于研究各种提高零件表面性能的新技术、新工艺，开发出大批实用、先进、高效的表面工程技术，并通过微电子及计算机控制技术相结合的方法使表面工程技术的装备水平大大提高，许多表面工程技术不仅成为现代制造业中的重要工艺，而且在设备的技术改造和维修方面发挥了重要作用。一些国内外知名专家预言，表面工程将成为主导 21 世纪工业发展的关键技术之一。表面工程技术的应用和发展促进了各种新型表面工程材料的发展，对各种表面功能性薄膜加工的需要又促进了各种表面加工技术的发展。为了从根本上弄清材料表面的失效积累机制以及研究表面膜层的性质，在有关学科理论的基础上，通过对材料表面物理、化学特性和表面检测的研究，逐步形成了与其他学科密切相关的表面工程基础理论。

1.6.1　表面工程发展的历史性标志

表面技术的历史悠久，古人就掌握了镏金、贴金技术、油漆技术、淬火技术等。近代的摩擦学、界面力学与表面力学、材料失效与防护、金属热处理学、焊接、腐蚀与防护、光电子等学科的建立促进了多种表面技术的发展，并为表面工程学科的发展奠定了理论和技术基础。

国际上表面工程学科发展的重要标志是 1983 年英国伯明翰大学沃福森表面工程研究所的建立和 1985 年《表面工程》国际刊物的创刊。1985 年召开了第一届表面工程国际会议。1986 年 10 月在布达佩斯举行的国际材料与热处理第五届年会上，根据联合会主席 Thomas Bell 教授的倡议，将“国际材料与热处理联合会”更名为“国际热处理及表面工程联合会”。1987 年 6 月在英国举办了第二届表面工程国际会议。1988 年 10 月在日本举办了第三届表面工程国际会议，中国有 3 篇论文收入这次会议的论文集。

中国表面工程发展的标志是，根据徐滨士教授的倡议，中国机械工程学会于 1987 年 12 月 21 日由许绍高秘书长主持会议，决定建立中国第一个学会性质的表面工程研究所，徐滨士任所长。1988 年 8 月由中国机械工程学会表面工程研究所和中国机械工程学会材料耐磨及其表面技术专业委员会联合主办的国内第一个冠以表面工程名称的期刊《表面工程》创刊，1998 年起《表面工程》更名为《中国表面工程》，由中国机械工程学会主办，国内外发行。中国机械工程学会表面工程研究所在促进表面工程学科兴起，推动表面工程研究开发及成果应用方面发挥了重要作用，尤其重要的是通过组织学术交流和期刊的出版，发现和凝聚了一大批热心表面工程事业的人才，为中国机械工程学会表面工程分会的诞生做了思想与组织准备。

随后，表面工程的概念及学科体系逐渐成为学术界及产业界的共识，许多从事单一表面技术研究的学者或单位，为了适应科技发展的需要，拓展了研究内容，并把自己的单位名称改为表面工程研究所（室、中心）。全国各地以表面工程命名的企业应运而生，有的还进入了高科技开发区，形成了技术含量高、规模化生产的企业。许多设备制造与修理工厂，引进了多项表面技术，用于提高产品质量、降低生产成本。一些高等院校开设了表面工程课程，许多高校和研究单位培养了大批从事表面工程的高层次人才。

2004 年国际热处理与表面工程联合会授予徐滨士院士最高学术成就奖。在国际热处理与表面工程联合会主席 Bozidar Liscic 和联合会秘书长 Robert B. Wood 为徐滨士院士颁发的证书中指出：“国际热处理与表面工程联合会会士是该领域内个人最高学术成就奖，是授予个人的荣誉称号”“鉴于他开创性的预见，最先认识到表面工程对工业和经济发展的重要作用，特授予徐滨士院士国际热处理与表面工程联合会会士荣誉称号”。徐滨士院士被国际热处理与表面工程联合会授予该会最高荣誉称号，标志着他的研究成果得到国际同行的赞赏；标志着中国表面工程事业受到国际同行的肯定；标志着中国表面工程研究成果与工业应用实效受到国际同行的重视。

1.6.2 表面工程发展的阶段

表面工程是当今材料科学与工程领域内一个极富活力、充满希望的领域，也是众多学者关注与研究的热点。特别是最近一二十年来它已成为一门有着独立的研究对象、坚实的理论基础、丰富的研究内容和工程应用背景的综合性交叉学科。表面工程在许多领域发挥着越来越重要的作用，表面工程的发展方兴未艾。表面工程的发展可划分为3个阶段：

（1）以单一表面工程技术的品种增加、工艺成熟为主要特征，包括堆焊、热喷涂、电镀、电刷镀、化学镀、化学热处理、表面粘涂、真空熔结、涂装、物理气相沉积、化学气相沉积以及激光束、离子束、电子束表面改性等，它们也称为第一代表面工程技术。

（2）以复合表面工程技术的出现和不断创新为主要特征，即将两种或多种传统的表面技术复合应用，起到“1+1>2”的协同效果。例如，热喷涂与激光（或电子束）重熔的复合、热喷涂与电刷镀的复合、化学热处理与电镀的复合、多材质、多层薄膜技术的复合、表面纳米化加工与渗氮技术的复合等，这些技术复合已成为表面性能的“倍增器”。这种复合表面工程技术又称为第二代表面工程技术。

（3）以纳米材料和纳米技术与传统表面工程技术的结合与实用化为主要特征。目前已进入实用阶段的有纳米电刷镀、纳米等离子喷涂、润滑油纳米自修复添加剂、纳米固体润滑膜、纳米粘涂技术以及表面纳米化加工等。纳米表面工程技术又称为第三代表面工程技术。

第一、二、三代表面工程技术的划分只是为了说明表面工程技术的发展过程，说明随着科学技术的发展，表面工程的内涵更加丰富、功能更全面、技术交叉更加频繁，因而表面的服役性能大幅度提高。这不同于机电产品的“更新换代”。因为各代的表面工程技术都有其应用的价值、都有其应用范围，在生产中，要根据产品表面的工作需求，按“满足性能要求、性能价格比高、有利于环保”等原则灵活选用。

1.7 发展表面工程的意义

表面工程的推广应用非常适合我国国情，发展表面工程对促进国民经济的发展和推进国防现代化，对于贯彻可持续发展战略具有十分重要的意义。

1.7.1 发展表面工程是提升机电产品服役性能、支持制造业技术创新的需要

表面工程本身属于先进制造技术，同时它又对制造技术创新提供了必要的工艺支持。表面工程的快速发展及广泛应用被认为是制造领域技术创新点之一，对提高机械设备及电子电器产品的性能、质量、增强产品的竞争力以及加速对引进设备零（部）件的国产化等都发挥着巨大的作用。德国大众汽车公司总裁 Volkswagen 认为，下一代的发动机性能在很大程度上取决于几百平方厘米的表面上。

机械产品的故障往往是个别零件失效造成的，而零件失效往往是由于局部表面造成的。如果应用表面工程技术将机械产品中那些易损零件的易损表面的失效期延长，则产品的整体性能就可以得到提高。

（1）表面工程的实施可促进机械产品结构的创新。西陵长江大桥悬索调整结构的创新就是一个典型的实例。西陵长江大桥和汕头海湾大桥都是悬索式结构，这种悬索桥的特点是在桥的两端分别建起两个约100m高的桥墩，在桥墩上放置两块平面钢板（称为鞍座底板），鞍座底板上放置两排悬索鞍座，再把两条主缆分别架在两排悬索鞍座上，然后在两条主缆上吊挂桥梁板。在建桥的过程中，为了力的平衡，需要多次纵向推移悬索鞍座，由于悬索鞍座对底板有很大的正压力，这就给纵向推移带来了很大的困难，为了减少纵向推移力，唯一的办法就是降低悬索鞍座与鞍座底板之间的摩擦因数。国外的办法是在摩擦副间加上几千枚滚针，把滑动摩擦改为滚动摩擦，这样可以有效减少摩擦力，从而减少纵向推移力。但是，这种办法给制造工艺增加了难度，首先，要对每件几十吨重的悬索鞍座和鞍座底板进行热处理，保证摩擦副表面的力学性能；其次，要对摩擦副表面和滚针进行精加工。我国目前的加工能力和水平很难保证摩擦副表面及数千枝滚针的尺寸精度和几何形状精度。向国外订购整件或委托加工，价格都是十分昂贵。在这种情况下，全军装备维修表面工程研究中心成功地采用了表面工程技术的方案，在悬索鞍座和鞍座底板上制备出复合减摩表面涂层，以减少摩擦副的摩擦因数，从而显著减少纵向推力。这种方案是表面工程在桥梁建设上的一次创新应用，在国内外建桥史上均为首次，它大大降低了大型悬索鞍座及鞍座底板的制造难度，节约了大批经费，保证了大桥顺利建成通车。

（2）表面工程的实施可以促进产品材料的优化。例如大庆石化总厂8个直径6m、高20m的ABS料仓的防腐问题，采用碳钢材料加内表面电弧喷涂防腐层的方法代替了昂贵的不锈钢仓体。

（3）表面工程的实施还可以促进机械产品性能的提升。例如在切削刀具上应用离子镜新技术，可使刀具寿命延长2~10倍，切削速度、进给量大幅度提高，零件的粗糙度大幅度降低为加工自动化提供了有力的支持。

1.7.2 发展表面工程是贯彻可持续发展战略节能节材保护环境的需要

机械装备运行过程中的磨损、腐蚀、疲劳、老化等失效现象是缩短装备使用寿命、消耗维修费用的基础性因素。1999年中国工程院组织专家对能源、交通、建筑、机械、化工、基础设施、水利、军事设施与装备8个重点工业部门进行了腐蚀情况调查，我国每年的腐蚀损失包括直接损失和间接损失在内为5000亿~6000亿元。机械工业每年消耗的钢材中，有一半用于因磨损失效而需要更换的配件上。防治失效的有效途径是在机械产品制造时进行表面处理，即针对不同工况条件，选用合适的表面工程技术来提高零件表面的抗失效能力。在机械装备的运行过程中，如果再使用上表面智能自修复技术，则可起到提高装备的性能、延长装备的寿命、预防装备的故障、减免装备维修的效果，并由此带来节约资源、节省能源、保护环境、支持社会可持续发展的巨大社会效益。

表面工程最大的优势是能够以多种方法制备出优于基体材料性能的表面膜层，该膜层厚度一般从几十微米到几毫米，仅占工件整体厚度的几百分之一到几十分之一，却使工件表面具有了比基体材料更优异的力学性能、物理性能和化学性能。

采用表面工程措施的费用，一般虽然只占产品价格的5%～10%，却可以大幅度地提高产品的性能及附加值，从而获得更高的利润，采用表面工程措施的平均回报率高达20倍以上。根据英国科技开发中心的调查报告，英国主要依靠表面工程而获得的产值每年超过100亿英镑，其他工业化国家的情况也基本相同。表面工程对节能节材、保护环境的另一重大贡献表现在对废旧机电产品的再制造上。

1.7.3 发展表面工程是大力推进废旧机电产品再制造的需要

再制造工程是以产品全寿命周期理论为指导，以优质、高效、节能、节材、环保为准则，以先进技术和产业化为手段，用以修复、改造废旧产品的一系列技术措施或工程活动的总称。再制造的过程是根据需要将原产品进行全部或大部分拆解，并经过清洗、检测，对没有损伤的零件可直接利用；对失效零件进行再制造加工或更换，重新装配后生成等同于或者高于原产品性能的再制造产品。对旧机械零件进行再制造修复与表面强化，所消耗的材料只是零件重量的百分之一至几十分之一，工时费用只是零件价格的5%～10%，但却使零件的性能得到了恢复，甚至提高。这与将该零件回炉变成原材料相比，大大节约能源、资源并保护了环境，所以再制造能够最大化地保留产品制造时的附加值。

再制造不同于维修，维修是在产品的使用阶段为了保持其良好技术状况及正常的运行而采用的技术措施，常具有随机性、原位性、应急性。维修的对象是有故障的产品，多以换件为主，辅以单个或小批量的零（部）件修复。其设备和技术一般相对落后，而且形不成批量生产。维修后的产品多数在质量、性能上难以达到新品水平。

而再制造是将大量同类的报废产品回收到工厂拆卸后，按零（部）件的类型进行收集和检测，以有剩余寿命的报废零部件作为再制造毛坯，利用高新技术对其进行批量化修复、性能升级，所获得的再制造产品在技术性能上和质量上都能达到甚至超过新品的水平。此外，再制造是规模化的生产模式，它有利于实现自动化和产品的在线质量监控，有利于降低成本、降低资源和能源消耗减少环境污染，能以最小的投入获得最大经济效益。

机械产品再制造的工艺流程与大修有相似之处，但是两者的效果有明显的区别：（1）再制造是规模化批量化生产，不同于现在一些作坊式的大修；（2）再制造必须采用先进技术和现代生产管理，包括现代表面工程技术、先进的加工技术、先进的检测技术，这是大修难以全面做到的；（3）再制造不仅是恢复原机的性能还兼有对原机的技术改造，而大修一般不包含技术改造的内容；（4）最主要的不同点是再制造后的产品性能要达到新品或超过新品，这是前3条不同点的必然结果，或者说是设置前3点的出发点和归宿点。大修后的产品在性能和质量上达不到新品的要求，更无法超过新品。

再制造不同于再循环，再循环的基本技术途径是回炉。回炉时原先注入零件制造时的能源价值和劳动价值等附加值全面丢失，所获得的产品只能作为原材料使用，而且在回炉及以后的成型加工中又要消耗能源。

对废旧机电产品的再利用、再制造和再循环统称为废旧机电产品资源化。而再利用、再制造是废旧机电产品资源化的最佳形式和首选途径。

表面工程是再制造的关键技术之一，起着基础性的作用。与国外再制造相比，中国特色再制造的创新体现在全面地将表面技术引入机电产品再制造过程之中，使节能、节材、保护环境的效果更加突出。

1.7.4 发展表面工程是促进电子电器高新技术和生物医学材料发展的需要

现代电子电器产品中的各类光学薄膜、微电子学薄膜、光电子学薄膜、信息存储膜防护功能薄膜等均需要用表面工程技术来制备，促进了当代信息技术、微电子技术、计算机科学技术、激光技术、航空航天技术、遥感遥测技术的发展。如在超大规模集成电路中理想的功能材料采用化学气相沉积制备的金刚石薄膜，它具有极优异的导热性、高介电性和半导体性能；再如，以 Fe_2O_3、FeCo、CoCr 等磁性薄膜制备的各种磁盘、磁带销售额已超过 100 亿美元，用 Bi-$Y_2Fe_5O_{12}$（YIG）制备的磁光盘已经问世，用 Pb（Zr_xTi_{1-x}）O_3（PZT）和 $Pb_{1-x}La_xTi_{1-x/4}O_3$（PLZT）系列铁电薄膜制备的铁电随机存取存储器（FRAM）已达到 1Mb，其存储容量大，断电后可保存信息抗辐射能力强。

在生物医学材料方面，表面工程技术的作用尤为重要。植入人体内的策关节、心脏瓣膜心管支架等结构表面既要求抗腐蚀、耐磨损，还要求具有良好的组织相容性和血液相容性。用表面工程技术制备的类金刚石质（DLC）和无定形（非晶）CN 膜在临床试验中取得良好效果，在生物医学材料领域有潜在的应用价值。在人造关节上采用超高分子量聚乙烯离子束表面改性技术，可使耐磨性提高 1~2 个数量级。

1.7.5 发展表面工程是改善人民生活水平的需要

表面工程技术不仅能改变金属表面的性能，也能改变非金属（如陶瓷、塑料、木材等）表面的性能，不仅用于机械设备，而且已进入到人民生活的各个方面。表面工程技术在钟表、首饰、灯具、餐具、家具等方面的应用，既经久耐用，又以细丽的色彩给人们带来温馨，表面工程技术在大型建筑物上的应用，使其豪华壮观。

装饰镀层大多采用空心阴极离子镀、磁控溅射或阴极电弧沉积技术制备。最常用的是 TIN 仿金膜层，但也可以镀出除大红颜色之外的各种颜色膜层，根据装饰以及搭配需要镀膜色彩选择余地很大。

现代建筑采用大量幕墙玻璃，具有节能控光、调温、改变墙体结构和艺术装饰效果。高档幕墙玻璃大多采用平面磁控溅射沉积的镀膜玻璃。

幕墙玻璃上镀上一组光学薄膜材料使该玻璃对阳光中可见光部分保持较高的透射率，对红外部分有较高的反射率，以及对太阳光的紫外线部分有很高的吸收率。在白天保证建筑物内有足够的采光亮度；在夏天可减少通入室内的热辐射，不会使室内温度过高；通过减少紫外线的照射，可减缓室内陈设褪色，延长使用寿命，并有利于人们的身体健康。

未来的汽车玻璃也将采用磁控溅射技术制备层能透过可见光，却不能反射红外光的薄膜。在烈日光照之下，既不影响视觉，又能降低驾驶室内的温度，使车内人员有如在树荫下的感觉，从节能的角度看，还可以大大减少空调的功耗，这种玻璃还具有防止结霜的效果。

我国的表面工程已获得重大发展，在国民经济和国防建设中发挥了重要作用。当前表面工程的研究与应用已形成一个前所未有的热潮。在为我国经济建设和人民生活服务的同时，表面工程学科必将不断地发展。

总之，表面工程不仅应用于一般设备零件的防护、强化和修复，而且还为高新技术的发展提供了材料和工艺支持。在电子信息技术中，表面工程可为其提供关键的薄膜材料及功能器件，如在大规模集成电路中以 SiO_2 为基体的绝缘衬底上生长 Si 的薄膜技术。制作超大规模集成电路中最理想的功能材料采用化学气相沉积的金刚石薄膜，它具有极为优异的导热性、高介电性和半导体性能。表面工程在制造新型材料方面具有特殊的效应。非晶态金属或合金具有优异的耐蚀性、高强韧性、低膨胀率等。采用气相沉积、电镀、刷镀、激光等表面工程技术可以获得非晶态薄膜或涂层。作为太阳能转换材料，非晶硅薄膜具有优良的光吸收能力，而且可以大面积涂敷，成本也比较低，是理想的光电转换材料。

目前，许多发达国家竞相投入巨资发展对本国经济起重大关键作用的技术，为国民经济高速、健康、持续地发展提供强有力的支持，表面工程将为能源与环保、交通运输、原材料与资源、信息与通信、制造技术等领域的重大关键技术提供强大的材料和工艺支持。我国的表面工程在过去的十几年中，已获得了重大发展，在国民经济中发挥了重要作用。但表面工程与科学在理论研究和工程应用的总体水平上，与工业发达国家相比仍有较大差距，其原因是各部门的研究自成体系，力量分散，没有综合和复合，设备落后，攻关力量薄弱，尚难以承担对国民经济建设具有重大影响、关系到全局的重点工程和关键技术的攻关。为从根本上解决上述问题，应加强表面科学与工程的研究，主要任务是：(1) 加强表面工程学科的建设，深入开展表面工程基础理论的研究，全面了解表面（界面）层的显微结构与其性能的关系。(2) 承担对国民经济建设具有重大影响并关系到全局重点工程项目和关键技术的攻关，对关键项目系统地进行表面工程技术设计。(3) 深入研究和发展各种表面工程技术、复合表面技术和表面材料的综合优势。(4) 逐步建立健全表面工程技术设计，全面、优化、综合、系统应用各种表面工程技术。(5) 大力开展维修表面工程技术的应用及研究，为表面工程技术在设计新设备和制造新产品过程中的应用积累经验，建立相应的维修表面工程技术中心并面向全社会开放。(6) 加强表面工程设备的研制工作，注重应用微电子等技术对设备进行改造，逐步实现各种表面工程技术装备的机械化、自动化、系列化、标准化、配套化，不断提高表面工程的装备水平。(7) 大力推广应用节能、节材、有利于环保的量大面广、成熟的、配套的表面工程新技术和新材料。(8) 加强表面工程技术在设备制造和新产品制造过程中的研究与应用，以国民经济建设中关键装备的重要零部件及关键机电产品的表面质量的提高为目标，尽快为机电行业等部门提供一批实用、成熟、先进的表面工程技术。

表面工程的发展方兴未艾，前景广阔。相信在我国表面工程专家及工程技术人员的共同努力下，随着表面工程学科和技术的发展及其向现实生产力的转化，表面工程对加速我国工业化进程、推动我国先进制造技术、高新技术的发展、促进国民经济可持续发展、节约能源、节约资源和环境保护都将起到不可估量的作用。

思考题

答案 1

1-1 材料表面工程技术为什么能得到社会的重视获得迅速发展？

1-2 表面工程技术的目的和作用是什么？

1-3 为什么说表面工程是一个多学科的边缘学科？

1-4 表面工程技术的内涵应包含哪些方面？

1-5 你认为哪种表面工程技术分类法较为合理？

2 材料表面与界面基础知识

表面工程技术是赋予材料或零部件表面以特殊的成分、结构和性能（或功能）的化学、物理方法与工艺，它的实施对象是固体材料的表面。因此，掌握材料表面与界面的基础知识是正确选择与运用表面工程技术的基础。而成功运用表面工程技术的两个要素是：(1) 掌握各种表面工程技术的特点；(2) 了解与掌握影响材料表面性能的主要因素。其中，材料的耐磨性和耐蚀性属于系统性质，影响因素众多，本章将重点进行介绍。

2.1 固体的表面与界面

工程材料中，大部分材料属于晶体，如金属、陶瓷和许多高分子材料。一般将固相和气相之间的分界面称为表面，把固相之间的分界面称为界面。不同凝聚相之间的分界面称为相界面，同一相中晶粒之间的分界面称为晶界。晶粒尺寸小到微米级以下的晶粒，称为微晶；当晶粒尺寸小到1nm数量级时，则晶体结构的远程有序消失，物质呈非晶态。

2.1.1 典型固体表面

2.1.1.1 理想表面

理想表面是理论探讨的基础，它可以想象为无限晶体中插进一个平面，将其分成两部分后所形成的表面，并认为半无限晶体中的原子位置和电子密度都和原来的无限晶体一样。显然，自然界中很难获得这种理想表面。

由于在垂直于表面方向上，晶体内原子排列呈周期性的变化，而表面原子的近邻原子数减少，使得其拥有的能量大于晶体内部原子的能量，超出的能量正比于减少的键数，该部分能量即为材料的表面能。表面能的存在使得材料表面易于吸附其他物质。

2.1.1.2 洁净表面与清洁表面

尽管材料表层原子结构的周期性不同于体内，但如果其化学成分仍与体内相同，这种表面就称为洁净表面，它是相对于理想表面和受环境气氛污染的实际表面而言的。洁净表面允许有吸附物，但其覆盖的概率应该非常低。显然洁净表面只有用特殊的方法才能得到，如高温热处理、离子轰击加热退火、真空沉积、场致蒸发等。在高洁净度的表面上，可以发生多种与体内不同的结构和成分变化，如弛豫、重构、台阶化、偏析和吸附。弛豫指表面附近的点阵常数在垂直方向上较晶体内部发生明显的变化；重构指表面原子在水平方向的周期性不同于体内的晶面；台阶化指实际晶体的外表面由许多密排面的台阶构成；偏析指化学组分在表面区的变化。偏析和析出的区别在于前者结构不变，后者则伴有新相的形成。

与洁净表面相对应的概念是清洁表面。清洁表面一般指零件经过清洗（脱脂、浸蚀等）以后的表面，与洁净表面必须用特殊的方法才能得到不同。工业上，清洁表面易于实现，只要经过常规的清洗过程即可。洁净表面的“清洁程度”比清洁表面高。

洁净表面与清洁表面这一对概念很重要。在表面工程技术中获得各种涂层或镀膜之前，为了保证涂镀层与基体材料之间有良好的结合，常常需要采取各种预处理工艺获得清洁表面。微电子工业中的气相沉积技术和微细加工技术一般需要洁净表面甚至超洁净表面。

2.1.1.3　机械加工过的表面

实际零件的加工表面不可能绝对平整光滑，而是由许多微观不规则的峰谷组成。评价实际加工零件表面的微观形貌，一般测量、分析垂直于表面二维截面的轮廓变化。表面的不平整性包括波纹度和粗糙度两个概念，前者指在一段较长距离内出现一个峰和谷的周期，后者指在较短距离内（2 ~ 800μm）出现的凹凸不平（0.03 ~ 400μm）。此外，零件的加工表面还与基体内部在物理、力学性能方面有关。实践表明，材料表面的粗糙度与加工方法密切相关，尤其是最后一道加工工序起着决定性的作用。图 2-1 所示为不同加工方法的材料表面轮廓曲线。

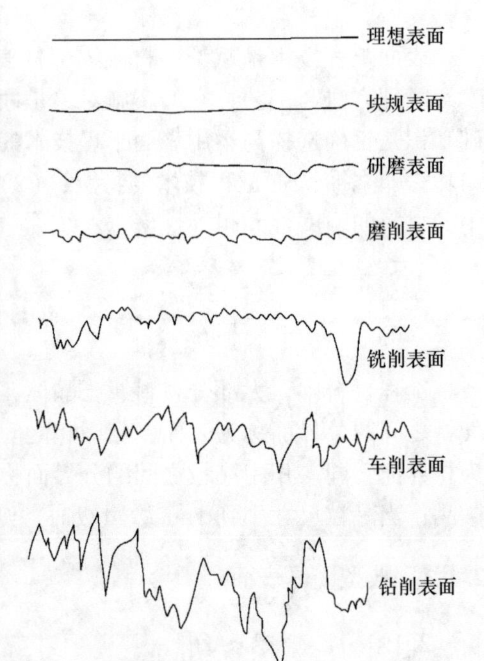

图 2-1　不同加工方法形成的材料表面轮廓线

材料表面粗糙度 i 的表示方法有很多。最常用的是采用轮廓的算术平均偏差 R_a，其表达式为：

$$R_a = \frac{1}{n}\sum_{i=1}^{n}|y_i| \tag{2-1}$$

式中，y_i 为波峰或者波谷的绝对值；n 为测量的波峰或者波谷的个数。

描述材料表面粗糙度的另一个表达式为：

$$i = A_i / A_l \tag{2-2}$$

式中，A_i 为真实面积；A_l 为 A_i 的投影面积，即理想的几何学面积。显然，表面粗糙度 $i \geqslant 1$。

材料的表面粗糙度是表面工程技术中最重要的概念之一。它与表面工程技术的特征及实施前的预备工艺紧密联系，并严重影响材料的摩擦磨损、腐蚀性能、表面磁性能和电性能等。例如，在气相沉积技术实施之前，要求加工材料表面有很低的粗糙度，以提高膜的连续性和致密性；热喷涂工艺施工前则要求表面有一定的粗糙度，以提高涂层与基材的结合强度。

2.1.1.4　一般表面

由于表面原子的能量处于非平衡状态，一般会在固体表面吸附一层外来原子。对金属而言，除金以外，其他金属表面在常温常压下会被氧化。因此，一般的零件经过机械加工以后，表面上有各种氧化物覆盖。为此，大部分表面覆层技术在工艺实施之前，都要求对表面进行预处理，清除掉表面的氧化皮，以便提高覆层与基材的结合强度。这些预处理工艺往往是表面工程技术能否成功实施的关键，必须引起充分重视。

2.1.2 典型固体界面

材料科学所定义的界面通常指两个块体相之间的过渡区，其空间尺度决定于原子间力作用影响范围的大小，其状态决定于材料和环境条件特性。按照界面的形成过程与特点，最常见的界面类型为如下几种。

2.1.2.1 基于固相晶粒尺寸和微观结构差异形成的界面

当外力作用于金属表面时，在距离表面几微米范围内，其显微组织有较大的变化。如图 2-2 所示为抛光金属的表面组织，在离表面约 5nm 的区域内，点阵发生强烈畸变，形成厚度 1~100mm 的晶粒极微小的微晶层，亦称为贝尔比层（Bilby 层），它具有黏性液体膜似的非晶态外观，不仅能将表面覆盖得很平滑，而且能流入裂缝或划痕等表面不规则处。在贝尔比层的下面为塑性流变（简称塑变）层，塑变程度与深度有关。例如用 600 号 SiC 砂纸研磨黄铜时，其塑变层一般可达 1~10μm。单晶体的塑变层比多晶体的塑变层深，大致与材料的硬度成反比。钢的塑变层内珠光体中的碳化物破碎成微细粒状组织。此外，在机械加工中高应力、高温度的作用下还可能产生孪晶、诱导相变和再结晶等。

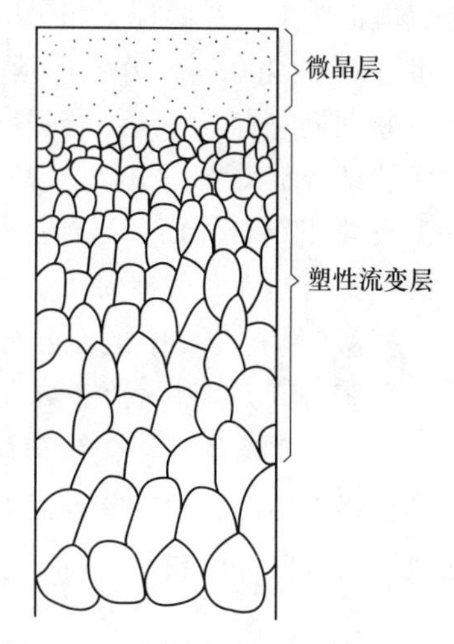

图 2-2 金属的表层组织形貌示意图

2.1.2.2 基于固相组织或晶体结构差异形成的界面

这种界面的典型特征是两相之间的微观成分与组织存在很大的差异，但无宏观成分上的明显区别。例如，钢中的珠光体是由铁素体与渗碳体组成，两者的微观成分与性能存在明显差别。又如，钢表面淬火时，表层的显微组织以马氏体为主，而心部组织仍然保持着原来的退火或正火状态。在表层与心部之间存在一过渡区，它由部分马氏体和部分铁素体、珠光体混合而成。这种相界面虽然在微观尺度的晶体结构上有明显的突变，但从宏观来看，组织的变化存在一个渐变区域。因此，材料在服役过程中不存在表面层剥落等情况。

2.1.2.3 基于固相宏观成分差异形成的界面

（1）冶金结合界面：当覆层与基体材料之间的界面结合是通过处于熔融状态的覆层材料沿处于半熔化状态下的固体基材表面向外凝固结晶而形成时，覆层与基材的结合就称为“冶金结合”。冶金结合的实质是金属键结合，结合强度很高，可以承受较大的外力或载荷，不易在服役过程中发生剥落。能够获得这种冶金结合的表面工程技术包括激光熔覆技术、各种堆焊与喷焊技术等。

（2）扩散结合界面：两个固相直接接触，通过抽真空、加热、加压、界面扩散和反应等途径所形成的结合界面即为扩散结合界面，其特点是覆层与基材之间的成分梯度变化，并形成了原子级别的混合或合金化。可以获得扩散结合界面的表面工程技术主要为热扩渗工艺。离子注入工艺获得的界面可以看成扩散结合界面的一种特殊形式，有时也称为“类扩散”界面，因为它是靠高能量的粒子束强行进入基材内部的。

(3) 外延生长界面：当工艺条件合适时，在单晶衬底表面沿原来的结晶轴向生成一层晶格完整的新单晶层的工艺过程，就称为外延生长，形成的界面称为外延生长界面。外延生长工艺主要有两类：一种是气相外延，如化学气相沉积技术；另一种是液相外延，如电镀技术等。实际工艺过程中，外延的程度取决于基体或衬底材料与外延层的晶格类型和常数。以电镀为例，在两种金属是同种或晶格常数相差不大的情况下都可以出现外延，外延厚度可达0.1~400nm。由于外延生长界面在覆层与基材或衬底之间的晶体取向一致，因此两者原则上应有较好的结合强度。但具体的结合强度高低则应该取决于所形成的单晶层与衬底的结合键类型，如分子键、共价键、离子键或金属键等。

(4) 化学键结合界面：当覆层材料与基材之间发生化学反应，形成成分固定的化合物时，两种材料的界面就称为化学键结合界面。例如，在钛合金的表面气相沉积一层TiN和TiC薄膜，TiN和TiC中的碳原子将部分与基体金属中的Ti原子作用，形成Ti—N、Ti—C化学键。可以获得化学键结合的表面工程技术主要有物理和化学气相沉积技术、离子注入技术、热扩渗技术、化学转化膜技术、阳极氧化和化学氧化技术等。化学键结合的优点是结合强度较高；缺点是界面的韧性较差，在冲击载荷或热冲击作用下，容易发生脆性断裂或剥落。此外，材料表面发生粘连、氧化、腐蚀等化学作用也会产生化学键结合界面。

(5) 分子键结合界面：分子键结合界面是指涂（镀）层与基材表面以范德华力结合的界面。这种界面的特征是覆层与基材（或衬底）之间发生扩散或化学作用。部分物理气相沉积层、涂装技术中有机黏结涂层与基材的结合面等均属于典型的分子键结合面。

(6) 机械结合界面：机械结合界面指覆层与基材的结合界面主要通过两种材料相互镶嵌的机械连接作用而形成。表面工程技术中覆层与基体之间以机械结合的主要包括热喷涂与包镀技术等。

以上所述基本上概括了各种典型的界面结合状态。实际上，表面改性层中形成实际界面的结合机理常常是上述几种机理的综合。

2.1.3 表面晶体结构

表面科学中，任何一个二维周期结构的重复性都可用一个二维布拉菲晶格（点阵）加上结点（阵点）来描述。这种晶格是呈二维周期排列形成的无限点阵，每个结点周围的情况是一样的。

在描述表面晶体结构方面有许多物理模型。其中最著名的是由考塞尔（Kos-sel）及斯特朗斯基（Stranski）提出的平台（terrace）-台阶（ledge）-扭折（kink）模型，又简称TLK模型。其基本思想是：在温度相当于0K时，表面原子结构呈静态。表面原子层可认为是理想平面，其中的原子做完整二维周期性排列，且不存在缺陷和杂质。当温度从0K升到一定温度T时，由于原子的热运动，晶体表面将产生低晶面指数的平台、一定密度的单分子或原子高度的台阶、单分子或原子尺度的扭折以及表面吸附的单原子及表面空位等，如图2-3所示。

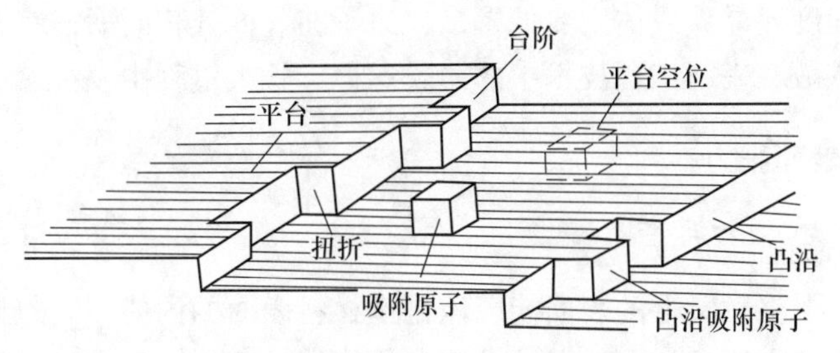

图 2-3 TLK 模型解释的 fcc {111} 晶面表面原子结构

表面区的每个原子都可以用其最近邻数 N 来描述。如果平台为面心立方的 {111} 面，则平台上吸附原子的 N 为 3，吸附原子对所具有的 N 为 4，台阶上吸附原子的 N 为 5，台阶扭折处的 N 为 6，台阶内原子的 N 为 7，处于平台内原子的 N 为 9，如图 2-3 所示。根据 TLK 模型，台阶一般是比较光滑的。随着温度的升高，其中的扭折数会增加。扭折间距 λ_0 和温度 T 及晶面指数 k 有关，可由以下关系式来描述：

$$\lambda_0 = \frac{a}{2}\exp\frac{E_L}{kT} \tag{2-3}$$

式中，a 为原子间距；E_L 为台阶的生成能。据分析，面心立方晶体（111）面上台阶［11］的 λ_0 约为 $4a$，而简单立方晶体（100）晶面上台阶［10］的 λ_0 约为 $30a$。

除了台阶、扭折和吸附原子外，实际表面上还存在大量各种类型的缺陷，如原子空位、位错露头和晶界痕迹等物理缺陷，材料组分和杂质原子偏析等化学缺陷。它们对于固体材料的表面状态和表面形成过程都有影响。

图 2-3 所示的表面原子结构图对理解表面工程技术的许多物理过程甚为重要。例如，气相沉积和电镀时，原子的沉积过程一般都是在晶体表面的扭折或台阶处率先形核，再通过扩散逐渐长大的，因为这样所需要的热力学驱动力最小。晶体表面各种缺陷浓度的高低，也直接影响表面扩散速度和物理、化学吸附过程的进行。

2.1.4 表面扩散

物质中原子（分子）的迁移现象称为扩散。物质的扩散过程遵循菲克（Fick）扩散第一定律和扩散第二定律这两个基本定律。扩散过程中原子平均扩散距离 $\overline{X}$ 为：

$$\overline{X} = c\sqrt{Dt} \tag{2-4}$$

式中，t 为扩散时间；c 为几何因素所决定的常数；D 为扩散系数。在一定的条件下，扩散快慢主要取决于扩散系数 D，其大小与温度和扩散激活能 Q 等参数有关，可表示为：

$$D = D_0\exp - \frac{Q}{RT} \tag{2-5}$$

式中，扩散激活能 Q 的大小不仅取决于材料的晶体结构、固溶体的类型、合金元素的浓度与含量，还和扩散的途径有很大关系。实际上，原子的扩散途径除了最基本的体扩散过程外，还有表面扩散、晶界扩散和位错扩散。后 3 种扩散都比第一种扩散快，又称为短路扩散。在扩散传质中，固体表面的原子活动能力最高，其次为界面原子，再次为位错原子，体内原子的活动能力最低，故激活能 $Q_{表}<Q_{界}<Q_{位}<Q_{体}$，扩散系数 $D_{表}>D_{界}>D_{位}>D_{体}$。

表面扩散过程所需激活能低的原因很容易从如图 2-3 所示的 TLK 模型得到解释：由于

表面原子受约束程度比晶界或体内要低得多，原子在表面迁移时所需克服的能垒也就小得多。因此，表面扩散在表面工程技术中的薄膜形核、长大过程中发挥着十分关键的作用。

2.1.5 表面能及表面张力

2.1.5.1 表面能

表面物理中，严格意义上的表面能应该是指材料表面的内能，它包括原子的动能、原子间的势能以及原子中原子核和电子的动能和势能等。因为这种意义上的表面内能无法测量其绝对值，常用表面自由能来描述材料表面能量的变化，其物理意义是指产生 $1cm^2$ 新表面需消耗的等温可逆功。若不考虑重力，一定体积的液体平衡时总取圆球状，因为这样表面积最小，表面能最低。固体的外表面总是由若干种原子排列不同的晶面组成的，一定体积的固体必然要构成总的表面自由能最低的形状。

2.1.5.2 表面张力

表面张力是表面能的一种物理表现，是由于原子间的作用力以及在表面和内部的排列状态的差别而引起的。固体金属的表面张力 γ 通常用两种方法测定：一种是由晶体和其粉末比热容的差别求出表面的比热容，由对应的温度变化算出 γ；另一种是用解离单晶需要的功来表示 γ。但由于位于表面的晶面各种各样，表面微观形态复杂多变，晶格缺陷存在的程度也不相同，很难测得准确值。

表面张力和表面自由能的关系密切。液体的分子易于移动，表面被张拉时，液体分子之间的距离并不改变，只是液相某些分子迁移到液面上来，因此液体的表面自由能和表面张力在数学上是相等的。但固体的原子几乎不可移动，其表面不像液体那样易于伸缩或变形，因此固体表面原子的结构基本上取决于材料的制造加工过程。拉伸或压缩固体表面时，仅仅能改变其表面原子的间距，而不能改变表面原子的数目。

2.1.6 固体表面的物理吸附和化学吸附

2.1.6.1 吸附的基本特性

物体表面上的原子或分子力场不饱和，有吸引周围其他物质（主要是气体、液体）分子的能力，即所谓的吸附作用。吸附是固体表面最重要的性质之一。

固体表面的吸附可分为物理吸附和化学吸附两类。物理吸附中固体表面与被吸附分子之间的力是范德华力。在化学吸附中，吸附原子与固体表面之间的结合力和化合物中原子间形成化学键的力相似，比范德华力大得多，因此两类吸附所放出的热量也大小悬殊，两者的基本区别见表 2-1。

表 2-1 物理吸附与化学吸附的区别

比较项	物理吸附	化学吸附
吸附热/$kJ \cdot mol^{-1}$	1~40（接近液化热）	40~400（接近反应热）
吸附力	范德华力，弱	化学键，强
吸附层	单分子层或多分子层	仅单分子层
吸附选择性	无	有

续表 2-1

比较项	物理吸附	化学吸附
吸附速率	快	慢
吸附活化能	不需	需要，且较高
吸附温度	低温	较高温度
吸附层结构	基本等同吸附分子结构	形成新的化合态

2.1.6.2　固体对气体的吸附

任何气体在其临界温度以下，都会被吸附于固体表面，即发生物理吸附。物理吸附不发生电子的转移，最多只有电子云中心位置的变动。化学吸附中，吸附剂和固体表面之间有电子的转移，二者产生了化学键力。物理吸附往往很容易解吸，为可逆过程；而化学吸附则很难解吸，为不可逆过程。

并不是任何气体在任何表面上都可以发生化学吸附，有时也会出现化学吸附和物理吸附同时存在的现象。例如，H_2 可以在镍的表面上发生化学吸附而在铝上则不能。常见气体对大多数金属而言，其吸附强度大致可以按下列顺序排列：

$$O_2 > G_2H_2 > C_2H_4 > CO > H_2 > CO_2 > N_2$$

固体表面对气体的吸附在表面工程技术中的作用非常重要。例如，气相沉积时薄膜的形核首先是通过固体表面对气体分子或原子的吸附来进行的。类似的现象在热扩渗工艺的气体渗碳、渗氮等工艺中也存在。

2.1.6.3　固体对液体的吸附

固体表面对液体分子同样有吸附作用，这包括对电解质的吸附和非电解质的吸附。对电解质的吸附将使固体表面带电或者双电层中的组分发生变化，使溶液中的某些离子被吸附到固体表面，而固体表面的离子则进入溶液之中，产生离子交换作用。这一现象是实施电镀工艺的基础。对非电解质溶液的吸附，一般表现为单分子层吸附，吸附层以外就是本体相溶液。溶液吸附的吸附热很小，差不多相当于溶解热。

因为溶液中至少有两个组分，即溶剂和溶质，它们都可能被固体吸附，但被吸附的程度不同。如果吸附层内溶质的浓度比本体相大，称为正吸附；反之则称为负吸附。显然，溶质被正吸附时，溶剂必然被负吸附；反之亦然。在稀溶液中可以将溶剂对吸附的影响忽略不计，将溶质的吸附简单地当作气体的物理吸附一样处理。而当溶质浓度较大时，则必须把溶质的吸附和溶剂的吸附同时考虑。

固体对液体的吸附也分为物理吸附和化学吸附。普通润滑油，在低速、低载荷运行情况下，极化了的长链结构的油分子在垂直方向与金属表面发生比较弱的分子引力结合，形成物理吸附膜。图 2-4（a）所示是十六烷在金属表面形成物理吸附膜的示意图。物理吸附膜一般对温度很敏感。温度提高后会引起吸附膜的解吸、重新排列甚至熔化。因此，作为润滑膜，物理吸附膜只能用于环境温度较低、低载荷低速度下的工况。化学吸附膜往往是先形成物理吸附膜，然后在界面发生化学反应转化成化学吸附，它比物理吸附的结合能高得多，并且不可逆。如图 2-4（b）所示为硬脂酸与氧化铁相互作用生成硬脂酸铁皂膜的示意图。这种皂膜不仅具有理想的剪切性能，而且比原来的硬脂酸具有更高的熔点，适合于中等载荷与速度的润滑条件。实际工况下，固体表面的粗糙度及污染程度对吸附有很大的影响，液体表面张力和润湿条件的影响也很重要。

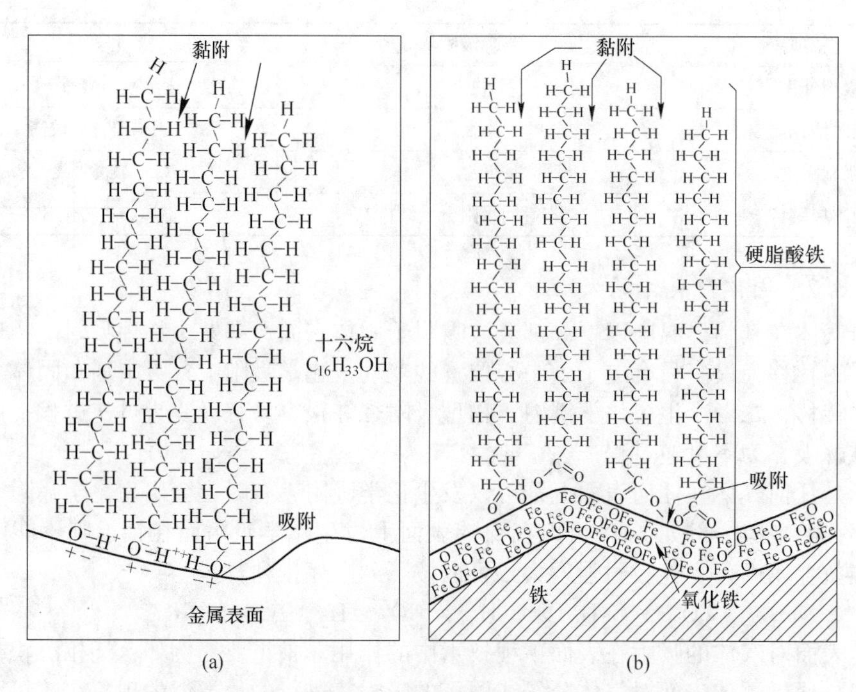

图 2-4 固体表面对液态物质的物理吸附与化学吸附示意图

（a）十六烷在金属表面的物理吸附；（b）硬脂酸化学吸附在铁上形成硬脂酸铁皂膜

2.1.6.4 固体表面之间的吸附

固体和固体表面同样有吸附作用，但是两个表面必须接近到表面力作用的范围内(即原子间距范围内)。如将两根新拉制的玻璃丝相互接触，它们就会相互黏附，黏附功表示了黏附程度的大小，定义为：

$$W_{AB} = \gamma_A + \gamma_B + \gamma_{AB} \tag{2-6}$$

式中，W_{AB}为黏附功；γ_A、γ_B分别为 A、B 两种固体物质的表面张力；γ_{AB}为 A、B 两物质形成新的界面时的界面张力。若 $W_{AB}=3\times10^{-6}\text{J/cm}^2$，取表面力的有效作用距离为 1nm，则相当于黏结强度为 30MPa。两个不同物质间的黏附功往往超过其中较弱物质的内聚力。

表面的污染会使黏附力大大减小，这种污染往往是非常迅速的。例如铁若在水银中断裂，两个裂开面可以再黏合起来，而在普通空气中就不行。因为铁迅速与氧气反应，形成一个化学吸附层。表面净化一般会提高黏结强度，固体的黏附作用只有当固体断面很小并且清洁度很高时才能表现出来。

2.1.6.5 吸附对材料力学性能的影响——莱宾杰尔效应

许多情况下，由于环境介质的作用，材料的强度、塑性、耐蚀性、耐磨性等性能大大降低。产生的原因分两类：一种是不可逆转物理过程与物理化学过程引起的效应，如各种形式的腐蚀等，它与化学、电化学过程及反应有关。通常，腐蚀并不改变材料的力学性能，而是逐渐均匀地减小受载件的尺寸，使危害截面上的应力增大，当超过允许值时便发生断裂；另一种主要是可逆物理过程和可逆物理化学过程引起的效应，这些过程降低固体表面自由能，并不同程度地改变材料本身的力学性能。这种因环境介质的影响及表面自由能减少导致固体强度、塑性降低的现象，称为莱宾杰尔效应。莱宾杰尔在1928年第一个发现并研究了这个效应。任何固体（晶体和非晶体、连续的和多孔的、金属和半导体、离子晶体和共价晶体）都有莱宾杰尔效应。玻璃和石膏吸附水蒸气后，其强度明显下降；铜表面覆盖熔融薄膜后，会使其固有的高塑性丧失，这些都是莱宾杰效应的例子。

莱宾杰尔效应具有如下显著特征：

(1) 环境介质的影响有很明显的化学特征。例如，只有对该金属为表面活性的液态金属才能改变某一固体金属的力学性能，降低它的强度和塑性。如水银急剧降低锌的强度和塑性，但对镉的力学性能没有影响，虽然镉和锌在周期表中同属一族，且晶体点阵(密排六方）也相同。

(2) 只要很少量的表面活性物质就可以产生莱宾杰尔效应。在固体金属（钢或锌）表面微米数量级的液体金属薄膜就可以导致脆性破坏，这和溶解或其他腐蚀形式不同。在个别情况下，试样表面润湿几滴表面活性的熔融金属，就会引起低应力解理脆性断裂。

(3) 表面活性熔融物的作用十分迅速。大多数情况下，金属表面浸润一定的熔融金属，或其他表面活性物质后，其力学性能实际上很快就发生变化。

(4) 表面活性物质的影响是可逆的，从固体表面去除活性物质后，它的力学性能一般会完全恢复。

(5) 莱宾杰尔效应的产生需要拉应力和表面活性物质同时起作用。多数情况下，介质对无应力试样以及无应力试样随后受载时的作用并不显著改变力学性能，只有熔融物在无应力试样中沿晶界扩散的情况例外。

莱宾杰尔效应的本质，是金属表面对活性介质的吸附，使表面原子的不饱和键得到补偿，使表面能降低，改变了表面原子间的相互作用，使金属的表面强度降低。

在生产中，莱宾杰尔效应具有重要的实际意义。一方面利用此效应提高金属加工(压力加工、切削、磨削、破碎等）效率，大量节省能源；另一方面，应注意避免因此效应所造成的材料早期破坏。

2.1.7 固体表面的润湿

2.1.7.1 润湿现象和机理

液体在固体表面上铺展的现象，称为润湿。润湿现象是常见的自然现象，如在干净的玻璃上滴一滴水，水滴会很快沿着玻璃表面展开，成为凸镜的形状，如图2-5（a）所示。若将水滴在一块石蜡上，则水不能在石蜡上展开，只是由于重力的作用，而形成一扁球形，如图2-5（b）所示。上述两种情况说明，水能润湿玻璃，但不能润湿石蜡。能被水润湿的物质叫亲水物质，像玻璃、石英、方解石、长石等；不能被水润湿的物质叫疏水物质，像石蜡、石墨、硫黄等。

其实，润湿和不润湿不是截然分开的，通常可采用润湿角θ来描述润湿程度。润湿角是指固、液、气三相接触达到平衡时，从三相接触的公共点沿液、气界面所引切线与固、液界面的夹角，如图2-5（a）所示。通常，润湿程度的定义如下：

当$\theta<90°$时称为润湿。θ角越小，润湿性越好，液体越容易在固体表面展开。

当$\theta>90°$时称为不润湿。θ角越大，润湿性越不好，液体越不容易在固体表面上铺展开，并越容易收缩至接近圆球状。

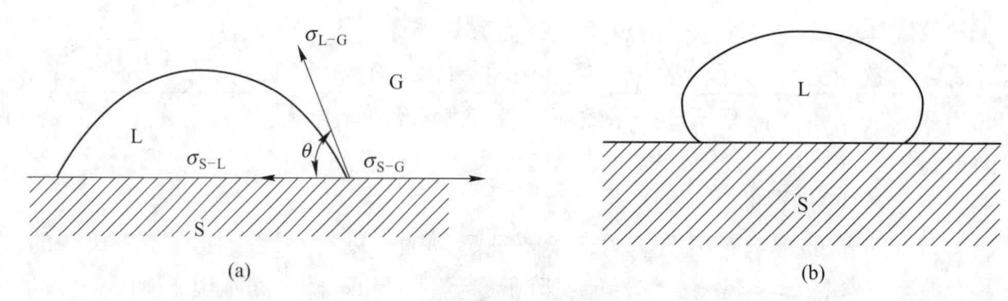

图 2-5　材料表面的润湿现象
（a）润湿；（b）不润湿

当 $\theta=0°$ 和 180°时，则相应地称为完全润湿和完全不润湿。应当指明，这只是习惯上的区分，其实只是润湿程度有所不同而已。

θ 角的大小，与界面张力有关。如图 2-5（a）所示。在固、液、气三相稳定接触的条件下，液-固两相的接触端点处受到固相与气相（σ_{S-G}）、固相与液相（σ_{S-L}）和液相与气相（σ_{L-G}）之间的 3 个界面张力的作用，这 3 个力互相平衡，合力为零，因此有：

$$\sigma_{S-G}=\sigma_{S-L}+\sigma_{L-G}\cos\theta \tag{2-7}$$

或

$$\cos\theta=(\sigma_{S-G}-\sigma_{S-L})/\sigma_{L-G} \tag{2-8}$$

式（2-8）称为 Young 方程，它表明润湿角的大小与三相界面张力之间的定量关系。因此，凡是能引起任一界面张力变化的因素都能影响固体表面的润湿性。

从 Young 方程可以看出：

当 $\sigma_{S-G}>\sigma_{S-L}$ 时，$\cos\theta$ 为正值，$\theta<90°$，对应为润湿状态；而且 σ_{S-G} 和 σ_{S-L} 相差越大，θ 角越小，润湿性越好。

当 $\sigma_{S-G}<\sigma_{S-L}$ 时，$\cos\theta$ 为负值，$\theta>90°$，对应为不润湿状态；σ_{S-L} 越大，θ 角越大，不润湿程度也越严重。

由 Young 方程还可以看出，表面能高的固体比表面能低的固体更易被液体所润湿。Zisman 等把 0. 1N/m 以下的物质作为低能表面，把 10N/m 以上的物质作为高能表面。通常，固体有机物及高聚物的表面可视为低能表面，而金属及其氧化物、硫化物、无机盐等的表面可视为高能表面。

润湿作用可以从分子间的作用力来分析。润湿与否取决于液体分子间相互吸引力（内聚力）和液-固分子间吸引力（黏附力）的相对大小。若液-固黏附力较大，则液体在固体表面铺展，呈润湿；若液体内聚力占优势则不铺展，呈不润湿。例如，水能润湿玻璃、石英等，因为玻璃和石英是由极性键或离子键构成的物质，它们和极性水分子的吸引力大于水分子间的吸引力，因而滴在玻璃、石英表面上的水滴可以排挤它们表面上的空气而向外铺展。水不能润湿石蜡、石墨等是因为石墨及石蜡是弱极性键构成或非极性键构成的物质。它们和极性水分子间的吸引力小于水分子间的吸引力。因而滴在石蜡上的水滴不能排开它们表面层上的空气，只能紧缩成一团，以降低整个体系的表面能。

2. 1. 7. 2　铺展系数

表面热力学中，定义液体在固体表面的铺展系数为：

$$S_{L/S}=\sigma_{S-G}-\sigma_{S-L}-\sigma_{L-G}=\sigma_{L-G}(\cos\theta-1) \tag{2-9}$$

显然，当 $S_{L/S}>0$ 时，液体 L 在固体 S 表面上会自动展开。这意味着 $\sigma_{S-G}-\sigma_{S-L}>\sigma_{L-G}$，此时

Young 方程已不适用，或者说润湿角已不存在。铺展是润湿的最高标准。极限的情况下，可得到几个甚至一个分子层厚的铺展膜层。当 $S_{L/S}<0$ 时，则表示液体在固体表面上不铺展，负值越大表示越难铺展。

以上所述的表面润湿都是以理想的平滑表面为基础的。当固体表面粗糙度为 i 时，上述各公式必须修正。例如，式（2-9）应该修正为：

$$S_{L/S}=\sigma_{L\text{-}G}(i\cos\theta-1) \tag{2-10}$$

式（2-10）表明，粗糙表面的铺展系数远大光滑表面，换言之，在光滑表面上不能自发铺展的液体，在粗糙表面上可能自发铺展。进一步说明了表面预处理工艺与表面工程技术实施前的材料表面状态对表面改性层质量的影响至关重要。

2.1.7.3　润湿理论的应用

润湿理论在各种工程技术尤其是表面工程技术中应用很广泛。例如，在生产上可以通过改变 3 个相界面上的 σ 值来调整润湿角。若加入一种使 $\sigma_{L\text{-}G}$ 和 $\sigma_{S\text{-}L}$ 减小的所谓表面活性物质可使 θ 减小，润湿程度增大；反之，若加入某种使 $\sigma_{L\text{-}G}$ 和 $\sigma_{S\text{-}L}$ 增大的表面惰性物质，可使 θ 增大，润湿程度降低。

在表面重熔、表面合金化、表面覆层及涂装等技术中，都希望得到大的铺展系数。为此，不仅要通过表面预处理使材料表面有合适的粗糙度，还要对覆层材料表面成分进行优化，使 $S_{L/S}$ 公值尽量大，以得到均匀、平滑的表面。对于那些润湿性差的材料表面，还必须增加中间过渡层。在热喷涂、喷焊和激光熔覆工艺中广为应用的自熔合金，就是在常规合金成分的基础上，加上一定含量的硼、硅元素，使材料的熔点大幅度降低，流动性增强，同时提高喷涂材料在高温液态下对基材的润湿能力。自熔合金的出现，使热喷涂和喷焊技术发生了质的飞跃。

利用润湿现象的另一个典型范例是不粘锅的表面“不粘”涂层。随着人们生活水平的不断提高，对厨房卫生的要求也越来越严格，希望花费在厨房清洁卫生方面的时间越少越好。现代炊具多为金属制品，在使用过程中，和食用油、盐、酱、醋接触会在炊具底部粘上一层难以清洗的锅巴、油渍等物质，既不卫生，又不方便清洗。在金属炊具表面涂上一层不粘涂层能较好地解决这一问题。不粘涂层的原理是：在金属（铝、钢铁等）锅表面先预制底层涂层后，在最表面上涂覆一层憎水性的高分子材料，如聚四氟乙烯（PTFE）等。由于水在该涂层表面不能润湿，在干燥后饭粒也不会与基体紧密黏附而形成锅巴，只要轻轻用饭铲一铲，即可清除黏附的饭粒。不粘涂层的原理还被人们用来防腐蚀。在被保护的材料表面涂覆一层不粘涂层，可以防止材料表面有电解质溶液长期停留，从而避免形成腐蚀原电池。

2.2　材料磨损原理及其耐磨性

磨损是材料三大主要失效形式之一，它造成的经济损失是巨大的。耐磨性不像力学性能和物理性能那样属于材料的固有特性，而受到摩擦学系统中接触条件、工况、环境、介质等多方面因素的影响，是一个系统性质。材料的磨损始于表面，表面性能是决定材料耐磨性的关键。而磨损失效过程和方式的不同，对材料表面所要求的性能相差很大。

2.2.1 材料的摩擦与磨损

2.2.1.1 摩擦学三“定律”

相互接触的物体相对运动时产生的阻力，称为摩擦。摩擦存在于固体、气体和液体之间。材料的磨损则指相对运动的物质摩擦过程中不断产生损失或残余变形的现象。显然，材料的摩擦与磨损是因果关系。

根据摩擦学三“定律”，即：(1) 摩擦力与两接触体之间的表面接触面积无关（第一定律）；(2) 摩擦力与两接触体之间的法向载荷成正比（第二定律）；(3) 两个相对运动物体表面的界面滑动摩擦阻力与滑动速度无关（第三定律）。这 3 个定律用公式表示为：

$$F = \mu N \tag{2-11}$$

式中，F 为摩擦力（切向力）；N 为法向力（载荷）；μ 为摩擦系数。材料或体系的耐磨性高低一般用摩擦系数来表征。按照上述三“定律”，摩擦系数 μ 应该属于材料常数之一。但近年来研究发现当润滑条件、固体材料、环境介质、工作参数等参数发生变化时，摩擦系数也发生很大的变化。尽管如此，作为经验规律，上述三条定律对解决目前一般机械工程中的实际问题仍大致适合，只是在一些场合必须加以修正。由于摩擦学三“定律”的经验性或不严格性与传统意义上“定律”的精密性存在差距，人们往往认为“摩擦学中无定律”。

2.2.1.2 摩擦与磨损的分类

按照实际工作条件的差别，可以将摩擦分为 4 类，即干摩擦、边界润滑摩擦、流体润滑摩擦和滚动摩擦。

(1) 干摩擦：干摩擦又称无润滑摩擦，经常发生于制动器、摩擦传动、纺织、食品、化工机械和在高温条件下工作的零部件中。在这些工况下，无论是从污染、安全和实际工作需要（如传动过程）考虑，都不允许使用润滑剂。

(2) 边界润滑摩擦：两接触表面被一层很薄的油膜隔开（厚度可从一个分子层到 0.1μm）。该边界层或边界膜可使摩擦力降低 2~10 倍，并使表面磨损显著减少。几乎所有的润滑油都能在金属表面形成小于 0.1μm 厚、与表面有一定结合强度的准晶态边界膜，但吸附膜的强度决定于其中是否存在活性分子及其数量和特性。

(3) 流体润滑摩擦：对摩表面完全被油膜隔开，靠油膜的压力平衡外载荷。油膜厚度越大，固体表面对远离它的油分子影响越小。在流体润滑中，摩擦阻力决定于润滑油的内摩擦系数（黏度）。流体润滑摩擦具有最小的摩擦系数，从节能、延长使用寿命和减少磨损的观点考虑，都是最理想的条件。摩擦力大小也与接触表面的状况无关。

(4) 滚动摩擦：滚动摩擦与滑动摩擦状况和机理差别很大，摩擦系数也比滑动摩擦系数小得多。

按照磨损机理的不同，可以将磨损分为黏着磨损、磨粒磨损、疲劳磨损、腐蚀磨损、微动磨损、冲蚀（包括气蚀）磨损和高温磨损 7 大类。各种磨损失效的典型特征见表 2-2。

表 2-2 典型磨损失效类型以及提高耐磨性对材料表面的性能要求

磨损类型	磨损过程特点	要求材料具备的性质
磨粒磨损	一个凸起硬面和另一表面接触，或者在两个摩擦面之间存在或嵌有硬颗粒，相对运动导致材料转移	有比磨粒更硬的表面，较高的加工硬化能力

续表 2-2

磨损类型	磨损过程特点	要求材料具备的性质
黏着磨损	摩擦面相对滑动时，固相焊合点撕裂、断裂导致材料迁移	互相接触的摩擦副材料溶解度低，表面抗热软化能力好，表面能低
冲蚀磨损	含有固体粒子的流体冲击固体表面，或流动液体中气泡破裂形成的振动波使材料局部变形和流失的过程	在小角度冲击时要有高硬度，在大角度冲击时要有高韧度
疲劳磨损	在滚动接触过程中，由于交变接触应力的作用而使材料表面出现麻点或脱落现象	高硬度，高韧度，精加工性能好，流线型好，少、无硬的非金属夹杂，表面无微裂纹
腐蚀磨损	磨损与腐蚀交互或者共同作用，导致材料的去除过程	无钝化作用时要提高材料的耐腐蚀能力，兼有耐腐蚀性和耐腐蚀性能
微动磨损	当两个承载件的相互接触表面经历相对往复切向振动时，由于振动产生循环应力的作用而导致的微动损伤	提高耐环境腐蚀的能力和高的抗磨粒磨损性能，使磨损时形成软的腐蚀产物，同相配合的表面具有不相溶性
高温磨损	在高温下相互接触工件之间的磨损，是一种氧化、磨损交错或者同时进行的过程	热硬性好，抗氧化能力强，热扩散能力高

实际上，一种摩擦方式常常包含几种磨损机理。上述磨损机理中最基本的是黏着磨损、磨粒磨损、疲劳磨损和腐蚀磨损。各种复杂的磨损现象不外乎是这些基本机理单独或综合的表现。例如，滑动干摩擦过程依据相对运动的材料不同，可能发生黏着磨损、磨粒磨损，或两者兼而有之。滚动摩擦过程中不仅可能产生疲劳磨损、黏着磨损，在一定环境介质作用下还会发生腐蚀磨损或冲蚀磨损。下面重点介绍几种主要磨损失效方式的特点。

2.2.2 黏着磨损、润滑和固体润滑

黏着磨损是最常见的磨损形式之一。它的发生与发展十分迅速，容易使零件或机器发生突然事故，造成巨大的损失。磨损失效的各类零件中起因于黏着磨损的大约占 15%。生产过程中刀具、模具、量具、齿轮、蜗轮、凸轮、各种轴承、铁轨等材料磨损都与黏着磨损有关。

2.2.2.1 黏着磨损

黏着磨损机理为机械加工过的零件表面存在一定的粗糙度，即在金属表面随机分布着大小不等的微凸体。当润滑油膜不能完全覆盖这些微凸体时，接触将在微凸体之间发生，而不会像理想光滑表面那样形成圆形、椭圆形或其他规则形状的接触面积，如图 2-6 所示。这样会导致接触应力产生调幅分布，即一个较大范围的应力场，变成了很多分散的微观应力场，每一个应力峰对应一个微凸体的接触点，如图 2-7 所示。由于实际接触面积远小于名义接触面积，每一个微凸体上将承受更大载荷。由 Bowden 和 Tabor 提出的焊合剪切及犁削理论正是在这个基础上建立起来的。

Bowden 和 Tabor 等认为，当接触表面相互压紧时，由于微凸体间的接触面积小，承受的压力很高，足以引起塑性变形和“冷焊”现象。这样形成的焊合点因表面的相对滑动而被剪断，相应的力量构成摩擦力的黏着分量。此外，较硬表面的微凸体对于较软材料会造成犁削作用，从而构成摩擦力的犁削分量。由于后者相比前者很小，可以忽略，因

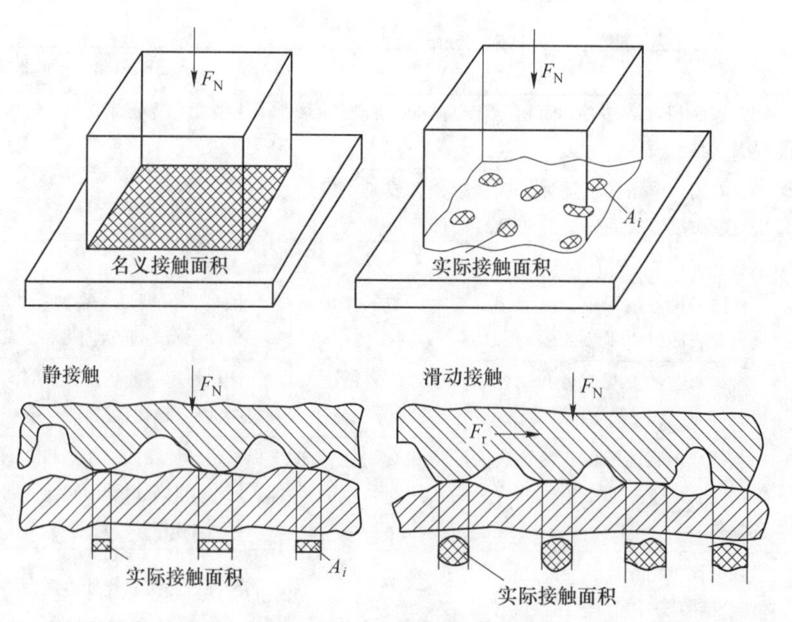

图 2-6 摩擦面的名义接触面积与实际面积

此，摩擦力可近似表示为：

$$F_r = A\tau_b \tag{2-12}$$

式中，A 为剪切的微凸体总面积；τ_b 为焊合点的平均抗剪强度。

由于材料的正压力可表示为：$F_N = A\sigma_s$，σ_s 为材料的屈服强度，则摩擦因数 μ 为：

$$\mu = \frac{F_r}{F_N} = \frac{A\tau_b}{A\sigma_s} = \frac{\tau_b}{\sigma_s} \tag{2-13}$$

式（2-13）说明，材料的摩擦系数主要决定于摩擦副的抗剪强度 τ_b 和屈服强度 σ_s 的比值，这即为摩擦学 3 个基本定律的基础，注意它是在大量简化条件下获得的。

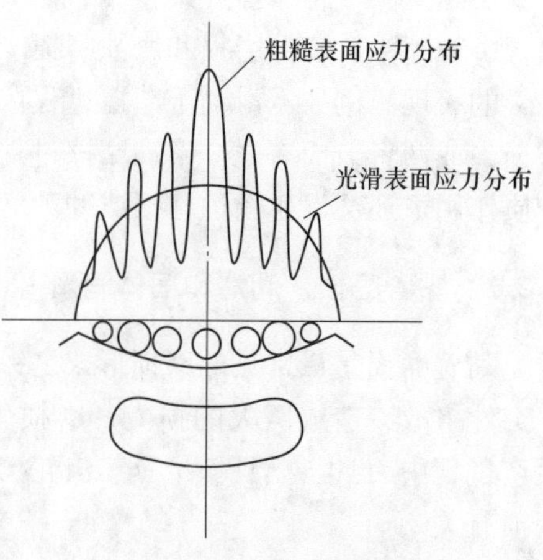

图 2-7 相互接触的粗糙表面微凸体之间的应力调幅分布

2.2.2.2 流体润滑和边界润滑

如果从微凸体群中抽出单个微凸体，同时将对摩材料表面微凸体简化为平面。则根据材料磨损体系的特征和式（2-13），对可能发生黏着磨损的典型情况做如下分析：

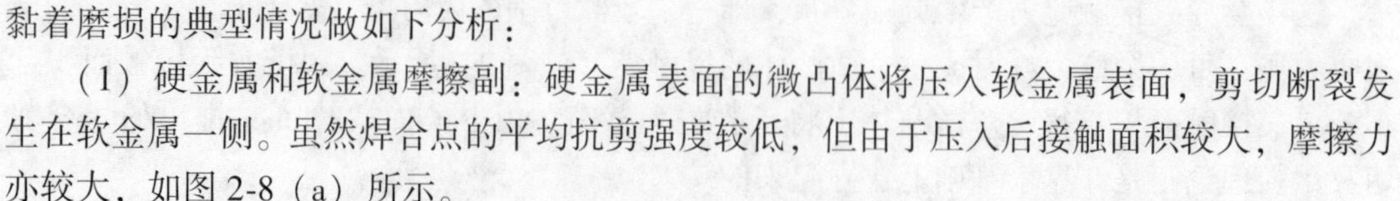

（1）硬金属和软金属摩擦副：硬金属表面的微凸体将压入软金属表面，剪切断裂发生在软金属一侧。虽然焊合点的平均抗剪强度较低，但由于压入后接触面积较大，摩擦力亦较大，如图 2-8（a）所示。

（2）硬金属和硬金属摩擦副：两者有较小的接触表面。剪切断裂发生在两种材料的界面附近区域。这种硬碰硬的磨损状态，接触面积虽小，但抗剪强度很高，因此摩擦力也很大，如图 2-8（b）所示。

（3）润滑条件下的摩擦副：根据式（2-13），最合适的耐磨材料体系应该同时具有高的硬度和低的抗剪强度。这对整体材料来说一般是达不到的。但是，如果在两种材料之间加入一层润滑油膜，则两个固体材料之间的剪切就可转变成油膜内部的“内摩擦”。当摩擦副表面的微凸体完全被油膜隔开，即处于流体润滑状态时（图 2-8（c）），摩擦系数主要决定于润滑油的黏度，在 0.001~0.01 之间，因此可以大幅度减少磨损，延长零件使用寿命。实际上，流体润滑状态又可细分为流体动压润滑和弹流润滑，后者比前者的摩擦系数高得多。

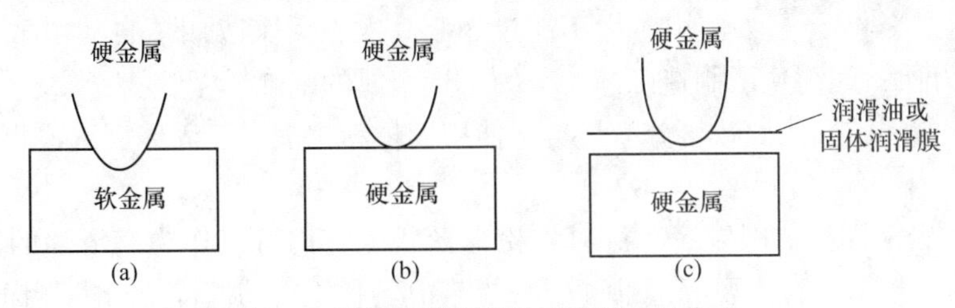

图 2-8　不同摩擦副条件下摩擦力的大小

（a）硬金属和软金属摩擦副；（b）硬金属和硬金属摩擦副；（c）润滑条件下的摩擦副

如果油膜润滑零件承受的压力太大，零件运行速度太低，或表面粗糙度太高，将会发生油膜刺穿现象，即发生微凸体之间的接触而导致磨损的增加。此时的磨损状态称为边界润滑。图 2-9、图 2-10 表示了不同润滑状态下摩擦系数和磨损速率的变化。可见边界润滑的摩擦系数虽然比流体润滑高得多，但仍比无润滑状态低得多。从边界润滑过渡到无润滑状态，磨损速率会发生突变，所以机械零件不能在无润滑条件下正常工作。

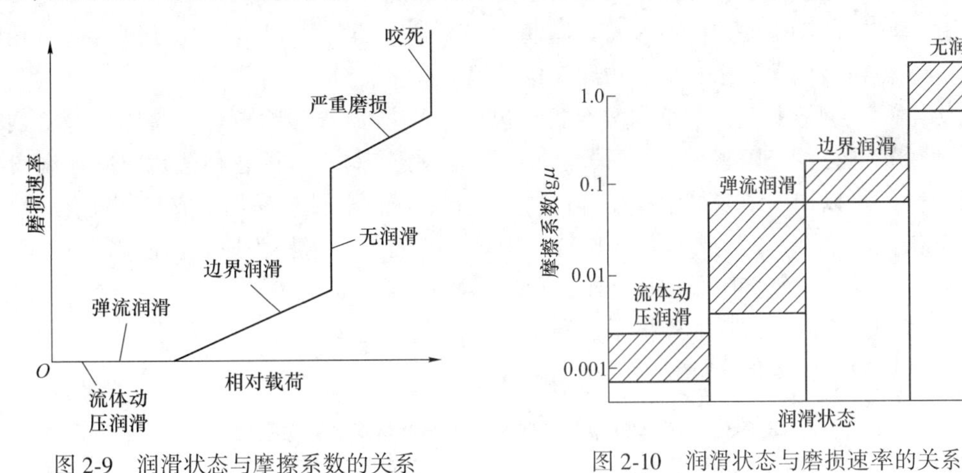

图 2-9　润滑状态与摩擦系数的关系

图 2-10　润滑状态与磨损速率的关系

2.2.2.3　固体润滑

第二次世界大战以后，航空、航天工业发展十分迅速。在这些领域中，许多机械零件要求在高温、高负荷、超低温、超高真空、强氧化、强辐射等苛刻条件下工作，一般流体润滑已无法满足要求。人们不得不寻找新的润滑材料和方法，固体润滑就是在这一背景下应运而生的。它是利用剪切力低的固体材料来减少接触表面之间摩擦与磨损的一种润滑方式。据报道，美国阿波罗登月计划的研究过程中，参加超高真空 0.67×10^{-6} ~ 0.67×10^{-9} Pa 条件下固体黏着、摩擦和润滑的应用基础研究单位就有 22 个之多。现在，固体润滑技术已进入民用工业领域，甚至可应用于有油润滑的场合，即形成流体与固体的混合润滑。因为机械设备的载荷、速度、温度等工作参数日益提高，摩擦副往往在极限条件下工作，即在接触区不能保证全油膜润滑，而是处于边界润滑状态，大部分载荷要由固体表面来承担。在这种情况下，采用厚度大、性能优良的固体润滑涂层来承担载荷能更有效地降低摩擦和提高零件的耐磨性。事实上，大量的基础零件，如滑动轴承、滚动轴承、齿轮、缸套活塞环、凸轮挺杆、滑动密封以及工模具等，如果能合理利用固体润滑涂层，会在降低摩擦、节约能源、延长寿命、提高可靠性方面获得显著效益。例如，原来仪表制造中普遍采用的触点材料是金-镍合金，使用寿命不超过30000次，后来改用了自润滑触点材料，寿命提高到10万次，还简化了制造工艺，节约了贵金属的消耗。

实现固体润滑的方法大致可分为3类：使用固体粉末润滑、固体润滑覆膜和制成自润滑复合材料。

（1）固体粉末润滑。固体润滑材料为粉末形式。它们可以作为润滑油的添加剂混入油中；或把固体粉末放在需要润滑部件的密封箱中，利用转动部件使粉末飞扬起来，再落到摩擦表面上，达到润滑的效果；或制成悬浮液（如用酒精），浸渍在多孔的烧结材料中，做成具有自润滑性能的零件。也可把悬浮液喷涂或刷抹在零件表面进行润滑。

（2）固体润滑覆膜。固体润滑覆膜有以下3类：1）黏结固体润滑膜（简称干膜）。将固体润滑剂与黏结剂（可用各种树脂、无机物、金属或陶瓷）混合，用溶剂溶解，搅拌均匀，用喷枪喷涂或涂抹在零件表面，待干燥后即成干膜。2）化学反应法固体润滑膜。用化学反应法形成固体润滑膜，这类润滑膜种类很多，主要包括表面硫化处理、磷化处理和氧化处理等。处理后可在钢铁表面形成具有低抗剪强度的硫化铁膜、磷酸盐膜和氧化膜。3）电镀和气相沉积方法形成固体润滑膜。这类方法也很多，电镀包括槽镀和刷镀、气相沉积包括化学气相沉积和物理气相沉积。

（3）自润滑复合材料。自润滑复合材料包括：1）金属基复合材料。将固体润滑剂粉末与金属粉相混合，经压制、烧结而成。2）塑料基复合材料。由各种塑料与固体润滑剂按比例组合，可以构成很多种塑料复合材料。塑料轻、耐腐蚀、易加工成型，具有润滑性和吸收冲击性等优点。3）碳基复合材料。用焦炭、石墨、碳墨为原料，混以沥青焦油、合成树脂等黏结剂，经挤压成型后烧结，形成多孔复合材料。

几种典型固体润滑材料的摩擦系数和工作温度范围见表2-3，可以看出，固体润滑材料的添加，可以大幅度地降低材料的摩擦系数。

表2-3　钢铁零件中几种典型固体润滑材料的摩擦系数

材料	稳定温度（大气环境）/℃	稳定温度（真空环境）/℃	摩擦系数
Pb			0.12
Ag			0.14
In			0.10
石墨	350	不稳定	0.20
MoS_2	350	1350	0.18
WS_2	440	1350	0.17
NbN_2	350	1350	0.08
Cu-Pb			0.1
聚四氯乙烯			0.08~0.20

注：固体润滑的摩擦系数与工作环境有关。

影响固体材料黏着磨损性能的因素有：

（1）润滑条件或环境。在真空条件下大多数金属的磨损是极其严重的。除了金以外，在大气条件下，许多金属在经过切削或磨削后，洁净的表面在 5min 内就产生一层 5～50 分子层的氧化膜，它在防止黏着方面有重大作用。而良好的润滑条件更是降低黏着磨损的重要保障。

（2）硬度。严格地说，应该是对摩擦副材料的硬度而言。材料的硬度越高，耐磨性越好。材料体系一定时，可采用涂层或其他表面处理工艺。

（3）晶体结构和晶体的互溶性。其他条件相同时，晶体结构为密排六方的材料摩擦系数最低，磨损率也最低，面心立方材料次之，体心立方材料最高。冶金上互溶性好的一对金属摩擦副摩擦系数和磨损率高。周期表上相距较远的元素不易互溶，也不易黏着。

（4）温度。温度对磨损的影响是间接的。如温度升高，材料硬度下降，摩擦互溶性增加，磨损加剧；温度上升，材料的氧化速率增加，也可影响磨损性能。

2.2.3 磨粒磨损

2.2.3.1 磨粒磨损过程中材料的去除机理

在工业领域中，由于磨粒磨损导致的零件失效约占整个磨损失效的 50%，由此可见其重要性。如果将被磨损材料简化为一种不产生任何塑性变形的绝对刚体，将硬质磨粒简化为一个三角锥体，并将磨损过程视为简单的滑动过程，如图 2-11（a）所示。则在该锥体作用下，滑动一定距离所磨损掉的材料体积 V 与所施加载荷 P、被磨材料的硬度 H 及滑动距离 L 的关系为：

$$V = KPH^{-1}L \tag{2-14}$$

式中，K 为比例系数，是与磨粒的形状系数、冲击角、摩擦系数和材料的性能（如弹性模量、流动极限和表面硬度）及接触条件有关的参数。

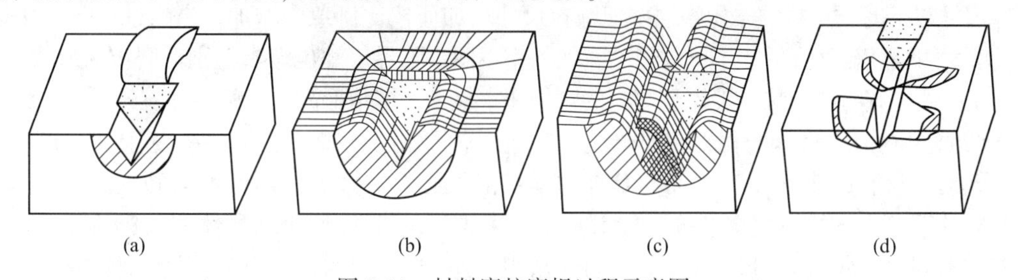

图 2-11 材料磨粒磨损过程示意图

（a）显微切削；（b）显微犁沟；（c）显微疲劳；（d）显微裂纹

实际上，依据材料的塑性或脆性大小的不同，磨粒磨损过程中存在塑性变形和断裂两种去除机理。当磨粒与塑性材料表面接触时，主要发生显微切削、显微犁沟两种塑性变形的磨损方式，如图 2-11（a）和（b）所示，材料的磨损体积 V 用式（2-15）表示。

当磨粒和脆性材料表面（如玻璃、陶瓷和碳化物等）接触时，主要以表面断裂破坏为主，如图 2-11（c）和（d）所示。此时材料去除体积的表达式为：

$$V = KP^{5/4}d^{1/2}K_{IC}^{-3/4}H^{-1/2}L \tag{2-15}$$

式中，K_{IC} 是材料的断裂韧度；K 是与磨粒形状及其分布状态有关的函数。施加载荷越大、磨粒越尖锐以及材料的断裂韧度与硬度的比值越低，材料越趋向于压痕断裂。

在实际的磨粒磨损过程中，断裂机理要比塑性变形机理所造成的材料损失大得多。然而，无论是塑性材料或者脆性材料，塑性变形和断裂两种方式都可能发生。只是由于磨损环境条件和材料特性不同，某一种机理会占主导地位。而且环境的变化会导致一种磨损机理向另一种机理的转换。正是由于这一综合作用的特征，使得材料的磨损率与一般的力学性能没有简单的对应关系。

2.2.3.2　磨粒磨损过程的影响因素

（1）磨粒特性的影响：磨粒的硬度、形状和粒度对材料的磨损过程均有影响。

1）磨粒硬度的影响。磨粒硬度对材料的磨损率有明显影响，其影响程度以磨粒硬度 H_a 和材料硬度 H_m 的比值来表示。对均质材料来说，当对均质材料 $H_a/H_m<1.0$ 时，为软磨粒磨损，此时，磨损速率很低；当 $H_a/H_m>1.2$ 时，为硬磨粒磨损，且继续增加磨粒硬度对磨损速率的影响不大；当 $1.0<H_a/H_m<1.2$ 时，磨损速率随 H_a/H_m 的增加几乎是线性的，磨损速率很高。磨损速率随体积 V 与 H_a/H_m 的关系如图 2-12 所示。对非均质材料来说，也存在类似的规律，只是变化的速率与硬度比值的大小有所差别而已。因此，对于提高材料磨粒磨损性能比值对材料耐磨性的影响规律而言，首要的条件就是使耐磨表面的硬度大于磨粒硬度。

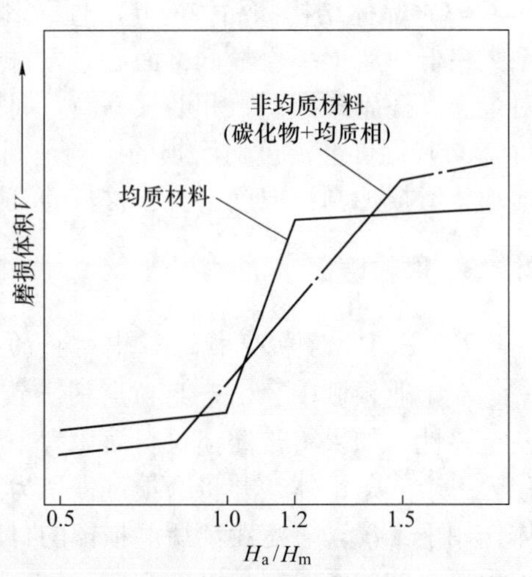

图 2-12　磨料硬度和材料硬度比值对材料耐磨性的影响规律

2）磨粒形状和粒度的影响。当磨粒在某一临界尺寸以下时，材料的体积磨损率随磨粒尺寸增加而按比例急剧增加；当超过这一尺寸时，磨损增大的幅度显著降低。不同材料的直线斜率不同，临界尺寸也略有差别。磨粒的形状对磨粒磨损过程也有明显影响。尖锐型磨粒的磨损速率最大，多角形次之，圆性磨粒的最小。

（2）材料力学性能与微观组织的影响：材料耐磨粒磨损性能主要决定于其硬度，尤其是磨损后材料的表面硬度，而与其他力学性能无必然关系。但耐磨性与硬度之间没有单值对应关系。在同样硬度条件下，奥氏体、贝氏体的耐磨性优于珠光体和马氏体。各种类型钢在不同含碳量和热处理条件下，由于获得的组织类型和含量不同，使耐磨性有相当大的变化。夹杂物和内部缺陷会使磨损过程中更易产生剥落、开裂而大大降低耐磨性。

（3）工况和环境条件的影响：工况与环境条件的影响因素主要指速度、载荷、磨损距离、磨粒冲击角，以及环境湿度、温度和腐蚀介质等。一般情况下，湿磨损由于能起到润滑和冷却的作用，磨损率稍有下降。但在腐蚀介质及高温条件下的磨粒磨损过程会产生很大的变化，磨损速率会大幅度增加。

2.2.4　其他磨损形式

2.2.4.1　疲劳磨损

疲劳磨损的定义已在表 2-2 中做过介绍，疲劳磨损一般出现在滚动接触的机械零件表面，如滚动轴承、齿轮、车轮和轧辊等。影响疲劳磨损过程的主要因素包括：材料生产过程（主要是夹杂物的存在方式与数量）、材料组织结构度、表面粗糙度、润滑状态和零件工作环境等。因此，对于一些要求疲劳磨损较高的零件，应采用高纯度的钢材，降低表面粗糙度，尽量使零件在良好润滑条件下工作。同时，应该注意分清楚接触疲劳的失效形式，以便调整材料的硬度。当零件的主要失效形式为点蚀和剥落时，裂纹的萌生为磨损的主导过程，此时材料硬度越高，裂纹越难于萌生，接触疲劳寿命就越长；当油润滑条件下的擦伤为主要失效机制时，疲劳裂纹的扩展阶段是决定寿命的主要因素，此时，材料硬度越高，擦伤越容易发生，疲劳寿命反而越低。

2.2.4.2 腐蚀磨损

农机、矿冶、建材、石油化工及水利、电力等部门许多机械设备中工作的零件，不仅受到严重的磨粒磨损或冲蚀磨损，还要受到环境介质的强烈腐蚀破坏。据报道，受到无机肥料或农药强烈腐蚀磨损作用的喷洒机械，其使用寿命只达到设计指标的40%~60%；在水田土壤中耕作的拖拉机履带板只有旱田寿命使用的1/5左右。

腐蚀磨损可以从腐蚀对磨损的影响和磨损对腐蚀的影响两个方面分别来考虑：一方面，由于腐蚀介质的作用，在材料表面生成疏松的或脆性的腐蚀产物，随后在磨粒或其他微凸体的作用下很容易破碎去除，导致材料磨损的增加。依据条件的不同，腐蚀对材料去除程度的影响占腐蚀磨损总量的比例可达50%~70%，有时甚至更高；另一方面，磨损过程可对腐蚀的阳极过程和阴极过程产生极大影响，腐蚀速度平均可增加2~4个数量级，最大可增加6~8个数量级。大多数耐蚀金属都是因为在表面形成可阻止腐蚀进一步发展的表面膜（钝化膜）而具有良好的耐蚀性。但在腐蚀磨损过程中，钝化膜将受到破坏，破坏程度与作用力的大小、磨粒形状等因素有关。材料裸露出的新鲜表面直接与介质发生电化学反应，使阳极溶解速度急剧提高。但是，如果表面膜具有较强的自愈合能力，则磨损作用的影响会大大削弱。

材料腐蚀磨损速率取决于介质的腐蚀特性和磨损过程的特点，并且它们之间还会互相影响。例如，从腐蚀方面来看，钢铁材料在静态条件下的腐蚀随pH值增加而减小，45钢在腐蚀性较强的H_2SO_4和HCl组成的砂浆条件下，腐蚀磨损量是在碱性介质NaOH中的14~16倍；在腐蚀性较弱的NaCl和自来水中，腐蚀磨损量也为在NaOH中的3.6~6倍。腐蚀介质的浓度与温度对腐蚀磨损速率的影响也很大。加入缓蚀剂不仅可以抑制材料的腐蚀，而且可以抑制磨损对腐蚀的促进作用。从机械因素方面来看，腐蚀磨损过程中载荷大小与速度、频率和冲击角都会影响到材料耐腐蚀磨损性能。

2.2.4.3 冲蚀磨损

冲蚀磨损是粒子冲击材料表面造成的破坏。这里所指的“粒子”是广义的，它包括固体、液滴和气泡。典型的冲蚀磨损例子有：各种水库的水轮机叶片，因常年受到夹杂有沙石的流水冲击而在表面形成大的冲蚀坑；汽轮机末级叶片由于受到高速运动水滴的冲蚀，导致迎风面的破坏，降低发电效率，有时甚至影响到电厂的安全运行。

人们对冲蚀过程机理的了解与掌握远低于黏着磨损和磨粒磨损。一般认为，冲蚀过程中存在着脆性和延性两种磨损机制。脆性材料（包括玻璃、陶瓷、石墨和某些塑性很低的合金）受到粒子的冲击作用时，将不会发生塑性变形便出现裂纹并很快脆断。研究表明，脆性冲蚀时的磨损体积V与材料的断裂韧度K_{IC}、硬度H、入射粒子的速度v_0、粒度r及密度ρ有关，据推算，有：

$$V = v_0^{3.2} r^{3.7} \rho^{1.58} K_{IC}^{-1.3} H^{-0.25} \tag{2-16}$$

式（2-16）说明，冲蚀体积的大小与入射粒子的速度、粒度和密度密切相关。注意到它受材料的韧性影响程度远大于硬度，因此，不是越硬的材料耐冲蚀性能越好。这一点在选材或进行表面工程设计时必须充分注意。延性冲蚀与脆性冲蚀相反，当撞击角为90°时冲蚀很小，撞击角为20°时冲蚀最大，相当于一种切削过程，也称切削磨损。

空泡腐蚀又称为空化腐蚀或空蚀，是冲蚀的一种特殊形式。在船舶推进器和鱼雷的后缘、泵的转子及管道弯头等有高速流体作用并有压力变化的一些部位，通常都容易发生空泡腐蚀。其原因是：流体以高速运动时产生湍流、气泡或空腔，它们高速形成、长大、消失和破灭，如此循环往复。空泡的形成和长大对腐蚀的影响不大，但在其破灭的瞬间却产生极大的压力，一般可达到几千个标准大气压，这样大的压力不但可使金属表面的氧化膜破坏，甚至足以将金属粒子撕离金属表面，使零件受到破坏。

2.2.5 提高零件耐磨性的途径

综上所述，机械零件磨损失效过程复杂，受材料成分和性能、环境温度和介质、结构设计、制造过程和工艺、设备安装与使用等多种因素的影响。迄今为止，尚无一个较为简单和通用的方法来预测零件的磨损寿命，也无合适的公式、手册来准确推算和记录各种性能。然而，设计或改善机械零部件的耐磨寿命，是工程技术中必须解决的关键技术问题。为此，应该从以下几个方面入手。

2.2.5.1 工程结构的合理设计

工程结构的合理设计是提高零件耐磨性的基础。它包括两方面的含义：一方面，产品内部结构设计必须合理。在满足工作条件的前提下，尽量降低对磨材料的交互作用力，否则，再优良的耐磨材料也无法有效提高其磨损寿命，当工程中发现某种零件的耐磨性很差时，首先要考虑的就是能否从设计原理上加以改进，降低摩擦力或减小摩擦系数。另一方面，设计时应对零件的重要性、维修难易程度、产品成本、使用特点、环境特点等预先进行综合分析。例如，在多数情况下更换轴瓦比换轴更方便和经济，因而要特别重视轴颈的耐磨性。在诸如航天、原子能等工业中，产品的可靠性和寿命是第一位的，为提高材料的耐磨性可以不惜成本。

2.2.5.2 零件磨损机理预测、分析和耐磨材料的选择

由于材料的耐磨性是系统性质，影响因素众多。不同的磨损失效方式，影响耐磨性的因素相差很大，对材料力学性能的要求也不相同。由表2-2总结的几种典型磨损类型要求材料具备的性能可知，增加材料硬度可以提高耐磨损能力，但存在不少例外，如汽车发动机的凸轮硬度（HRC）以50左右为最好，而不需更高的硬度。

要正确地选材，必须弄清影响产品寿命的基本因素和磨损过程是否始终以同样的磨损机理进行等情况；确定材料在使用方面是否存在工艺性能、使用环境、力学性能、理化性能等方面的限制；确定材料是否能经受住运行中的载荷（如接触压力等）而不变形或无过分变形；确定零件表面温度范围、防止材料在摩擦过程中软化与咬合；确定材料允许的最大载荷和滑动速度；确定机件工作循环特性；确定允许的磨损失效形式和机械表面的损伤程度。

必须说明的是，用材料的磨损率来决定磨损寿命并不充分。如汽车发动机的咬合，实

际上无材料损失；再如在载货汽车的制动器中，制动器衬套的磨粒磨损是允许的，因为在磨损过程中磨掉了微小的裂纹，可以完全避免热疲劳裂纹的危害。

2.2.5.3 材料表面耐磨与减摩处理

通过表面工程技术提高耐磨性一般从两个方面着手：一是使表面具有良好的力学性能，如高硬度、高韧度等；二是设法降低材料表面的摩擦系数。

在材料的力学性能中，最重要的是硬度，在大多数情况下磨损率都会随硬度的提高而降低。而提高材料表面硬度的工艺方法种类繁多，表面淬火、涂覆和合金化都可以达到目的，详细可见后续章节。在具体选择处理工艺及相关参数时，不仅要注意到该工艺的基本优点，还要注意其局限性，并综合考虑实施各工艺的经济性及环境污染等社会问题，才能取得比较理想的效果。当工艺设计过程中对所选方案存在疑虑时，应该注意借鉴相同或相似工作条件下相关的工作成果，条件允许时尽可能在接近工况条件下在实验室进行磨损实验，优选所得方案。

降低表面摩擦系数是通过形成非金属性质的摩擦面或添加固体润滑膜来实现的。对于钢材，一般通过各种表面工程技术如渗硫、渗氧、渗氮、氧碳氮共渗、热喷涂层中加固体润滑物质、物理气相沉积、化学气相沉积及离子注入等，使材料表面形成氮化物、氧化物、硫化物、碳化物以及它们的复合化合物的表面层。这些表面层可以抑制摩擦过程中摩擦副两个零件之间的黏着、焊合以及由此引起的金属转移现象，从而提高其耐磨性。许多表面强化方法往往具有上述两种特性，因而都可明显提高材料的耐磨性。例如，若在钢件表面渗入 B、Nb、V 等元素，在表面上就会形成 FeB、Fe_2B、NbC、VC 等化合物，既能使表面具有高硬度，又降低了原有摩擦副的相溶性，使耐磨性大幅度提高。

思 考 题

答案 2

2-1 为什么会造成表面原子的重组？

2-2 在两块玻璃之间放少许水叠在一起为什么很难分开？

2-3 洁净表面成分和结构与体内有何区别，为什么？如何获得洁净表面？机械加工表面、一般表面的结构是怎样的？

2-4 阐述典型固体界面的形成过程与特点。贝尔比层是如何形成的？

2-5 什么是表面能，它与表面张力有何关系，固体为什么会吸附周围其他物质？

2-6 什么是润湿现象，以什么来判断润湿程度，润湿理论是如何被应用于表面工程技术中？

2-7 磨损通常是如何分类的？

2-8 抗磨材料的选择原则是什么？

2-9 固体表面对固体表面有无吸附性，为什么？

2-10 试简要说明莱宾杰尔效应有哪些显著特征。

3 金属表面腐蚀与防护技术

腐蚀就是材料与环境介质作用而引起的恶化变质和破坏。腐蚀对材料表面的损害不仅导致资源和能源的浪费，带来巨大的经济损失，而且容易造成污染与事故，严重影响人们生活，甚至危及生命安全。所有的腐蚀破坏都是从损坏材料的表面开始的。要提高材料表面的耐腐蚀能力，必须先对金属腐蚀与主要防护方式有基本了解。

3.1 金属表面腐蚀原理

表面腐蚀研究材料表面在其周围环境作用下，发生破坏以及如何缩减或防止这种破坏。通常来讲，材料与环境介质发生的化学和电化学作用，引起材料的退化和破坏叫腐蚀。金属是一种应用广泛的工程材料，所以通常意义上的腐蚀指的是金属腐蚀。

金属腐蚀是指金属表面与周围环境发生化学或电化学作用而引起金属破坏或变质的现象。环境一般指材料所处的介质、温度和压力等。电厂的热力设备在制造、运输、安装、运行和停运期间，会发生各种形态的腐蚀。研究热力设备的腐蚀就是要分析热力设备腐蚀的特点，了解腐蚀产生的条件，找出腐蚀产生的原因，掌握防止腐蚀的办法。

自然界中只有金、银、铂等很少的贵金属是以金属态存在，而绝大多数金属都是以化合物状态存在。按照热力学的观点，绝大多数金属的化合物处于低能位状态，而单体金属则是处于高能位状态，所以，腐蚀是一种自发的过程。这种自发的变化过程破坏了材料的性能，使金属材料向着离子化或化合物状态变化，是吉布斯自由能降低的过程。金属表面腐蚀通常发生在金属与介质间的界面上，由于金属与介质间发生化学或电化学多项反应，使金属转变为氧化（离子）状态。可见，金属及其表面环境所构成的腐蚀体系及该体系中发生的化学和电化学反应就是金属表面腐蚀的主要研究对象。

我国商代就已经用锡来改善铜的耐腐蚀性而出现了锡青铜。18 世纪中叶，开始陆续出现了对腐蚀现象的研究和解释。其中罗蒙诺索夫于 1748 年解释了金属的氧化现象。1790 年凯依尔描述了铁在硝酸中的钝化现象。1830 年德·拉·里夫提出了腐蚀电化学，即微电池理论，随后出现的电离理论及法拉第电解定律对腐蚀的电化学理论的发展起到了重要的推动作用。后来，能斯特定律、热力学腐蚀图（E-pH 值）等也相继产生并创立了电极动力学过程的理论。到了 20 世纪初，金属腐蚀已成为一门独立的学科。

3.1.1 腐蚀的基本概念

腐蚀的分类方法很多。按照材料腐蚀原理的不同，可分为化学腐蚀和电化学腐蚀。化学腐蚀是金属在干燥的气体介质中或不导电的液体介质中（如酒精、石油等）发生的腐蚀，腐蚀过程中无电流产生。例如钢铁的高温氧化、银在碘蒸气中的变化等。电化学腐蚀是指金属在导电的液态介质中因电化学作用导致的腐蚀，在腐蚀过程中有电流产生。研究发现，金属在自然环境和工业生产过程中的腐蚀破坏主要是由电化学腐蚀造成的。潮湿大气、土壤和工业生产中的各种介质等，都有一定的导电性，属于电解质溶液。在这种溶液中，同一金属表面各部分的电位不同或者两种以及两种以上金属接触时都可能构成腐蚀电池，从而造成电化学腐蚀。

按环境不同，可将腐蚀分成3类：湿蚀（包括水溶液腐蚀、大气腐蚀、土壤腐蚀和化学药品腐蚀）、干蚀（包括高温氧化、硫腐蚀、氢腐蚀、液态金属腐蚀、熔盐腐蚀、羧基腐蚀等）、微生物腐蚀（包括细菌腐蚀、真菌腐蚀、流化菌腐蚀、藻类腐蚀）等。

按腐蚀形态不同，可分为全面腐蚀和局部腐蚀两大类。腐蚀分布在整个金属表面上（包括较均匀的和不均匀的）称为全面腐蚀；腐蚀局限在金属的某一部位则称为局部腐蚀。在全面腐蚀过程中，进行金属溶解反应和物质还原反应的区域都非常小，甚至是超显微的，阴、阳极区域的位置在腐蚀过程中随机变化，使腐蚀分布相对均匀，危害也相对小些。而在局部腐蚀过程中，腐蚀集中在局部位置上，而金属的其余部分几乎没有发生腐蚀。

3.1.2 金属化学腐蚀的基本原理

当裸金属表面与干燥的空气或氧气接触时，首先将在表面形成氧分子的物理吸附层，并迅速转化为一层较为稳定的化学吸附膜。随着氧化过程的继续进行，反应物质必须先通过膜层然后再与基体起反应，氧化速度往往由传质过程所控制。在低温和常温时热扩散不能发生，只可能发生离子电迁移，此时膜的生长速率较慢。在较高温度时膜的增长主要依靠热扩散。

如果以 M 代表金属的摩尔质量，ρ 代表金属的密度，M'代表1mol金属原子所生成氧化物的质量，x 代表一个分子的氧化物中金属原子的个数，D 表示氧化物的密度，则保持氧化膜完整的必要条件是：新生成的氧化物摩尔体积（$V_{氧化物}=M'/(xD)$）必须大于氧化消耗掉的金属的摩尔体积（$V_{金属}=M/\rho$）。即如果 $V_{氧化物}/V_{金属}$ 或者 $M'\rho/(xDM)$ 的值大于1，则有可能生成比较完整致密的氧化膜，从而对金属表面产生一定的保护作用。当膜覆盖到一定程度时，可以对基体起到明显的保护作用，氧化速度几乎为零。另一方面，$M'\rho/(xDM)$ 的值也不应该太高。膜太厚，导致内应力太大，容易导致膜层开裂，严重的甚至引起膜的鼓泡或者剥落。

依照表面反应速度及氧化膜的致密程度不同，金属氧化的动力学过程有3种典型情况：

（1）直线生长规律。K、Na、Mg 等金属的摩尔体积与其氧化物摩尔体积的比值 $M'\rho/(xDM)<1$，氧化物对金属基体基本上没有保护作用；Ta 和 Nb 等金属的 $M'\rho/(xDM)$ 虽然大于1，但形成的氧化膜是多孔的或破裂的，对金属基体同样没有保护作用。金属 Mo 的氧化物是挥发性的，对金属基体也没有保护作用。当上述这些金属氧化时，氧气可以通过未被覆盖住的表面及氧化膜中的孔隙或微裂纹直接与金属接触。因此，氧化的速度取决于金属表面化学反应的速度，为一个常数。氧化膜随时间的延长而成比例地增厚，即服从直线规律。氧化速度与温度有关，温度越高，氧化速度越快。

（2）氧化膜的抛物线生长规律。对 Fe、Co、Ni、Cu 等金属而言，其 $M'\rho/(xDM)>1$，能够形成完整的保护膜。膜的生长速度与膜的增厚或重量变化成反比。厚度 y 与时间 t 的关系为一个典型的抛物线方程：

$$y^2 = kt + B \tag{3-1}$$

式中，k 为与温度有关的常数；B 为积分常数。在一定温度之下，许多金属和合金的氧化都遵循这一规律。

（3）氧化膜的对数生长规律。有些金属在氧化过程中（如 Cr 及 Zn 在 25～225℃范围内，Ni 在 650℃以下，Fe 在 375℃以下），由于膜成长时弹性应力增大，膜的外层变得更加致密，膜的厚度与时间的关系服从对数规律：

$$y = \ln(kt) \tag{3-2}$$

材料化学腐蚀动力学过程的上述 3 种典型形式如图 3-1 中的曲线 1、2、3 所示。实际的腐蚀过程中，由于腐蚀环境或腐蚀介质的复杂性，材料化学腐蚀的动力学过程往往是上述几种机制的综合。

可见，提高材料抗氧化能力的重要途径就是改变材料的表面成分，使其氧化动力学曲线呈对数变化。

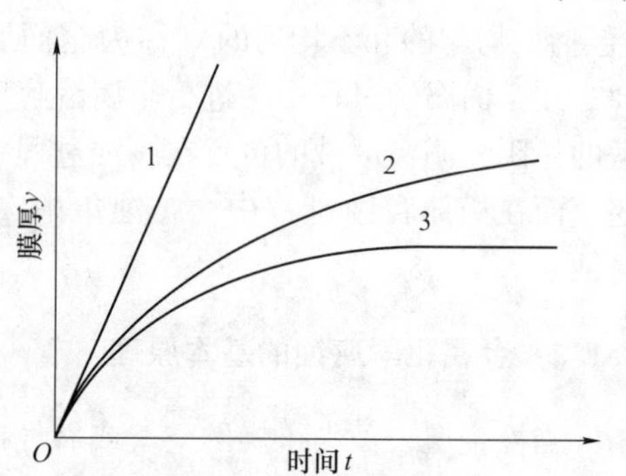

图 3-1　金属材料的典型化学腐蚀动力学过程
1—直线生长规律；2—氧化膜的抛物线生长规律；
3—氧化膜的对数生长规律

3.1.3　金属电化学腐蚀原理

金属材料与电解质接触，将发生电化学反应，在界面处形成双电层并建立相应的电位。这种金属电极与溶液界面之间存在的电位差就叫作金属的电极电位。然而，通常所说的电极电位是指以该电极为阳极，以标准氢电极为负极构成原电池所测得原电池的电动势（即原电池开路时两个电极之间的电位差），因此又称为标准电极电位。当电极上氧化还原反应为可逆反应时的电极称为可逆电极。在没有电流通过时，可逆电极所具有的电位称为平衡电位。平衡电位除了与该电极的标准电极电位大小有关外，还与电解质的温度、有效浓度（即活度）等因素有关，可用能斯特方程进行计算：

$$\varphi_{平} = \varphi^0 + \frac{RT}{ZF}\ln a \tag{3-3}$$

式中，$\varphi_{平}$为平衡电极电位；φ^0为标准电极电位；R 为气体常数，$R=8.315\text{J}/(\text{mol}\cdot\text{K})$；$T$ 为电解质温度，单位为 K；Z 为参加反应的电子数；F 为法拉第参数；a 为金属离子的平均活度。

上式说明，材料的种类、组织结构、表面状态，介质的成分、浓度、温度的差别，都会对材料在溶液中的电极电位产生影响，导致不同的电位值。将各种金属的标准电极电位按其代数值增大顺序排列起来，称为标准电位序。由于金属的标准电位序随外部条件的变化而变化，常用腐蚀电位序（即各种金属在某种介质中的稳定电位值按其代数值大小排列的顺序）来判断金属腐蚀的热力学可能性。腐蚀电位值越负的金属越容易腐蚀。表 3-1 给出了部分金属的标准电极电位及其在 3%NaCl 溶液中的腐蚀电位。由表可见，一些标准电极电位低的金属如铝、铬等，在 3%NaCl 溶液中的腐蚀电极电位要高得多。

表 3-1 部分金属的标准电极电位及其在 3%NaCl 溶液中的腐蚀电位

金属名称	电极反应	标准电极电位/V	腐蚀电极电位
Mg	$Mg \rightarrow Mg^{2+} + 2e^-$	-2.34	-1.6
Al	$Al \rightarrow Al^{3+} + 3e^-$	-1.670	-0.60
Mn	$Mn \rightarrow Mn^{2+} + 2e^-$	-1.05	-0.91
Zn	$Zn \rightarrow Zn^{2+} + 2e^-$	-0.762	-0.83
Cr	$Cr \rightarrow Cr^{3+} + 3e^-$	-0.71	0.23
Cd	$Cd \rightarrow Cd^{2+} + 2e^-$	-0.40	-0.52
Ni	$Ni \rightarrow Ni^{2+} + 2e^-$	-0.25	-0.02
Co	$Co \rightarrow Co^{2+} + 2e^-$	-0.227	-0.45
Sn	$Sn \rightarrow Sn^{2+} + 2e^-$	-0.136	-0.25
Pb	$Pb \rightarrow Pb^{2+} + 2e^-$	-0.126	-0.26
Fe	$Fe \rightarrow Fe^{3+} + 3e^-$	-0.036	-0.50
Cu	$Cu \rightarrow Cu^{2+} + 2e^-$	0.345	0.05
Ag	$Ag \rightarrow Ag^{+} + e^-$	0.799	0.20

3.1.4 腐蚀原电池与腐蚀微电池

如果把两种电极电位不同的金属同时放在同一种电解液中，并把它们用导线通过电流表连接起来，就组成了一个原电池。图 3-2 所示为 Cu-Zn 腐蚀原电池，其中，Zn 的电极电位较负，为阳极，发生氧化反应：

$$Zn - 2e^- \longrightarrow Zn^{2+}$$

Cu 电极的电位较正，在稀盐酸中发生还原反应，在溶液中 H^+离子与从 Zn 电极流过来的电子结合放出氢气：

$$2H^+ + 2e^- \longrightarrow 2H$$

$$2H \longrightarrow H_2$$

腐蚀电池的总反应为：

$$Zn + 2H^+ \longrightarrow Zn^{2+} + H_2\uparrow$$

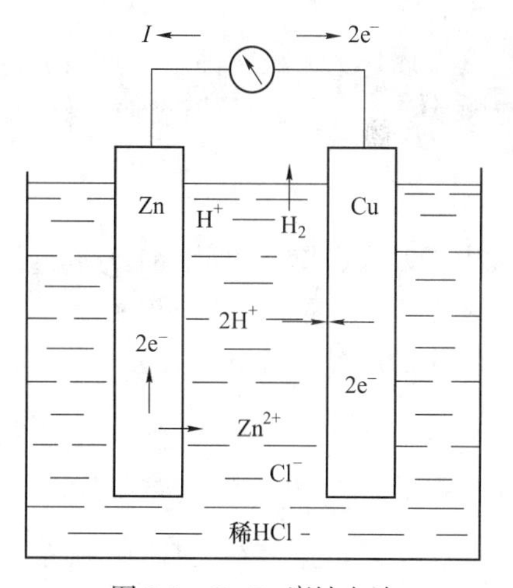

图 3-2 Cu-Zn 腐蚀电池

实际上，在电解液中的两种金属直接接触也能形成腐蚀原电池，不一定非要导线连接。例如，在大气条件下，铜和铁直接接触，如果在它们的表面凝结了一层水膜，即组成了一个腐蚀原电池，如图 3-3（a）所示。此外，由于材料成分和介质或两者同时存在着不均匀性，使金属表面的不同区域电位值存在差别。电位较负的区域将离子化为阳极，电位较正的区域为阴极。而金属作为良导体，溶液为离子导电体，在阳、阴极之间电位差的驱动下，形成闭路的腐蚀原电池，因其区域较小，又称为腐蚀微电池，图 3-3（b）所示为由 $Fe\text{-}Fe_3C$ 微腐蚀电池组成的腐蚀微电池。

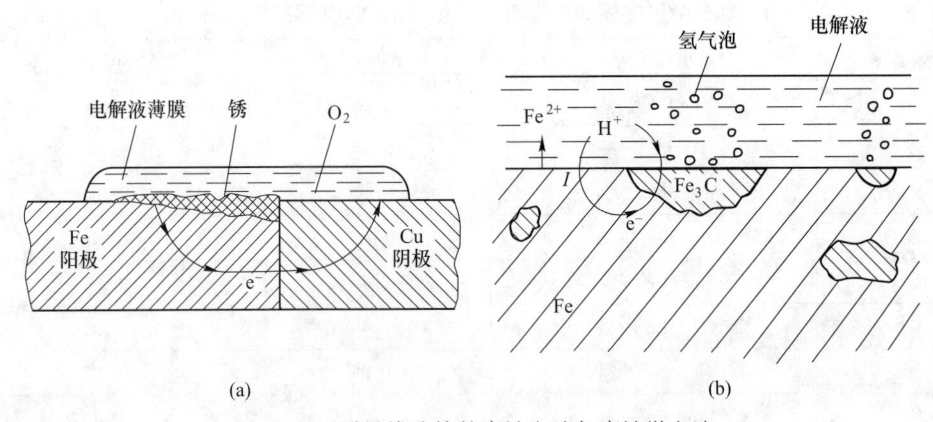

图 3-3 无需导线连接的腐蚀电池与腐蚀微电池

（a）Cu-Fe 接触腐蚀电池示意图；（b）Fe-Fe_3C 微腐蚀电池示意图

3.1.5 腐蚀速率

在对金属腐蚀的研究中，人们不仅关心金属是否会发生腐蚀（热力学可能性），更关心其腐蚀速率的大小（动力学问题）。腐蚀速率表示单位时间内金属腐蚀的程度，可用失重法、深度法等来表示。对于电化学腐蚀来说，常用电流密度来表示。

电池工作时，阳极金属发生氧化反应，不断地失去电子，进行如下的阳极反应：

$$M \longrightarrow M^{n+} + ne^-$$

金属作为阳极腐蚀时，失去的电子数越多，即流出的电量越大，金属溶解或腐蚀程度就越大。金属溶解量或腐蚀量与电量之间的关系服从法拉第定律：

$$W = \frac{QA}{Fn} = \frac{JAt}{Fn} \tag{3-4}$$

式中，W 为金属腐蚀量；Q 为流过的电量；F 为法拉第常数；n 为金属的价数；A 为金属的相对原子质量；J 为电流密度；t 为时间。腐蚀速率 K 指金属在单位时间、单位面积上所损失的质量，若单位为 $g/(m^2 \cdot h)$，则：

$$K = \frac{W}{St} = \frac{3600JAt}{SFn} \tag{3-5}$$

式中，S 为腐蚀面积。

由公式可见，金属腐蚀电池的电流越大，金属腐蚀速率越大。因此，由金属的电池电流密度即可衡量腐蚀速率的大小。由电化学过程来看，电流大小反映着腐蚀速率的大小。而每一个步骤的电位降，反映着这一步骤阻滞作用的大小。根据各个步骤电压降的大小及其在总电位差中所占的份额，可判定腐蚀过程中哪个步骤对抑制腐蚀起重要作用，即为腐蚀的控制步骤。控制步骤不仅对过程的速度起着主要作用，而且在一定程度上反映腐蚀过程的实质。要减少腐蚀程度，最有效的方法就是设法影响其控制因素。

腐蚀电池工作后，在短路后几秒钟到几分钟内，通常会发现电池电流缓慢减小，最后达到一个稳定值。影响电池电流的因素有两个：一个是电池的电阻；另一个是两极间的电位差。在上述情况下，电池的电阻实际没有多大的改变，因此腐蚀电池在通电后其电流的减小，必然是由于阳极和阴极的电位以及它们的电位差发生了变化所致。

实验证明，这一论断是正确的，从电位的测定可以看出，最初两极的电位与接通后的电位有显著的差别。图 3-4 表示两极在接通前后电位变化的情况。由图可见，当电池接通后，阴极电位变得更负，阳极电位变得更正。结果，阴极与阳极的电位差由原来接通前的 E_a减小到接通后的 E_t，这样使得腐蚀电池的腐蚀电流减小。

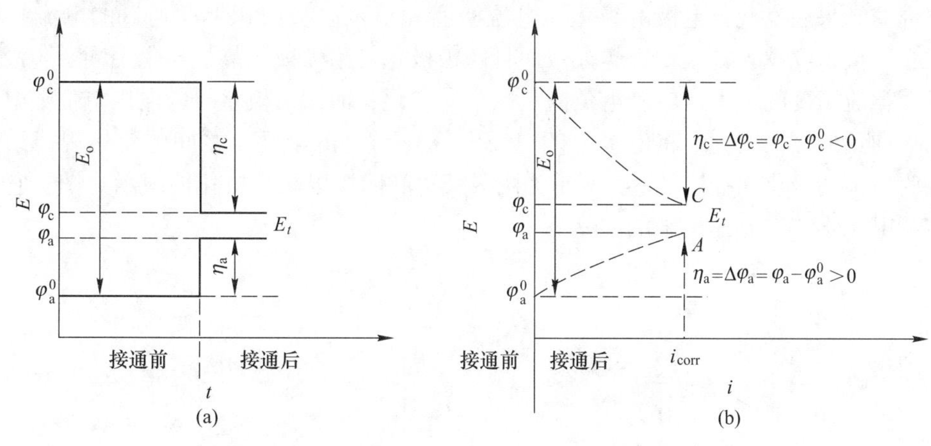

图 3-4 腐蚀电池接通电路前后阴、阳极的电位变化图
（a）E-t 曲线；（b）E-i 极化曲线

原电池由于通过电流而减小电池两极间的电位差，因而引起电池电流降低的现象，称为电池的极化作用。由于电池的极化作用，导致腐蚀电流迅速减小，从而降低了金属的腐蚀速率。一般地，电池的极化作用限制了腐蚀电池产生的电流。假如极化主要发生在阳极，那么称腐蚀速率受阳极控制，此时腐蚀电流接近于阴极开路电位状态；当极化主要发生在阴极区时，称腐蚀速率受阴极控制，其腐蚀电流接近于阳极开路电位状态；若在阳极和阴极上都发生某种程度的极化，则称为混合控制；当电解质电阻非常之高，以致产生的电流不足以引起显著的阳极极化或阴极极化时，称为电阻控制，也称欧姆控制。

通常可通过实验来绘制腐蚀极化图。腐蚀极化图是研究电化学腐蚀的重要工具。例如，利用极化图可以确定腐蚀的主要控制因素，解释腐蚀现象，分析腐蚀过程性质的影响因素，以及用图解法计算电极体系的腐蚀速率等。根据腐蚀极化图和动力学方程即可以确定极化的腐蚀速率，研究腐蚀动力学过程和机理。

腐蚀速率另一种表示方式是采用单位时间的腐蚀深度来表示，通常所用的单位为 mm/a，并根据腐蚀速率的高低将其分为 10 个级别。此外，还可以用腐蚀电流密度 J_c的大小来表示腐蚀速率。必须说明的是，由于从阳极失去的电子数量与阴极得到的电子数量相等，腐蚀原电池中大阴极、小阳极是极其有害的。它意味着金属发生腐蚀时，阳极溶解的局部过程速度很快（电流密度过高），容易导致材料局部很快腐蚀，产生严重后果。

3.2 金属表面的极化、钝化及活化现象

3.2.1 金属表面的极化现象

如果采用阴极和阳极的初始电位计算腐蚀速率，所得到的结果要比实际体系的腐蚀速

率大几十倍甚至几百倍。这一明显差别使人们发现，腐蚀电池工作时，阴、阳极之间有电流通过，使得其电极电位值与初始电位值（没有电流通过时的平衡电位值或稳定电位值）有一定的偏离，使阴、阳极之间的电位差比初始电位差要小得多，这种现象就称为极化现象或极化作用。所以，在计算腐蚀速率时，应该采用通电以后阴、阳极之间的实际电位差。研究的结果还发现，电极的极化与电流密度（单位电极面积上所通过的电流）的大小有关，电流密度越大，极化也越大。而且阴极极化与阳极极化的规律也不同：阴极极化时，随着电流密度的增大，电极电位向负的方向变化；而阳极极化时，电极电位随电流密度增大而向正的方向变化。将电极上的电极电位 φ 与电流密度 J 之间的变化规律绘成曲线，即为所谓的极化曲线。图 3-5 所示为阴极极化和阳极极化的极化曲线示意图，它是通过一定的电化学方法测绘出来的。

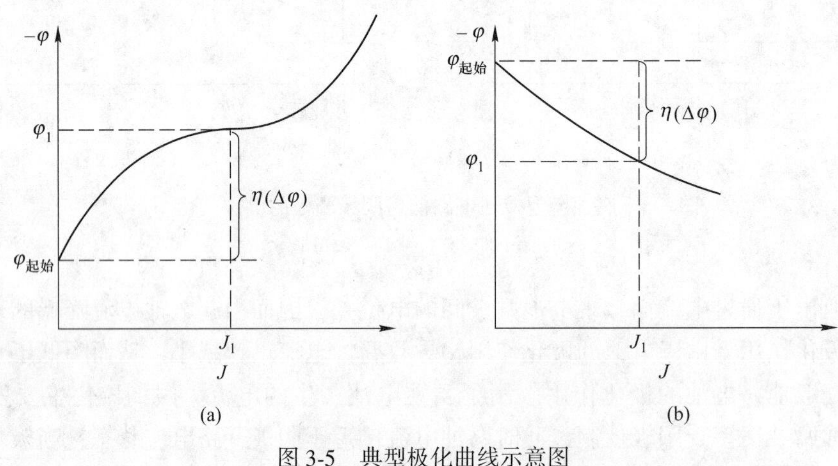

图 3-5 典型极化曲线示意图

（a）阴极极化曲线；（b）阳极极化曲线

对于可逆电极，某一电流密度下的电极电位与平衡电位值之差，称为该电极在给定电流密度下的过电位。这一概念在电镀原理的介绍中将要用到。

产生极化的机理总共有 3 种，即电化学极化、浓差极化和电阻极化。

电化学极化就是由于电极上的电化学反应速度小于电子运动速度而造成的极化。以阳极为例，如果金属失去电子变为金属离子进入溶液的速度小于电子从阳极流出的速度，则在阳极上就会有过多的正电荷积累起来，导致电极表面金属一侧负电荷减少，即阳极电位向正方向变化，发生了阳极极化。电流密度越大，则在相同时间内阳极上积累的正电荷就越多，电位越正，电极极化越大。

浓差极化是由于溶液中物质的扩散速度小于电化学反应速度而造成的极化。仍以阳极为例，金属溶解变为离子后，首先进入阳极表面附近的液体中，然后通过扩散作用进入溶液本体。如果离子向溶液本体中的扩散速度小于电化学反应生成离子的速度，那么在电极表面附近的液层中金属离子浓度就会变大，由能斯特方程可知，金属的电极电位必然会变正，即发生阳极极化。电流密度越大，电极反应速度越快，则电极表面附近的离子浓度越高，阳极极化程度越大。

电阻极化是由于在电极表面生成了具有保护作用的氧化膜、钝化膜或不溶性的腐蚀产物等，它们的存在相当于增大了体系的电阻，使电极反应的进行受到阻碍，因而使电极电位发生变化，即产生极化作用。电阻极化主要发生在阳极上，由于氧化膜或钝化膜等的存在，使得在金属表面积累了过多的正电荷，使电极电位向正方向变化，即发生阳极极化。

减少或消除电极极化的作用，叫作去极化作用。能减少或消除极化作用的物质，叫作去极化剂。例如在阳极，如果对电解液加强搅拌作用，使电极表面附近液层中的金属离子尽快扩散到电解液本体中去，或者加入沉淀剂或结合剂（去极化剂），使阳极反应产物生成沉淀，可减少极化。

3.2.2 金属表面的钝化现象

从热力学上讲，绝大多数金属在一般环境下都会自发地发生腐蚀，可是在某些介质环境下金属表面会发生一种阳极反应受阻的现象。这种由于金属表面状态的改变引起金属表面活性突然变化，使表面反应（如金属在酸中的溶解或在空气中的腐蚀）速度急剧降低的现象，就称为钝化。钝化大大降低了金属的腐蚀速率，增加了金属的耐蚀性。金属钝化后所处的状态叫钝态，钝态金属所具有的性质称为钝性。

3.2.2.1 金属的阳极钝化现象

金属的钝化是在某些金属或合金腐蚀时观察到的一种特殊现象。最初的观察来自金属铁在硝酸中的腐蚀实验。如果把一块纯铁片放在硝酸中，并观察铁片溶解速度与硝酸溶液含量的关系（图3-6），可以发现铁在稀硝酸中剧烈地溶解，并且铁的溶解速度随着硝酸含量的增加而迅速增大。当硝酸含量增加到30%~40%时，铁的溶解（腐蚀）速度达到最大值；若继续增加硝酸含量超过40%，则铁的溶解速度突然下降，直至腐蚀反应停止。此时铁变得很稳定，即使再放回到稀硝酸溶液中也能保持一段时间不发生腐蚀溶解，这一异常现象称为钝化。如果继续增加硝酸含量到超过90%，溶解（腐蚀）速度又有较快的上升（在95%HNO_3中铁的腐蚀速率约为90%HNO_3中的10倍），这一现象称为过钝化。

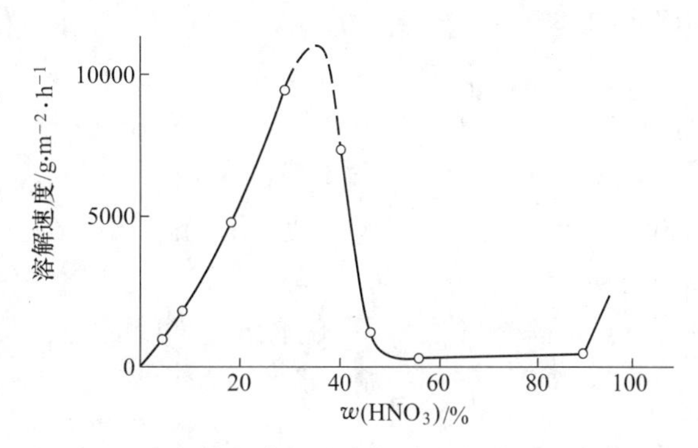

图3-6 工业纯铁的溶解速度与硝酸含量的关系（25℃）

除铁外，金属铝在浓硝酸中也能发生这种钝化现象。另外，如金属铬、镍、钴、铝、钽、铌、钨、钛等同样具有这种钝化现象。除浓硝酸外，其他强氧化剂如硝酸钾、重铬酸钾、高锰酸钾、硝酸银、氯酸钾等也能引起一些金属的钝化；甚至非氧化性介质也能使某些金属钝化，如镁在氢氟酸中，钼和铌在盐酸中。大气和溶液中的氧也是一种钝化剂。值得注意的是，钝化的发生不仅仅取决于钝化剂氧化能力的强弱。如过氧化氢或高锰酸钾溶液的氧化-还原电位比重铬酸钾溶液的氧化-还原电位要正，这说明它们是更强的氧化剂，但实际上它们对铁的钝化作用却比重铬酸钾差。再如，过硫酸盐的氧化-还原电位也比重铬酸钾的正，但却不能使铁钝化，这是因为阴离子的特性对钝化过程有影响。

钝化的铁、铬、镍以及这些金属相互形成的合金，在电解质溶液中具有与贵金属相似的行为。法拉第认为，金属的钝化态是通过亚微观厚度的金属氧化膜起作用的，无论在什么样的情况下，金属表面原子的价电子键合力都为结合氧所饱和，金属由活化态转入钝态时，腐蚀速率将减少 10^4～10^6 数量级。金属表面形成的钝化膜的厚度一般在 1～10nm，随金属和钝化条件而异。经同样浓度的浓硝酸处理的碳钢、铁和不锈钢表面上的钝化膜厚度分别为 10nm、3nm 和 1nm 左右。不锈钢的钝化膜虽然最薄，但却最致密，保护作用最佳。

金属由原来的活性状态转变为钝化状态后，金属表面的双电层结构也将改变，从而使电极的电位发生相应的变化。钝化能使金属的电位朝正方向移动 0.5～2.0V，例如铁钝化后电位由原来的-0.5～0.2V 正移至 0.5～1.0V，铬钝化后电位由原来的-0.6～0.4V 正移至 0.8～1.0V。金属钝化后的电极电位正移明显，甚至钝化金属的电位接近贵金属的电位。因此有人对钝化下了如下定义：当活泼金属的电位变得接近于惰性的贵金属（如铂、金）的电位时，活泼金属就钝化了。

由某些氧化剂所引起的钝化现象通常称为“化学钝化”。一种金属的钝态不仅可以通过相应的氧化剂的作用来达到，用阳极极化的方法也能达到。某些金属在一定的介质中(通常不含有 Cl^-)，当外加阳极电流超过一定数值后，可使金属由活化状态转变为钝化态，称为阳极钝化或电化学钝化。例如，18-8 型不锈钢在 30%（质量分数）的硫酸溶液中会发生溶解。但用外加电流法使其阳极极化电位达到-0.1V（SCE）之后，不锈钢的溶解速度将迅速降低至原来的数万分之一。且在-0.1～1.2V（SCE）范围内一直保持着很高的稳定性。铁、镍、铬、钼等金属在稀硫酸中均可因阳极极化而引起钝化。“阳极钝化”和“化学钝化”之间没有本质的区别，因为两种方法得到的结果都使溶解着的金属表面发生了某种突变。这种突变使金属的阳极溶解过程不再服从塔菲尔规律，其溶解速度随之急剧下降。

利用控制电位法（恒电位法）可测得具有活化-钝化行为的完整的阳极极化曲线(图 3-7（a))。若用控制电流法（恒电流法）则不能测出完整的阳极极化曲线，如图 3-7(b) 所示，正程测得 ABCD 曲线，返程测得 DFA 曲线，无法得到图 3-7（a）所示的曲线。

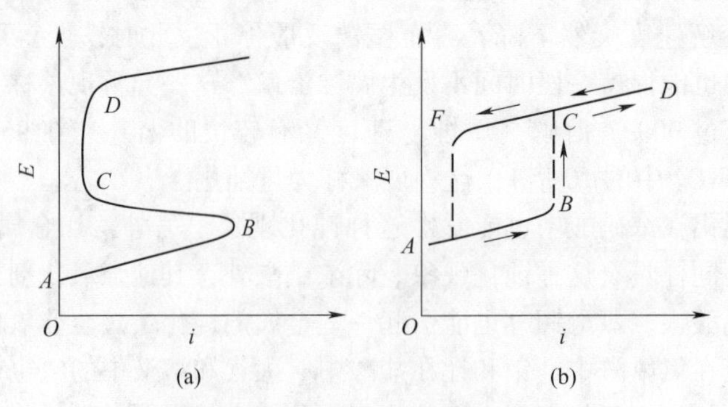

图 3-7　不同方法测得的阳极钝化曲线
（a）控制电位法；（b）控制电流法

图 3-8 中绘出了一种典型的可钝化金属或合金的控制电位阳极极化曲线。它揭示了金属活化、钝化的各个特性点和特性区。由图可知，从金属或合金的稳态电位 E_0 点开始，随着电位变正，电流密度迅速增大，在 B 点达到最大值；此后若继续升高电位，电流密度却开始大幅度下降，到达 C 点后电流密度降为一个很小的数值，而且这一数值在一定

的电位范围内几乎不随电位而变化，如 *CD* 段所示；超过 *D* 点后，电流密度又随电位的升高而增大。下面将此阳极极化曲线划分为几个不同的区段并做进一步的讨论。

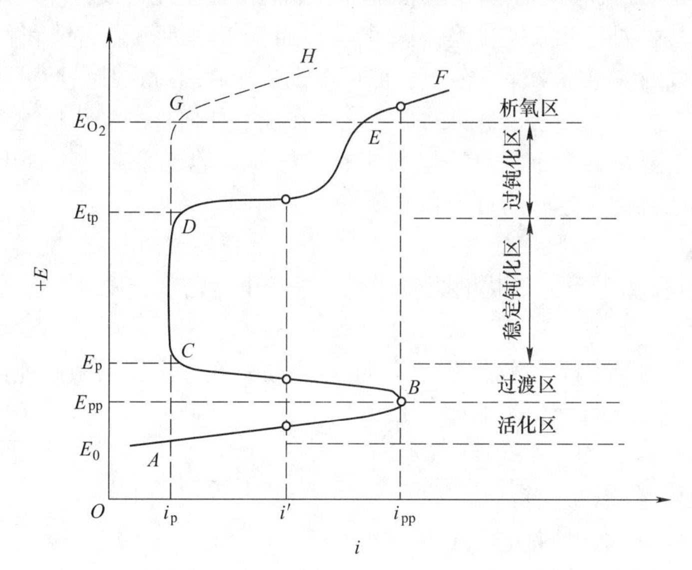

图 3-8 典型的可钝化金属或合金的控制电位阳极极化曲线

AB 段：在此区间金属进行正常的阳极溶解，是金属的活性溶解区，并以低价的形式溶解为离子。其溶解速度受活化极化控制，曲线中的直线部分为塔菲尔直线。

BC 段：*B* 点对应的电位称为初始钝化电位 E_{pp}，也称致钝电位。*B* 点对应的电流称为临界电流密度或致钝电流密度，以 i_{pp} 表示。当电流密度一旦超过 i_{pp}，电位大于 E_{pp}，金属就开始钝化，电流密度急剧下降。因为在此电位区间，金属的表面状态是一种发生急剧变化的不稳定状态，所以称 *BC* 段为活化-钝化过渡区，在金属表面可能生成二到三价的过渡氧化物。

CD 段：电位达到 *C* 点后，金属转入完全钝态，一般将这一点的电位称为初始稳态钝化电位 E_p。*CD* 电位范围内的电流密度与电位无关，这时的电流密度称为维持钝化的电流密度 i_p。这时金属表面可能生成一层耐蚀性好的氧化物膜。

DE 段：电位超过 *D* 点后相应的电流密度又开始增大。*D* 点的电位称为过钝化电位 E_{tp}。*DE* 段称为过钝化区，在此区段电流密度又增大的原因是金属表面形成了可溶性的高价金属离子。

EF 段：*F* 点是氧的析出电位，电流密度的继续增大是由于氧的析出反应动力学造成的。对于某些体系，不存在 *DE* 过钝化区而直接达到 *EF* 析氧区，如图 3-8 中虚线 *DGH* 所示。

由此可见，通过控制（恒）电位法测得的阳极极化曲线可明显地显示出金属或合金是否具有钝化行为以及钝化性能的好坏；可以测定各钝化特征参数，如 E_{pp}、i_{pp}、E_p、i_p、E_{tp}及稳定的钝化电位范围等；还可以用来评定不同金属材料的钝化性能及不同合金元素或介质成分对钝化行为的影响。此外，由于外加电流可促使某些金属发生阳极钝化，如果将金属的电位控制在稳定的钝化区内，就可防止金属发生活性溶解或过钝化溶解，使金属得到保护，这就是“阳极保护法”的基本原理。

3.2.2.2 金属的自钝化现象

金属的自钝化是指金属在空气中及很多种含氧的溶液中能自发钝化的现象。如暴露在大气中有铝，因其表面易形成钝化膜（氧化膜）而变得耐蚀。金属铁和普通碳钢则不能在空气中依靠生成的氧化膜来保持钝态，但可以设法让其通过在某种溶液中的腐蚀过程而自动进入钝化状态。由此可见，金属的自钝化是在没有任何外加极化情况下而产生的自然钝化。此种钝化主要是由于介质中氧化剂（去极化剂）的还原（自腐蚀电池所引起的极化）而促成金属的钝化。金属的自钝化必须满足下列两个条件：

（1）氧化剂的氧化-还原平衡电位 $E_{e,c}$ 要高于该金属的致钝电位 E_{pp}，即 $E_{e,c}>E_{pp}$；

（2）在致钝电位 E_{pp} 下，氧化剂阴极还原反应的电流密度 i_e 必须大于该金属的致钝电流密度 i_{pp}，即在 E_{pp} 下，$i_e>i_{pp}$。

只有满足上述两个条件，才能使金属的腐蚀电位落在该金属的阳极钝化电位范围内。

因为金属腐蚀是腐蚀体系中阴、阳极共轭反应的结果。对于一个可能钝化的金属腐蚀体系，如具有活化-钝化行为的金属在一定的腐蚀介质中，金属的腐蚀电位能否落在钝化区内，不仅取决于阳极极化曲线上钝化区范围的大小，还取决于阴极极化曲线的形状和位置。图 3-9 表示阴极极化对钝化的影响，假若图中阴极过程为活化控制，极化曲线为塔菲尔直线，但可能有 3 种不同的交换电流，则阴极极化的影响可能出现 3 种不同的情况。

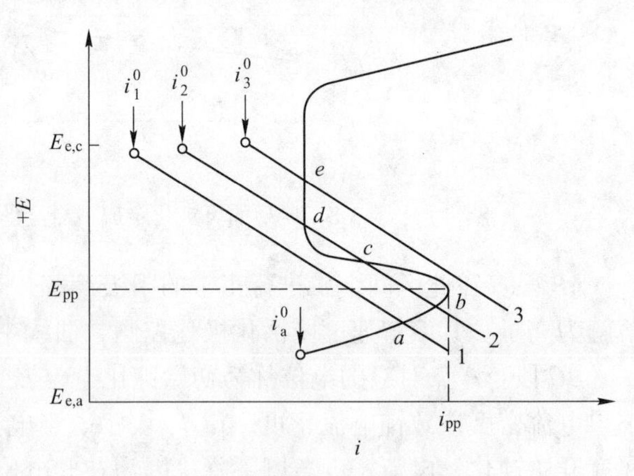

图 3-9 阴极极化对钝化的影响

（1）图 3-9 中阴极极化曲线 1 与阳极极化曲线只有一个交点 a。该点处于活化区，a 点对应着该腐蚀系统的腐蚀电位和电流。此种情况如钛在不含空气的稀硫酸或稀盐酸中的腐蚀及铁在稀硫酸中的腐蚀。

（2）图 3-9 中阴极化曲线 2 与阳极极化曲线有 3 个交点 b、c、d。b 点处于活化区，c 点处于过渡区，d 点处于钝区。其中 c 点表明金属处于不稳定状态，既可能处于活化态，也有可能处于不稳定的钝化态。这种情况如不锈钢浸在除去氧的酸中，钝化膜被破坏而又得不到修复，引起金属腐蚀。b 点和 d 点各处于稳定的活化区和钝化区，分别对应着高和低的腐蚀速率。

（3）图 3-9 中阴极极化曲线 3 与阳极极化曲线交于钝化区的 e 点。这类体系中金属或合金处于稳定的钝态，金属会发生自钝化。不锈钢或钛在含氧的酸中，铁在浓硝酸中就属于这种情况。金属要自动进入钝态与很多因素有关，如金属材料的性质，氧化剂的氧化性强弱、浓度，溶液组分，温度等。

不同的金属具有不同的自钝化趋势。若按金属腐蚀阳极控制程度减小而言，一些金属自钝化趋势减小的顺序依次为：Ti、Al、Cr、Be、Mo、Mg、Ni、Co、Fe、Mn、Zn、Cd、Sn、Pb、Cu。但这一趋势并不代表总的腐蚀稳定性，只能表示钝态所引起的阳极过程受阻而使腐蚀稳定性增加。如果将易自钝化金属与钝化性较弱的金属合金化，同样可使合金的自钝化趋势得到提高，增加耐蚀性。另外，在可钝化金属中，添加一些阴极性组分（如 Pt，Pd）进行合金化，也可促进自钝化，且能提高合金的热蚀性，这是因为腐蚀表面与附加的阴极性成分相接触，从而引起表面活性区阳极极化加剧而进入钝化区的缘故。

金属在腐蚀介质中自钝化的难易程度，不仅与金属本性有关，同时受金属电极上还原过程的条件控制，较常见的有电化学反应控制还原过程引起的自钝化和扩散控制还原过程引起的自钝化。

为了进一步加深理解，下面以铁和镍在硝酸中的腐蚀情况，说明氧化剂浓度和金属材料对钝化的影响。如图 3-10 所示，当铁在稀硝酸中时，因 H^+和 NO_3^- 的氧化能力或浓度都不够高，它们只有小的阴极还原速度（i_c、H^+或 i_c、NO_3^-），结果是阴、阳极极化曲线的交点 1 或 2 是活化区，因此铁发生剧烈地腐蚀；若把硝酸浓度提高，则 NO_3^- 的初始电位会正移，达到一定程度后，阴、阳极极化曲线的交点将落在钝化区，此时铁进入钝态，如交点 3 所示；对于钝化电位较正的 Ni 来说，阴、阳极极化曲线交点为 4，仍在活化区。由此可见，对于金属腐蚀，不是所有的氧化剂都能作为钝化剂，只有初始还原电位高于金属的阳极致钝电位，极化阻力（阴极极化曲线斜率）较小的氧化剂才有可能使金属进入自钝化。

若自钝化的电极还原过程是由扩散所控制，则自钝化不仅与进行电极还原的氧化剂浓度因素有关，还取决于影响扩散的某些因素，如金属转动、介质流动和搅拌等。由图 3-11 可知，当氧化剂浓度不够大时，极限扩散电流密度 i_{L1} 小于致钝电流密度 $i_{pp,Fe}$，使阴、阳极极化曲线交于活化区点 1 处，金属不断溶解；若提高氧化剂浓度，使 $i_{L2}>i_{pp,Fe}$，则金属将进入钝化区；若同时提高介质同金属表面的相对运动速度（如搅拌），则由于扩散层变薄而提高了氧的还原速度，使 $i_{L2}>i_{pp}$，如图 3-12 所示，这样阴、阳极极化曲线交于点 2，进入钝化区。

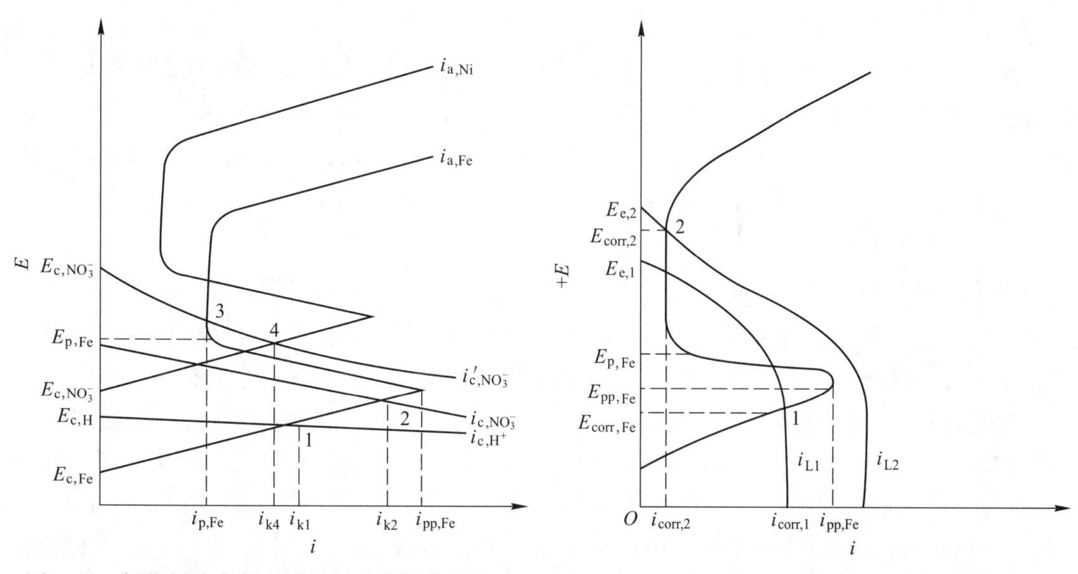

图 3-10　氧化剂浓度和金属材料对自钝化的影响

图 3-11　氧化剂浓度的影响

溶液组分如溶液酸度、卤素离子、配合剂等也能影响金属钝化。通常金属在中性溶液中较易钝化，这与离子在中性溶液中形成的氧化物或氢氧化物的溶解度较小有关。在酸性或碱性溶液中金属较难钝化，这是因为在酸性溶液中金属离子不易形成氧化物，而在碱性溶液中，又可能形成可溶性的酸根离子。如 pH>14 时，铁可形成可溶性的铁酸根 FeO_2^{2-}。许多阴离子，尤其是卤素离子的存在对钝化膜的破坏性很大。例如，氯离子的存在可以使已钝化了的不锈钢表面出现点蚀现象，金属重新被活化了。活化剂浓度越高，破坏越快。某些活化剂按其活化能力的大小排列如下：

$Cl^- > Br^- > I^- > F^- > ClO_4^- > OH^- > SO_4^{2-}$

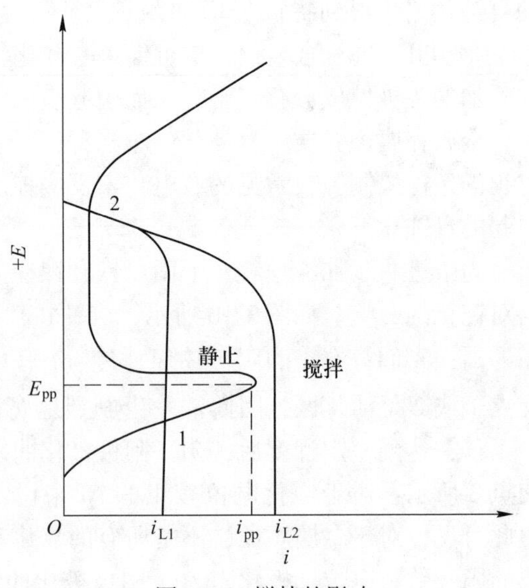

图 3-12　搅拌的影响

电流密度、温度以及金属表面状态对金属钝化也有显著影响。例如，当外加阳极电流密度大于致钝电流密度时，可使金属进入钝化状态，因此提高阳极电流密度可加速金属钝化，缩短钝化时间。温度对金属钝化影响也很大。当温度升高时，往往由于金属阳极致钝电流密度变大及氧在水中溶解度下降，使金属难以钝化；反之，温度降低，则金属容易出现钝化。金属表面状态也能影响金属的钝化。金属表面氧化物的存在能够促使金属钝化，如用氢气处理后的铁，暴露于空气中使其表面形成氧化膜，再在碱液中进行阳极极化，立即出现钝化；若没有在空气中暴露，而是直接在碱液中进行阳极极化，则需经较长时间后才能出现钝化现象。

3.2.2.3　金属的钝化理论

金属的钝化是一种界面现象，它没有改变金属本体的性能，只是使金属表面在介质中的稳定性发生了变化。产生钝化的原因较为复杂，还没有一个完整的理论可以解释所有的钝化现象。下面介绍目前认为能较满意地解释大部分实验事实的两种理论，即成相膜理论和吸附理论。

A　成相膜理论

这种理论认为，当金属阳极溶解时，在金属表面上能生成一层致密的、覆盖得很好的固体产物薄膜，约几个分子层厚。这层薄膜独立成相，把金属表面与介质隔离开来、阻碍阳极溶解过程的继续进行，致使金属的溶解速度大大降低，使金属转入钝态。

这种保护膜通常是金属的氧化物。在某些金属上可直接观察到膜的存在，可测定其厚度和组成。例如使用 I 和 KI 甲醇溶液作溶剂，可以分离出铁的钝化膜，使用比较灵敏的光学方法（椭圆偏振仪），可直接测定金属表面膜层厚度。一般膜的厚度在 1~10nm，且与金属材料有关。如铁在浓 HNO_3 中钝化膜厚度为 2.5~3.0nm，碳钢为 9~10nm，不锈钢为 0.9~1nm。不锈钢的钝化膜最薄，但最致密，保护性最好。铝在空气中氧化生成的钝化膜厚度为 2~3mm，具有良好的保护性。铁的钝化膜是 γ-Fe_2O_3 和 γ-FeOH；铝的钝化膜是无孔的 Y-Al_2O_3 或多孔的 β-Al_2O_3。此外，在一定条件下，铬酸盐、磷酸盐、硅酸盐及难溶的硫酸盐和氯化物、氟化物也能构成钝化膜。如铅在 H_2SO_4 中生成 $PbSO_4$，铁在氢氟酸中生成 FeF_2 等。

如果将钝化金属通以阴极电流进行活化，则得到如图 3-13 所示的阴极充电曲线（即活化曲线）。在曲线上往往出现电极电位变化缓慢的平台，表明钝化膜还原过程需要消耗一定的电量。从平台停留的时间可以知道钝化膜还原所需的电量，据此可计算膜的厚度。活化过程中出现平台的电位 $E_{活}$ 称为活化电位，即佛莱德电位。某些金属如 Ca、Ag、Pb 等呈现出的活化电位与致钝电位很接近，这说明这些金属上的钝化膜的生长与消失是在接近于可逆的条件下进行的。这些电位往往与该金属的已知化合物的热力学平衡电位相近，而且电位随溶液 pH 值变化的规律与氧化物电极的平衡电位相符合。

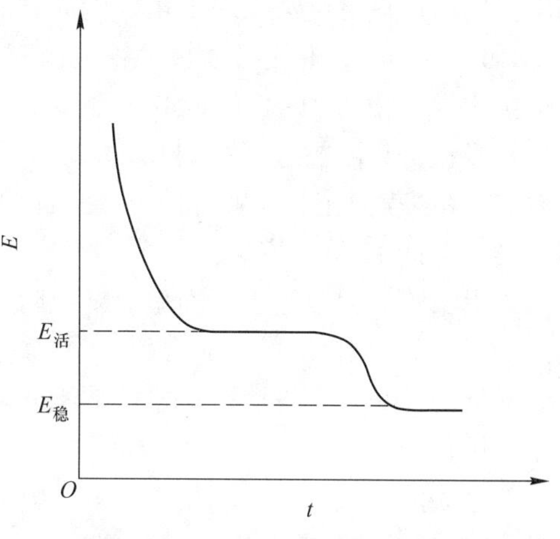

图 3-13 钝态金属的阴极充电曲线

根据热力学的计算，大多数金属电极上金属氧化物的生成电位都比氧的析出电位要负得多。如在酸性介质中，NiO 的生成电位为+0.11V，Fe_3O_4 的生成电位为-0.081V，都比氧的析出电位+1.229V 负。这说明，在阳极上形成钝化膜的过程比气体氧析出过程较易进行。因此，金属可不通过原子氧或分子氧的作用而直接由阳极反应生成氧化物。实验结果有力地支持了这一理论。

成相膜是一种具有保护性的钝化膜。因此，只有在金属表面上能直接生成固相产物时才能导致钝化膜的生成。这种表面膜层或是由于表面金属原子与定向吸附的水分子（酸性溶液），或是由于与定向吸附的 OH^-（碱性溶液）之间的相互作用而形成的。因此，若溶液中不含有配合剂及其他能与金属离子生成沉淀的组分，则电极反应产物的性质往往主要取决于溶液的 pH 值及电极电位。因此可运用金属的电位-pH 图来估算简单溶液中生成固态产物的可能性。

按照成相膜理论，过钝化膜是因为表面氧化物组成和结构的变化，这种变化是由于形成更高价离子而引起的。这些更高价离子扰乱了膜的连续性，于是膜的保护作用就降低了，金属就能再度溶解，该溶解是在更正的电位下进行的。

B 吸附理论

吸附理论认为，金属钝化并不需要表面生成固相的成相膜，而只要在金属表面部分生成氧或含氧粒子的吸附层就足够了。一旦这些粒子吸附在金属表面上就改变了金属-溶液界面的结构，并使阳极的活化能显著提高而产生钝化。与成相膜理论不同，吸附理论认为金属呈现钝化是由于金属表面本身反应能力的降低，而不是由于膜的机械隔离作用。这种理论首先由德国人塔曼提出，后为美国人尤利格等加以发展。

吸附理论的主要实验依据是用测量界面电容的结果，来揭示界面上是否存在成相膜。若界面上生成哪怕是很薄的膜，其界面电容值也应比自由表面上双电层电容的数值小得多。测量结果表明，在 Ni 和 18-8 不锈钢上相应于金属阳极溶解速度大幅度降低的那一段电位内，界面电容值的改变不大，它表示氧化膜并不存在。另外，根据测量电量的结果表明，在某些情况下为了使金属钝化，只需要在每平方厘米电极表面上通过十分之几毫库仑的电量，而这些电量甚至还不足以生成氧的单分子吸附层，例如在 0.05mol/L 的 NaOH 中用 $1\times10^{-3}A/cm^2$ 的电流密度极化铁电极时，只需要通过相当于 $3mA/cm^2$ 的电量就能使铁电极钝化。而在 0.01~0.03mol/L 的 KOH 中用大电流密度（>$100mA/cm^2$）对 Zn 电极进行阳极极化，只需要通过不到 $0.5mA/cm^2$ 的电量即可使 Zn 电极钝化。又如 Pt 在盐酸中只要有 6%的表面充氧，就可使 Pt 的溶解速度降低 4 倍，若有 12%Pt 表面充氧，则其溶解速度会降低 16 倍之多。

以上实验表明金属表面的单分子吸附层不一定将金属表面完全覆盖，甚至可以是不连续的。因此，吸附理论认为，只要在金属表面最活泼的、最先溶解的表面区域上（例如金属晶格的顶角，边缘或在晶格的缺陷、畸变处）吸附着氧分子层，便能抑制阳极过程，使金属钝化。

在金属表面吸附的含氧粒子究竟是哪一种，这主要由腐蚀系统中的介质来决定，它可能是 OH^-，也可能是 O^{2-}，更多的人认为可能是氧原子。实际上，引起钝化的吸附粒子不只限于氧粒子，如汞和银在氯离子作用下也可以发生钝化。吸附粒子为什么会降低金属本身反应能力？主要是因为金属表面的原子键处于未饱和状态所致。当有含氧粒子时，易于吸附在金属表面，使表面的价键饱和，改变了金属/溶液界面的结构，从而大大提高了阳极反应的活化能，致使金属同腐蚀介质的化学反应能力显著减小。同时，由于氧吸附层在形成过程中不断地把原来吸附在金属表面的 H_2O 分子层排挤掉，这样就降低了金属离子的离子化过程。吸附理论认为，这就是金属发生钝化的原因。

成相膜理论和吸附理论都能解释部分实验事实。然而，无论哪一种理论都不能较全面、完整地解释各种钝化机理。两种理论的共同点都认为由于在金属表面上生成一层极薄的膜，从而阻碍了金属的溶解。但对成膜的解释却各不相同。吸附理论认为，只要形成单分子层的二维薄膜就能导致金属的钝化；而成相膜理论则认为，至少要形成几个分子层的三维膜才能使金属达到完全的钝化。另外，两者在是吸附键还是化学键的成键理论上也有差异。事实上金属在钝化过程中，在不同的条件下，吸附膜和成相膜可分别起主导作用。有人企图将这两种理论结合起来，解释所有的金属钝化现象。认为含氧粒子的吸附是形成良好钝化膜的前提，可能先生成吸附膜，然后发展为成相膜。这种观点认为钝化的难易主要取决于吸附膜，而钝化状态的维持又主要取决于成相膜。膜的生长速度也服从对数规律，吸附膜控制因素是电子隧道效应，而成相膜的控制因素则是离子通过势垒的运动，但这种理论还缺乏足够的实验依据。

成相膜理论与吸附理论的主要区别在于：成相膜理论强调了钝化层的机械隔离作用，而吸附理论认为主要是吸附层改变了金属表面的能量状态，使不饱和键趋于饱和，降低了金属表面的化学活性，造成钝化。事实上，金属的实际钝化过程比上述两种理论模型要复杂得多，它与材料的表面成分、组织结构、能量状态等多种因素的变化有关，不会是某种单一因素造成的。

3.2.3 金属表面的活化

金属表面的钝化虽然可以减缓材料表面的氧化或腐蚀过程，但钝化膜的存在却是实施许多表面工程技术的障碍，使得表面涂层、镀层与金属基体的结合力大幅度降低。为此，大部分表面工程技术实施之前都要进行适当的表面预处理，使基体表面处于活化状态，即获得清洁或者洁净表面。金属表面活化过程是钝化的相反过程，能消除金属表面钝化状态的因素都有活化作用，具体包括：

（1）金属表面净化。用氢气还原、机械抛光、喷砂处理、酸洗等方法去除金属表面氧化膜，可消除金属表面的钝态。用加热或抽真空的方法减少金属表面的吸附，可进一步提高金属表面的化学活性。

（2）增加金属表面的化学活性区。用机械的方法（如喷砂等）使金属表面上的各种晶体缺陷增加，化学活性区增多，能有效地使金属表面活化，如经喷砂的钢表面更容易渗氮。用离子轰击的方法使金属表面净化并增加化学活性区，有更好的表面活化效果，并可提高表面覆层与基体的结合强度。

使金属表面钝化是提高金属耐蚀能力的主要方法，如不锈钢、铝、镀铬层表面的自然钝化层，使它们具有良好的耐大气腐蚀的性能。在化学热处理中为进行局部防渗，常采用局部钝化的方法，如为防止局部渗碳可采用镀铜或涂防渗剂进行局部钝化处理。但对于要进行强化的金属表面必须进行活化处理，以便加速表面反应过程，缩短工艺时间，提高工作效率。

3.3 金属腐蚀失效

金属腐蚀可有多种分类方法。例如，根据腐蚀历程可分为化学腐蚀和电化学腐蚀；根据腐蚀过程进行的条件可分为干腐蚀和湿腐蚀；根据产生腐蚀的环境状态可分为自然环境腐蚀和工业环境腐蚀；根据腐蚀形态可分为全面（均匀）腐蚀和局部腐蚀，局部腐蚀又可分为孔蚀、电偶腐蚀、缝隙腐蚀、晶间腐蚀、选择性腐蚀、应力腐蚀破裂、氢腐蚀（氢鼓泡、氢脆）等。

局部腐蚀是金属材料最常见的破坏形态，危害很大，因为很难估算其腐蚀速率，所以至今仍然是腐蚀与防护科技工作者的主要研究对象。各类腐蚀失效事故的实例统计结果有：全面腐蚀占 17.8%，局部腐蚀占 82.2%，其中应力腐蚀断裂为 38%，点腐蚀为 25%，缝隙腐蚀为 2.2%，晶间腐蚀 11.5%，选择性腐蚀 2%，焊缝选择性腐蚀 0.4%，磨蚀等其他腐蚀形态为 3.1%，可见局部腐蚀中最常发生的是应力腐蚀断裂（包括氢损伤及腐蚀疲劳），其次为点腐蚀和晶间腐蚀。下面根据腐蚀形态分类讨论各种腐蚀。

3.3.1 全面（均匀）腐蚀

全面（均匀）腐蚀是指在金属表面上发生的比较均匀的大面积腐蚀。它的特征是在暴露的全部或大部分表面积上腐蚀均匀。例如一块钢或锌浸在稀硫酸中，通常是在全部表面上以均匀的速度溶解，屋顶铁皮在全部外表面显示出基本上同一程度的锈蚀。根据金属厚度的减薄或单位面积上金属的失重，可以测量出其腐蚀速率，据此可以估算其寿命，因此从技术观点来看均匀腐蚀形态并不重要。

金属腐蚀速率可用重量变化、厚度变化等指标来衡量。而对于电化学腐蚀，当无其他副反应存在时，其速度可用阳极电流密度来表示，并可通过法拉第定律换算成重量变化或厚度变化。

用失重或增重方法表示腐蚀速率［g/(m^2·h)］时有：

$$V_{失重}=\frac{W_0-W_1}{S_0t} \tag{3-6}$$

$$V_{增重}=\frac{W_2-W_0}{S_0t} \tag{3-7}$$

式中，$V_{失重}$为金属腐蚀后减少的重量；$V_{增重}$表示金属腐蚀后增加的重量；W_0为试样原始重量，g；W_1为试样清除腐蚀产物后的重量，g；W_2为未清除腐蚀产物时试样重量，g；S_0为试样表面积，m^2；t为腐蚀时间，h。

厚度法有（mm/a）：

$$D_{厚度变化}=\frac{V_{失重}\times 8.76}{d} \tag{3-8}$$

式中，$D_{厚度变化}$为金属表面厚度的变化量；d为金属的密度，8.76为单位换算系数。

对电化学腐蚀，腐蚀速率常采用阳极电流密度i表示，有：

$$v_{失重}=\frac{iN}{F} \tag{3-9}$$

式中，$v_{失重}$为电化学腐蚀速率；N为金属的相对原子质量/价数；F为法拉第常数；i为电流密度。

考虑到金属表面状态的不同，可以有两种均匀腐蚀，另一种为钝化状态下的均匀腐蚀。

对于均匀腐蚀，若忽略浓差极化，且腐蚀过程的阳极反应和阴极反应均服从塔菲尔条件，腐蚀电流i_{corr}与腐蚀电位E_{corr}之间的关系即为：

$$i_{corr}=i_{0,a}\exp\left(\frac{E_{corr}-E_{e,a}}{\beta_a}\right)=i_{0,e}\exp\left(-\frac{E_{corr}-E_{e,e}}{\beta_e}\right) \tag{3-10}$$

式中，$i_{0,a}$和$i_{0,e}$分别为阳极、阴极反应的交换电流密度；β_a、β_e分别为阳极、阴极反应的传递系数；$E_{e,a}$和$E_{e,e}$分别为阳极、阴极反应电位。

3.3.2 孔蚀

孔蚀，又叫小孔腐蚀或点腐蚀（简称点蚀），是一种导致金属表面产生坑点的局部腐蚀，其腐蚀集中于金属表面的很小范围内，并深入到金属内部，一般是直径小而深。蚀孔的最大深度和金属平均腐蚀深度的比值，称为点蚀系数。点腐蚀系数越大表示点蚀越严重。点腐蚀是一种破坏性和隐患较大的腐蚀形态之一，是化工生产及海洋事业中经常遇到的问题。点腐蚀发生的主要条件有：

（1）点腐蚀多发生于表面生成钝化膜的金属材料上或表面有阴极性镀层的金属上。

（2）点腐蚀发生于有特殊离子的介质中，如不锈钢对卤素离子特别敏感，其作用顺序为$Cl^->Br^->I^-$，这些阴离子在合金表面不均匀吸附导致膜的不均匀破坏。

（3）点腐蚀发生在某一临界电位以上，该电位称为点蚀电位（E_b），极化曲线回归又达到钝态电流所对应的电位，称再钝化电位或保护电位（E_p），如图3-14所示。大于E_b值，点蚀迅速发生、发展；小于E_p值，点蚀不发生。所以E_b值越高，表征材料耐点蚀性能越好。E_p与E_b值越接近，说明钝化膜修复能力愈强。

点蚀过程可分为两个阶段，即蚀孔成核（发生）阶段和孔蚀生长（发展）阶段。关于蚀孔成核的原因目前通常有两种学说，即钝化膜破坏理论和吸附理论。

1）钝化膜破坏理论：认为小孔的发生是当腐蚀性阴离子（如氯离子）在不锈钢钝化膜上吸附后，由于氯离子半径小而穿过钝化膜，氯离子进入膜内后“污染了氧化膜”产生了强烈的感应离子导电，于是此膜在一定点上变得能够维持高的电流密度，并能使阳离子杂乱移动而活跃起来，当膜-溶液界面的电场达到某一临界值时，就发生点蚀。

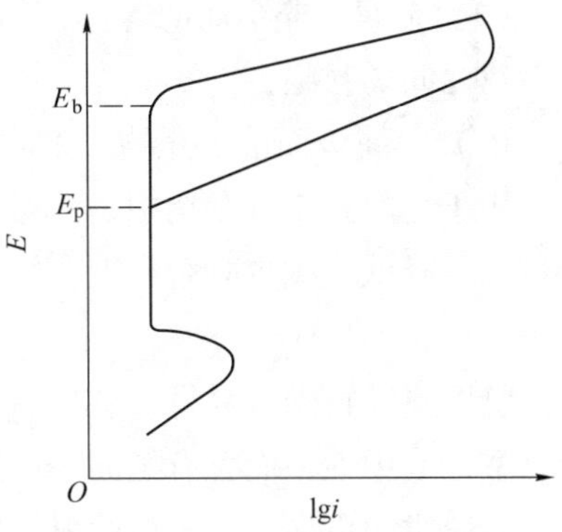

图 3-14 阳极极化曲线的点蚀电位、再钝化电位示意图

2）吸附理论：认为点蚀的发生是由于氯离子和氧的竞争吸附结果而造成的。当金属表面上氧的吸附点被氯离子所替代时，形成可溶性金属-羟-氯配合物，使膜破坏面发生点蚀。

3）蚀孔生长（发展）：蚀孔形成后，蚀孔发展很快，目前比较公认的是蚀孔内自化溶解理论。Szklaska-Sminlowska 评述了点腐蚀方面的工作。大量的实验规律可以归纳为内因和外因两大类：内因是金属材料的成分和组织结构，外因是介质的成分和温度。

介质中含有 Cl^-、Br^-、$S_2O_3^{2-}$，特别是 Cl^-，都会使不锈钢产生点蚀。Cl^- 浓度增加，则 E_b 朝负向移动，因而一般采用产生点蚀的最小 Cl^- 浓度作为评定点蚀趋势的一个参量。介质中其他常见的阴离子对点蚀有缓蚀作用，它们的存在，使不锈钢不产生点蚀的最小 Cl^- 浓度提高，对于 18-8 不锈钢来说，有着如下经验关系：

$$
\begin{aligned}
\lg[Cl^-] &= 1.62\lg[OH^-] + 1.84 \\
\lg[Cl^-] &= 1.88\lg[NO_3^-] + 1.18 \\
\lg[Cl^-] &= 1.13\lg[Ac^-] + 0.06 \\
\lg[Cl^-] &= 0.85\lg[SO_4^{2-}] + 0.06 \\
\lg[Cl^-] &= 0.83\lg[ClO_4^-] + 0.05
\end{aligned}
\tag{3-11}
$$

因此，缓蚀效果随下列顺序递减：

$$OH^- > NO_3^- > Ac^- > SO_4^{2-} > ClO_4^-$$

介质中若含有去极化较有效的阳离子，如 Fe^{3+}、Cu^{2+}、Hg^{2+} 等，可以加速点蚀，因而常用的加速点蚀的试剂含有 Fe^{3+}。升温使不锈钢的 E_b 朝负向移动。铬、钼可以增加钢的抗点蚀能力，其次是镍。

点蚀敏感位置为非金属夹杂物（如硫化物、氧化物、硅酸盐、碳化物、氮化物夹杂等）、晶界、钝化膜破损处、应力集中处等。

3.3.3 缝隙腐蚀

缝隙腐蚀是指缝隙内或紧靠缝隙周围发生的局部腐蚀形态。Rosenfeld 及 France 评述了金属及合金缝隙腐蚀方面的工作。

造成缝隙腐蚀的条件有：

(1) 金属结构的铆接、焊接、螺纹连接等；

（2）金属与非金属的连接，如金属与塑料、橡胶、木材、石棉、织物等，以及各种法兰盘之间的衬垫；

（3）金属表面的沉积物、附着物，如灰尘、砂粒、腐蚀产物的沉积等。

由于缝隙在工程结构中是不可避免的，所以缝隙腐蚀也是不可完全避免的，它会导致部件强度降低，减少吻合程度。缝中腐蚀产物的体积增大，可产生局部应力，并使装配困难等。

缝隙腐蚀特别容易发生在靠钝化而耐蚀的金属及合金上。介质可以是任何侵蚀性溶液，酸性或中性，而含有氯离子的溶液最易引起缝隙腐蚀。与点蚀相比，对同一种合金而言，缝隙腐蚀更易发生。缝隙腐蚀的临界电位要比点蚀电位低。

在化学介质中，缝隙会形成闭塞电池腐蚀，一般发生缝隙腐蚀最敏感的缝宽为0.025~0.1mm。图3-15为Fontana-Green的缝隙腐蚀机理模型。

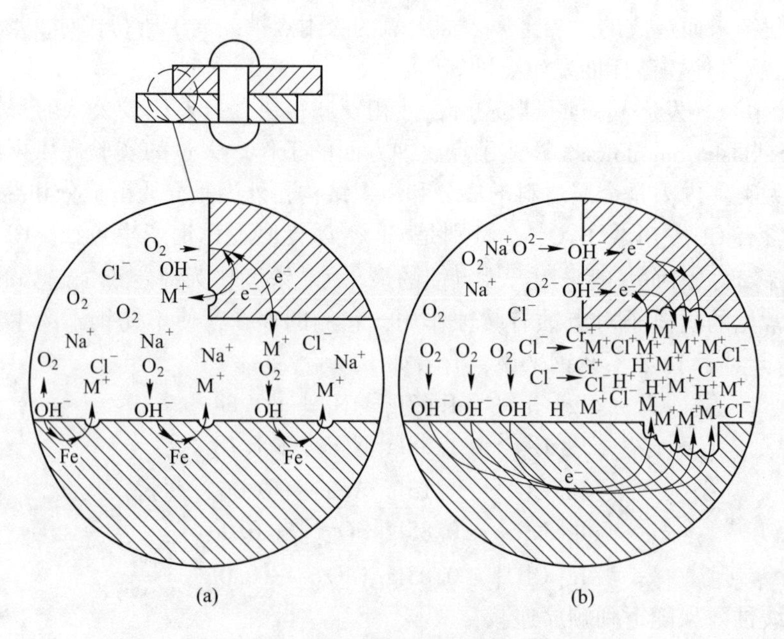

图3-15　缝隙腐蚀原理

（a）初期阶段；（b）后期阶段

已对不锈钢的点蚀/缝隙腐蚀机理进行较多研究，发现不锈钢闭塞区内的腐蚀存在着临界pH值、Cl^-浓度以及临界盐浓度等。对碳钢在点蚀/缝隙腐蚀闭塞区模拟溶液中的腐蚀行为的研究发现：

（1）Q235钢在pH值为2~4的模拟闭塞区溶液中，阴极过程由氢离子的扩散步骤控制，阴极去极化起着主要作用。当pH值小于2时，阴极过程表现为活化特征，阳极溶解过程遵循Bockris机理。

（2）Q235钢在模拟闭塞区溶液中的腐蚀不存在临界pH值，腐蚀速率（v_e）的对数与p值呈线性关系：$\lg v_e = 0.968 - 0.444\text{pH}$，闭塞区内溶液pH值的微小变化，都会对腐蚀速率带来明显的影响。

（3）闭塞区内 Cl^- 离子浓度的增加，会使溶液 pH 值下降，离子浓度与溶液 pH 值的关系为 pH=3.0-0.172［Cl^-］。

3.3.4 晶间腐蚀

沿着或紧挨着金属的晶粒边界发生的腐蚀称为晶间腐蚀。经过晶间腐蚀的材料，外表可能还是十分光亮的，但晶粒间已失去了结合力，以致材料的强度几乎完全丧失，轻轻敲击，可能即成细粉，所以这是一种危害性很大的局部腐蚀。通常的金属材料为多晶结构，因此存在着晶界，晶界物理化学状态与晶粒本身不同，在特定的使用介质中，由于微电池作用而引起局部破坏，这种局部破坏是从表面开始，沿晶界向内发展，直至整个金属晶界被破坏。

晶间腐蚀的产生必须有两个基本因素：一是内因，即金属或合金本身晶粒与晶界化学成分差异、晶界结构、元素的固溶特点、沉淀析出过程、固态扩散等金属学问题，导致电化学不均匀性，使金属具有晶间腐蚀倾向；二是外因在腐蚀介质中能显示晶粒与晶界的电化学不均匀性。总之，当某种介质与金属所共同决定的电位条件下，晶界的溶解电流密度远大于晶粒本身的溶解电流密度时，便可产生晶间腐蚀。

晶间腐性理论：人们都接受晶界区存在阳极的看法，这是由于晶界区遭受选择性腐性，它必须是阳极。但是，对于这种阳极区的来源、发展和分布却有不同的看法，因而有不同的晶间腐蚀理论。主要有晶界贫铬理论、阳极相（σ 相）理论、晶界吸附理论。

奥氏体不锈钢是生产和使用最多的一类不锈钢，在许多介质中均有良好的耐蚀性，但这种钢材在使用过程中经常发生严重的晶间腐蚀。晶间腐蚀通常有两种类型：第一类是发生在活化-钝化过渡电位区（弱氧化性介质）以及除钝化区以外的各电位区段，大多数晶间腐蚀属于这一类；第二类是发生在过钝化电位区（强氧化介质）。按照晶间腐蚀产生的机理不同，可分为敏化态晶间腐蚀和非敏化态晶间腐蚀。敏化态晶间腐蚀是钢经敏化处理时发生，其机理的经典理论是贫铬说。奥氏体不锈钢因焊接等原因经历 500~850℃ 温度，在晶界析出含铬量很高的碳化物相（$Cr_{23}C_6$），这就引起其附近铬的贫化，以致达不到钝化所需的足够铬量，此区成为阳极区，发生优先溶解，产生晶间腐蚀。非敏化态晶间腐蚀常常出现在不存在贫铬晶界的奥氏体不锈钢，即固溶的奥氏体不锈钢中，这时的晶间腐蚀主要是钢中杂质元素在晶界偏析引起。例如晶界富集 P（100μg/g）、Si（1000~2000μg/g）即可引起这类晶间腐蚀。提高钢的纯度是防止这类晶间腐蚀发生的重要途径。此外，当钢中晶界存在 σ 相时，在强氧化性介质中会发生 σ 相选择性溶解，晶界网状 σ 相析出是这类晶间腐蚀的原因。

Stickler 和 Vinckier 进一步研究了敏化温度、晶间沉淀相形貌与晶间腐蚀之间的关系。高于 730℃ 敏化时，晶间析出的碳化铬是孤立的颗粒，晶间腐蚀趋势较小；低于 650℃ 敏化时，晶间的碳化铬在晶界面上形成连续的片状，晶间腐蚀趋势较大。

加入足够的 Ti 或 Nb 来固定碳，Ti 或 Nb 优先与 C 反应，可以防止 $M_{21}C_6$ 沉淀所引起的晶间腐蚀。但这类加 Ti 或 Nb 的奥氏体不锈钢，熔化焊接后，在强氧化性介质中工作，在熔合线仍会出现很狭窄的沿晶选择性腐蚀（刀线腐蚀）。Cihal 对此做了综合评述。对于这类钢，通过一般的 800~950℃ 的稳定化处理，并不能避免这类腐蚀。与此相反，这种加热正是刀线腐蚀所需要的。因此，$M_{21}C_6$ 沉淀不是引起这类晶间腐蚀的主要原因。从这种腐蚀发生的部位来看，在熔化焊接时，这个部位曾加热到固相线附近的高温，不仅 $M_{21}C_6$ 已全部溶解，而且这类不锈钢中的 TiC 或 NbC 也已全部溶解。在第二次加热时，这些碳化物都会沉淀，并且都易于沿晶结晶。熔合线处的 MC 溶解后，在缓慢冷却或二次加热时，确是沿晶界以树枝状形态沉淀，在强氧化性介质中，这种晶界沉淀的 σ 相（FeCr、FeTi、FeMo 等金属间化合物）会由选择性溶解而导致。

20 世纪 60 年代中期以来，出现了超低碳 18-8 型奥氏体不锈钢在强氧化性介质中的晶间腐蚀，研究发现有如图 3-16 所示的异常现象。1050℃ 固溶处理后的腐蚀速率最大，这显然不能用晶界沉淀 $M_{21}C_6$ 引起的贫铬或 σ 相沉淀现象来解释。Aust 研究了杂质（碳和磷）对于 14%Cr-14%Ni 不锈钢在 115℃ 的 5mol/L HNO_3 +4g/L Cr^{6+} 溶液中腐蚀速率的影响，结果如图 3-17 所示。可见碳含量高达 0.1%没有什么影响，而磷含量大于 0.01%后，腐蚀量显著增加。由于腐蚀是沿晶间进行的，而磷又是主要影响杂质，因而推论磷与晶界的交互作用引起这种晶间腐蚀，进一步推论为磷的晶界吸附引起这种晶间腐蚀。

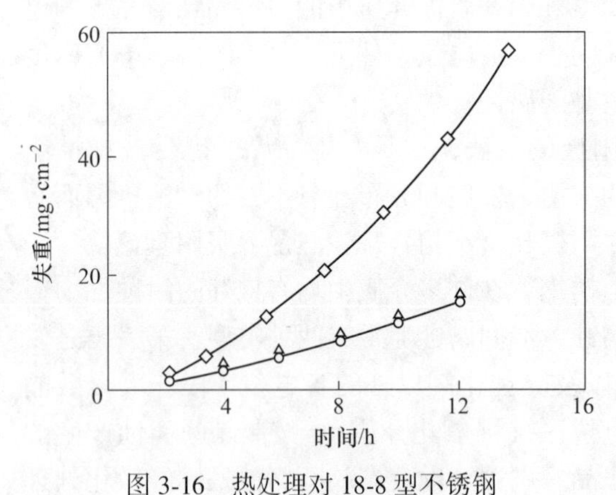

图 3-16　热处理对 18-8 型不锈钢（304）晶间腐蚀的影响

□—1050℃，2h，水淬；△—850℃，2h，水淬；○—650℃，150h，水淬

试剂：5mol/L HNO_3+4g/L Cr^{6+}，115℃

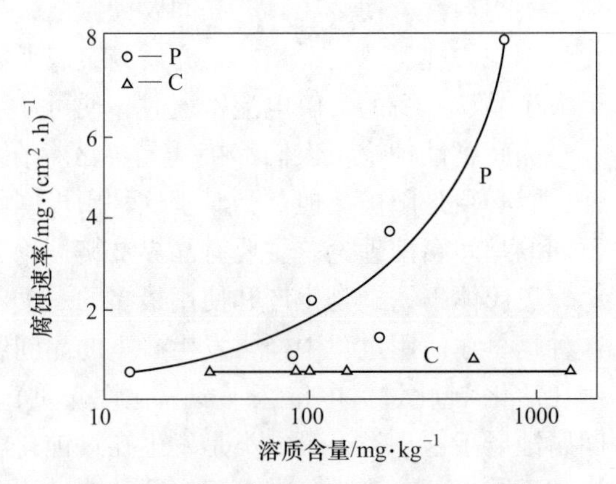

图 3-17　磷和碳对 14%Cr-14%Ni 不锈钢在沸腾的 5mol/L HNO_3+4g/L Cr^{6+} 溶液中晶间腐蚀速率的影响

3.3.5　选择性腐蚀

选择性腐蚀是指多元合金中某种较活泼组分的优先溶解而遗留下一个蚀变的残余结构的一种腐蚀形式。在一定的介质条件下，合金中的较贵金属为阴极，较贱金属为阳极，构成腐蚀原电池，较贵金属得到保护，而较贱金属发生溶解。黄铜的脱锌和铸铁的石墨化就是这类腐蚀的典型例子。Calvert 和 Johnson 在 1866 年首先报道了黄铜的脱锌腐蚀，后来人们发现有很多种铜基合金和其他合金在适当的介质中都会发生成分选择性腐蚀。成分选择性腐蚀的外观形式大致为层式、栓式和点式 3 种。受到成分选择性腐蚀的合金材料是多孔性的，其强度、硬度和韧性都几乎丧失殆尽，因而危害性极大。

3.3.5.1　黄铜脱锌

黄铜为铜锌合金。锌含量低于 15%的铜锌合金为红铜，一般不产生脱锌腐蚀；含锌

30%~33%的黄铜为 α 固溶体，常用于制造弹壳；含锌 38%~47%的黄铜为 α+β 相，多用于热交换器，这两类黄铜脱锌腐蚀都比较严重。一般来说，含锌量较低的黄铜在中性、碱性和微酸性的介质中，在高盐含量和高于室温时较易产生栓式脱锌，含锌量较高的黄铜在低盐的酸性和弱酸性介质中可能发生层式脱锌。1924 年 Bengough 等发现添加微量元素砷可抑制 α 黄铜脱锌，才使黄铜得到广泛的工业应用。

黄铜脱锌的机理有两种，一是在较弱的介质中，也就是黄铜能应用的领域，锌可能优先地被溶解；二是锌与铜也可能同时被溶解，而铜又重新沉淀。这两种都造成合金中锌量的减少，也就是所谓的脱锌现象。第二种已为大多数人所接受。其反应过程为：

阳极过程：

$$Cu - Zn = Cu^{2+} + Zn^{2+} + 4e^- \tag{3-12}$$

阴极过程：

$$O_2 + 2H_2O + 4e^- = 4OH^- \tag{3-13}$$

富集在表面的 Cu^{2+}，将产生下列置换作用（阴极）：

$$Cu^{2+} + Cu - Zn = 2Cu + Zn^{2+} \tag{3-14}$$

将以上 3 式相加得到总的反应：

$$O_2 + 2H_2O + 2Cu - 2Zn = 2Zn^{2+} + 2Cu + 4OH^- \tag{3-15}$$

上式的结果指出，黄铜被腐蚀：

1）锌量减少，铜量不变；

2）疏松的铜沉淀代替了黄铜中有结合力的铜。

第一种结果造成了外观的脱锌现象，第二种结果使黄铜的力学性能降低。

关于砷能抑制 α 黄铜的脱锌机理，Von Fraunhofer 从电化学角度提出如下的解释。铜阳极反应：$Cu = Cu^- + e^-$，生成的一价铜以氯化亚铜方式溶解：

$$2Cu^+ + 2Cl^- = Cu_2Cl_2 \tag{3-16}$$

然后，Cu_2Cl_2 以下式分解形成 Cu 沉积在黄铜表面，$CuCl_2$ 同时参加阴极还原反应也沉积到基体上，生成多孔铜，从而发生脱锌：

$$Cu_2Cl_2 \rightleftharpoons Cu + CuCl_2 \tag{3-17}$$

砷的作用在于通过式（3-18），使 Cu^{2+} 还原为 Cu^+，使式（3-17）逆向进行，从而阻止 Cu_2Cl_2 的分解：

$$3Cu^{2+} + As \longrightarrow 3Cu^+ + As^{3+} \tag{3-18}$$

As^{3+} 择优吸附在阴极位置的铜上，阻止式（3-17）进行，从而抑制脱锌。β 黄铜则不然，直接通过 Cu^+ 的还原而沉积铜，故无上述的砷抑制脱锌的作用。

3.3.5.2 *石墨化腐蚀*

灰铸铁的石墨化腐蚀是除黄铜脱锌腐蚀以外的最常见的选择性腐蚀形式。灰铸铁中的石墨以网络状分布在铁素体内，相对于铁素体，石墨的电极电位更高，为阴极，铁素体为阳极，在一定的介质条件下形成高效原电池，发生铁的选择性腐蚀，铁被溶解后，石墨沉积在铸铁的表面，成为石墨、孔隙和铁锈构成的多孔体，使铸铁失去强度和金属性。从形貌来看，似乎是“石墨化”了，因此称作石墨化腐蚀。

3.3.6 应力腐蚀破裂

应力与化学介质协同作用下引起的金属开裂（或断裂）现象，叫作金属应力腐蚀开裂（或断裂）（stress corrosion cracking，SCC）。

应力腐蚀开裂是应力与腐蚀协同作用的结果，是一种十分广泛、危害严重的腐蚀现象。发生应力腐蚀开裂需具备3个基本条件，即敏感材料、特定环境和拉伸应力。黄铜的氨脆（也称季裂）、锅炉钢的碱脆、低碳钢的硝脆、奥氏体不锈钢的氯脆等是较常见的应力腐蚀开裂。对于这种应力腐蚀开裂体系，如果没有应力，腐蚀甚微；如果没有腐蚀，应力不会造成开裂；只有腐蚀和应力同时作用时，经过一定时间后，金属就会在腐蚀并不严重并且应力也不够大的情况下发生断裂。

应力腐蚀的主要特征有：几乎所有金属的合金在特定环境中都有某种应力腐蚀敏感性，纯金属不易发生应力腐蚀断裂；每种合金的应力腐蚀断裂只是对某些特定的介质敏感；发生应力腐蚀主要是拉伸应力作用；应力腐蚀断裂是一种典型的滞后破坏，需经一定时间的裂纹形核、裂纹亚临界扩展，最终达到临界尺寸，发生失稳断裂，整个断裂时间与材料、环境、应力有关，短则几分钟，长达若干年；应力腐蚀的裂纹有晶间型、穿晶型和混合型3种类型，裂纹扩展方向一般垂直于主拉伸应力的方向；应力腐蚀裂纹扩展速度一般为$10^{-8} \sim 10^{-5}$m/s数量级范围、远大于没有应力时的腐蚀速率，远小于纯机械断裂速度。

应力造成的腐蚀破坏包括应力腐蚀断裂、氢致开裂、腐蚀疲劳、冲刷腐蚀、腐蚀磨损等。

应力腐蚀开裂机理：由于应力腐蚀是一种与腐蚀有关的过程，其机理必然与腐蚀中同时发生的阳极反应和阴极反应有关。因此根据反应控制过程，应力腐蚀机理可分成两大类，阳极溶解型机理与氢致开裂型机理。

阳极溶解型机理认为，在发生应力腐蚀的环境里，应力加速金属内活化区的溶解而导致金属的断裂。金属通常是被钝化膜覆盖，不与腐蚀介质直接接触，应力的重要作用是破坏金属表面的保护膜，使新鲜的金属表面与腐蚀介质直接接触。保护膜遭受局部破坏后，裂纹才能形核，并在应力作用下裂纹尖端沿某一择优路径定向活化溶解，导致裂纹扩展，最终发生断裂。因此，应力腐蚀经历了膜破裂、溶解、断裂。

（1）膜局部破裂导致裂纹形核。表面膜可能是氧化膜、盐膜、脱合金层等，它们可因电化学作用或机械作用发生局部破坏，使裂纹形核。电化学作用是因点蚀、晶间腐蚀等诱发应力腐蚀裂纹形核。若腐蚀电位比点蚀电位更正，则局部的膜被击穿，形成点蚀，在应力作用下从点蚀坑根部诱发出应力腐蚀裂纹。在不发生点蚀的情况下，若腐蚀电位处于活化-钝化或钝化-过钝化这样一些过渡电位区间，由于钝化膜处于不稳定状态，应力腐蚀裂纹容易在较薄弱的部位形核，如在晶界化学差异处引起晶间腐蚀的情况。

机械作用是由于膜的延性或强度较基体金属差，受力变形后局部膜破裂，诱发应力腐蚀裂纹形核。特别是在表面几何不连续的场合，如零件结构上的沟槽、材料的缺陷、加工的痕迹、附着的异物等都可能引起应力应变集中或导致有害离子浓缩，容易诱发裂纹。平面滑移导致的膜破裂往往被用来解释穿晶应力腐蚀裂纹的成因。

（2）裂尖定向溶解导致裂纹扩展。只有在裂纹形核后裂尖高速溶解，而裂纹壁保持钝态的情况下，裂纹才能不断地扩展。裂纹的特殊几何条件构成了闭塞区，存在着裂尖快速溶解的电化学条件，面应力与材料为快速溶解提供了择优腐蚀的途径。预存活性途径和应变产生活性途径分别为晶间和穿晶应力腐蚀裂纹扩展提供了这种途径。

在晶粒保持钝态而晶界具有较高活性时，裂纹可以沿晶界这条预存活性途径扩展，造成晶间应力腐蚀断裂。晶界预存的活性可能是晶间存在化学活性的杂质元素或阳极性沉淀相造成的。当晶间存在的是阴极性沉淀相时，因其周围存在阳极性的合金元素贫乏区，也会引起晶界预存的活性。应力的作用可使裂纹张开，便于物质传递，避免通道被腐蚀产物堵塞，同时可机械拉断尚连接的部分。

（3）断裂。在应力腐蚀裂纹扩展到临界尺寸时，裂纹失稳而导致纯机械断裂。

刘继华、李荻等（2002）采用慢应变速率拉伸试验研究了氢在7A04（LC4）高强铝合金应力腐蚀断裂过程中的作用，结果表明，7A04（LC4）合金在干燥空气中不发生应力腐蚀断裂，在潮湿空气和阳极化条件下，铝合金的应力腐蚀断裂机理是以阳极溶解为主，氢几乎不起作用，在预渗氢或阴极极化条件下，氢脆起主要作用，预渗氢时间延长可加速7A04（LC4）合金的应力腐蚀断裂。吴荫顺等的试验结果表明钛合金TA7在醇类溶液中有明显的应力腐蚀敏感性，在含有Cl离子的醇类溶液中有强烈的应力腐蚀敏感性，钛合金的应力腐蚀开裂通常源自点蚀孔底部。由于应力腐蚀破裂与材料、环境、应力状态等许多因素有关，而使得其机理极具复杂性，SCC机理模型研究可参阅相关文献。

3.3.7 氢损伤

金属由于有氢存在或与氢反应引起的机械破坏称为氢损伤。氢损伤可分为4种类型：氢腐蚀、氢鼓泡、氢脆和脱碳。

氢腐蚀是指金属在高温高压氢环境中服役一定时间后氢与金属中的某组分反应形成高压气泡，高压气泡在晶界处形核长大，互相连接形成裂纹，从而使金属性能下降的过程。如在含氧铜合金中有 $2H+O = H_2O$ 反应，在钢中有 $4H+C = CH_4$ 的反应，结果使晶界结合力减弱，最终使金属丧失强度和韧性。

氢鼓泡是指金属内的氢原子扩散到金属的空穴内（金属缺陷处）析出，形成氢分子，在局部造成很高的氢压引起金属鼓泡和破裂现象。扩散到金属空穴内的氢原子析出形成氢分子，氢分子不能扩散，结果空穴内的氢气浓度和压力不断上升，由于与原子氢接触的分子氢的平衡压为几十万大气压，这足以使任何已知的工程材料发生破裂。

氢脆是指由于氢进入金属内部，引起韧性和抗拉强度下降的现象。氢脆通常可分为氢化物型氢脆、应力诱发氢化物型氢脆和可逆氢脆。氢化物型氢脆是指较高含量的氢与周期表中Ti、Zr、Hf、V、Nb、Ta等与氢有较大亲和力的金属反应，易生成脆性的氢化物相，在受力后成为裂纹源，引起脆断。应力诱发氢化物型氢脆是指在能够形成脆性氢化物的金属中，当氢含量较低或氢在固溶体中的过饱和度较低时，尚不能自发地沉淀氢化物相，但在应力作用下氢向应力集中处富集，富集的氢浓度超过临界值时就会沉淀出氢化物。这种应力诱发的氢化物相变只是在较低的应变速率下出现的，并导致脆性断裂。可逆氢脆是指含氢（内氢或外氢均可）的金属在高速变形时并不显示脆性，但在缓慢变形时由于氢逐渐向应力集中处富集，在应力与氢交互作用下裂纹形核、扩展，最终导致脆性的断裂。在未形成裂纹前去除载荷，静置一段时间后再高速变形，材料的塑性可以得到恢复，即应力去除后脆性即消失，因此称可逆氢脆。由内氢引起的叫可内氢脆，高强度钢常常遇到这种问题。由外氢引起的也叫环境氢脆，环境可以是含氢的气体，如 H_2 和 H_2S，也可以是水溶液，后者涉及阴极析氢反应，即氢致开裂型应力腐蚀。可逆氢脆是氢致开裂中最主要、最危险的破坏形式。

肖纪美、曹楚南将现有的氢致开裂机理总结归纳后分为 3 大类：

（1）推动力理论。化学反应所形成的气体（CH_4、H_2O）和沉淀反应所析出的氢气团及氢气内压，氢致马氏体相变的相变应力，都可与外加的力或残余应力叠加，引起开裂。

（2）阻力理论。氢引起的相变产物如马氏体、氢化物固溶氢引起的结合能及表面能下降，都可降低氢致开裂的阻力，促进开裂。

（3）过程理论。氢在三向应力梯度下的扩散和富集面膜对氢渗入和渗出的影响、氢在金属内部缺陷的陷入和跃出、氢对裂纹尖端塑性区的影响等，都是从过程的分析来细致地阐明氢致开裂或氢脆机理的。

以上各种机理不是相互矛盾的，而是相辅相成的。对于具体的体系，应从氢致变化去确定起决定性作用的机理。

各种材料或构件都是在特定的环境条件下使用的。环境条件不同，材料的耐蚀性差别很大。金属腐蚀的主要形式有 3 种，即局部腐蚀、全面腐蚀和在机械力作用下的腐蚀，其主要分类及特征分别见表 3-2~表 3-4。

表 3-2 几种局部腐蚀的典型特征与防止措施

腐蚀名称	主要环境及腐蚀特征	腐蚀机理	主要影响因素	主要防止措施
点蚀（孔蚀）	特定离子环境中，腐蚀电位超过点蚀电位。局部区域出现腐蚀小坑，并向深处发展，直到腐蚀穿孔为止。是“跑、冒、滴、漏”的主要祸根	氧化物破坏区域为阳极，未破坏区域为阴极，构成腐蚀电池	金属材料成分与表面状态；热处理温度；腐蚀介质的种类与浓度	选择耐点蚀能力好的材料；材料表面改性；添加缓蚀剂
缝隙腐蚀	金属表面上由于存在异物或结构上的原因而形成缝隙，留住腐蚀溶液并引起缝隙内部加速腐蚀	与点蚀很相似，属自催化的电化学腐蚀过程	腐蚀介质中的活性阴离子	结构设计时尽量避免狭缝结构和液体滞留区；选择合适材料；焊接代替铆接
晶间腐蚀	沿着多晶体金属或合金的晶粒边界区发生的局部腐蚀形式，它使晶粒间的结合力遭到破坏，导致金属的塑性和强度大幅度降低，而金属外观并未发生变化	金属或合金中含有少量杂质，或者有第二相沿着晶界析出；晶粒边界或第二相起着阳极的作用；要有腐蚀介质存在	金属材料的化学成分；环境介质	采用正确的热处理制度；减少含碳量；在不锈钢中加入稳定剂；采用表面工程技术使不锈钢表面与腐蚀介质隔离
电偶腐蚀	在腐蚀介质中，金属与另一种电位更正的金属或非金属导体发生电连接而引起的加速腐蚀	电化学腐蚀，主要发生在两种不同金属或金属与非金属导体相互接触的边线附近	电偶序、环境介质和阴/阳极面积比	尽量避免异种金属材料的直接接触

表 3-3 材料在机械力作用下的腐蚀

腐蚀名称	主要环境及腐蚀特征	腐蚀机理	主要影响因素	主要防止措施
应力腐蚀断裂	当拉应力的大小达到屈服强度的70%～90%时，由于应力与特定腐蚀介质共同作用而引起材料的断裂	应力-电化学机理：在应力和电化学介质的共同作用下，裂纹扩展直至断裂	合金的成分；拉应力的大小；环境介质的成分；温度的高低	限制或消除应力；选择合适材料；改变材料环境（加缓蚀剂）；表面改性处理；采用阴极保护
腐蚀疲劳断裂	腐蚀疲劳是在腐蚀介质和交变应力共同作用下而引起的材料或构件的破坏，其特征是不存在明显的疲劳极限	应力-电化学机理：在周期改变的应力和电化学介质的共同作用下，裂纹扩展直至断裂	交变载荷的大小和频率；介质	减小应力或使表面有压应力；采用缓蚀剂；选用耐腐蚀耐疲劳的材料和涂层

表 3-4 各种腐蚀方式的典型特征

腐蚀分类	主要环境	产生腐蚀的主要机理	主要影响因素	主要防止措施
大气腐蚀	干大气腐蚀 湿大气腐蚀，相对湿度低于100% 湿大气腐蚀，相对湿度接近100%，肉眼可见水膜	微电池反应： 中性或碱性液膜下，阴极反应： $O_2 + 2H_2O + 4e^- \rightarrow 4OH^-$ 酸性液膜下： $O_2 + 4H^+ + 4e^- \rightarrow 2H_2O$ 阳极反应： $Me - ne^- \rightarrow Me^{n+}$	大气相对湿度和温度的变化；酸、碱、盐及其他气体污染；灰尘颗粒	防锈油封存、气相缓蚀剂封存；采用金属涂镀层和涂装技术；选用耐大气腐蚀的材料
海水腐蚀	材料或成分浸泡于海水中	阴极反应为氧的去极化过程；阳极反应为金属的腐蚀溶解过程；不仅发生均匀腐蚀，更重要的是发生电偶腐蚀、孔蚀和缝隙腐蚀	盐类成分、浓度及含氧量；温度及构件所处位置；海水流速高低；海洋生物的影响	选用耐海水腐蚀的材料；采用阴极保护；保护涂层的应用；防污涂层的应用
土壤腐蚀	材料或构件埋在潮湿的土壤中	微电池反应：氧的阳极过程为金属的溶解，阴极过程为氧的去极化或氢的去极化，土壤成分不同导致的宏观电池反应	土壤含水量、含氧量和盐分种类及土壤导电性；土壤中细菌、pH值和温度	采用保护层绝缘防腐蚀；采用阴极保护
有机气体腐蚀	当高分子材料与金属材料共存于同一环境	高分子材料释放出腐蚀性气氛，使材料产生各种腐蚀，具体种类取决于材料及环境条件	腐蚀气氛和浓度的影响；环境对湿度、温度和压力的影响	选用不挥发腐蚀气氛的有机材料、耐有机气氛腐蚀的金属及镀层；控制相对湿度、避免过热；注意有机材料的加工工艺
高温腐蚀	环境介质为各种气体，工况温度高于260℃，零件表面不能形成水膜	在高温及活性气体作用下发生高温氧化或气体热腐蚀	合金成分和介质成分的影响；环境温度和压力的影响；气动力学因素影响	选用合适的高温合金；选用各种高温涂层；改变环境介质

续表 3-4

腐蚀分类	主要环境	产生腐蚀的主要机理	主要影响因素	主要防止措施
熔盐腐蚀	金属浸泡在高温熔盐溶液中	熔盐腐蚀是一种电化学腐蚀，阳极反应为： $Me-2e^- \rightarrow Me^{2+}$ 阴极反应为熔盐中氧或其他离子接受电子的过程： $Fe^{3+} + e^- \rightarrow Fe^{2+}$ $Ca^{2+} + 2e^- \rightarrow Ca$	熔盐温度的影响；金属在熔盐中溶解度的高低；熔盐中其他电解质的种类与含量；金属熔盐界面张力的大小	采用阴极保护法；避免或减少熔盐中阴极去极化物质；避免使用过高温度；加入极化作用小的物质，减少金属腐蚀溶解

可以看出，在上述各种环境条件下，材料的表面防护技术都是至关重要的。环境条件不同，对表面工程技术的要求也不相同。因此，在对表面工程技术选择之前，必须对材料或零件的工况进行系统分析。

3.4 金属材料腐蚀控制及防护方法

3.4.1 产品合理设计与正确选材

任何一种材料或制品，经长期使用或储存后完全不发生腐蚀是不可能的。但是，多年的实践表明，材料及其制品发生腐蚀，许多是由于人们对腐蚀理论不够了解，对长年积累起来的防腐蚀经验和技术不够重视。

腐蚀及其控制是一个贯穿产品设计、试制、生产、使用和维护等各个环节的重要问题。产品设计时不仅要考虑材料的力学性能，而且必须了解产品的使用和工作环境。对一些产品，如许多板件、管件、铸件、锻件和化工用的槽池等，壁厚设计时除了要考虑必要的机械强度保障以外，还必须预留一些腐蚀余量；产品结构设计时，要注意设计合理的表面形状，连接工艺中注意少留死角，以避免水分或其他腐蚀介质的存留，造成缝隙腐蚀；产品设计中，不可避免地要使用各种不同材料，因此选材时必须考虑不同材料相互接触时可能产生的电偶腐蚀问题；对于受力构件，应力分布的不均匀性可能引起应力腐蚀断裂和腐蚀疲劳，尤其要注意残余应力对腐蚀过程的影响。此外，在金属材料的冷、热加工及装配过程中，也要注意防止腐蚀的发生。

3.4.1.1 选材

合适的选材在许多情况下可以减少对应力腐蚀、选择性腐蚀、晶间腐蚀、接触腐蚀、点蚀和均匀腐蚀的敏感性。

材料是在一定的环境中使用而发生腐蚀的，对于确定的环境，不同的材料有不同的耐蚀性能，因此合理选材的前提：（1）了解各种材料在不同环境中的耐蚀性能、腐蚀速率和腐蚀类型；（2）要详细了解材料使用的环境，其中包括化学因素和物理因素，化学因素中主要要了解介质（包括杂质）成分、pH 值、氧含量和可能发生的化学反应等，物理因素中主要要了解环境温度、流速、受热和散热条件、受力大小和受力类型等。在此基础上，依据失效经验或查阅权威性手册确定可能发生的腐蚀类型，从而选择使用材料及机械制造工艺，并确定临时性及长久性的防腐蚀方法。选材的依据以满足产品技术性能为前提，同时注意摒弃单纯追求强度的选材原则，代之以根据使用部位而定的全面综合的选材原则（即考虑强度、耐腐蚀性、经济性等）。例如，在容易产生腐蚀和不易维护的部位要选择高耐蚀性能的材料和杂质含量低的材料等。

3.4.1.2 设计

此处指防腐蚀结构设计。在机械结构中，工程结构零部件的形状及连接等设计是否合理，对应力腐蚀、接触腐蚀、均匀腐蚀和微生物腐蚀的敏感性影响很大。防腐蚀结构设计主要考虑如下几个方面的问题。

（1）结构尽可能简单合理，尽量避免尖角、凹槽和缝隙，以及防腐蚀介质积聚和浓缩而引起腐蚀；铆钉、螺钉或点焊连接头和连接部件的结合面应当有隔离绝缘层或适当尺寸的垫圈等措施以防缝隙腐蚀。

（2）为防止电偶腐蚀，应尽可能避免电位差大的金属互相接触。不可避免时，接触表面要适当防护处理，如加入一层不导电的有机材料或者加入第三种金属以减小电位差。一定要避免大阴极-小阳极组合，防止小阳极的严重穿孔腐蚀。

（3）采用密闭结构，以防腐蚀介质的浸入，在易积液的地方设置排液孔。

（4）设计时根据流体力学原理防止湍流、涡流等造成的冲刷腐蚀。

（5）设计时应当避免使用应力、装配应力和残余应力在同一个方向上叠加。

3.4.2 电化学保护

电化学保护方法分为阴极保护与阳极保护方法两大类。用电化学方法使被保护工件在工作条件下的电位移至平衡可逆电位以下，从而停止腐蚀的方法即为阴极保护法。

3.4.2.1 阴极保护

阴极保护是指在金属表面通入足够的阴极电流，使这种金属的阳极溶解速度减小，从而防止金属腐蚀的一种电化学保护方法。依据阴极电流的来源，这种方法又分为牺牲阳极保护及外加电流保护两种。

（1）阴极保护的基本原理。对金属结构施以阴极保护，是指从外部把电流送入系统，使被保护的工程结构为阴极，使金属进行阴极极化。图 3-18 为阴极保护原理的极化曲线示意图，E_s 及 I_s 分别是腐蚀电位及腐蚀电流。阴极极化时，电位从 E_s 向更负的方向移动，阴极极化曲线从 S 点向 C 点方向延长。当金属电位极化到 E_1 时所需的极化电流为 I_1，相当于 AC 线段，其中 BC 线段的电流是外加的，AB 线段的电流则是阳极腐蚀所提供的，可见其小于 I_s，表明金属得到部分保护，但这时金属的腐蚀还未完全停止。如果使金属极化到更负的电位，例如达到 E_a，这时由于极化使金属表面各个区域的电位都等于 E_a，则阳极腐蚀电流就等于零，金属达到了完全的保护。此时金属的电位称为最小保护电位，达到此电位时金属所需的外加电流密度称为最小保护电流密度。

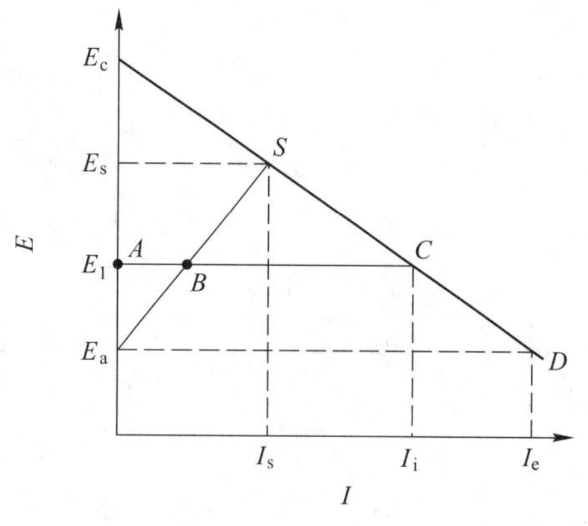

图 3-18 阴极保护原理的极化图解

最小保护电位、最小保护电流密度与金属的种类、金属表面状态（有无保护膜、漆膜的完整程度等）及介质条件（组成、浓度、温度、流速）等有关，一般当金属在该介质中的腐蚀性越强，阴极极化程度越低时，所需保护电流密度越大。这两个参数中，保护电位是最主要的参数。在实际应用中，为了兼顾保护程度和保护效率，不片面追求达到完全保护，而是给出一个保护电位范围，允许金属在保护下仍以不大的速度进行均匀腐蚀。

（2）外加电流阴极保护。把被保护金属与直流电源的负极连接，通过外加阴极电流使金属阴极极化，这种方法叫作外加电流阴极保护法。外加电流阴极保护系统由直流电源、辅助阳极、参比电极和阳极屏组成。

1）电源设备：外加电流阴极保护系统，需要低电压大电流的直流电源，手调直流电源多采用整流器，其中常用的有硒整流器、硅整流器和晶闸管整流器。自动控制直流电源多采用晶闸管恒电位仪。

2）辅助阳极：与直流电源正极相连的外加电极称为辅助电极，其作用是使外加电流从阳极经过介质到达被保护金属结构。辅助阳极材料可分为可溶、微溶和不溶3类，常用的材料有石墨、硅铸铁、镀铂钛、镍、铅、铅银合金和碳钢等。

3）参比电极：是用来测量被保护金属结构的电位，并控制其处于保护电位范围内，有铜/硫酸铜电极、银氯化银电极、锌电极、甘汞电极。

4）阳极屏：阴极保护系统工作时，从辅助阳极排出很大的电流，在它周围的被保护金属结构，其电位往往很负，以至析出氢气，使附近的涂层损坏降低保护效果。为了防止电流短路、扩大电流分布范围，确保阴极保护效果，在阳极周围涂装屏蔽层，即阳极屏。目前使用的阳极屏材料有环氧沥青、聚酰胺、氯丁橡胶和玻璃钢涂料等，聚氯乙烯、聚乙烯塑料板等。

如对于大型的原油储罐（$10\times10^4m^3$），新近的保护方法，采用网状阳极系统，阳极材料为Ti/混合金属氧化物阳极带。网状混合金属氧化物阳极使得保护电流分布均匀，避免了罐底板中心部位与边缘板保护电位差过大的问题，保证罐底板中心部位得到充分的阴极保护。

（3）牺牲阳极的阴极保护。在被保护金属结构上连接电位更负的金属作为牺牲阳极，当在电解液中与被保护的金属结构形成一个大电池，牺牲阳极优先溶解，释放出的电流使金属结构阴极极化到所需的电位而实现保护。这种方法叫作牺牲阳极保护法。常用的牺牲阳极材料是一些电位较负的金属材料，如镁、铝、锌等活泼金属及其合金。作为阴极保护用的牺牲阳极材料应满足以下要求：1）牺牲阳极电位要负，它与被保护金属之间的有效电位差（驱动电位）要大；2）在使用过程中电位要稳定，阳极极化要小，表面不产生高阻抗的硬壳，溶解均匀；3）单位重量能产生的电量要大；4）阳极的自溶量小，电流效率高；5）铸造、成型加工容易，价格低廉，不会导致环境污染。实用的牺牲阳极材料有锌基、镁基和铝基等合金。

阴极保护主要用在水中和土壤中的金属结构上，例如船舶的外壳、海港的码头、海水输送管道、海上采油平台，工业用水及制冷设备，地下油、气管道，电缆、石油储罐等都可用阴极保护。从材料方面来说，除了碳钢以外，阴极保护还可防止低合金铜、高合金钢、铝及铝合金、铜及铜合金、锡、锌、铅等的腐蚀。在腐蚀类型方面，阴极保护不仅能防止全面腐蚀，还可以用来防止孔蚀、缝隙腐蚀、应力腐蚀开裂及腐蚀疲劳等。

特别是在近年来为开发海洋用的挖掘船、作业台、采油船等的各种设施，各种机器及其储油设备中，在火力发电站用的大型冷凝器、泵类以及大口径海水输送管等设备中，阴极保护均可发挥优异的防蚀效果。

3.4.2.2 阳极保护

阳极保护是指使金属的电位处于稳定钝化区的防腐蚀方法。阳极保护只是对于那些在氧化性的介质中可能发生钝化的金属，才有良好的效果，因此它的应用受到一定的限制。

(1) 阳极保护的基本原理。将被保护金属作为阳极进行阳极极化，当阳极电流密度达到致钝电流密度时，使被保护金属进入钝化区而得到保护，然后用较小的电流密度使金属的电位维持在钝化范围内。因此，只有在具有明显钝化特征的阳极极化曲线的腐蚀体系中才可能采用阳极保护技术。

(2) 阳极保护参数。阳极保护参数有3个：

1) 致钝电流密度。是金属在给定环境介质中达到钝化时所需要的最小电流密度。

2) 维钝电流密度。是金属在给定环境介质中维持钝化时所需要的最小电流密度，它决定阳极保护时金属的腐蚀速度和耗电量。

3) 稳定钝化区的电位范围。是指钝化过渡区与过钝化区之间的电位范围，这是阳极保护时须维持的安全电位范围。

从阳极保护的实用角度来看，希望致钝电流密度不能太大，否则所需电源容量很大，造成投资费用很高；钝化区电位范用尽可能宽些，这样在进行阳极保护时，即使电位稍有波动，尚不致落入活化区造成严重腐蚀，一般这个范围不得小于50mV；维持钝化的电流密度，自然要求愈小愈好，维持钝化电流密度小，说明腐蚀速率小，保护效果显著。

3.4.3 表面处理

表面处理涉及范围非常广，此处简要介绍表面预处理和表面化学转化处理。

3.4.3.1 表面预处理

表面防腐蚀处理通常可分为金属涂镀层和非金属涂层两大类。由于金属在储存、运输、各种加工过程等之后表面总会有各种脏物，如油污、氧化皮、腐蚀产物等，这些脏物会严重影响到涂镀层的致密性和结合强度，可导致防蚀处理失败，因此，在进行防蚀处理前，必需清洁金属表面，这个过程称为表面预处理，通常包括脱脂、酸洗和机械处理。

脱脂的目的是除去金属表面的油污，主要方法有：溶剂脱脂、碱液脱脂和电解脱脂。有机溶剂脱脂是借助有机溶剂对油脂的溶解作用进行的，可以溶解皂化油和非皂化油，对于各种防锈油、机械加工用油都可以溶解。有机溶剂不腐蚀金属，对易溶解在酸碱性溶液中的铝、镁、锌等有色金属比较有利。但对表面上的无机物、热处理熔盐残渣、焊剂等不能溶解。常用的有机溶剂为有机烃类（如汽油、煤油、苯、二甲苯、丙酮等，生产上主要采用前两种）和氯代烃类（如三氯乙烯、四氯乙烯）。碱液脱脂是将金属零件浸于热碱中通过皂化和乳化等作用将油脂除去的方法。碱液脱脂的成分包括两部分：一部分是碱性物质，如氢氧化钠、碳酸钠等；另一部分是硅酸钠、烷基芳基聚乙二醇醚（OP乳化剂）等表面活性剂。化学脱脂节省电力、操作方便，有一定脱脂效果，生产上主要用于预脱脂，然后再进行电化学脱脂将油脂完全除尽。碱性的脱脂溶液对黑色金属无腐蚀作用，如果碱性太高对铝、镁、铜等有色金属会产生腐蚀。常用碱性化学脱脂溶液的配方及工艺条件见表3-5。电化学脱脂是指在碱性溶液中零件为阳极或阴极，铁板（镍板或镀镍钢板）为对电极，在直流电的作用下将零件表面的油脂除去的方法。溶液成分和化学脱脂溶液相似，但可以少加或不加乳化剂，是依靠电解的作用强化脱脂效果，能使油脂彻底除净。所以经过有机溶剂或其他化学方法脱脂的零件，仍需要再经电化学处理，以确保脱脂质量。生产上广泛采用联合脱脂的方式，即先在阴极脱脂，快速、有效地将大量油脂除去，然后转换为阳极，在短时间内将渗入金属内的氢排除，同时溶去表面上的沉积，从而获得洁净的表面。表3-6为电化学脱脂工艺条件。在上述各清洗工艺中，增加超声设备可以提高清洗速度和清洗效果。

表3-5　碱性化学脱脂的工艺条件

成分含量/g·L^{-1}	钢铁		铝、镁及其合金		铜及铜合金		锌及锌合金
	1	2	1	2	1	2	
氢氧化钠（NaOH）	50~100	20~30			10~15		
碳酸钠（Na_2CO_3）	20~40	30~40	40~50	15~20	20~30	10~20	15~30
磷酸钠（Na_3PO_4）	30~40	5~10	40~50		50~70	10~20	15~30
碳酸氢钠（$NaHCO_3$）				5~10			
焦磷酸钠（$Na_4P_2O_7$）				10~20			
焦磷酸钠（$Na_4P_2O_7$）	5~15	5~15	10~15	1~2	10~20	10~20	10~20
表面活性剂（LT-83）	1~2						
表面活性剂（LT-83）					2~3	2~3	
表面活性剂（LT-83）		2~4					
表面活性剂（LT-83）	80~95	80~90	70	40~70	80~95	70	60~80

表3-6　电化学脱脂工艺条件

项　目		黑色金属		铜、铝、锌、镁合金
		1	2	
成分含量/g·L^{-1}	氢氧化钠（NaOH）	40~60	10~20	
	碳酸钠（Na_2CO_3）	30~50	20~30	20~40
	磷酸钠（Na_3PO_4）	15~30	20~300	20~40
	硅酸钠（$NaSiO_3$）	3~5		3~5
温度/℃		70~80	70~80	70~80
电流密度/A·dm^{-2}		2~5	5~10	2~5
阳极除油时间/min		5~10	0.2~0.5	
阴极除油时间/min			5~10	3~8

从金属表面除掉锈蚀产物和氧化皮的过程称为除锈或浸蚀。除锈多是用酸，故又称之为酸洗。根据金属材料的性质、表面状况以及要求不同，可以选用不同的酸洗溶液和酸洗方法。在一般情况下，是在金属材料及其加工件经过表面脱脂后，再进行酸洗。酸洗除锈

有化学酸洗和电化学酸洗（阳极酸洗、阴极酸洗）。酸洗液通常是由无机酸和少量缓蚀剂、促进剂或其他添加剂组成的水溶液。

机械处理金属表面的目的主要是除去氧化皮、锈蚀和污垢，此外还可用于获得某些特殊要求的粗糙表面、光亮表面等。机械处理金属表面的方法主要有刷光、磨光和抛光、喷砂和喷丸。

3.4.3.2 表面化学转化处理

化学转化处理是将金属或镀层金属表层原子与某些特定介质的阴离子相互反应，在其表面获得一层稳定的化合物质护膜的方法。这种保护膜叫作化学转化膜（chemical conversion coatings）。成膜的典型反应可用下式表示：

$$mM + nA^{z-} \longrightarrow M_mA_n + ze^- \tag{3-19}$$

式中，M 为表层的金属；A^{z-}为介质中的阴离子。从上述反应可知，转化膜的形成实质上是金属表面在人为控制下的腐蚀过程，它的形成必须有基体金属的直接参与。由于转化膜的多孔性，金属在施行化学转化处理之后，通常还要进行其他防护措施。按形成化学转化膜的方法分类可以分为化学转化法和电化学转化法（阳极氧化法）。

3.4.4 金属镀层和包覆层

金属或金属结构在使用过程中与腐蚀性介质接触，腐蚀首先在表面发生，如果在金属表面涂或镀上一层更稳定、更耐腐蚀的物质，使金属表面不能与介质接触，金属的腐蚀就会停止。在金属表面增加涂镀层不改变金属的力学性能而提高表面的耐腐蚀性能是腐蚀失效防治的最有效措施之一。防护性涂镀层可分为金属和非金属两大类，按涂镀层制造工艺分类如图 3-19 所示。

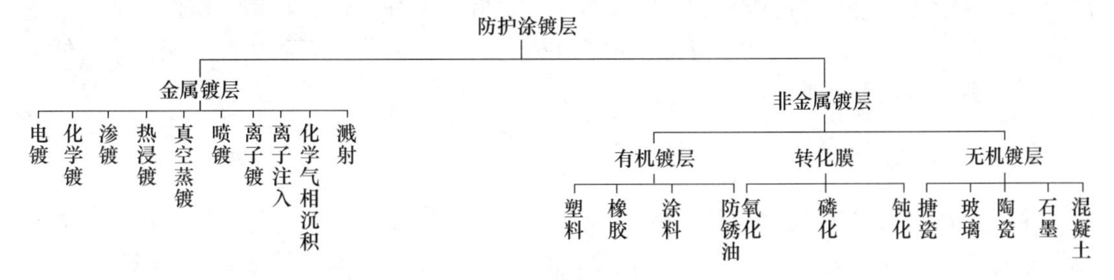

图 3-19 防护涂镀层的分类

如果预先制备好涂镀层或金属、非金属薄层，然后通过粘贴、挤压等方法就可在金属表面制得包覆层，包覆层也可分为金属包覆层和非金属包覆层。

电镀是制备金属镀层的最常用方法，它是在含有欲镀金属离子的溶液中，以被镀材料或零件为阴极，通过电解作用在基体表面获得镀层的方法，可以制备单金属、合金和金属非金属复合镀层，镀层的防护性能与镀层材料成分、制备工艺和镀层结构密切相关。常用的电镀层有镀锌、镀铜、镀镍、镀铬、镀锡及镀黄铜、镀铅锡合金等。

化学镀是指在亚稳态的溶液中，利用还原剂将金属离子还原为单质并沉积到有自催化能力的基体表面的过程，主要有化学镀镍、化学镀铜、化学镀多元合金及化学复合镀技术。化学镀非晶态 Ni-P 合金由于不存在晶界和晶界偏析，具有极高的耐腐蚀性能。化学镀技术因其镀件可具有复杂的形状，镀层厚度均匀。且有较高的硬度，较好的耐磨性、耐蚀性、导电性等优良特性，因而用作材料的表面处理，已经引起了人们的广泛关注，在航空、航天、石油化工、机械、电子、计算机、汽车、食品、模具、纺织、医疗等领域得到了广泛的应用。尤其是近年来复合化学镀技术的发展，进一步扩大了化学镀技术的应用范围。

3.4.5 涂层

除金属镀层外，采用非金属涂层也是常用的腐蚀失效防治方法。如图 3-19 所示，非金属涂层可分为有机涂层和无机涂层。金属镀层结合力好，耐高温、耐有机溶剂，但一般不耐酸、碱、盐的腐蚀，而有机涂层在无机酸、碱、盐中有较高的稳定性，不耐高温，在有机溶剂中的稳定性差，无机涂层耐磨、耐高湿、耐腐蚀，但孔隙率高、柔韧性差，因此应根据实际工况选择涂镀层。非金属涂层中有机涂层的防腐蚀应用最为广泛。用涂料防止金属的腐蚀，已有悠久的历史，由于施工方便、成本低廉，目前在桥梁、铁塔、建筑物、船舶汽车、机械、钢制容器、钢制家具等外表常用涂料来保护。

涂料又称油漆，是种有机高分子胶体混合物的溶液或粉末，除在物体表面上，能形成一层附着牢固的连续涂层。其目的是赋予被涂物以耐蚀性、装饰性及功能性。21 世纪全球的涂料工业将向水性、高固分、无溶剂、粉末和辐射固化、无公害、高效节能方向发展。特别是纳米技术，共混理论和互穿网络技术、高性能原材料的应用，将使涂料产品的性能更优异，用途更广泛。

涂料一般由成膜物质、分散介质、填料和助剂等组成，近年来发展较快的是无公害或低公害的耐腐蚀性能优良的涂料产品，主要包括粉末涂料、富锌涂料、含氟涂料、玻璃鳞片涂料等。常用的重防腐蚀涂料有富锌底漆、环氧树脂涂料、聚氨酯树脂涂料、氯化橡胶涂料、玻璃鳞片涂料等。国外还正在开发具有耐磨性、耐冲击性、长期耐候性的高性能重防腐蚀涂料，以减少涂装次数，降低涂装费用。总之，厚膜化、高耐久性、无污染或低污染、低成本、易施工是重防腐蚀涂料的发展方向。

3.4.6 加入缓蚀剂

缓蚀剂是通过添加特殊的活性物质吸附到金属表面，使其表面钝化，从而达到减缓抑制腐蚀过程的目的。缓蚀剂是指一些用于腐蚀环境中用量不大但能显著抑制或降低金属腐蚀速率的物质。缓蚀剂的作用不仅是在腐蚀环境中保护金属，而且还可作为控制金属表面化学或电化学加工性能的添加剂，具有多种利用价值。例如在工业上缓蚀剂能防止金属酸洗、化学抛光、电解抛光、电镀或电解精炼用阳极的过腐蚀。

与其他防蚀技术相比，缓蚀剂保护具有使用方便、投资少、收效快、用途广等优点，故受到国内外的重视，并广泛应用于石油、冶金、化工、机械制造、动力和运输等工业部门。

缓蚀剂的分类可有多种方法，例如，按缓蚀剂对腐蚀电化学过程的影响可分为阳极型缓蚀剂、阴极型缓蚀剂、混合型缓蚀剂；按缓蚀剂对金属表面层结构的影响可分为吸附型缓蚀剂、钝化膜型缓蚀剂、沉淀型缓蚀剂；按缓蚀剂本身成分可分为无机缓蚀剂、有机缓蚀剂；按缓蚀剂使用的腐蚀介质特性可分为水溶性缓蚀剂、油溶性缓蚀剂和气相缓蚀剂。

缓蚀剂的保护效果可用缓蚀效率 Z 来表示，其定义为：

$$Z = \frac{v_0 - v}{v_0} \times 100\% \tag{3-20}$$

式中，v_0为未加缓蚀剂时金属的腐蚀速率；v 为添加缓蚀剂后的腐蚀速率。从式（3-20）可知，当 $Z=100\%$时，说明缓蚀剂的保护效果最好；当 $Z=0$ 时，说明缓蚀剂没有保护效果；当 $Z<0$ 时，说明缓蚀剂没有缓蚀作用，反而会加速腐蚀，这种添加剂叫作腐蚀促进剂。

虽然具有缓蚀作用的物质很多，但真正能用于工业生产的缓蚀剂品种是有限的，首先是因为商品缓蚀剂需要具有较高的缓蚀效率，价格要合理，原料来源要广泛。此外工业应用的不同环境和工艺也对工业用的缓蚀剂提出了许多具体的要求。

具备工业使用价值的缓蚀剂应具有以下性能：投入腐蚀介质后，能立即产生缓蚀效果；在腐蚀环境中应具有良好的化学稳定性，可以维持必要的使用寿命；在预处理浓度下形成的保护膜可被正常工艺条件下的低浓度缓蚀剂修复；不影响材料的物理、力学性能；具有良好的防止全面腐蚀和局部腐蚀的效果；毒性低或无毒。

实际上工业应用的缓蚀剂，根据使用环境，还有更具体的要求和限制条件，这意味着缓蚀剂要经过逐层筛选，只有那些符合要求的品种才是优良缓蚀剂。

不同工业环境对其所用缓蚀剂的特定技术要求如下。

（1）对酸洗金属时的缓蚀剂要求。不妨碍腐蚀产物和水垢的溶解；缓蚀性能在 Fe^{3+} 存在时不降低；被保护金属不吸氢，不发生腐蚀破裂；酸洗过程中除去氧化物时只能析出少量氢气，有利于腐蚀产物从金属表面离开。

（2）对酸输送和长期储存用的缓蚀剂要求。应完全保护金属免受腐蚀破坏；缓蚀效率应在使用温度范围和使用时间内不降低；在长时间内不会产生凝聚；保持金属的物理性能、化学性能和力学性能不变。

（3）对防止大气腐蚀用的缓蚀剂要求。对其中挥发型缓蚀剂有如下特定要求：应有严格规定的蒸气压力，常温下一般为0.03~1.33Pa；热稳定性好，不会受热分解，并且当温度改变时也不会破坏；当空气湿度增加时缓蚀性能不改变；对各种金属和合金具有所要求的保护效果。对接触型缓蚀剂有如下特定要求：能瞬间产生钝化膜或其他保护膜；对界面 pH 值有缓冲作用；能阻止析氢反应并防止氢穿透金属组织；具有表面活性，能从金属表面置换水分。

（4）对工艺介质系统用的缓蚀剂要求。用于工艺系统的缓蚀剂，对其技术要求比以上各类都要严格，对于某些特殊的生产过程还应有严格的试验项目。一般性的补充要求有：不能降低或毒化工艺介质系统的催化剂的活性；不影响产品或中间产品的再加工性能。而对用于石油炼制系统的缓蚀剂，必须通过一系列试验后方能确定其可用性，试验项目有：成膜能力、表面活性、烃溶解度、热稳定性、防腐蚀性、水分离指数、连续流动装置试验等。

总之，用于工业的缓蚀剂，具有良好的缓蚀性能只是满足了最基本的要求，要得到实际应用，还应同时符合各种特定的要求。由此可知，缓蚀物质虽多，但要找到能满足工业实际应用的优秀缓蚀剂仍属不易。

（1）无机缓蚀剂：无机化合物中可使金属氧化并在金属表面形成钝化膜的物质，以及可在金属表面形成均匀致密难溶沉积膜的物质，都有可能成为缓蚀剂，这些物质包括：

1）形成钝化保护膜的物质。主要是含 MeO_4^{n-} 型阴离子的化合物，如 K_2CrO_4、Na_2MoO_4、Na_2WO_4、Na_3PO_4、Na_3VO_4 等，另外还有 $NaNO_3$、$NaNO_2$ 等。2）产生难溶盐沉积膜的物质。主要是聚合磷酸盐、硅酸盐、HCO_3^-、OH^- 等。这类物质多是和水中钙离子、铁离子在阴极区产生难溶盐沉积来抑制腐蚀的。这类膜和被保护金属表面没有紧密的联系，它的生长与水溶液中缓蚀离子的量密切相关。3）活性阴离子。主要是 Cl^-、Br^-、I^-、HS^-、SCN^- 等，它们单独使用只产生有限的缓蚀作用，主要是和其他缓蚀物质配合使用，产生协同作用而获得有工业应用价值的缓蚀剂。4）金属阳离子。金属阳离子用作缓蚀剂的前景值得注意。它们多用作有色金属的缓蚀剂。应用较多的是 Sn^{2+}、Cu^{2+}、Fe^{2+}、Co^{2+}、Pb^{2+}、Al^{3+} 和 Ag^+。

（2）有机缓蚀剂：已应用的有机缓蚀剂，从简单的有机物（如乙炔、甲醛）到各种复杂的合成和天然化合物（如蛋白质、松香、生物碱），几乎无所不包，但主要是那些含有未配对电子元素，如 O、N、S 的化合物和各种含有极性基团的化学物质，特别是含有氨基、醛基、羧基、羟基、巯基的各种化合物。如胺类、醛类、炔醇类、有机磷化合物、有机硫化合物、羧酸及其盐类、磺酸及其盐类、杂环化合物等。

（3）气相缓蚀剂：气相缓蚀剂（VPI）亦称为挥发性缓蚀剂（VCI）。一般认为具有较佳缓蚀效果的气相缓蚀剂应有合适的饱和蒸气压、水膜的相容性、金属表面的亲和力及适宜的酸碱性等。目前有关这方面的研究报道较少。Andreev 和 Kuznetsov 等在这方面做了较为深入的研究，认为一种气相缓蚀剂的作用效果主要由以下几个因素决定。1）挥发性。挥发性可以用其饱和蒸气压来衡量，由于可气化缓蚀剂（VCI）的吸收过程同水汽和腐蚀性气体的吸收是相互竞争的，因此 VCI 应具有较高的挥发性。但挥发性并非越高越好，太高的挥发性意味着缓蚀剂的耗量大。例如高挥发性的胺或醛就不是好的气相缓蚀剂。2）溶解性。VCI 应在水中有一定的溶解性，这样才能快速饱和已经吸湿的金属表面。但是这个性质也需要优化，因为如果水溶性过好，在金属表面形成的保护膜容易被水破坏。3）VCI 的碱性。胺类可以作为 pH 值调节剂，但并非调到适当的 PH 值就可以提高缓蚀效率。例如单乙醇胺在 pH 值为 7.1 时可以有很好的缓蚀效果，但用 NaOH 调至 pH 值为 7.1 时并没有这种作用。因此认为 pH 值对气相的缓蚀作用不是一个非常重要的指标。

（4）缓蚀剂的应用：缓蚀剂的工业应用主要分为酸洗缓蚀剂的应用、中性介质中缓蚀剂的应用、大气腐蚀缓蚀剂的应用、石油和化学工业中缓蚀剂的应用、有色金属缓蚀剂的应用。这种缓蚀剂的具体阐述如下：

1）酸洗缓蚀剂的应用。酸洗广泛应用于各个工业部门中的换热设备、传热设备和冷却设备等的水垢清洗。酸洗常用的酸有盐酸、硫酸、磷酸、氢氟酸、氨基磺酸等无机酸，及柠檬酸、EDTA 等有机酸。但由于酸对金属设备均有腐蚀作用，尤其无机酸的腐蚀更为严重，因此在酸洗时要加入缓蚀剂，以抑制金属在酸性介质中的腐蚀，减少酸的使用量，提高酸洗效果，延长热力设备的使用寿命。关于酸性介质缓蚀剂研究报道很多，根据有关文献记录，酸洗缓蚀剂第一个专利是 1860 年英国公布用糖浆及植物油的混合物作为酸洗铁板时的缓蚀剂。此后相关报道也相继出现，如 1872 年英国发表了用动物、植物胶、麦等物的水抽提组分作为铁的缓蚀剂。到了 20 世纪 20 年代，金属缓蚀剂有甲醛、蒽、喹啉、吡啶、硫脲及衍生物。20 世纪 40 年代含氮的脂肪胺、芳香肤、杂环化合物、硫脲和硫醇已普遍作为酸洗缓蚀剂使用。20 世纪 50~60 年代是有机缓蚀剂研究的鼎盛时期，每年都有大量的酸性介质缓蚀剂专利公布。20 世纪 70 年代后复配组成的缓蚀剂增加，大量的研究工作转向于腐蚀的理论和测试方法。20 世纪 80 年代出现了苯并咪唑类多种不锈钢和碳钢的盐酸缓蚀剂、铜缓蚀剂和苄基季铵盐固体多用酸洗缓蚀剂等。20 世纪 90 年代至今所研制的酸洗缓蚀剂主要有咪唑啉类和含硫咪唑啉衍生物。

2）中性介质中缓蚀剂的应用。中性介质指的是以下 3 类物质：①中性水介质，包括循环冷却水、锅炉水、供暖水、洗涤水、回收处理污水；②中性盐类水溶液，如含 NaCl、$MgCl_2$、NH_4Cl、LiCl、LiBr、Na_2SO_4 等的盐类水溶液；③中性有机物，如各种油、醇和多卤代烃水溶液、乳液。在中性介质中主要发生的危害包括结垢和腐蚀，在中性介质中使用的缓蚀剂有：①无机缓蚀剂有铬酸盐（铬酸钠、重铬酸钾）、亚硝酸盐（亚硝酸钠、亚硝酸铵）、硅酸盐（硅酸钠）、钼酸盐（钼酸钠）、锌盐（硫酸锌）、钨酸盐（钨酸钠）、磷酸盐和聚磷酸盐；②有机缓蚀剂有含磷有机缓蚀剂（有机磷酸酯、有机磷酸及其盐）、有机胺类缓蚀剂（胺类、环胺类、酰胺类和酰胺羧酸类）、其他含氮的中性介质缓蚀剂（如苯并三唑及其衍生物、肟类化合物、氨基醇）、含硫的中性介质缓蚀剂（巯基苯丙噻唑）；③复合缓蚀剂。

3）大气腐蚀缓蚀剂的应用。大气腐蚀是金属的一种最广泛的腐蚀，主要由水分和溶入水分中的杂质如 O_2、CO_2、SO_2、H_2S、盐类颗粒等引起的腐蚀。为防止大气腐蚀，常将各类油脂涂于金属表面上，同时在油脂中加入油溶性缓蚀剂。油溶性缓蚀剂基本上是有机高分子极性化合物。其中，非极性的烃链必须有适当的碳原子数，而极性基团则是起缓蚀作用的吸附基团。不同的极性基团其性能有较大的差别，所以油溶性缓蚀剂一般按其极性基团来分类，可分为以下几类：①高分子羧酸及其金属皂类；②酯类；③磺酸盐及其他含硫有机化合物；④胺类及其他含氮有机化合物；⑤磷酸酯、亚磷酸酯及其他含磷有机化合物。

金属在潮湿空气中或浸于水中是很容易受到腐蚀的。但在水中加入一定量缓蚀剂，这种水就是具有一定防锈功能的防锈水。这种能溶于水的缓蚀剂就是水溶性缓蚀剂。防锈水的特别之处是使用简便易行，浸、喷、刷均可，不需要脱脂就可以满足下一道工序生产要求。防锈水中水溶性缓蚀剂的作用，主要是由于缓蚀剂分子在金属表面生成不溶性的保护膜，将金属表面从活化态转变为钝化态的缘故。常用的水溶性缓蚀剂主要有以下几种：①亚硝酸钠；②无水 Na_2CO_3；③磷酸盐；④铬酸盐和重铬酸盐；⑤硅酸钠；⑥苯甲酸钠；⑦三乙醇胺；⑧乌洛托品；⑨尿素；⑩苯并三氮唑。

4）石油和化学工业中缓蚀剂的应用。石油开采、加工以及化学工业中介质对金属的腐蚀是十分严重的。在炼油厂中的炼油设备接触的主要是石油。石油中的主要成分并不腐蚀金属设备，但石油中的杂质如无机盐、硫、氮化合物、氧气、有机酸、CO_2、水分等，却对设备的腐蚀危害很大。炼油厂防腐蚀的基本方法有：对腐蚀介质进行处理；正确选用金属材料和合理设计金属结构；电化学保护。

对腐蚀介质的处理，包括腐蚀介质的脱除和缓蚀剂、阻垢剂、中和剂的使用。缓蚀剂的使用目的是改变介质或金属表面的性质，降低以至消除金属设备腐蚀。

目前用于石油炼制过程的缓蚀剂主要有如下几类：①直链高分子脂肪胺及其衍生物，如法国 PR、中国尼凡丁-18；②松香胺类；③脂肪族酰胺类化合物，如兰 4-A、7019 等；

④季铵盐类，如4502；⑤咪唑啉及其衍生物，如1017；⑥硫脲及有机硫化物；⑦多乙烯胺、不饱和醇缩合物；⑧过氧化物。

5）有色金属缓蚀剂的应用。除黑色金属外，有色金属防腐中也常使用缓蚀剂。在有色金属中，铜的产量仅次于铝，有着非常广泛的应用，在纯净水及非氧化性酸中，铜具有较高的热力学稳定性，不会发生氢的去极化作用。然而，在含氧的水中、氧化性酸（如硝酸、铬酸等）以及在含有 CN^-、NH_4^+等能与铜形成配合离子的溶液中，铜则发生较严重的腐蚀。铜缓蚀剂的应用在国内外均已有悠久的历史，目前，在工业上应用的铜缓蚀剂主要有：以含 N 化合物为主的氮唑型、胺型和吡啶型缓蚀剂，如苯肼三唑、六次甲基四胺等；以含 S、N 化合物为主的噻唑型缓蚀剂，如 2-巯基苯并噻唑（MBT）等；以含 N、O 化合物为主的氨醛缩合物型缓蚀剂；单独使用一种缓蚀剂时，均有不足之处，如六次甲基四胺有刺激性气味，2-巯基苯并噻唑溶解性较差，苯并三唑价格高等，此外还要考虑腐蚀介质的影响。

铝及其合金的设备与制件在国民经济生产中有着广泛应用，尤其在化学工业与石化工业中，在建筑、交通运输、轻工与民用等行业也有大量的应用。铝在大气中易于氧化生成保护膜，在中性环境中较为稳定，但铝是两性金属，在酸性与碱性溶液中会受到侵蚀，而且在耦接异金属与重金属离子污染环境中也会引起局部侵蚀甚至严重腐蚀，为此，必须采取防腐对策。铝的缓蚀剂按化学组分可分为无机类与有机类，无机类主要有：氧化类（铬酸盐、亚硝酸盐、高锰酸盐）、阳离子类（Mg^{2+}、Ca^{2+}、Ni^{2+}）和阴离子类（MoO_4^{2-}、SiO_3^{2-}、WO_4^{2-}、TeO_4^{2-}）；有机类主要有：大分子类（蛋白质类、醇脂、白朊、葡萄糖）、胺类（吖啶、六次甲基四胺、烷基胺）、酸类（硬脂酸、烟酸、磺酸）、其他类（硫脲、硝基氯苯）。

3.4.7 表面合金化

表面合金化就是通过某种工艺手段，使普通钢材（件）表面具有不同于基体的化学组成和组织结构，从而获得不同的使用性能的表面改性方法。随着技术的进步，表面合金化工艺从传统工艺走向现代工艺，使这一技术得到更广泛的应用。

（1）传统法表面合金化：无论是早期的软钢摩擦渗碳还是近代的化学法渗碳、渗硼、渗氮、碳氮共渗等，都是通过物理或化学的处理方法来提高钢表面的耐磨、耐蚀、抗氧化等性能的，其实质是依靠物质内部热运动的分子或原子扩散来实现表面合金化。这个扩散过程需要有一定的浓度、温度和化学位梯度或其他形式梯度作为冶金条件。由于合金化过程受热力学条件的制约，因而产品质量不稳定，合金含量和品种受到限制，许多高熔点的金属（如铬、钨等）难以扩渗。

（2）热喷涂、加热重熔表面合金化：由于传统表面合金化不能满足人们对新材料的需求，进而提出并实施了在钢材（件）表面涂层重熔合金化这一技术。该技术的方法是将合金元素制成自熔性合金粉末，喷涂或喷焊在工件表面并进行加热重熔，与基体形成完全一体的合金层。其过程为：工件表面清理→预热→加热重熔→加工处理；或者将合金材料制成自熔性焊条，堆焊于工件表面。此项技术虽然解决了高熔点金属的扩渗及合金化过程受热力学条件制约的问题，但是也存在一些缺陷，如喷粉量及重熔温度较难控制、工件易发生形变、费工，有时合金化层脱落、浪费一定的金属等。

（3）等离子体轰击扩渗表面合金化：等离子体轰击技术是将欲渗金属电离成带电粒子流，形成电离气体（称为物质的第四态，等离子态），在直流电场作用下粒子流被加速并轰击加热工件引起工件表面溅射并形成大量原子空位等晶格缺陷，欲渗元素的离子被吸附于工件表面形成浓度高达50%的新表层，并沿着各种缺陷及晶界向内扩散，在基体表面上形成超饱和固溶体。这一技术的基本要求是：一要使工件温度达到渗入温度，二是提供活化的金属离子。而关键是提供有效的金属离子源。在提供有效的金属离子源方面，目前主要有两种方法：一是化学气相电离法，即以氢或氩气载体，把金属卤化物引入真空室，在直流电场中电离出金属正离子，但此方法存在氯离子腐蚀设备之嫌。二是物理气相电离法，其中包括热溅射、电子枪蒸发、磁控溅射、双辉光离子化和电弧气化诸方法。由于这些方法均属于固体金属源直接气化后离子比，因而无前一方法之缺点，特别是双辉光离子渗金属。等离子的注入过程是一个平衡过程，注入元素一般不受冶金学的限制，故能获得一般冶金工艺难以得到的合金相，但此方法由于受电源限制，依然存在着金属离化率较低（40%~60%）的问题，同时合金化层较薄，仅几微米至几十微米。

（4）离子束及其混合技术的表面合金化：针对等离子注入合金化存在的不足。美英等国科研人员采用了一种新的方法，即首先用离子束掺杂（蒸镀、注入沉积或溅射成膜），然后再用高能粒子束轰击，或者边沉积边轰击使基体表层和沉积膜熔合成合金化层（固溶体、化合物或者非晶态结构表层）。其理论是利用高能粒子直接与固体表面层原子及电子的相互作用来实现合金化。此技术的关键是，获得高能密度的粒子束，并控制其相互作用。目前已能以脉冲形式提供脉宽短至数纳秒、能量密度高达 J/cm^2 数量级的3类载能束：1）离子束，其能量达几十千电子伏特到几兆电子伏特；2）激光束，采用各种激光器可输出自红外到紫外波长的高单色性光子束；3）电子束，于真空下由电子枪发射经聚焦和电场加速的高速电子流。这些载能束的功率密度可达 $10^3 \sim 10^5 W/cm^2$（最高达 $10^9 W/cm^2$），通过能量沉积，即粒子与基材表层原子及电子之间的能量转换、吸收，于瞬间引起晶体点阵的巨大扰动和损伤，从而导致表面及一定深度（可达数百微米）内的原子碰撞和排列重组等，利用由此造成的高温和浓度梯度，以及快速熔化与凝结而达到一定的合金化状态。该技术的特点是：1）可注入任何离子，而不受相平衡、极限固溶度等传统合金化规律的限制；2）能造成基体表层晶格畸变，并使注入原子钉入位错内而起强化作用，尤其是注入层在磨损过程或摩擦作用下会不断向内迁移，达到初始注入层的数百倍范围内，从而使合金化作用能持久发挥而大大延长注入层的工作寿命；3）能精确控制合金成分，离子注入可在室温下进行，不影响基材组织状态，不发生形变。

（5）激光表面合金化：激光表面合金化方法是用激光照射预沉积或涂覆于工件表层的合金层，使之与工件表层一起快速熔化与凝结，形成新的合金表层。与离子束混合技术相比，其合金化层更厚（可达毫米级），但设备投资昂贵。

（6）超音速喷涂：采用超音速喷涂时粒子撞击到工件表面的速度可达986m/s，工件表面可以形成致密度高、无分层现象、粗糙度低的高质量涂层，可以大幅度提高工件的强度、硬度等性能，而且喷涂效率高、操作方便。目前超音速喷涂工艺在国外已经广泛应用于各种工况条件下各类零部件的表面强化以及修复处理，其中最典型的是用于各种轴类零件轴颈的强化处理以及各类叶片的表面处理等。经过超音速喷涂表面强化处理的零件寿命普遍可以提高一到二倍，有时甚至可以达到数倍。

思考题

答案 3

3-1 化学腐蚀与电化学腐蚀的原理是什么，解释金属氧化动力学的 3 种典型曲线。

3-2 金属腐蚀原电池及微电池是如何形成的？

3-3 什么是金属表面的极化、钝化与活化，各对表面技术的实施有何影响？阐述产生极化的 3 种机理。

3-4 阐述金属材料腐蚀控制及防护方法。解释阳极性金属覆层及阴极性金属覆层的作用，以锌、铝、铜金属覆层为例阐述。

4 电镀技术

电镀是一种用电化学方法在镀件表面沉积所需形态金属镀层的工艺。电镀的目的是改善材料的外观，提高材料的各种物理化学性能，赋予材料表面特殊的耐蚀性、耐磨性、装饰性、焊接性及电、磁、光学等性能。电镀工艺设备简单，操作条件易控制，镀层材料来源广泛，生产成本低，在工业中得到广泛应用，是材料表面处理中重要的方法之一。

目前，工业化生产使用的电镀溶液大多是水溶液，也有使用有机溶液和熔盐镀液。在水溶液和有机溶液中进行的电镀称为湿法电镀，在熔盐中进行的电镀称为熔融盐电镀。现已经有 70 多种金属镀层，其中能从水溶液中直接沉积的金属不到一半；若使用熔融盐镀液，几乎所有的金属都可以实现电镀。在不同溶液和工艺参数下得到的镀层，性能和用途也不同。按镀层使用性能分类，可分为 3 类：

（1）防护性镀层。在大气或其他环境下，可延缓基体金属发生腐蚀的镀层。如锌、锌-镍、镍、锡等镀层。

（2）防护-装饰性镀层。在大气环境中，可延缓基体金属的腐蚀，又起到装饰作用，如铜-镍-铬、镍-铬、铜-锡-铬等镀层。

（3）功能性镀层。能明显改善基体金属的一些特性的镀层，包含耐磨镀层，如硬铬、镍-SiC、镍-Al_2O_3 等镀层；电接触镀层，如金、银等镀层；导磁性镀层，如镍-铁、铁-钴、镍-钴-磷等镀层；可焊性镀层，如锡、锡-铅、锡-铜、锡-铋等镀层；耐热性镀层，如镍-钨、镍-钼等镀层；其他功能性镀层还有吸热镀层、反光镀层、抗氧化镀层等。

按镀层与基体金属的电化学活性，可将镀层分为阳极性镀层和阴极性镀层。阳极性镀层的标准电极电位比基体金属高，它们与基体金属形成原电池时，基体为阴极，镀层为阳极；反之为阴极性镀层。阳极性镀层对基体金属除提供机械保护外，还可提供电化学保护；阴极性镀层对基体金属仅起到机械保护作用。

总之，电镀工业随着科学和生产技术的发展，所涉及的领域越来越宽，对电镀工艺本身的要求也越来越高，是一门既成熟又年轻的学科。经过多年来不断探索，电镀工艺从单金属电镀发展到合金电镀、复合电镀、电镀非晶体、电刷镀、非金属电镀、激光电镀等。

4.1 电镀基本原理及工艺

4.1.1 电镀基本原理

电镀是指借助外界直流电的作用，金属从该金属盐的水溶液中沉积出来，使一种金属表面覆盖上另一种金属。电镀是一种电化学过程，也是一种氧化还原过程。以电镀铜为例，把零件放入金属铜盐溶液中作为阴极，以金属铜板作为阳极。在直流电的作用下，作为阴极的零件表面就会镀上一层金属铜，而阳极铜板就逐步溶解成铜离子补充到镀液中。在阴极上（零件上）发生铜离子得到电子还原出金属铜，同时还伴有氢气析出；在阳极上（铜板上）金属失去电子变成铜离子，补充到镀液中，电镀装置如图 4-1 所示。

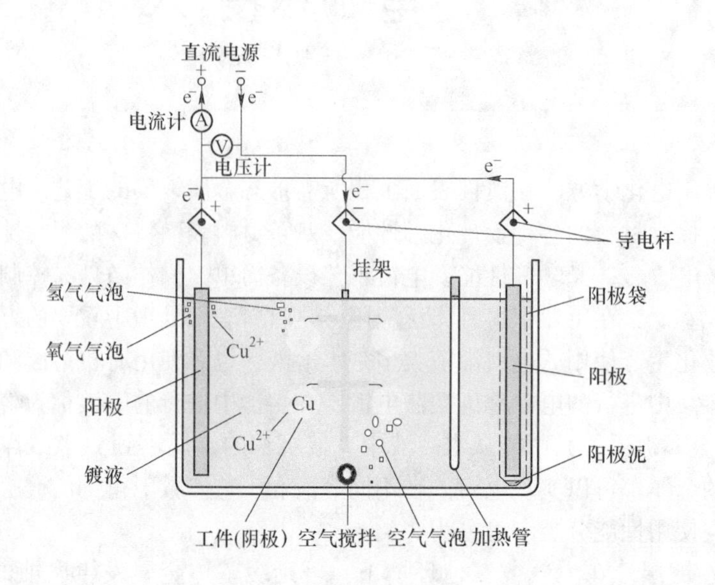

图 4-1　普通电镀铜原理图

阴极主要反应：

$$Cu^{2+} + 2e^- \longrightarrow Cu$$

阳极主要反应：

$$Cu \longrightarrow Cu^{2+} + 2e^-$$

阴极副反应：

$$2H_3O^+ + 2e^- \longrightarrow H_2 + 2H_2O$$

阳极副反应：

$$6H_2O \longrightarrow O_2 + 4H_3O^+ + 4e^-$$

当电流通过电镀槽时，电极与界面间有化学反应发生，阳极金属不断溶解，阴极上不断有金属析出形成镀层。为了解在电镀时间内阴极上镀层的厚度（可以用质量表示），法拉第总结出两条描述电量与反应产物质量关系的定律。

法拉第定律是描述电极上通过的电量与电极反应物重量之间的关系，又称为电解定律。电解定律是自然界中最严格的定律之一，它不受温度、压力、电解质溶液浓度、溶剂的性质、电解质材料和形状等因素的影响。

法拉第第一定律即电解时，电极上析出（或溶解）物质的质量与电解液中所通过的电量成正比，公式如下：

$$m = KIt = KQ \tag{4-1}$$

式中，m 为析出物质量，g；K 为比例常数，g/(A·h)，表示单位电量时在电极上可形成产物的质量，通常称之为该产物的电化当量；I 为电流强度，A；t 为通电时间，h；Q 为通过电量，A·h。

镀层厚度 d（μm）的计算公式：

$$d = (K \times D_k \times t \times \eta_k \times 100)/(60 \times \rho) \quad (4\text{-}2)$$

电镀时间 t（min）计算公式：

$$t = (60 \times \rho \times d)/(K \times D_k \times \eta_k \times 100) \quad (4\text{-}3)$$

式中，ρ 为电镀层金属密度，g/cm^3；D_k 为阴极电流密度，A/dm^2；η_k 为阴极电流效率，%。常用的数据见表 4-1。

表 4-1 常用数据

序号	金属	符号	原子价	密度 /g·cm^{-3}	相对原子质量	当量	电化学当量	
							mg/C	g/(A·h)
1	金	Au	1	19.3	197.2	197.2	2.0436	7.357
2	金	Au	3	19.3	65.7	65.7	0.681	2.452
3	银	Ag	1	10.05	107.88	107.88	1.118	4.025
4	铜	Cu	1	8.93	63.54	63.54	0.658	2.372
5	铜	Cu	2	8.93	63.54	63.54	0.329	1.186
6	锡	Sn	2	7.33	118.70	118.70	0.615	2.214
7	锡	Sn	4	7.33	118.70	118.70	0.307	1.107

法拉第第二定律：某物质的电化当量 k 与其化学当量 E 成正比，即：

$$k = CE \quad (4\text{-}4)$$

式中，C 为比例常数。如果电化当量以克为单位，则式（4-4）中的化学当量就是克当量。法拉第定律是从大量的实验中总结出来的，对电学和电化学的发展都起了很大的作用，是自然界最严格的定律之一。温度、压力、镀液的组成和浓度、电极和电解槽的材料、形状及溶剂的性质等都对这个定律没有任何影响。只要是电极上通过 1C 电量，就一定能获得 1mol 的产物。

但是，在电镀过程中，阴极并不简单析出所需要的金属晶体。任何电镀过程都会或多或少的存在副反应（如析氢反应等）。由于副反应消耗了一部分电量，使电极上析出的金属量与预期的有所不同。电镀槽中通过一定电量后，按电化当量计算出来的某物质的质量称为理论值。把电镀获得的镀层实际质量与其理论值相比，称为电流效率，通常以百分数表示：

$$电流效率(\eta) = \frac{实际析出量}{理论值} \times 100\% \quad (4\text{-}5)$$

各种电镀过程的电流效率相差很大，如镀镍的阴极电流效率较高，可达 96%；镀铬的阴极电流效率较低，只有 8%～16%。

4.1.2 电镀溶液组成

一种电镀溶液有固定的成分和含量要求，使之达到一定的化学平衡，具有所要求的电化学性能，才能获得良好的镀层。通常镀液由如下成分组成：

（1）主盐。指能在阴极上沉积出所需镀层金属的盐，有单盐，如硫酸铜、硫酸镍等；

也有配盐，如锌酸钠、氰锌酸钠等。对电镀镍而言，一般采用氨基磺酸镍或硫酸镍作为主盐。主盐浓度要有一个适宜的范围并与电镀溶液中其他成分维持恰当的浓度比值。

（2）配合剂。指能配合主盐中金属离子的物质。配合剂与沉积金属离子形成配合物，改变镀液的电化学性质和金属离子沉积的电极过程，对镀层质量有很大影响，是镀液的重要成分。在电镀生产中，如氰化物镀液中的 NaCN 和 KCN，焦磷酸盐镀液中的 $K_4P_2O_7$ 或 $Na_4P_2O_7$ 等。常用配合剂有氰化物、氢氧化物、焦磷酸盐、酒石酸盐、氨三乙酸、柠檬酸等。

（3）导电盐。指能提高镀液的导电能力，降低槽端电压提高工艺电流密度，对放电金属离子不起配合作用的碱金属或碱土金属的盐类。如镀镍液中 Na_2SO_4 和焦磷酸盐镀铜中的 KNO_3 和 NH_4NO_3。还能略微提高阴极极化，使镀层致密，也有一些导电盐会降低阴极极化。因此，导电盐不参加电极反应，可使槽电压降低，对改善电镀质量有利。

（4）缓冲剂。一般由弱酸和弱酸的酸式盐组成。缓冲剂加入溶液中，能使溶液在遇到酸或碱时，溶液 pH 值变化幅度缩小。在电镀生产中，在弱酸或弱碱性镀液中，pH 值是重要的工艺参数。加入缓冲剂，使镀液具有自行调节 pH 值能力，以便在施镀过程中保持 pH 值稳定。缓冲剂要有足够量才有较好的效果，一般添加量 30~40g/L，如氯化钾镀锌溶液中添加硼酸。任何缓冲剂都只能在一定的 pH 值范围内有较好的缓冲作用，若超过其 pH 值范围，它的缓冲作用会下降或完全失去。硼酸在 pH 值 4.3~ 6.0 之间的缓冲作用较好，在强酸或强碱溶液中就没有缓冲作用。

（5）阳极活化剂。在电镀过程中金属离子被不断消耗，多数镀液依靠可溶性阳极来补充，使金属的阴极析出量与阳极溶解量相等，保持镀液成分平衡。加入活性剂能维持阳极活性状态，不会发生钝化，保持正常溶解反应。如镀镍液中加入 Cl^-，以防止镍阳极钝化。

（6）镀液稳定剂。许多金属盐容易发生水解，而许多金属的氢氧化物是不溶性的。如 $MX_2 + 2H_2O \rightarrow M(OH)_2\downarrow + 2HX$（式中 M 为二价金属）生成氢氧化物沉淀，使溶液中的金属离子大量减少，电镀过程电流无法增大，镀层容易烧焦。某些碱性镀液中，如果没有 CO_2 接受剂存在，则镀液会吸收空气中的 CO_2 而形成金属化合物沉淀。如氰化物溶液，金属氰化配合物易被空气中 CO_2 所破坏，形成大量碳酸盐沉淀或结晶物。

（7）特殊添加剂。为改善镀液性能和提高镀层质量，常需添加某种特殊添加剂。其加入量较少，一般只有几克每升，但效果显著。这类添加剂种类繁多，按其作用可分为：1）光亮剂可提高镀层的光亮度。2）晶粒细化剂能改变镀层的结晶状况，细化晶粒，使镀层致密。如锌酸盐镀锌液中，添加环氧氯丙烷与胺类的缩合物之类的添加剂，镀层就可从海绵状变的致密而光亮。3）整平剂可改善镀液微观分散能力，使基体显微粗糙表面变平整。4）润湿剂可以降低金属与溶液的界面张力，使镀层与基体更好地附着，减少针孔。5）应力消除剂可降低镀层应力。6）镀层硬化剂可提高镀层硬度。7）掩蔽剂可消除微量杂质的影响。以上添加剂应按要求选择应用，有的添加剂兼有几种作用。

4.1.3 电镀工艺

电镀工艺过程一般包括电镀前预处理、电镀及电镀后处理等 3 个阶段，其工艺流程如下：上料→脱脂→清洗→酸浸→活化→中和→清洗→电镀→清洗→钝化→封孔→干燥→下料。

（1）电镀前预处理：电镀前的所有工序统称为前处理，目的是修整工件表面，去除工件表面的油脂、锈皮、氧化膜等，为后面镀层沉积提供所需的清洁、新鲜的表面。步骤如下：1）使表面质量达到一定要求，可通过表面磨光、抛光等工艺方法来实现；2）除油、脱脂，可采用机械以及化学、电化学等方法来实现；3）除锈，可用机械、酸洗以及电化学方法实现；4）活化处理，一般在弱酸性中浸蚀一定时间进行镀前活化处理。总之，前处理主要影响到外观结合力，据统计，60%的电镀不良品是由于前处理不良所造成。

（2）电镀：在工件表面得到所需镀层，是整个流程的核心程序，在工业化生产中，电镀的实施方式多种多样，根据镀件的尺寸和批量不同，可以采用挂镀、滚镀、刷镀和连续电镀等。

1）挂镀是电镀生产中最为常用的一种方式，适用于普遍尺寸或尺寸较大的零件，如汽车的保险杆、自行车的车把等。电镀是将零件悬挂于用于导电性能良好的材料制成的挂具上，然后浸没于欲镀金属的电镀液中作为阴极；在两边适当的距离放置阳极，通电后使金属离子沉积在零件表面，这种电镀方法称为挂镀。常用的挂具的基本类型如图 4-2 所示。这种工艺镀层厚度在 10μm 以上，镀层易划花，镀件易变形等。

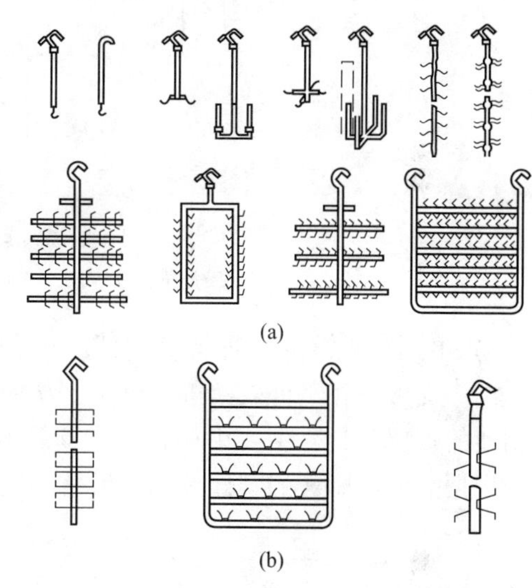

图 4-2　电镀常用挂具基本类型

（a）悬挂式挂钩挂具；（b）夹紧、弹性挂钩挂具

2）滚镀是电镀生产中的另一种常用方法，适用于尺寸较小、批量较大的零件，如紧固件、垫圈、销等。施镀时将欲镀零件置于多角形的滚筒中，依靠零件自身的重量来接通滚筒内的阴极，在滚筒转动过程中实现金属电沉积。滚镀的工作原理如图 4-3 所示。与挂镀相比，滚镀最大的优点是节省劳动力，提高生产效率，设备维修费少且占地面积小，镀层的均匀性好。但是滚镀的使用范围受限制，镀件不宜太大或太轻；槽电压高，槽液升温快，镀液带出量大。

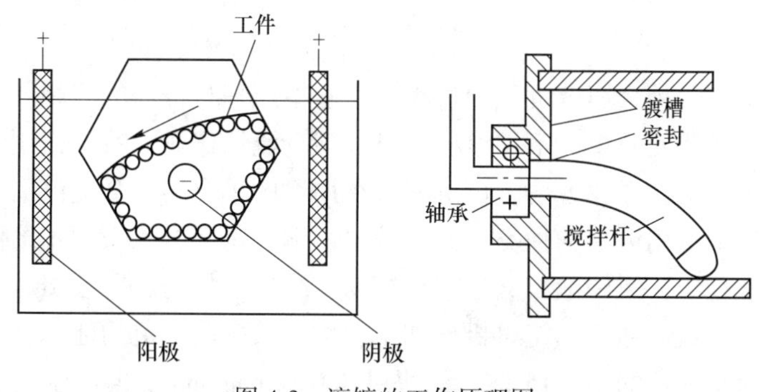

图 4-3　滚镀的工作原理图

3）连续电镀一般在生产线上进行，其工作方式如图 4-4 所示。连续电镀主要用于成

批生产的线材和带材，如镀锡钢板、镀锌薄板、钢带、电子元器件引线、镀锌钢丝等。连续电镀的优点是时间较短、镀液电流密度高、导电性好、沉积速度快、镀液各成分变化不明显、对杂质不敏感等。

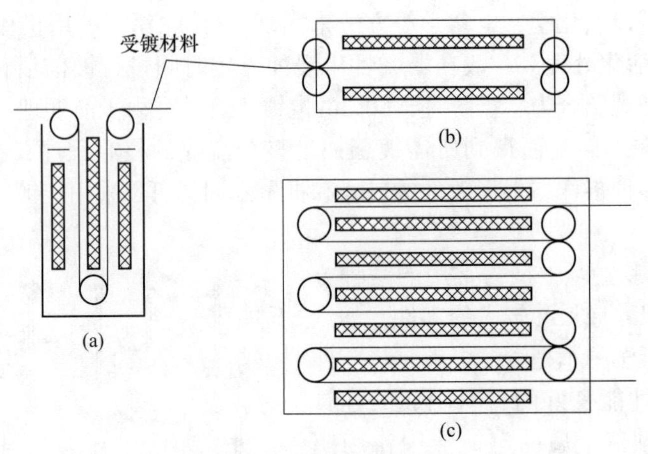

图 4-4　连续电镀的工作方式
（a）垂直浸入式；（b）水平运动式；（c）盘绕式

4）电刷镀是镀的一种特殊方式。电刷镀不用镀槽，只需在不断供应电解液的条件下，用一支镀笔在工件表面进行擦拭，从而获得镀层，所以又称为无槽镀或涂镀。镀笔是电刷镀的重要工具，主要由阳极、绝缘手柄和散热装置组成，图 4-5 所示是其结构示意图。根据需要电刷镀的零件大小与尺寸不同，可以选用不同类型的镀笔，如图 4-6 所示。

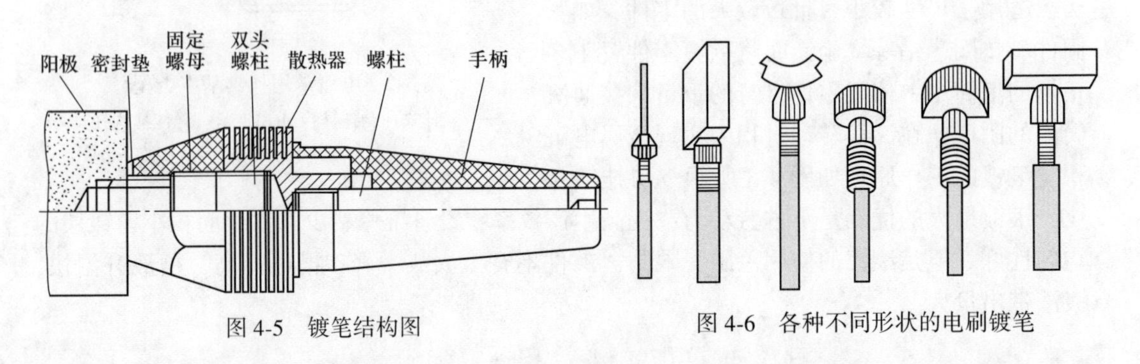

图 4-5　镀笔结构图

图 4-6　各种不同形状的电刷镀笔

电刷镀虽然也是一种金属电沉积的过程，其基本原理与普通电镀相同，但与常规电镀相比，它又具有设备轻便简单，不用镀槽，可在现场流动作业，特别适用于大重型零件现场就地修复；工艺灵活，操作方便，可沉积多种用途的单金属、合金镀槽和组合镀槽，并根据需要可以方便地选用镀层的种类，如刷镀镍、铜、锡、金、银等；溶液使用量少，产生的废液少，溶液稳定，无闪电，储运过程容易；维修质量高，不会引起被修复工件变形和金相组织的变化，镀层通常不需再机械加工；生产效率高，节约能源，电刷镀具有较高的沉积速度，一般是槽镀的 10~15 倍，最快可达 0.05mm/min。但电刷镀也存在劳动强度大、消耗阳极包缠材料、不适合大批量生产作业等缺点。

（3）电镀后处理：电镀后对镀层进行各种处理以增强镀层的各种性能，如耐腐蚀性、抗变色能力、可焊性等。常用后处理的方式有钝化、中和、着色、防变色及封孔等。

1）钝化处理。使镀层耐腐蚀性提高，同时又能增加表面光泽性和抗污染能力。如镀锌、铜及银等金属镀层表面都可进行钝化处理。

2）除氢处理。有些金属在电沉积过程中，除自身的沉积外，还会析出一部分氢，且这部分氢渗入镀层中，使镀件产生脆性，甚至开裂，称为氢脆。为了消除氢脆，往往在电镀后使镀件在一定温度下热处理数小时，称为除氢处理。

3）表面抛光。电镀后通过抛光对镀层进行精加工，可降低电镀制品的表面粗糙度，获得镜面装饰外观，并可以提高制品的耐蚀性，一般采用机械抛光。

4.1.4 影响镀层的因素

电镀层的质量主要体现在物理化学性能、组织结构和表面特征等。实质上就是能否使镀层性质达到使用要求，主要表现为镀层与基体、镀层与镀层之间应有良好的结合力；镀层完整，结晶细致紧密，孔隙率小；具有符合标准规定的镀层厚度且镀层分布要均匀；镀层应具有规定的各项指标，如光亮度、硬度、色彩及耐腐蚀性等。

镀层的质量主要取决于镀层金属自身的性能，但镀液的组成、电镀工艺规范、基体金属的特征及前处理等也有很大影响。不同的基材，电镀液的配方、pH 值、温度、时间、阳极材料、电流密度等参数不尽相同。因其电镀工艺加工复杂，所以影响电镀加工质量的因素很多。

4.1.4.1 电镀液的影响

电镀液对电镀的质量影响很大，它是由含有镀覆金属的化合物（主盐）、导电盐、缓冲剂、pH 值调节剂和添加剂的水溶液组成，可分为酸性、碱性和加有配合剂的酸性及中性溶液。

（1）主盐浓度：在其他条件不变的情况下，浓差极化越小，主盐浓度越高金属越容易在阴极析出使阴极极化下降，导致结晶形核速率降低，所得镀层组织较粗大。这种作用在电化学极化不显著的单盐镀液中更为明显。低浓度电镀溶液的分散能力及阴极极化作用虽比浓溶液好，但其导电性较差，不能采用大的阴极电流密度，同时阴极电流效率也较低。因此，主盐浓度有一个合适的范围，同时，同一类型镀液由于使用要求不同，其主盐含量范围也不同。

（2）附加盐：附加盐的主要作用是提高镀液的导电性，增强阴极极化能力，还可以改善镀液的深镀能力、分散能力，有利于获得细晶的镀层。如以硫酸镍为主盐的镀镍溶液中加入硫酸钠和硫酸镁，会使镀镍层的晶粒变的更为细致、紧密。但附加盐含量过高，会降低其他盐类的溶解度。因此，附加盐的含量也要在适当范围。

（3）添加剂：在电解液中加入少量某种物质，能明显地改善镀层组织，使之平整、光亮、致密等，这些物质叫添加剂。添加剂在镀液中的作用为形成胶体吸附在金属离子上，阻碍金属离子放电，增大阴极极化作用；吸附在阴极表面上，阻碍金属离子在阴极表面上放电，或阻碍放电离子的扩散，影响沉积结晶过程，并提高阴极极化作用。添加剂按其性质不同，有整平、光亮、润湿、消除内应力等作用，从而改善镀层组织、表面形态、物理、化学和力学性能等。

4.1.4.2 电镀工艺规范的影响

(1) 阴极电流密度：每种镀液有它最佳的电流密度范围，其大小的确定与电解液的组成、主盐浓度、pH值、温度及搅拌等条件相适应。加大主盐浓度、升高温度、搅拌等措施都可提高电流密度上限。电流密度低，阴极极化作用小，镀层结晶粗大，甚至没有镀层；随着电流密度提高，阴极极化作用增大，镀层变得细致；但电流密度过高，使结晶沿电力线方向向电解液内部迅速增长，造成镀层产生结瘤和枝状结晶，甚至烧焦；电流密度极大时，阴极表面强烈析氢，pH值变大，金属的碱盐就会夹杂在镀层之中，使镀层发黑；此外，电流密度增大，有时会使阳极钝化，导致镀液中金属离子缺乏。因此，在允许范围内，适当提高阴极电流密度，不仅能使镀层结晶细致，而且能加快沉积速度，提高生产效率。

(2) 温度：是影响电镀质量的另一个重要因素。在其他条件不变时，温度升高，扩散加速，浓差极化下降，使离子的脱水过程加快，离子和阴极表面活性增强，也降低了阴极极化作用，镀层结晶粗大。但在实际生产中常采用加温措施，这主要是为了增加盐类的溶解度，从而增加导电能力和分散能力，允许提高电流密度上限，并使阴极效率提高，减少镀层析氢量。

(3) 电流波形：在某些镀液中，电流波形对镀层质量的影响非常明显。三相全波整流和稳压直流相当，对镀层组织几乎没有影响；单相半波会使镀铬层产生无光泽的黑灰色；单相全波会使焦磷酸盐镀铜及铜锡合金镀层光亮；周期换向电流可使镀层结晶细密，表面光滑，且可加大电流密度，提高沉积速度。但不能无选择地使用，在有些情况下使用甚至是有害的。

(4) pH值和搅拌：镀液的pH值影响氢的放电电位，碱性夹杂物的沉淀，还会影响配合物或水化物的组成以及添加剂的吸附程度。通过测定镀液的pH值可以了解阳极和阴极效率的高低。当阳极不溶时，镀液中的金属离子会逐渐减少，并同时变得酸化。因为此时会发生如下反应：

$$2H_2O = O_2 + 4H^+ + 4e^-$$

或

$$4OH^- = O_2 + 2H_2O + 4e^- \text{（碱性镀液中）}$$

上述两种反应都会造成酸化。另一方面，阴极上氢的析出会使溶液碱化：

$$2H^+ + 4e^- + 2H_2O = 2OH^- + H_2$$

电镀过程中，若pH值过高时，则镀层的结晶粗糙、松软、沉积速度快；若pH值过低时，则镀层的结晶细致且光亮，但沉积速率明显下降，甚至主盐金属不能还原。

搅拌可加快镀液的离子运动，降低阴极极化，使镀层晶粒变粗；也可提高电流密度和生产效率。此外，搅拌还可增强整平剂的效果。目前工厂采用搅拌的方法有阴极移动法和压缩空气搅拌法。

此外，任何电结晶都有一个过程，不同配方的镀液所需要时间长短不同。一般来说，结晶时间过长，镀层结构较粗，表面易发黑；结晶时间过短，镀层达不到工艺要求。

4.1.4.3 析氢的影响

在任何一种电解液中，在金属电沉积的同时都存在氢离子放电析出氢气，析出的氢气有时会进入镀层或基体金属体内，使金属的晶格扭歪，内应力增大，从而导致镀层脱落或是镀件脆裂。吸附在金属基体内的氢气，在镀件的存放或使用过程中，由于环境温度的升高，会慢慢从基体中释放出来而导致镀层起泡。而氢气在阴极上析出时，经常呈现气泡状黏附在阴极表面，从而阻止金属沉积，从而产生针孔。如铸铁表面的石墨有降低氢过电位的作用，氢易于在石墨位置析出，阻碍金属沉积。

4.1.4.4　基体金属的影响

镀层的结合力与基体金属的化学性质及晶体结构密切相关。如果基体金属电位负于沉积金属电位，就难以获得结合良好的镀层，甚至不能沉积。若基体材料（如不锈钢、铝等）易于钝化，不采取特殊活化措施也难以得到高结合力镀层。基体材料与沉积金属其晶体结构相匹配时，利于结晶初期的外延生长，易得到高结合力的镀层。基体金属表面过于粗糙、多孔、有裂纹，镀层亦粗糙。在气孔、裂纹区会产生黑色斑点，或鼓泡、剥落现象。如铸造件和粉末冶金件表面往往凸凹不平且多孔，零件内孔易积留预处理的溶液，镀件表面经过一段时间会出现黑色斑点。

在电镀前，需对镀件表面做精整和清理，去除毛刺、夹砂、残渣、油脂、氧化皮、钝化膜，使基体金属露出洁净、活性的晶体表面。这样才能得到健全、致密、结合良好的镀层。前处理不当，将会导致镀层起皮、剥落、鼓泡、毛刺、发花等缺陷。

4.2　金属的电沉积机理

4.2.1　电极电位

在没有外电流通过的情况下，当某金属浸入该金属的盐溶液中时，可以在两相界面间自发地形成双电层，如图4-7所示。双电层由互相吸引又相对稳定的正负电荷构成，这时金属溶解速度与溶液中金属离子沉积的速度相等，在宏观上没有任何变化发生，体系处于动态平衡状态，并由此产生了金属与电解质溶液间的电位差。这种条件下的电位差，称为平衡电极电位，或简称平衡电位，以 $\varphi_{平}$ 表示。在标准条件下（25℃，物质活度为1h）测得的平衡电极电位叫作标准电极电位，以 $\varphi^{\ominus}$ 表示。

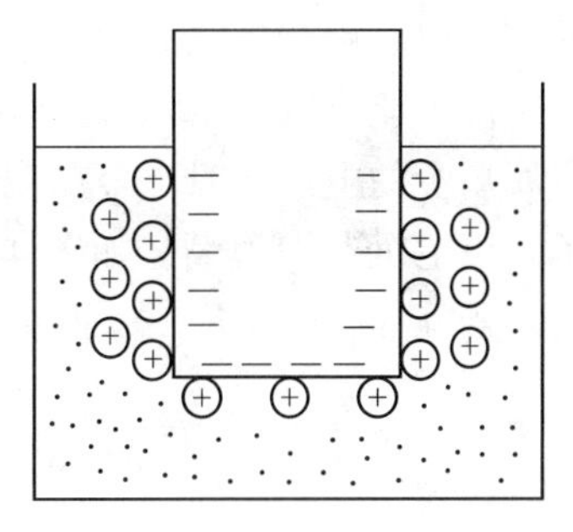

图4-7　双电层结构

根据电极反应能斯特方程可求出某浓度下的平衡电极电位。平衡电极电位可以用来判断电极反应的方向。当电极构成原电池时，总是平衡电位值较高的电极为正极，发生还原反应；平衡电位值较低的电极为负极，发生氧化反应。也就是说，电极的平衡电位越正，电极上越容易发生还原反应；而电极的平衡电位越负，电极上越容易发生氧化反应。当然，这种平衡电极电位的比较要求在同温度和相同活度下进行，显然可以采用标准电极电位。如：在 Ni^{2+} 和 Cr^{3+} 同时存在时，由于 Ni^{2+} 的标准电极电位为-0.25V，Cr^{3+} 的标准电极电位为-0.75V，故 Ni^{2+} 的还原能力更强，容易在阴极上沉积析出。

当直流电通过电极时，电极的平衡电极电位会被破坏。电极电位偏离平衡电极电位的现象叫作极化。在给定电流密度下的电极电位与其平衡电极电位之间的差值叫作在该电流密度下的过电位（η）或过电势、超电势。影响过电位的因素很多，如电流密度、温度、电镀液的浓度、电极材料表面的状态等。

极化现象主要有电化学极化和浓差极化。由电极上电化学反应速度小于电子的运动速度引起的极化叫作电化学极化；由溶液中离子扩散速度小于电子运动速度引起的极化叫作浓差极化。对电镀合金而言，可以利用电极的极化改变金属的析出电位，使两种或两种以上金属的析出电位相等或相接近，从而达到合金共沉积的目的。

4.2.2 金属电沉积过程

金属电沉积是指在直流电的作用下，电解液中的金属离子还原，并沉积到零件表面形成有一定性能的金属镀层的过程。金属离子以一定的电流密度进行阴极还原时，电极的电位可表示为$\varphi = \varphi_{平} - \eta_k$，$\varphi_{平}$为金属在电解液中的平衡电位，$\eta_k$是在此电流密度下的阴极过电位。原则上，只要电极电位足够正，任何金属离子都可能在阴极上还原，实现电沉积。但由于水溶液中有氢离子、水分子以及其他多种离子存在，使得一些还原电位很负的金属离子实际上不可能实现沉积过程。所以金属离子在水溶液中能否还原，不仅决定其本身的电化学性质，还决定于金属的还原电位与氢还原电位的相对大小。若金属离子的还原电位比氢离子还原电位更负，则电极上大量析氢，金属沉积极少。

电沉积过程发生于电极-溶液的界面，因此要理解镀层沉积的原理，便要分析电极-溶液界面的基本反应和与此相联系的各个反应步骤。电沉积进行时，电流从一个固体相的电极通过界面流入溶液，然后穿越溶液与另一个电极的界面并从这个电极流出。电荷的传递是由一连串性质不同的步骤串联而成的一种复杂过程，在有些情况下还包含某些并联其中的副反应。由于串联的约束，整个过程中各个步骤将被迫趋于相等，这样电极上不可逆反应速度才能进入稳定状态，电子才能按顺序正常流动。即当直流电通过两电极及两极间含金属离子的电解液时，金属离子在阴极上还原沉积成镀层，而阳极氧化将金属转移为离子。以电沉积铜为例，如图4-8所示，在硫酸铜溶液中插入两个铜板，并与直流电源相接，当施加一定电压时，两极就发生电化学反应。

$$Cu^{2+}(\text{溶液内部}) \xrightarrow{\text{扩散}} Cu^{2+}(\text{阴极表面})$$
$$Cu^{2+}(\text{阴极表面}) + 2e^- \longrightarrow Cu(\text{金属})$$

事实上金属沉积过程要比上述电化学反应式所表达的复杂得多，它由一系列步骤组成，如图4-9所示，具体分析如下。

4.2.2.1 传质步骤

液相中的反应粒子（金属水化离子或配合离子）向阴极表面传递的步骤，有电迁移、扩散及对流3种不同方式。

A 电迁移

电迁移是指液相中带电反应粒子在电场作用下向电极运动的过程。驱动力是电场梯度。在电场作用下，金属正离子向阴极迁移。单位时间、单位面积通过的离子摩尔数称为电迁移流量（J_e），J_e与推动单位电量电荷的电场强度成正比，即：

$$J_e = B'E_f = B'\frac{\Delta\varphi}{l} \qquad (4\text{-}6)$$

式中，B'为常数；E_f为场强，数值上等于电位梯度；$\Delta\varphi$为两液面间电位差；l为两液面间距离。

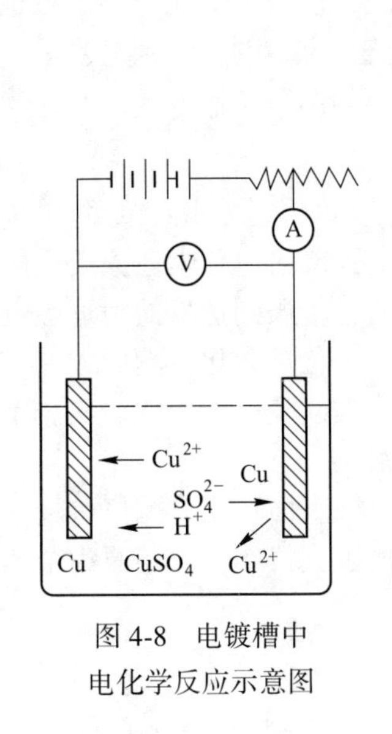

图 4-8 电镀槽中电化学反应示意图

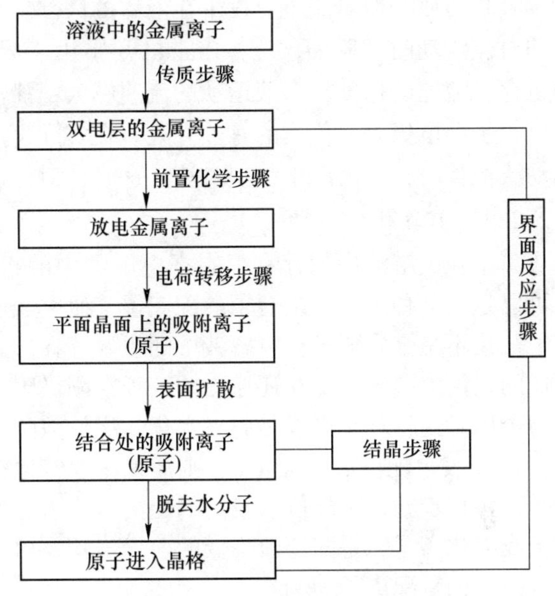

图 4-9 金属电沉积过程说明图

在电镀中，通常用电量表示电迁移流量，单位时间、单位面积通过的电迁移流量（电量）就是我们熟知的电流密度，以 i 表示：

$$i = \frac{I}{S} = Z_i F J_e \tag{4-7}$$

式中，I 为电流强度，A；S 为液面面积，m^2；Z_i 为离子价数；F 为法拉第电量，96500C/mol。将式（4-6）代入式（4-7），得：

$$i = Z_i F B' E_f \tag{4-8}$$

令 $Z_i F B' = K$，则：

$$i = K E_f \tag{4-9}$$

或

$$I = K \frac{S}{l} \Delta\varphi \tag{4-10}$$

可见 K 即为电导率，表示导体面积 S 和长度 l 均为 1 时的电导，单位为西门子/米（S/m）。

从溶液电导率可以判断金属离子电迁移速度与量的概念。影响溶液电导率的因素很多，如电解质的性质、温度、溶液浓度等。

B 扩散

在溶液中，若某一组分存在着浓度差，即使在静止的情况下，也会发生该组分由高浓度处向低浓度处的传送，即扩散。扩散分为稳态扩散和非稳态扩散。

稳态扩散在开始的瞬间都是非稳态的。当受外界干扰时，稳态过程又会出现新的非稳态过程。

C 对流

溶液各部分之间由于密度差、温度差等会引起对流，电镀中搅拌溶液或使镀件运动等也有助于液相传质。但对流主要发生在液体的内部，在电极表面总会存在有相对静止的滞流层，即对流流动时的附面层——Prandtl 层。由于界面处的流速为零，因此向着电极界面方向也存在流速的梯度。溶液运动的流速越大，滞流层厚度越小。可见对流作用一般也不是反应粒子向电极表面传质的有效方式。在实际生产中，对流是存在的，特别是当采用阴极移动或搅拌时，溶液产生强烈对流。这时，对流便成为重要的离子传输方式。

4.2.2.2　前置化学步骤

金属离子在电解液中的存在形态视电解液中的组成而定，既可以是水化了的简单离子，也可以是同某种配合剂配合了的配离子。研究表明，直接参加阴极电化学还原反应的金属离子往往不是金属离子在电解液中的主要存在形式，而是通过传质到达界面附近经过转化而成的较简单离子，即在还原之前离子在阴极附近或表面发生化学转化，然后才能放电还原为金属。这种转化可能是脱去水化、配位数降低或配位形式改变等。以 X、Y 表示配位体，p、q 表示配位数，且 $p>q$，则前置化学转化有两种类型。

第一种转化步骤是指配位数较高的配离子或水化离子，在电极表面转化为配位数较低的配离子或水化离子，是配位数降低的前置步骤，再由低配位离子直接放电，还原为金属离子。具体以铜氰配离子为例：

$$[Cu(CN)_4]^{2-} \rightleftharpoons Cu(CN)_2 + 2CN$$

主要存在形式

$$Cu(CN)_2 + 2e^- \longrightarrow Cu + 2CN$$

表面转化后的形式

因为配位数较高的配离子有较高的活化能，在阴极上还原要克服较高的势垒，而配位数较低的配离子或水化离子有适中的活化能，容易发生放电还原反应。例如碱性锌酸盐镀锌，锌离子主要存在形式为 $[Zn(OH)_4]^{2-}$，而放电离子为 $Zn(OH)_2$，因此，其前置转化步骤为：

$$[Zn(OH)_4]^{2-} \rightleftharpoons Zn(OH)_2 + 2OH^-$$

主要存在形式

$$Zn(OH)_2 + 2e^- \longrightarrow Zn + 2OH^-$$

表面转化后的形式

第二种表面转化步骤是指一种配位体的配离子，在阴极表面转化为另一种配位体的配离子，是配位体转换的表面转化步骤，这主要是因为 X 配位体形成的配离子有较高的活化能，难以在阴极表面发生电化学还原反应。而 Y 配位体的配离子有适中的活化能，在给定电位下发生电化学反应。例如氰化物镀锌，锌离子的主要存在形式为 $[Zn(CN)_4]^{2-}$、$[Zn(CN)_3]^-$ 等，而放电离子为 $Zn(OH)_2$，其前置转化步骤如下：

$$[Zn(CN)_4]^{2-} + 4OH^- \rightleftharpoons [Zn(OH)_4]^{2-} + 4CN^-$$

$$[Zn(OH)_4]^{2-} \rightleftharpoons Zn(OH)_2 + 2OH^-$$

$$Zn(OH)_2 + 2e^- \longrightarrow Zn + 2OH^-$$

4.2.2.3　电荷转移步骤

反应粒子在阴极表面得到电子形成吸附原子或吸附离子的过程称为电荷转移步骤，又称为电化学步骤，这里主要发生电荷从阴极表面转移到反应粒子的过程，这是电沉积过程的重要步骤。电荷转移不是一步完成的，而是经过一种中间活性粒子状态。在电场作用下，金属离子首先吸附在电极表面，在配位体转换，配位数下降或水化分子数下降的过程中，金属离子的能量不断提高，致使中心离子中空的价电子能级提高到与电极的费米能级接近时，电子就可以在电极与离子之间产生跃迁，往返的频率很高，概率近于相等。

金属离子在电极上通过与电子的电化学反应生成吸附原子。如果电化学反应速度无穷大，那么电极表面上的剩余电荷没有任何增减，金属与溶液界面间电位差无任何变化，即电极反应是在平衡电位下进行的。实际上，电化学反应速度不可能无穷大，金属离子来不及把外电源输送过来的电子立即完全消耗掉，于是在电极表面上积累了更多电子，相应地改变了双电层结构，电极电位向负的方向移动，偏离了平衡电位，引起电化学极化。假如电化学步骤作为电沉积过程的控制环节，则电极以电化学极化为主。电化学极化对获得良好的细晶镀层非常有利，它是人们寻求最佳工艺参数的理论依据。

4.2.2.4 反应产物形成新相——电结晶步骤

电结晶是指金属原子达到金属表面之后，按一定规律排列形成新晶体的过程。金属离子放电后形成的吸附原子在金属表面移动，寻找一个能量较低的位置，在脱去水化膜的同时进入晶格。电结晶可以先形成晶核，然后晶核成长，也可以在原有基体金属的晶格上继续成长。如果最初的电沉积过程是在平衡电位附近进行，那么电结晶过程将是在原有基体金属的晶格上继续成长，只有当阴极极化较大时，才有可能形成新的晶核。在形成新的晶核时，同时存在着晶核的成长。如果形成新晶核的速度很快，而晶核的成长速度较慢，这样所得的是细晶镀层；反之，则是粗晶镀层。

形成新晶核是一个形成新相的过程，它与一般盐类自溶液中结晶的过程相类似。对于某种盐的溶液，在一定温度下，当它的浓度达到饱和时体系便处于平衡状态，这种体系是稳定的，条件不改变就不会形成新相。要使该溶液中的盐结晶析出，可以对体系加温以蒸发掉一部分溶剂，使它成为过饱和溶液。过饱和溶液是一个不稳定体系，其中比饱和溶液多余的溶质有自发结晶的趋势。对于过饱和溶液中盐的过饱和度与结晶析出时所形成的晶粒尺寸的大小，可根据整个体系自由能的变化，得出如下的关系式：

$$RT\ln\frac{C}{C_s}=\frac{2\sigma V}{r_k} \tag{4-11}$$

式中，C 为过饱和溶液的浓度；C_s 为饱和溶液的浓度；σ 为在 T 温度时溶液与晶粒间的界面张力；V 为晶体的摩尔体积；r_k 为晶核的临界半径尺寸；R 为气体常数；T 为热力学温度。

由上式可知，溶液的过饱和度（C/C_s）越大，晶核的临界半径的尺寸越小，越有利于形成细晶粒晶体。

4.2.3 金属离子的放电位置

金属离子在阴极沉积能得到均匀的镀层，但从微观上看，离子在表面上放电的概率是不同的。在晶体平面上放电的活化能最低，棱边、扭结点及空穴的活化能较高，所以，金属离子直接在生长点放电并入晶格中去的概率是比较小的，而是首先在平面上放电形成吸附原子，然后再获取较小的能量经过扩散移动到结点、边棱、台阶或其他不规则的部位，并在这些地方进入金属的晶格。

4.2.3.1 直接转移机理

1931 年 Volmer 提出了直接转移机理，认为金属离子在穿过双电层时积累了足够的能量，在适当的生长点进行放电，同时进入生长点形成晶体。也就是说，离子的放电位置与并入晶格的位置相同，如图4-10所示的第Ⅰ个途径。

4.2.3.2　*表面扩散机理*

1929年Brandes提出了表面扩散机理，认为金属离子越过双电层后可以在表面上任何一点进行电荷转移，首先形成吸附原子；然后在电极表面扩散到达生长点，并入晶格，如图4-10中所示的第Ⅱ个途径。

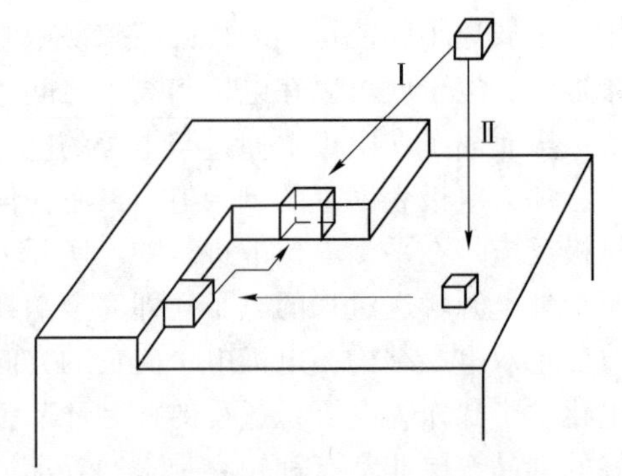

图4-10　金属离子放电的途径
Ⅰ—直接在生长点放电；Ⅱ—通过扩散进入生长点

电沉积层的晶体结构，取决于沉积金属本身的晶相学特性。如果基体金属和镀层的晶格在几何形态和尺寸上相似，那么基体结构就能不断地延伸，这种生长类型称为外延。如果镀层的晶体结构和基体相差很远，生长的晶体在开始时会和基体的结构一样，而逐渐向自我稳定的晶体结构转变，不过，若生成表面上有某种吸附物质存在，晶格会发生改变，这些吸附物质会被夹带入沉积层内，阻止正常晶格的生长或者抑制晶粒的长大。电沉积层中往往存在较高的残余应力，这些残余应力的形成可能是由于晶格参数的不匹配，也可能是由于外来物质夹杂而产生。夹杂物可以是氧化物、氢氧化物、硫、碳、氢等。这些杂质阻止正常晶格的形成。在理想的情况下，电沉积层和基体界面完全接触，这时由于沉积原子的第一层被基体的晶格力所束缚，所以结合强度与基体金属本身的强度很接近。也就是说，从理论上讲，镀层与基体的结合是相当牢固的。但实际情况并非如此，如通常出现的电镀起皮现象就是由于工艺不良引起的。

4.2.4　金属的电结晶

电结晶过程是在电化学作用下金属离子从溶液中沉积出来形成晶体的过程。金属的电结晶过程与盐溶液中的结晶过程相似。在平衡电位下金属是不会沉积的，只有在阴极极化后，也就是阴极在一定的过电位下金属才能在阴极上结晶析出。与盐溶液中的结晶过程相比，可以认为阴极的平衡状态相当于溶液的饱和状态，而阴极的过电位则相当于溶液的过饱和度。在溶液结晶时，过饱和度越大，形成的晶粒越细；在电结晶时，阴极的过电位越大，形成的晶粒也越细。

根据电结晶的有关研究，也得出同样的结论：当其他条件不变时，阴极的过电位越大，形成晶核的临界半径越小，晶粒越细。前面讨论了在直流电的作用下，阴极上形成晶粒的情况。至于这些晶粒在电极表面上如何“堆积”，也就是晶面如何生长讨论如下：

（1）理想晶面的生长过程。所谓理想晶面是指不存在晶粒之间界面的单晶面。图4-11表示在电流作用下这种理想晶面的生长过程。金属离子在晶面的任意位置（图4-11中a的位置）与电子结合还原成金属原子后，首先吸附在晶

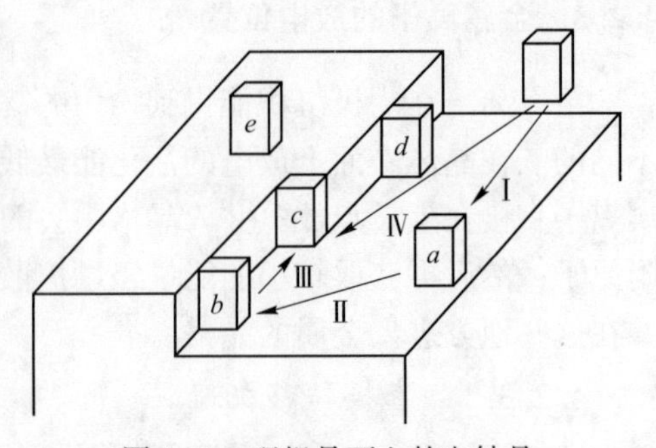

图4-11　理想晶面上的电结晶

面上，形成吸附粒子（亦称吸附原子或吸附离子），随后是吸附粒子进行表面扩散，进入到晶面上未填满的晶格中去（图 4-11 中箭头 Ⅰ→Ⅱ→Ⅲ）。这样，在金属电沉积中，通过电化学步骤形成吸附粒子后，紧接着就是吸附粒子的表面扩散，如果吸附粒子的扩散步骤比电化学步骤慢，则有可能成为整个过程的速度控制步骤。简单金属离子在过电位很低时的还原就是如此。另一种情况是放电过程直接在能量最低的位置上发生（图 4-11 中的箭头Ⅳ），此时晶面上的放电步骤与结晶步骤合一，由于此过程的发生需要脱去水化离子的大部分水化膜，因此这个过程所需的活化能很大，故发生的可能性很小，所以晶面的生长过程应是前一种情况。

放电产生的吸附粒子在晶面上靠扩散可占据 3 种不同的位置。在这 3 种不同的位置上，相邻的原子数是不同的，c 处有 3 个接近的“邻居”，故能量最低，最稳定，吸附粒子将首先占据该处。b 处只有 2 个接近的“邻居”，而 a 处只有一个接近的“邻居”，所以吸附粒子扩散占据的可能性依次变小。由于 c 点是吸附粒子最优先占据的部位，故称为“生长点”，晶面上吸附粒子绝大多数沿 cb 这个单层原子阶梯（称“生长线”）去占据 c 位置，使生长点沿着生长线向前推进，直至填满这一列。一般都是吸附粒子填满这一列后再开始填新的一列。待原有晶面上的各列被全部填满后，新晶面的建立还得依靠二维形核的形成，以作为新晶面的起点，然后吸附粒子再沿着新晶核侧面重新生长晶面。如此一列列、一层层反复生长，直至形成一定厚度的宏观镀层。

有时也可能在原有的一列未填满粒子以前，有一些能量较高的粒子开始去填充新的一列（图 4-11 中位置 d），甚至集合而成的晶核开始出现在新的一层（图 4-11 中位置 e）。因此，可以在晶体表面上同时出现好几个生长着的晶面。

（2）实际晶面的生长过程。近年来，通过先进的光学显微技术观察，并未看到上述理想晶面逐层生长的方式，所观察到的不少镀层都是按螺旋形旋转生长的。按图 4-11 的理想晶面逐层生长理论，在新晶面上形成一定尺寸的晶粒时，要消耗较大的能量，即需要较高的过电位，因此随着这种晶面的逐层形成，应该出现周期性的过电位突跃。然而，在大多数晶体生长时观察不到这种现象，说明晶体生长时并不发生生长点和生长线的消失情况。在实际情况下，基体金属的晶面并非是无缺陷的理想单晶面，它总是存在着各种各样的缺陷，例如位错、空位、划痕和微台阶等，这些缺陷往往都是活性位置，特别有利于晶体的生长。

晶体表面总是存在着大量的螺旋位错边，这些螺旋位错边提供了一种晶体生长方式（图 4-12），即无需形成二维晶核。大致的过程是晶面上的金属吸附粒子首先扩散到位错边（即生长线）XM 的纽结点 X（即生长点）处，吸附粒子从 X 点起至 M 点成排地生长，起始点 X 不变，而 M 点不断前移，如移至 M' 点。这样持续下去，当位错边推进一周时，晶体则向上生长一个新的原子层。如此不断地旋转向上生长，晶体沿着通过 X 点并垂直于晶面的轴旋转生长，绕成一个螺旋位错。这种实际的螺旋生长方式并不需要像理想晶面上那样形成新晶面，因而所需能量较少。

如果吸附粒子来不及填满位错台阶的全长 XM，而生长到它的一部分 XY（图 4-13），这样在表面上将形成另一个小台阶 PQ。当然，这个小台阶也能接纳吸附粒子并向前推进，这一过程的继续进行，将得到螺旋晶体。

螺旋位错的生长方式已在某些电沉积表面（如在镀镍层的晶体表面上）得到证实，有时甚至用低倍显微镜也能观察到螺旋形的生长阶梯。

随着外电流密度增加，过电位增大，吸附原子的浓度逐渐变大，晶体表面上的“生长点”和“生长线”也大大增加。由于吸附原子扩散的距离缩短，表面扩散变得容易，所以来不及规则地排列在晶格上。吸附原子在晶体表面上的随便“堆砌”，使得局部地区不可能长得过快，所获得的晶粒自然细小。这时放电步骤控制了电结晶过程。

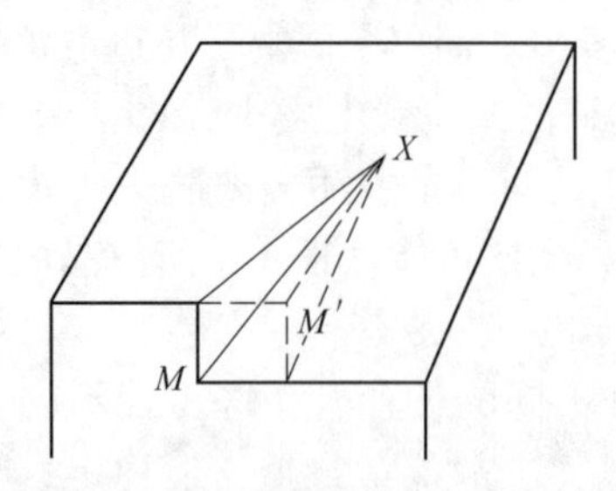

图 4-12 晶体沿台阶生长示意图

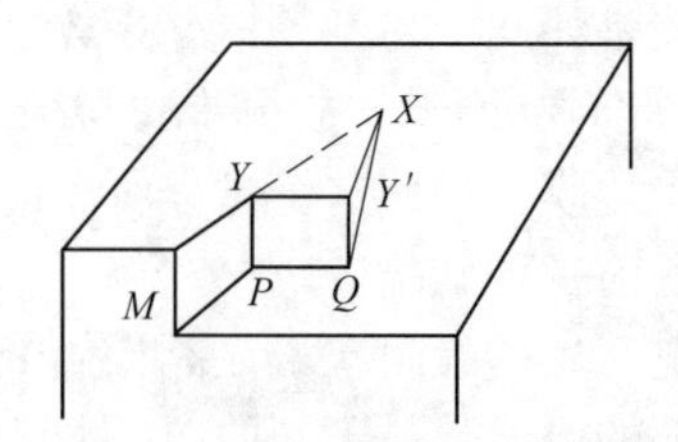

图 4-13 晶体螺旋生长示意图

在外电流密度相当大，过电位绝对值很大的情况下，电极表面上形成大量吸附原子，它们有可能聚集在一起形成新的晶核。极化越大，晶粒越容易形成，所得晶粒越细小。为了获得细致光滑的镀层，电镀时总是设法使得阴极极化大一些。但是单靠提高电流密度增大电镀过程的阴极极化也是不行的，因为电流密度过大时，电化学极化增大不多，而浓差极化增加得很厉害，反而得不到良好的镀层。事实上，电沉积过程可能比上述讨论的步骤更复杂一些，但通常都含有这些基本步骤。在金属电沉积时，上述各个步骤进行的速度是各不相同的，既有进行得比较快的，也有进行得比较慢的，但是从整个金属电沉积过程来看，由于各步骤必须连续串联地进行，当整个过程的进行速度达到稳定值时，各步骤就都以相同的速度进行，进行速度较“快”的步骤“被迫”趋于同最慢的步骤相等。这时，整个电沉积过程的进行速度，主要由各步骤中进行得最慢的那个步骤的速度所决定，通常把进行速度最慢的那个步骤称为“控制步骤”。

电结晶过程中，晶核形成与晶体长大是平行进行。只有晶核形成速度大于晶体长大速度，结晶才有可能细化。决定晶核形成速度的主要因素是过电位，凡是影响过电位的因素对电结晶质量都有影响。各种金属自其本身电极还原时具有不同的电化学动力学特征，表现在电极反应速度与交换电流彼此不同。交换电流越小，电极反应速度越慢，还原时表现出的电化学极化和过电位越大，具有这种特征的金属从其简单盐溶液中也能沉积出细晶层；反之，则电化学极化和过电位越小，从其简单盐溶液中只能沉积出粗晶层。金属离子按其在溶液中的存在形式可分为简单金属离子和金属配离子两类，相应的电解液可分为单盐和配盐两类。简单金属离子除交换电流小的体系外，大多因其极化作用小，故从其单盐溶液中往往只能得到结晶较粗的镀层。当金属离子以配离子存在时，由于配离子在阴极表面还原需要较大的活化能，造成了放电迟缓效应而促使电化学极化和过电位的提高，故从配盐溶液中沉积容易得到结晶细致的镀层。

4.3 单金属电镀

4.3.1 电镀铜

4.3.1.1 铜镀层的性质及应用

铜是玫瑰红色富有延展性的金属，相对原子质量为63.54，密度为8.9g/cm^3，一价铜和二价铜的电化当量分别为2.372g/(A·h)和1.186g/(A·h)，铜的标准电极$\delta_{Cu^+/Cu}$ = +0.521V，$\delta_{Cu^{2+}/Cu}$ = +0.340V。铜具有良好的导电性和导热性，较为柔软，容易抛光，易溶于硝酸，也易溶于加热的浓硫酸中，在盐酸和稀硫酸中作用很慢。在空气中易于氧化(尤其在加热条件下)，氧化后将失掉本身的颜色和光泽，在潮湿空气中与二氧化碳或氧化物作用生成一层碱式碳酸铜，当受到硫化物作用时，将生成棕色或黑色薄膜。

在电化学序中，铜的电位属于带正电的金属，铁及铁合金上的铜镀层属于阴极性镀层，因而它不能以电化学的方式防止电位较负的铁及铁合金遭受大气腐蚀。不仅如此，由于铜和铁之间的电位差很大，当镀层有孔隙、缺陷或损伤时，在腐蚀介质作用下，基体金属成为阳极受到腐蚀，此处的腐蚀速度就比没有镀铜的地方速度快得多。此外，铜镀层直接暴露于大气时很容易引起氧化后发暗与污斑。因此，除了要求染色和氧化修饰以外，铜镀层很少用来作为最终镀层。即使用来染色或氧化修饰，常常还须涂上有机涂层。

正是因为铜电位较正的特性，使得它很容易在其他金属上沉积，而且，当铜作为底层，连同光亮镍和微裂纹铬一起使用时，能得到良好的抗蚀性镀层。铜镀层能有效地保护锌压铸件不受酸性镀镍溶液的浸蚀而溶解，并由此防止了置换镀，当电镀锌压铸件时，铜作为底层是必不可少的。同样，钢件镀镍铬之前镀铜，容易被抛光到很高的表面光度，从而可以降低某些钢件的磨光及抛光成本。所以，铜镀层通常用来作为金、银、镍及铬镀层的底层。另外，由于具有良好的导电性，铜镀层也广泛的应用于印刷线路板上。铜能有效地阻止碳、氮的扩散渗透，低孔隙率的铜镀层作为一种阻挡层，也广泛应用于钢基体零件的渗氮和渗碳工艺。

4.3.1.2 常见的镀铜工艺

A 氰化镀铜

自氰化镀铜诞生以来，在电镀工业中广泛使用。氰化镀铜电解液是以氰化钠或者氰化钾作为铜离子的配合剂，形成铜氰配离子进行电沉积。该电解液的优点是分散能力和覆盖能力好；呈碱性，有一定的去污能力；钢铁件可直接进行电镀，电解液成分简单，易维护等。其缺点是电解液剧毒，电镀时产生的废水、废气危害操作人员健康，污染环境；电解液稳定性差，氰化物易分解成碳酸盐。氰化镀铜有多种配方，表4-2给出了一种含酒石酸钾钠的常用配方的镀液组成及工艺规范。

表4-2 氰化镀铜常用配方的镀液组成及工艺规范

项目		配方号1
镀液组成/g·L^{-1}	氰化亚铜（CuCN）	19~45
	氰化钠（NaCN）	26~53
	游离氰化钠（NaCN）	4~9
	碳酸钠（Na_2CO_3）	15~60
	酒石酸钾钠（$KNaC_4H_4O_6 \cdot 4H_2O$）	30~60
	氢氧化钠（NaOH）	1~3
工艺规范	pH值	12.2~12.8
	温度/℃	55~70
	阴极电流密度/A·dm^{-2}	1.6~6.5
	阳极电流密度/A·dm^{-2}	0.8~3.3

电解液各组分的作用如下：

（1）氰化亚铜。氰化亚铜是电解液的主盐，铜的化合价为一价，它与氰化钠形成铜氰配离子。铜在含有铜氰配离子的溶液中有较负的平衡电位，因此钢铁件、锌合金件浸入氰化镀铜溶液时，没有置换铜产生，可以直接镀铜并能获得良好结合力的镀层。当电解液中的游离氰化钠含量和温度不变时，降低铜盐含量，可以提高阴极极化，得到细致的镀层，并能提高电解液的分散能力和覆盖能力，但电流效率和施镀时的电流密度的上限会降低。

（2）氰化钠和游离氰化钠。氰化钠是该溶液的主配合剂，它和氰化铜形成稳定的铜氰配离子。游离氰化钠是指未与氰化亚铜配合而以游离状态存在的氰化钠。游离氰化钠的含量是控制氰化镀铜的一个重要因素。提高它的含量，可以促进阳极的溶解，提高阳极电流效率，增大阴极极化，使镀层结晶细致，并能提高电解液的分散能力和覆盖能力。但是含量过高，将会导致阴极电流效率下降，甚至得不到镀层。可以用氰化钾代替氰化钠。它比氰化钠有好的导电性，电镀时可采用较高的电流密度，并能得到更为细致的镀层。但由于它的价格较贵，再加上用量须有所提高，为节约起见，一般使用氰化钠。

（3）碳酸盐。适量的碳酸盐能提高镀液的导电性。在浓的电解液中，如果碳酸盐在一定范围内变化，它对阴极的极化值没有明显的影响，而在高电流密度下阳极极化作用剧烈下降，在低电流密度下却上升。超过一定的量会缩小电流密度范围，降低阴极电流效率，使阳极发灰，溶液黏度增大，甚至析出结晶。由于氰化物氧化，会在阳极表面生成一定的碳酸盐，镀液中的苛性碱吸收空气中的二氧化碳以及氰化物的水解作用也可生成碳酸盐，所以一般在配制溶液时可以不加碳酸盐。碳酸钾比碳酸钠有较好的导电性，溶解度也较大，镀液所能承受的量也较大。

（4）酒石酸盐。酒石酸盐属辅助配合剂，它能配合二价铜离子，可降低阳极极化，促进阳极溶解。当游离氰化物降低时，如果溶液中不含类似的辅助配合剂，会造成阳极钝化，在阳极表面生成二价铜离子和难溶于水的氢氧化铜薄膜。在加厚镀铜或快速镀铜电解液中，为了提高阴极电流效率，加快沉积速度，必须适当降低游离氰化钠的含量，加入一定的酒石酸盐或者类似的配合剂就显得必不可少。溶液在加温的情况下它能同时提高阴阳极的电流效率。另外，酒石酸盐能掩蔽一些杂质，在实际工业生产中有着重要的意义。

（5）氢氧化钠或者氢氧化钾。该组分的作用主要是用来提高溶液的导电性，改善镀液的分散能力，同时促进阳极的溶解。另外，也用它来调整和维持镀液的 pH 值。同样，氢氧化钾比氢氧化钠的导电性好。

B 酸性镀铜

酸性镀铜始于 1810 年，铜的许多盐都能用来酸性镀铜，而生产上主要是硫酸盐镀铜和氟硼酸盐镀铜。多年来，人们对酸性硫酸盐镀铜进行了大量的研究并取得了很大的进展，某些添加剂的使用可镀得镜面光泽的铜镀层，镀液的分散能力也有所提高，镀层的韧性、孔隙率等质量有所改善，在生产中已广泛使用。下面主要谈一下酸性硫酸盐镀铜。

酸性硫酸盐镀铜的优点是成分简单，价格便宜，镀液稳定，易于控制，在一定的条件下，允许使用较高的阴极电流密度。其缺点是，镀层的结晶组织比氰化镀铜获得的镀层粗大，不能直接在钢铁件上镀铜，对于管状零件，由于管内壁有铜的化学析出而影响质量。一般用作多层电镀中加厚的过渡镀层，特别是用作塑料件电镀的中间镀层。酸性硫酸盐镀铜可分为暗铜和光亮镀铜两类。近年来的研究多集中在光亮剂和整平剂上。表 4-3 给出了一种常用配方的镀液组成及工艺规范。

表 4-3 酸性硫酸盐镀铜的镀液组成及工艺规范

项目		配方号 2
镀液组成/g·L^{-1}	硫酸铜($CuSO_4$)	150~220
	硫酸(H_2SO_4)	50~70
	氯离子(Cl^-)	10~80mg/L
	2-巯基苯并咪唑（M）	0.0003~0.001
	乙撑硫脲（N）	0.0002~0.0007
	聚二硫二丙烷磺酸钠（SP）	0.01~0.02
	聚乙二醇（6000）	0.05~0.1
	十二烷基硫酸钠	0.05~0.1
工艺规范	温度/℃	10~30
	阴极电流密度/A·dm^{-2}	2~4

电解液各组分的作用为：(1) 硫酸铜是提供铜离子的主盐。和其他镀铜配方不同的是，增加硫酸铜的浓度，溶液的电阻率会增大，但浓度要求并不十分严格，因为一般溶液都要加入硫酸。当硫酸铜的浓度高于 250g/L 时，阴极极化稍有增加；浓度低于 60g/L 时，阴极电流效率下降。(2) 在酸性镀铜电解液中硫酸的主要作用是，防止铜盐水解，减少“铜粉”。当无硫酸存在时，硫酸铜或硫酸亚铜易水解产生沉淀。足量的硫酸存在，可以提高镀液的导电性。它的存在降低了铜离子的有效浓度，从而提高了阴极极化作用，使镀层结晶细致；另外，还可以改善电解液的分散能力和阳极溶解性能。硫酸含量低时，镀层粗糙，阳极钝化，硫酸含量过高时，镀层脆性增加。(3) 在酸性硫酸盐光亮镀铜溶液中必须含有一定量的氯离子，它不仅可获得全光亮镀层，还可以降低其他添加剂所产生的内应力。含量低时镀层的整平性和光亮度下降，内应力较大，易产生光亮树枝状条纹，严重时镀层粗糙且有针孔，甚至烧焦；含量过高时镀层光亮度下降和低电流密度区不亮。(4) 为了获得光亮的铜镀层，一般要用两种以上的添加剂配合使用，方能获得良好的效果。

C 焦磷酸盐镀铜

最早的焦磷酸盐镀铜的文献是由 Roseleur 于 1847 年发表的。酸性硫酸盐镀铜早些年的缺点使得焦磷酸盐镀铜得到发展，因为焦磷酸盐镀铜有很多优点，它的分散能力好、镀液性能稳定、易于控制、无腐蚀、无毒，已应用于大批量生产。它的缺点是成本较高，钢铁件一般不能直接电镀，也须预镀氰铜或浸镀；电解液中焦磷酸盐易于水解成正磷酸盐，长期使用后积累过多会使沉积速度下降。焦磷酸盐镀铜一个显著的特点是镀液中一般含有氨水或者铵盐。按有无光亮剂也分为普通镀铜和光亮镀铜。表 4-4 给出了一个典型配方的镀液组成及工艺规范。

表 4-4 焦磷酸盐镀铜的镀液组成及工艺规范

项目		配方号 3
镀液组成/g·L^{-1}	焦磷酸铜($Cu_2P_2O_7$)	70~90
	焦磷酸钾（$K_4P_2O_7 \cdot 3H_2O$）	300~803
	柠檬酸铵($C_6H_5O_7H(NH_4)_2$)	10~15
	柠檬酸钾($C_6H_5O_7K_3 \cdot H_2O$)	10~15

续表 4-4

项 目		配方号 3
镀液组成/g · L^{-1}	二氧化硒（SeO_2）	0.008~0.02
	2-巯基苯并咪唑（M）	0.002~0.004
工艺规范	pH 值	8.0~8.8
	温度/℃	30~50
	阴极电流密度/A · dm^{-2}	1~3

电解液各组分的作用：(1) 焦磷酸铜是镀液的主盐。它的含量对电解液性能有较大的影响，它主要影响电解液的阴极极化作用和工作电流密度范围。其含量须控制在一定范围之内，如果铜含量过低，不但镀层的光亮度和整平性差，而且使用的电流密度范围变窄；若铜含量过高，极化作用降低，镀层粗糙，此时要获得良好镀层须相应提高焦磷酸钾的含量，从而会使电解液的黏度增加，导电能力下降，而且也受焦磷酸钾溶解度的限制。(2) 焦磷酸钾是溶液的主要配合剂，钾盐比钠盐有高的溶解度和好的导电性，能相应的提高溶液中的金属铜的含量，从而提高允许的工作电流密度和生产效率，并能获得结晶细致的镀层。为了使配合物稳定，提高阴极极化，电解液中必须有一定的游离焦磷酸钾存在，它不但可以防止生成沉淀，而且能提高电解液的分散能力，改善阳极的溶解性能，提高镀层质量。(3) 柠檬酸铵、柠檬酸钾、氨三乙酸和氨水在镀液中都能起到辅助配合的作用。他们可改善镀液的分散能力，增强镀液的缓冲作用，促进阳极溶解，增大容许电流密度和提高镀层的光亮度。其中以柠檬酸盐的效果较好，如用酒石酸盐、氨三乙酸效果基本相似，但镀层的整平性和光亮度稍有逊色。铵离子可以改善镀层外观，生成更均匀和光亮的镀层，并改善阳极溶解，但过量的氨会导致形成氧化亚铜而降低结合力。由于氨易挥发，每天需添加补充。(4) 硝酸盐可以提高工作电流密度的上限、减少针孔、降低镀液的操作温度、提高分散能力，但明显降低电流效率。加入硝酸铵比加入硝酸钾能有效地提高容许的电流密度和改善镀层质量。(5) 镀液中的正磷酸盐是由焦磷酸盐水解形成的，它能促进阳极的溶解，并起到一定的缓冲作用。但高于一定的浓度，镀液的电导率下降，光亮范围会缩小，并出现有条纹的镀层。正磷酸盐不能使用化学的方法从溶液中除去。(6) 有机光亮剂在所控制的有限的浓度范围使用时，能改善晶粒组织，使镀液有整平性能并起到光亮作用。然而从浓度高的添加剂中分解出来的产物会引起铜镀层发脆。加入一定的二氧化硒或者亚硒酸盐，可以获得更好的光亮度和降低镀层应力。

D 有机多膦酸盐镀铜(HEDP 镀铜)

有机多膦酸是近年来发展起来的一类通用配合剂。它一方面具备了多聚磷酸盐的表面活性，又摒弃了它易水解的 P—O—P 键；另一方面它也具备了氨羧配合剂所具有的较高的配合能力，并把氨羧配合剂所使用的弱酸弱碱的 pH 值范围扩大了，成为可在强酸和强碱范围内使用的新型配合剂。另外，有机多膦酸一般毒性较小，工艺性能稳定，合成简单，原料丰富，很有发展前景。铜能与许多有机膦酸盐生成稳定的配合物，其中以 HEDP 镀铜最常见，HEDP 镀铜的镀液组成及工艺规范条件见表 4-5，它可以在钢基体上直接电镀。

表 4-5 HEDP 镀铜的镀液组成及工艺规范

项 目		配方号 4
镀液组成/g·L^{-1}	铜(Cu^{2+})	8~12
	HEDP	80~130
	碳酸钾 (K_2CO_3)	40~60
工艺规范	pH 值	9~10
	温度/℃	30~50
	阴极电流密度/A·dm^{-2}	1~1.5

HEDP 用于电镀有如下的特点：(1) 它具有类似于氰化物的性能，配离子的稳定性高，表面活性好，可不加光亮剂而镀得外观较好的镀层；(2) 它对光、热和 pH 值的稳定性很好，在镀液中稳定，消耗量少，镀液寿命长；(3) HEDP 电镀液本身就是缓蚀剂，对设备腐蚀性小，适于自动线生产。HEDP 有如此多的优点，似乎给人们找到了替代氰化物的希望，可是尽管它的毒性较小，但由于镀液中含有磷，使得其污水处理的费用和难易程度并不比氰化物电镀的低，它对环境造成的污染也不容忽视。

电解液各组分的作用：(1) 主盐可以用硫酸铜或者碱式碳酸铜。Cu^{2+}的浓度与允许电流密度及分散能力有关。Cu^{2+}浓度过低，光亮范围缩小，允许电流密度下降；Cu^{2+}浓度过高，分散能力降低。(2) HEDP 是主配合剂，在镀液中其状态随镀液中 HEDP/Cu 的分子比和 pH 值而异。在镀液中未加入碳酸钾的条件下，当 HEDP 与 Cu^{2+}的摩尔比为 2~4，pH=9~11 时，Cu^{2+}能与 HEDP 形成混合配体配合物或者复杂的多核配合物，配合物稳定常数较高，常以胶粒形式分散在溶液中。比值太低，镀层光亮范围变窄，分散能力降低，结合力不良，阳极易钝化。比值太高，电流效率降低，镀液成本也上升。(3) 有时镀液中可以加入酒石酸钾，可以降低镀层外观粗糙度和孔隙率，但却降低了分散能力。(4) 碳酸钾、硫酸钾、硝酸钾都可以用来做导电盐。其中，碳酸钾的加入能抑制胶粒的生成，阻止置换反应的发生，还能抑制镀层中毛刺的生成，从而在电镀时能得到很好的镀层。硝酸钾能显著提高电流密度范围，但却明显降低了电流效率。(5) 当溶液中存在少量杂质时，可以用双氧水氧化分解，但用量不宜过多。

E 柠檬酸-酒石酸盐镀铜

柠檬酸和酒石酸盐都是铜的良好配合剂，在碱性溶液中形成稳定的混合配合物，在电极上都有较强的吸附作用，对电极表面有活化作用。当两者配合使用时，效果更为明显。在以钢、铝合金、锌合金压铸件、不锈钢、黄铜、锡为基体进行电镀时，均能得到光亮度高、结合力好、孔隙率低的铜镀层，而且电流效率较高，沉积速度较快，稳定性也较好，作为中间镀层可以不再镀酸铜而直接镀光亮镍或其他镀层。其缺点是：在 pH 值偏低、零件未带电上槽的情况下，钢铁零件或是锌合金压铸件在镀液中表面会有置换铜层生成，影响镀层的结合力；另外，镀液久置不用时，镀液表面会有霉菌生成，镀液成本也较高。柠檬酸-酒石酸盐镀铜的镀液组成及工艺规范见表 4-6。

电解液各组分的作用：(1) SO_4^{2-}、NO_3^- 对镀液体系影响较大，含量过多将使镀层的结合力下降，故主盐不能使用硫酸铜或者硝酸铜。实际使用中直接采用碱式碳酸铜。

(2) 柠檬酸是含有3个羧基和1个羟基的有机酸，无毒可食用。它是铜离子的主要配合剂，在碱性溶液中形成的混合配体配合物 $[Cu(OH)_2(cit)_2]^{6-}$是很稳定的，其稳定常数 $\lg\beta=18.77$，它在阴极放电时有较大的阴极极化作用。柠檬酸的含量和镀液的pH值直接影响配离子的稳定性，含量过低，基体与镀层的结合力差；含量过高，电解液黏度增加，影响电解液的导电能力。(3) 酒石酸钾钠含有2个羧基，在镀液中起到辅助配合的作用。酒石酸钾钠的加入，可以大大增加光亮区和电流密度范围，和二氧化硒配合使用，可获得较为光亮的镀层。酒石酸钾钠还有利于阳极的溶解。(4) 苛性碱提供体系混合配体所需的 OH^-配体。K^+或者 Na^+可以提高镀液的导电性。氢氧化钾比氢氧化钠有更好的导电性，能使结晶更为细致，并且有更宽的光亮范围。(5) 碳酸氢钠镀液的缓冲剂作用。在电镀过程中由于阴极析氢的作用，如果不搅拌，阴极附近的pH值迅速升高，镀液的pH值也会缓慢升高。碳酸氢钠的加入能在一定范围内稳定镀液的pH值。(6) 二氧化硒是一种无机光亮剂，它能和电极表面金属形成稳定的配位键，置换金属表面的硬性配体，使得还原所需的活化能较高，从而得到光亮镀层。(7) 在湿热气温下，溶液不再使用时，放置后镀液表面会有霉菌生成。适当的防霉剂可以有效阻止霉菌的生成。

表4-6 柠檬酸-酒石酸盐镀铜的镀液组成及工艺规范

项　目		配方号5
镀液组成/$g\cdot L^{-1}$	碱式碳酸铜($Cu_2(OH)_2CO_3$)	55~60
	柠檬酸($H_3C_6H_5O_7$)	250~280
	氢氧化钾（KOH）	220~250
	酒石酸钾钠（$KaC_4H_4O_6\cdot 4H_2O$）	20~40
	碳酸氢钠（$NaHCO_3$）	10~15
	二氧化硒（SeO_2）	0.008~0.02
	防霉剂	0.1~0.5
工艺规范	pH值	8.5~10
	温度/℃	30~40
	阴极电流密度/$A\cdot dm^{-2}$	0.5~2.5

在20世纪50~60年代，国家投入大量人力物力对无氰镀铜进行了大量研究，并取得了一定成果。这其中有乙二胺镀铜和一系列的焦磷酸盐镀铜，虽然这些工艺并未应用于大规模生产，但在当时的背景下解决了许多生产问题，并为后来的研究奠定了基础。其中采用的预镀镍工艺，现在看来还是有应用价值的。在20世纪70年代，以武汉材料保护研究所为主的几个单位又联合开发了在焦磷酸盐镀铜之前的浸铜工艺，虽然工艺比较复杂，但还是有一定的应用价值。再后来就是前面提到的柠檬酸-酒石酸盐镀铜和HEDP镀铜。改革开放以来，又出现了缩二脲镀铜和乙二醇镀铜的专利。此外，还有氨基磺酸盐镀铜、二乙烯三胺镀铜、氨三乙酸镀铜、草酸盐镀铜等。检索有关镀铜的文献发现，近些年来，无氰电镀铜的例子很少有报道，已公布的例子基本没有公布配方和组成，而且大都是在原有无氰镀铜工艺上的改进。在国外，针对酸性硫酸盐镀铜人们主要从工艺方法和添加剂方面做有大量研究，另外，也有人在寻求无氰的闪镀工艺。

4.3.2 电镀镍

4.3.2.1 镀层的性质和应用

镍具有银白色金属光泽，相对密度为8.9，熔点为1453℃，相对原子质量为58.7，通常显示的化学价为+2，标准电极电位为-0.25V，电化学当量为1.095g/(A·h)。镍具有磁性，在其表面存在一层钝化膜，因而具有较高的化学稳定性。在常温下，对水和空气都是稳定的。镍易溶于稀酸，在稀硫酸和稀盐酸溶液中比在稀硝酸溶液中溶解慢，遇到发烟硝酸则呈钝态。镍与强碱不发生作用。

镍的标准电极电位比铁的标准电极电位正。镍表面钝化后电极电位更正，因而铁基体上的镍镀层是阴极性镀层。因此，只有当镀层完整无缺时，镍层才能对铁基体起到机械保护作用。然而，一般镍镀层是多孔的，常与其他金属镀层构成多层体系，镍作为底层或中间层或采用多层镍来降低镀层的孔隙率，以提高镀层耐腐蚀性能。有时也用镍镀层作为碱性介质的保护层。

4.3.2.2 镀镍的电极过程

由于镍在电化反应中的交换电流密度较小（Ni^{2+}，i^0 为 $10^{-8} \sim 10^{-9}$ A/cm^2；Zn^{2+}，i^0 约为 10^{-5} A/cm^2；Cu^{2+}，i^0 约为 10^{-3} A/cm^2），因此镍本身具有较大的极化电阻，在单盐镀液中就有较大的电化学极化，获得良好的镀层，而且镍分散能力好，得到的镀层均匀，因此镀液种类虽多，但均由单盐组成。镀镍液中阳离子有 Na^+、Mg^{2+}、NH_4^+、H^+等，阴离子有 SO_4^{2-}、Cl^-、OH^-等，由于 Na^+、Mg^{2+}、NH_4^+ 的电位较负，在电镀电位下，不发生电解反应，因此其阴极反应：

$$Ni^{2+} + 2e^- \longrightarrow Ni$$

$$2H^+ + 2e^- \longrightarrow H_2 \uparrow$$

生产中镀液 pH=3~6 之间（pH 值高于 6 时，易生成 $Ni(OH)_2$ 沉淀，pH 值低于 3 时析氢严重），因此 H^+的有效浓度很低，而镀液中 Ni^{2+}浓度很高。如当 $NiSO_4 \cdot 7H_2O$ 为 350g/L 时，Ni^{2+} 活度为 0.0492mol/L，根据能斯特方程计算，镍析出的平衡电位为 -0.29V；当 pH=6 或 pH=3 时，按照能斯特方程式计算，析氢的平衡电位分别为-0.36V 和-0.18V。

H_2 在镍上的超电位为 0.42V(50℃，5A/dm^2)，析镍的超电位为 0.34V，因此镍的实际析出电位为-0.63V，而 pH=6 时析氢的实际电位为-0.78V，pH=3 时析氢的实际电位为-0.60V。

实际析出电位非常接近或略低于 Ni^{2+}/Ni，因此镀镍溶液中，析镍的电流效率受酸度及镍离子浓度影响较大，镍离子浓度越高，酸度越低，析镍电流效率越高，反之，析镍电流效率越低。普通镀镍溶液中，当 pH 值降至 2~3 时，阴极析氢严重，镍难以析出；在接近中性的镀镍液中，pH 值稍有变化，电流效率变化显著。

阴极过程：

$$Ni^{2+} + 2e^- = Ni$$

$$2H^+ + 2e^- = H_2 \uparrow$$

阳极过程：

$$Ni - 2e^- = Ni^{2+}$$

$$4OH^- - 4e^- = H_2O + O_2$$
$$2Cl^- - 2e^- = Cl_2$$

镀镍一般采用金属镍为阳极材料，常有的电解镍、铸造镍、含硫镍、含氧镍等。正常情况下，镍阳极溶解的反应为：

$$Ni - 2e^- \longrightarrow Ni^{2+}$$

此时，镍阳极呈活化状态，表面为灰白色，溶解的 Ni 不断补充溶液中的 Ni^{2+} 浓度。但由于金属镍易钝化，使溶解电位变正，导致镍溶解受阻，其他离子可能放电，主要发生如下反应，即：

$$4OH^- - 4e^- \longrightarrow 2H_2O + O_2\uparrow$$
$$2Cl^- - 2e^- \longrightarrow Cl_2\uparrow$$

由于氧气的生成又促使阳极表面钝化，进一步增加镍的溶解电位，阳极可能发生下列反应，即：

$$Ni^{2+} - e^- \longrightarrow Ni^{3+}$$

Ni^{3+}不稳定，水解后生成 $Ni(OH)_3$，进而分解为暗棕色的 Ni_2O_3 沉积到电极表面，使阳极完全钝化，停止溶解，导致阴极电流效率降低和镀层质量恶化。

$$Ni^{3+} + 3OH^- \longrightarrow Ni(OH)_3\downarrow$$
$$Ni(OH)_3 \longrightarrow Ni_2O_3 + H_2O$$

由于氯气析出，阳极上有时能嗅到氯气的气味。

目前，解决阳极钝化的最有效的办法是向镀液中加入适当的阳极活化剂，常用的是氯化钠或氯化镍。但氯离子含量不宜过高否则会引起阳极过腐蚀或不规则溶解，产生大量阳极泥悬浮于镀液中，使镀层粗糙或形成毛刺。

工业生产中，为克服平板状镍阳极电流分布不均，铸造镍阳极产生泥渣多的缺点，为降低电极残留率，常将电解镍轧制成圆形截面，如镍球等，装入阳极袋中，以防止镍阳极泥进入镀液，产生毛刺。

4.3.2.3 常见的镀镍工艺

（1）暗镍的镀液组成及操作条件。硫酸镍 180~200g/L，硫酸钠 80~100g/L，硼酸 22~30g/L，氯化钠 12~15g/L，温度 18~35℃，pH 值为 5.0~5.6，D_k 为 0.5~1.0A/dm²。

（2）光亮镍的镀液组成及操作条件。硫酸镍 320~350g/L，硼酸 35~40g/L，氯化镍 30~40g/L，光亮剂适量，温度 45~55℃，pH 值为 4.2~4.5，D_k 为 3.5~5.0A/dm²。

（3）镍封工艺。硫酸镍 320~350g/L，硼酸 35~40g/L，氯化镍 30~50g/L，SiO_2 15~20g/L，光亮剂适量，温度 50~60℃，pH 值为 4.2~4.5，D_k 为 3.5~5.0A/dm²，时间 2~3min，空气搅拌。

（4）缎状镍。硫酸镍 320~350g/L，硼酸 35~40g/L，氯化镍 30~50g/L，SiO_2 80~120g/L，糖精适量，温度 50~60℃，pH 值为 4.2~4.5，D_k 为 3.5~5.0A/dm²，时间 10~30min，空气搅拌。

4.3.3 电镀铬

4.3.3.1 镀层的性质及应用

铬是稍带蓝色的银白色金属，铬的相对原子质量 51.996，原子价态+2、+3、+6，电解铬密度6.9～7.1g/cm^3，电化学当量0.3234g/(A·h)，硬度（HV）750～1050，熔点1890℃，钝化电位+1.36V。

铬在大气中具有强烈的钝化能力，能长久保持光泽，在碱液、硝酸、硫酸、硫化物及许多有机酸中均不发生作用；但铬能溶于氢卤酸和热的浓硫酸中。镀铬层有很高的硬度和优良的耐磨性，较低的摩擦系数。

镀铬层有较好的耐热性，在空气中加热到500℃时，其外观和硬度仍无明显的变化。铬层的反光能力强，仅次于镀银层。

铬镀层厚度在0.25μm时是微孔性的，厚度超过0.5μm时铬层出现网状微裂纹，铬层厚度超过20μm时对基体才有机械保护作用。

铬的标准电位比铁负，但由于铬具有强烈的钝化作用，其电位变得比铁正，因此铬层相对于钢铁属于阳极锌镀层，它不能起电化学保护作用。镀铬层按用途可以分为装饰镀铬和耐磨镀铬。装饰性镀铬层较薄，可防止基体金属生锈和美化产品外观；耐磨镀铬层较厚，可提高机械零件的硬度、耐磨、耐蚀和耐高温等性能。

4.3.3.2 镀铬的电极过程

阴极反应：

$$2H^+ + 2e^- = H_2$$

$$Cr_2O_7^{2-} + 14H^+ + 6e^- = 2Cr^{3+} + 7H_2O$$

$$Cr^{3+} + 3e^- = Cr$$

阳极反应：

$$Cr^{3+} - 3e^- = Cr^{6+}$$

$$4OH^- - 4e^- = 2H_2O + O_2$$

4.3.3.3 常见的镀铬工艺

（1）装饰性镀铬。CrO_3 230～270g/L，H_2SO_4 2.3～2.7g/L，Cr^{3+} 3～5g/L，温度45～50℃，D_k 为30～50A/dm^2，时间2～3min。

（2）镀硬铬。CrO_3 250～290g/L，H_2SO_4 2.5～2.8g/L，Cr^{3+} 3～5g/L，温度50～55℃，D_k 为60～80A/dm^2，时间10～30min。

（3）镀乳白铬。CrO_3 150～180g/L，H_2SO_4 1.5～1.7g/L，Cr^{3+} 3～5g/L，温度70～75℃，D_k 为20～30A/dm^2，时间4～5min。

（4）快速镀铬。CrO_3 200～250g/L，H_2SO_4 2.0～2.5g/L，Cr^{3+} 3～5g/L，H_3BO_3 10g/L，MgO 5g/L，温度55～60℃，D_k 为40～150A/dm^2，沉积速度80μm/h。硼酸可增大镀液导电，提高电流密度；氧化镁能提高电流效率，同时还能提高镀层的结合力。

（5）镀黑铬。主要用于黑色装饰及需要消光的场合，如航空、军械、医疗器件、照相器材、太阳能吸热器等。比黑镍镀层耐蚀性和耐磨性好，为提高耐蚀性一般先用铜-镍打底。在铬酐溶液中加入醋酸、五氧化二钒、硝酸钠、尿素、氟化物、氟硅酸盐等，都能得到黑色镀层。黑铬并非纯铬，而含有铬的氧化物、氮、碳等。常用的镀黑铬配方及工艺条件如下：1）铬酐300g/L，硝酸钠7～11g/L，硼酸3～5g/L，温度25～30℃，D_k 为40～50A/dm^2，阳极含锑10%～12%的铅锑合金。2）铬酐250～300g/L，醋酸2.5g/L，醋酸钡7.5g/L，温度30～35℃，D_k 为4～9A/dm^2。3）铬酐200～300g/L，氟硅酸0.125～1.0g/

L，氟化铵 0.125~1.0g/L，温度 30~35℃，D_k 为 33~35A/dm²，时间 5~40min。4）铬酐 250~400g/L，醋酸 2.5~3.0g/L，尿素 7.5~8.5g/L，温度 20~25℃，D_k 为 45~50A/dm²。

4.4 合金电镀

合金电镀是利用电化学的方法使两种或两种以上的金属（包括非金属）共沉积，形成结构和性能符合要求的镀层的工艺过程。合金镀层具有许多单金属镀层所不具备的特殊性能，如外观、颜色、硬度、磁性、半导体性、耐腐蚀及装饰等方面的性能。此外，通过电镀合金还可以制备高熔点和低熔点金属组成的合金，以及具有优良性能的非晶态合金镀层。研究两种或两种以上金属的共沉积，无论在实践或理论上，都比单金属电镀更复杂，需要考虑的因素更多。因此，电镀合金工艺发展比较缓慢，合金电镀可分为 4 类：

（1）防护性合金镀层。如锌镍、锌铁、锌钴、锡锌、锌铝等，它们对钢铁基体而言，是阳极镀层，具有电化学保护作用，是良好的防护性镀层。

（2）装饰性合金镀层。如镍铁、铜锡、锡钴、铜锌锡、铜锌、铜锌铟等镀层，具有较好的装饰效果。

（3）功能性合金镀层。可焊性合金，含锡 60%的锡铅合金，含铈 1%的锡铈合金；耐磨性合金，铬镍、铬钼、铬钨、镍磷、镍硼、镍钨磷等；磁性合金，铁、钴镍、钴铬、钴镍磷、镍铁钴、钴钨等；轴承合金，铅锡、铅铟、铅银、铜锡、铅锡铜、铅锑锡等；不锈钢合金，铁铬镍。

（4）贵金属合金镀层。金银、金钴、金镍、钯镍、金铜镉、银锌、银锑等。

目前，国内外已开发了 200 多种合金镀层，应用最普遍的是二元合金，如铜锌、铜锡、铜镍、锡镍、锡钴、锌镍、锌铁、镍磷、镍硼等镀层，有少数三元合金也得到了应用。

4.4.1 合金电镀的基本条件

两种金属离子共沉积除具备单金属离子电沉积的条件外，还必须具备下面两个条件。第一，两种金属中至少有一种金属能从其盐类的水溶液中沉积出来。有些金属如钨、钼等虽不能从其盐的水溶液中沉积出来，但它可以与铁族金属一同共沉积。即：

$$\varphi_{析} = \varphi^0 + RT/nF\ln a + \Delta\varphi \tag{4-12}$$

式中，φ^0 为金属的标准电极电位；a 为离子活度；$\Delta\varphi$ 为过电位；n 为该金属离子的价数；R 是阿伏伽德罗常数；F 为法拉第常数；T 为温度。若用质量分数 w 近似代替活度 a 时，上式可表达为：

$$\varphi_{析} = \varphi^0 + 0.0592/n\ln w + \Delta\varphi \tag{4-13}$$

第二，两种金属的析出电位要十分接近或相等，欲使两种金属离子在阴极上共沉积，它们的析出电位必须相等，即：

$$\varphi_{析1} = \varphi_{析2}$$

即

$$\varphi_1^0 + 0.0592/n_1\ln w + \Delta\varphi_1 = \varphi_2^0 + 0.0592/n_2\ln w + \Delta\varphi_2 \tag{4-14}$$

如果金属的析出电位相差太大，电位较正的金属将优先沉积，甚至完全排斥电位较负金属析出。

4.4.2 实现合金电镀的措施

根据式（4-14）可知，两种金属在同一阴极电位下共沉积的必要条件与两种金属的标准电极电位、离子活度及阴极极化程度有关。仅有少数金属可以从简单盐溶液中实现共沉积的可能性。例如，Pb（-0.126V）与 Sn（-0.136V）、Ni（0.25V）与 Co（0.277V）、Cu(0.34V)与 Bi(0.32V)，它们的标准电极电势比较接近，通常可以从它们的简单盐溶液中实现共沉积。一般金属的析出电势与标准电势是有很大差别的，为了实现金属的共沉积，通常采取一些措施。

（1）选择金属离子合适的价态。同一金属不同价态的标准电极电位有较大差异，一般选择易溶于水且标准电极电位与沉积金属较接近价态的化合物。

（2）改变金属离子的浓度。若金属平衡电位相差不大，则可通过改变金属离子的浓度（或活度），降低电位比较正的金属离子的浓度，使它的电位负移，或增大电位比较负的金属离子的浓度，使它的电位正移，从而使析出电位相互接近。金属离子的活度每增加或降低 10 倍，其平衡电位分别正移或负移 29mV。如：

$$\varphi^0_{Cu^{2+}/Cu} = 0.337V，\varphi^0_{Zn^{2+}/Zn} = -0.763V$$

（3）加入配合剂。添加配合剂是使电位差相差大的金属离子实现共沉积最有效的方法。金属配离子能降低离子的有效浓度，使电位较正金属的平衡电位负移的绝对值大于电位较负的金属。因此，在电镀液中加入适宜的配合剂，使金属离子的析出电位相近而共沉积。

（4）加入添加剂。添加剂在镀液中的含量比较少，一般不影响金属的平衡电位。有些添加剂能显著地增大或降低阴极极化程度，明显地改变金属的析出电位，从而对某些金属沉积起作用，使之实现共沉积。例如添加明胶可使铜、铅离子实现共沉积；在含有铜和铅离子的镀液中，添加明胶可实现共沉积。

4.4.3 合金共沉积的类型

根据镀液组成和工作条件的各个参数对合金沉积层组成的影响特征，可将合金共沉积分为以下 5 种类型：

（1）正则共沉积。正则共沉积过程的特征是基本上受扩散控制。电镀参数（包括镀液组成和工艺条件）通过影响金属离子在阴极扩散层中的浓度变化来影响合金镀层的组成。因此，可增加镀液中金属的总含量，降低电流密度，提高温度和增强搅拌等增加阴极扩散层中金属离子的浓度的措施，都会增加电位较正金属在合金中的含量。正则共沉积主要出现在单盐镀液中。如 Ag-Pb、Cu-Pb 等。

（2）非正则共沉积。非正则共沉积的特征是过程受扩散控制的程度小，主要受阴极电位的控制。在这种共沉积过程中，某些电镀参数对合金沉积的影响遵守扩散理论，而另一些却与扩散理论相矛盾。与此同时，对于合金共沉积的组成影响，各电镀参数表现都不像正则共沉积那样明显。非正则共沉积主要出现在采用配合物沉积的镀液体系。如 Ag-Cd、Cu-Zn 等。

（3）平衡共沉积。当两种金属从处于化学平衡的镀液中共沉积时，这种过程称平衡共沉积。平衡共沉积的特点是在低电流密度下（阴极极化不明显）合金沉积层中的金属含量比等于镀液中的金属含量比。只有很少几个共沉积过程属于平衡共沉积体系。如 Pb-Sn、Cu-Bi 等。

（4）异常共沉积。异常共沉积的特点是电位较负的金属反而优先沉积，它不遵循电化学理论，而在电化学反应过程中还出现其他特殊控制因素，因而超脱了一般的正常概念，故称异常共沉积。对于给定的镀液，只有在某种浓度和某种工艺条件下才出现异常共沉积，而在另外的情况下则出现其他共析形态。异常共沉积较少见。如 Zn-Ni，Fe-Zn、Ni-Co 及 Ni-Sn 等。

（5）诱导共沉积。钼、钨和钛等金属不能自水溶液中单独沉积，但可与铁族金属元素实现共析，这一过程称诱导共析。同其他共沉积比较，诱导共沉积更难推测各个电镀参数对合金组成的影响。通常把能促使难沉积金属共沉积的铁族金属称为诱导金属。如 Ni-W、Co-W 等。

前面 3 种共沉积形态可统称为常规共沉积，它们的共同点是两金属在合金共沉积层中的相对含量可以定性地依据它们在对应溶液中的平衡电位来推断，而且电位较正的金属总是优先沉积。后面两种共沉积统称为非常规共沉积。

实现共沉积后的合金镀层主要以机械混合物、固熔体、金属间化合物及非晶态合金的结构形成存在。具体如下：

（1）机械混合物。形成合金镀层的组元仍保持原来组元的结构和性质，组元间不发生相互作用。如：Sn-Pb、Cd-Zn、Sn-Zn、Cu-Ag 等。

（2）固熔体。溶质原子溶入溶剂的晶格中，保持溶剂金属的晶格类型的金属晶体。有间隙固熔体和置换固熔体。当从焦磷酸盐溶液中电沉积铜锌合金时，形成铜锌置换固熔体合金。

（3）金属间化合物。金属间化合物是合金各组分间相互发生作用，从而生成一种新相，其晶格类型和性能完全不同于任一组分。金属间化合物一般可以用分子式来大致表示其组成，但它与普通化合物不同，除离子键和共价键外，金属键也在不同程度上起作用，使这种化合物具有一定程度的金属性质，故称为金属间化合物。例如：铜锡合金（Cu_6Sn_5）、锡镍合金（Ni_3Sn_2）等。金属间化合物一般具有复杂的晶体结构、熔点高、硬而脆。当合金中出现金属间化合物时，通常能提高合金镀层的硬度和耐磨性，但会降低塑性。

（4）非晶态合金，也叫金属玻璃。原子排列无序，没有晶界、位错等晶格缺陷，无偏析现象，具有各相同性。性能与晶体不同，高耐蚀性、高硬度、高导热性、磁性能等。如：Ni-P、Ni-B、Fe-Mo、Co-Re、Ni-W-P、Ni-Fe-P 合金等。

4.4.4 影响合金镀层的因素

4.4.4.1 镀液组分的影响

（1）镀液中金属离子浓度比的影响。影响合金组成的最重要的因素是金属离子在溶液中的浓度比。对于正则共沉积，提高镀液中不活泼金属的浓度，使镀层中不活泼金属的含量也按比例增加。对于非正则共沉积，虽然提高镀液中不活泼金属的浓度，镀层中的不活泼金属的含量也随之提高，但却不成比例。

（2）镀液中金属离子总浓度的影响。在金属离子浓度比不变的情况下，改变镀液中金属离子的总浓度，在正则共沉积时将提高不活泼金属的含量，但没有改变该金属浓度时那么明显。对非正则共沉积的合金组分影响不大，而且与正则共沉积不同，增大总浓度，不活泼金属在合金中的含量视金属在镀液中的浓度比而定，可能增加也可能降低。

（3）配合剂浓度的影响。在采用单一配合剂同时配合两种离子的镀液中，如果配合物含量增加，使其中某一金属的沉积电位比另一种金属的沉积电位变负得多，则该金属在合金镀层中的含量就下降。例如镀黄铜，铜氰配离子比锌氰配离子稳定，增加氰化物浓度，铜的析出较困难，合金中含铜量将降低。在两种金属离子分别用不同的配合剂配合的镀液中，如氰化物镀铜锡合金，铜呈氰化配离子，锡被碱配合，它们在同一体系中，增加氰化物含量，铜放电困难，合金中铜则减少。同样用碱可方便地调节锡在合金中的含量。所以铜锡合金电镀中调节合金成分比较方便。

（4）pH 值的影响。在含简单离子的合金镀液中，pH 值的变化对镀层组成影响不大。在含配离子的镀液中，pH 值的变化往往影响配合离子的组成与稳定性，对镀层组成影响较大。但 pH 值的变化对镀层物理性能的影响比对其组成的影响更大，故对电镀一些特殊的合金，控制镀液的 pH 值是很重要的。

4.4.4.2 工艺参数的影响

（1）电流密度的影响。在电镀合金时，一般情况下提高电流密度会使阴极极化程度加大，从而有利于电位较负金属的析出，即镀层中电位较负金属的含量升高。在少数情况下，也会出现一些反常现象，有的金属含量在电流密度变化时会出现最大值或最小值。这除了几种离子之间的相互影响外，还有在电流密度变化时，几种金属极化值发生不同的变化，有可能是电位较正的金属沉积困难而引起的。

（2）温度的影响。温度升高，扩散和对流速度加快，阴极表面液层中优先沉积的电位较正的金属易得到补充，加速了该金属的沉积，于是镀层中电位较正金属含量增加温度升高，将会提高阴极电流效率，电流效率提高得较多的金属，不管它的电位高低，都会增加它在沉积合金中的含量。

（3）搅拌的影响。搅拌使扩散层内电位较正的金属离子的浓度提高，结果该金属在沉积合金中的含量提高。

4.4.5 常用的合金镀层

4.4.5.1 电镀铜锡合金

铜锡合金，俗称青铜，根据镀层中锡的含量可将其分为 3 种。镀层中锡的质量分数在 15%以下的为低锡青铜；在 15%～40%之间的为中锡青铜，大于 40%的为高锡青铜。随铜含量升高，合金颜色由白经黄到红变化。铜锡合金镀层具有孔隙率低、耐蚀性好、容易抛光及可直接套铬等优点，是目前应用最广泛的合金镀层之一。电镀铜锡合金主要采用氰化物-锡酸盐镀液，该工艺最成熟，应用最广泛。表 4-7 是低、中、高锡青铜电镀的镀液组成及工艺规范。

电镀青铜镀液中，氰化亚铜、锡酸钠或氯化亚锡为主盐，提供在阴极析出的金属。两种金属离子的浓度比对合金镀层的成分起决定作用。随镀液中铜、锡离子的质量浓度比值降低，镀层中铜含量降低锡含量提高。保持两种离子的质量浓度比例一定，改变溶液中金属离子的总的质量浓度，对镀层成分影响不大。

表 4-7 电镀青铜的镀液组成及工艺规范

项目		低锡	中锡	高锡
镀液组成 /g·L^{-1}	氰化亚铜	20~25	12~14	13
	锡酸钠	30~40		100
	氯化亚锡		1.6~2.4	
	游离氰化钠	4~6	2~4	10
	氢氧化钠	20~25		15
	三乙醇胺	15~20		
	酒石酸钾钠	30~40	25~30	
	磷酸氢二钠		50~100	
	明胶		0.3~0.5	
工艺规范	pH 值		8.5~9.5	
	温度/℃	55~60	55~60	64~66
	电流密度/A·dm^{-2}	1.2~2	1.0~1.5	8

在低锡青铜镀液中，铜和锡的配合剂分别为 NaCN 和 NaOH，这两种配合剂在镀液中生成铜氰配合物。铜与锡在阴极上发生如下的析出反应：

$$[Cu(CN)_3]^{2-} = [Cu(CN)_2]^- + CN^-$$

$$[Cu(CN)_2]^- + e^- = Cu + 2CN^-$$

$$Sn(OH_6)^{2-} + 3H_2O = [Sn(OH)_6]^{2-}$$

$$[Sn(OH)_6]^{2-} + 4e^- = Sn + 6OH^-$$

电镀生产中要控制游离配合剂在适当的范围，游离的配合剂越多，配离子越稳定，不利于金属离子在阴极上的沉积。

随着电流密度的提高，镀层中含锡量有所上升。电流密度过高时，除电流效率相应地降低外，镀层外观变粗，内应力加大。若电流密度过低，则沉积速度太慢，且镀层颜色偏红。

温度的变化对镀层成分和质量有很大影响。电镀低锡青铜时，温度升高，镀层中锡含量将随之提高。若温度过高，则镀液蒸发太快，氰化物的分解加剧，造成镀液组成不稳定，从而影响镀层的成分和质量。若温度过低，则镀层中含锡量下降，电流效率又降低，镀层光泽度差，阳极溶解不正常。

4.4.5.2 电镀铜锌合金

铜锌合金是由铜、锌两种元素组成的二元合金，俗称黄铜。当铜含量不断升高时，合金颜色亦随之变化（白→黄→红）。电镀黄铜具有金色的外观，多数用作钢铁件的表面装饰。此外，电镀黄铜还用作钢丝与橡胶黏结的中间镀层以及其他金属镀层的底层。应用最广泛的电镀黄铜其铜的质量分数为 70%~80%。目前，工业上使用的电镀黄铜液，基本上都是氰化物镀液，无氰镀液研究的多应用的少。表 4-8 是几种实用电镀黄铜的工艺规范。

表 4-8 电镀黄铜的工艺规范

项目		仿金黄铜	热压橡胶用黄铜	白黄铜
镀液组成 /$g \cdot L^{-1}$	氰化亚铜	20	26~31	17
	氰化锌	6	9~11.3	64
	游离氰化钠		6~7	31
	总氰化钠	50	45~60	85
	碳酸钠	7.5	30	
	氢氧化钠			60
	硫化钠			4
	锡酸钠	2.4		
	质量分数为28%氨水		1~3mL/L	
	酒石酸盐			0.4
工艺规范	pH 值	12.7~13.1	10~11.5	12~13
	温度/℃	20~25	30~45	25~40
	电流密度/$A \cdot dm^{-2}$	2.5~5	0.3~1	1~4

氰化亚铜和氰化锌是镀液中的主盐，铜和锌两种离子在镀液中以 $[Cu(CN)_3]^{2-}$ 和 $[Zn(CN)_4]^{2-}$ 形式存在。镀液中铜与锌的比值升高，镀层中铜的含量也会升高，但不太敏感。镀层中锌铜的比例除与镀液中锌、铜离子的质量浓度有关外，还与镀液中氰化物、氢氧化钠的含量有关，同操作条件也有一定的关系。

游离氰化物的含量对镀层成分的影响极为显著，游离氰化钠的质量浓度升高，镀层中的铜含量迅速下降，并且阴极电流效率降低。如游离氰化钠质量浓度过高，阳极会钝化。

氨水主要用于扩大阴极电流密度范围并抑制氰化物的水解，但氨水含量过高，会使镀层中铜含量降低。适量的碳酸钠能提高导电能力。由于碱性镀液易吸收空气中的二氧化碳而变成碳酸盐，同时氰化钠水解也形成碳酸钠，镀液中的碳酸钠会逐步积累，影响镀液的阴极电流效率，应定期用冷却法除去碳酸钠结晶。

镀液的 pH 值一般控制在 11~12 之间。pH 值提高，镀层中锌含量增加，因此，可以通过调整 pH 值来调整黄铜的色泽。

改变镀液的温度，对镀层成分和色泽都有显著的影响。温度升高，镀层中铜含量升高，而且会加速氰化钠的分解。温度过低，镀层中锌含量高，镀层苍白。

提高阴极电流密度，阴极电流效率会下降，通常，镀层中的铜含量随阴极电流密度升高而降低。

4.4.5.3 电镀铅锡合金

铅锡合金镀层在工业上应用很广，镀层成分不同，用途也不一样。锡的质量分数为6%~10%的铅锡合金镀层具有很好的减摩性，主要用于轴瓦、轴套表面；锡的质量分数为15%~25%的合金镀层主要作为钢带表面保护、润滑、助焊的镀层；锡的质量分数为45%~55%的合金镀层主要用作防止大气、海水或其他介质腐蚀的防护性镀层；锡的质量分数为55%~65%的合金镀层，常用于钢、铜和铝表面，作为改善焊接性能的镀层；锡的质量分数为60%的镀层为印刷板焊接镀层。电镀铅锡合金广泛使用氟硼酸盐镀液，表4-9为氟硼酸盐电镀铅锡合金的镀液组成及工艺规范。

表4-9 电镀铅锡合金的镀液组成及工艺规范

项目		配方号			
		1	2	3	4
镀液组成 /g·L^{-1}	氟硼酸铅	110~275	以Pb计	55~85	55~91
	氟硼酸锡	50~70	以Sn计	70~95	99~148
	游离氟硼酸	50~100	100~180	80~100	40~75
	游离硼酸				20~30
	桃胶	3~5	1~3		3~5
	明胶			1.5~2	
工艺规范	温度/℃	室温	18~45	室温	室温
	电流密度/A·dm^{-2}	1.5~2	4~5	0.8~1.2	0.8~1
	镀层中锡的质量分数/%	6~10	15~25	45~55	45~65

氟硼酸铅和氟硼酸锡是镀液的主盐，提供被镀金属离子。氟硼酸盐按下列方式离解出铅离子和锡离子：$Pb(BF_4)_2 \rightarrow Pb^{2+}+2BF_4^-$，$Sn(BF_4)_2 \rightarrow Sn^{2+}+BF_4^-$。通过调整镀液中主盐的比例及含量，可以得到不同含锡量的锡铅合金镀层。

游离氟硼酸的存在可使阳极溶解正常，使镀层结晶细致，并可防止二价锡的氧化和水解。

桃胶和明胶等胶体主要用于改善镀层结构和提高镀液的均镀能力。加入胶体物质后，镀层中的锡含量提高。但过量的胶体会使镀层发脆。

提高电流密度可少量增加镀层的含锡量，提高镀层的沉积速度。但过高的阴极电流密度将导致镀层粗糙、疏松甚至烧焦。

温度升高将加速Sn^{2+}转化为Sn^{4+}的氧化反应，同时也会加速添加剂的分解。故通常将温度控制在15~20℃范围内。

4.5 复合电镀技术

复合电镀是固体微粒均匀地分散在镀液中，在搅拌的条件下，通过电化学或化学过程使这些固体微粒与基质金属共沉积，从而获得某种具有特殊性能镀层的方法。在镀层中，固体微粒均匀弥散地分布在基体中，又称为分散镀或弥散镀。这种复合材料层称为复合镀层或分散镀层。复合镀层属于金属基复合材料，由两部分构成：

(1) 通过电化学反应而形成镀层的那种金属或合金，称为基质金属，如镍、铜、铁、钴、铬、锌、银、金、铅、镍-磷、镍-硼、镍-铁、铝-锡、铜-锡等基质金属，是均匀的连续相。

(2) 不溶性的固体微粒或纤维，它们通常是不连续相，又称为分散相。

基质金属和不溶性颗粒之间的相界面基本是清晰的，几乎不发生扩散现象，从形式上看是机械混合物，但其镀层不是单相的金属或合金，而是借助于形成复合镀层的主体金属和分散微粒的不同，从而获得具有硬度、耐磨性、自润滑性、耐热性、耐蚀性及特殊的装饰外观等功能性涂层。

如通过复合电镀的方法将氮化硼或金刚石颗粒镶嵌在金属镀层中，如镍基复合镀层，就能制成各种良好的磨具、钻头等，这不仅保持和发扬了其耐磨的优点，并在很大程度上克服了原来的缺点。实际上这类复合镀层已广泛应用于高速磨削、石油开采、地质钻探等方面。

由于基质金属和分散微粒的两相之间存在着明显的界限和差别，因此可根据复合镀层不同用途来选择基质金属和分散微粒。复合电镀使用分散相种类很多，通常可分为无机微粒、有机高分子纤维和金属微粒等。无机微粒主要包括金属氧化物、碳化物、硼化物、氮化物。不同于基质金属的另一种金属微粒也可以作为分散相，如 Cr、Mo、Ti、Ni、Fe、W、V 等。有机高分子纤维主要是尼龙、聚四氟乙烯、聚氯乙烯和有机荧光染料等。人工制备的短纤维如碳纤维、硼纤维、玻璃纤维和金属纤维等，它具有很高的强度，但缺点是纤维细而脆性大以及抗介质差，不宜单独使用。如果将这些短纤维复合镀入金属基体内，便能形成有优异特性的复合镀层。常见的基质金属和分散相见表 4-10。

表 4-10 复合电镀的基质金属与分散粒子

基质金属	分散粒子
Ni	Al_2O_3、Cr_2O_3、Fe_2O_3、TiO_2、ZrO_2、ThO_2、SiO_2、CeO_2、金刚石、SiC、TiC、WC、VC、ZrC、TaC、Cr_3C_2、B_4C、BN（α、β）、ZrB_2、TiN、Si_4N_3、WSi_2、PTFE、$(CF)_n$、石墨、MoS_2、WS_2、CaF_2、$BaSO_4$、$SrSO_4$、ZnS、CdS、TiH_2、Cr、Mo、Ti、Ni、Fe、W、V
Cu	Al_2O_3、TiO_2、ZrO_2、SiO_2、CeO_2、SiC、TiC、WC、ZrC、NbC、B_4C、BN（α、β）、Cr_3B_2、PTFE、$(CF)_n$、石墨、MoS_2、WS_2、$BaSO_4$、$SrSO_4$
Co	Al_2O_3、Cr_2O_3、Cr_3C_2、WC、TaC、BN、ZrB_2、Cr_3B_2、金刚石
Fe	Al_2O_3、Fe_2O_3、SiC、WC、B、PTFE、MoS_2
Cr	Al_2O_3、CeO_2、ZrO_2、TiO_2、SiO_2、UO_2、SiC、WC、ZaB_2、TiB_2
Au	Al_2O_3、Y_2O_3、SiO_2、TiO_2、ThO_2、CeO_2、TiC、WC、Cr_3B_2、BN
Ag	Al_2O_3、TiO_2、BeO、SiC、BN、MoS_2、刚玉、石墨、La_2O_3
Zn	ZrO_2、SiO_2、TiO_2、Cr_2O_3、SiC、TiC、Cr_3C_2、Al
Ni-Co	Al_2O_3、SiC、Cr_3C_2、BN
Ni-Mn	Al_2O_3、SiC、Cr_3C_2、BN
Ni-P	Al_2O_3、SiC、Cr_3C_2、BN、金刚石、Cr_3C_2、PTFE
Co-B	Al_2O_3、Cr_3O_2、BN
Fe-P	Al_2O_3、SiC、B_4C

如果人们需要复合镀层中的基质金属与固体微粒之间发生相互扩散，则可在复合电镀之后，再进行热处理，从而使他们获得新的特性。所以，复合电镀在一定程度上增强了人们控制材料各种性能的能力。

由于复合镀层中含有基质金属和分散相，所以复合镀层不再具有基质金属和分散相单独存在时的特性，而且综合了各自的特点，形成了具有某些新型特性的新材料。根据复合镀使用的微粒和镀层的关系，可使复合镀分为4种类型：（1）微粒在单金属中沉积所形成的镀层，如用水合肼作还原剂所获得的镍基复合镀层。（2）微粒在金属基合金中形成的合金复合镀层，如碳化硅微粒在镍磷合金中形成的复合镀层。（3）在单金属镀层中存在着两种或两种以上复合微粒的复合镀层。（4）复合在镀层中的微粒经过热处理后形成均相的合金镀层，如铝粉在镍磷合金共沉积所得到的镀层，进行热处理后独立的金属铝消失，形成镍铝磷合金。

复合电镀使用的电解溶液一般和电镀单金属和合金电镀的溶液相似。但是，复合电镀使用的溶液对分散相的共沉积影响较大，不同的镀液类型对共沉积有明显的差别。如氧化铝微粒在氰化铜溶液中容易和铜共沉积。另外，在电镀铬溶液中沉积铬基复合镀层是比较困难的，由于大量的气体析出和冲刷使固体微粒难以和铬共沉积，即使能共沉积，微粒的含量也很低，故通常采用三价铬镀铬溶液制备复合镀层。

4.5.1 复合电镀的工艺特点

4.5.1.1 复合电镀溶液

复合电镀溶液具有明显的两相，即基质溶液的液相和固体微粒的固相。固体微粒必须预先均匀的悬浮在镀液中，在直流电的作用下，阴极上发生金属与固体微粒共沉积而形成复合镀层。复合镀层的性质主要取决于基质金属和固体微粒的特性。

复合电镀液的类型对复合电镀层的获得及特性有重要的影响。如果采用相同基质金属和固体微粒，但选用不同的镀液类型，其沉积的结果会有明显差别。如铜和氧化铝在酸性硫酸铜溶液中很容易得到共沉积层，但在碱性镀铜溶液中就很难得到共沉积层。

4.5.1.2 固体微粒的活化处理

通常将固体微粒分为粗微粒（平均粒径为10μm以上）、细微粒（平均粒径为3~10μm）、超细微粒（平均粒径为0.3~3μm）及纳米微粒（平均粒径为0.3μm以下）等4类。一般使用的固体微粒在3μm以下，大量微粒在溶液中不易均匀悬浮。另外，固体微粒还必须进行活化处理，才能保证微粒在镀液中润湿并均匀的悬浮，以形成表面带有电荷的胶体微粒。因此，固体微粒在加入镀液之前，应先进行活化处理。微粒活化处理的方法有3种：

（1）酸处理。将微粒加入适量的质量分数为20%~25%的盐酸溶液中，加热至60~80℃处理10~30min，清洗若干次，可去除微粒中的铁等重金属杂质。

（2）碱处理。将微粒加入适量的质量分数为10%~15%的氢氧化钠溶液中，煮沸5~10min，用水清洗数次，再用盐酸中和。

（3）表面活性剂处理。憎水性强的固体微粒在加入镀液之前，应选择适宜的表面活性剂处理后待用。

4.5.1.3 固体微粒的悬浮方法

在电镀溶液中，使固体微粒均匀地悬浮在电解液中是获得复合镀层的必要条件。通常采用搅拌方式，搅拌的方法和搅拌速度对复合镀层的共沉积有很大影响。搅拌方式有连续搅拌和间歇搅拌。通常采用连续搅拌方式，该方法得到的复合镀层中微粒分布比较均匀。间歇搅拌虽然可以使微粒在镀层中的含量得到提高，但搅拌时间与间歇时间之比，对于不同微粒和不同粒径均有一个适宜的最佳值。另外，停止搅拌时，固体微粒停留在阴极表面，随着金属的沉积被掩埋，这就是高微粒在复合镀层中的掺入量。

4.5.1.4 基质金属与固体微粒的选择

基质金属与固体微粒分散相的选择应根据镀层的不同用途和性能要求来选择。目前国内外曾用于复合电镀的基质金属与分散粒子见表 4-11 和表 4-12。

表 4-11 复合电镀中某些基质金属的性质

性质	Cr	Fe	Co	Ni	Cu	Zn	Ag	Au	Pb
密度/$g \cdot cm^{-3}$	7.19	7.86	8.90	8.90	8.94	7.13	10.49	19.23	11.34
熔点/℃	1900	1539	1492	1453	1083	419	961	1063	327
沸点/℃	2600	2900	2900	2820	2580	907	2180	2660	1750
热导率/$W \cdot (m \cdot K)^{-1}$	67	73	68	90	391	111	390	296	35
电导率 $\gamma/\Omega^{-1} \cdot cm^{-1}$	7.8×10^4	9.3×10^4	18.3×10^4	12.8×10^4	59.1×10^4	17.4×10^4	62.8×10^4	42.0×10^4	45.4×10^4
显微硬度/kgf❶ · mm^{-2}	300~1260	140~520	150~400	170~700	50~310	40~80	45~160	45~180	4~25

表 4-12 复合电镀中某些固体微粒的性质

名称	密度 /$g \cdot cm^{-3}$	熔点 /℃	线膨胀系数 /C^{-1}	电阻率 /$\Omega \cdot cm^{-1}$	显微硬度 (HV)	抗压强度 /MPa
石墨	2.2	3500	$(1\sim24)\times10^{-6}$	1~280	50~70	80~350
SiO_2	2.2~2.6	1470	$(7.5\sim13.3)\times10^{-6}$	$10^2\sim10^{14}$	1200	1600
ZrO_2	5.6~6.1	2700	$(7\sim10)\times10^{-6}$	—	1600	21
TiC	4.9	3140	$(7.4\sim9.3)\times10^{-6}$	1.4×10^8	1800	1300
Cr_2O_3	5.1	2000	—	0.1	2940	—

4.5.2 复合电镀的优缺点

若与目前较多的热加工方法如熔渗法、热挤压法、粉末冶金法相比，用复合电镀工艺制备的复合材料，具有明显的优越性，主要优点如下：

(1) 不需要高温即可获得复合镀层。用热加工法一般需要 500~1000℃或更高温度处理或烧结，故很难制取含有有机物的材料，而复合电镀法大多是在水溶液中进行，很少超过 90℃。因此，除了目前使用的耐高温陶瓷外，各种遇热容易分解的物质和各种有机物完全可以作为不溶性固体微粒分散到镀层中，以制取各种不同类型的复合材料。

在通常情况下，基质金属和固体微粒之间基本上不发生相互反应，而保持它们各自的特性。如果需要复合镀层中的基质金属和固体微粒之间相互发生扩散，还可以将复合镀层通过热处理手段，就可获得所需要的新特性。

❶ 1kgf=9.80665N。

（2）工艺和设备简单，成本低。大多数情况可在一般电镀设备、镀液、阳极、操作条件等基础上略加改造，主要是增加使固体颗粒在镀液中充分悬浮的措施等，就能用来制备复合镀层。与其他制备复合材料的方法相比，具有设备投资少，工艺比较简单，易于控制，生产费用低，能源消耗少，原材料利用率较高等优点。

（3）复合电镀的适用范围广。由于基质金属和合金种类繁多以及固体微粒的多样性，提供了无数多样性的选择性。即使同一基质金属可以镶嵌一种或数种性质各异的固体颗粒，同一种固体颗粒也可以镶嵌到不同的基质金属中。而且，改变固体颗粒与金属共沉积的条件，可使颗粒在复合镀层中的含量从0~50%或更高些的范围内变动，从而使镀层性质也发生相应的变化。因此，复合电镀工艺为改变和调节材料的力学、物理和化学等性能创造了有利途径，使复合电镀工艺的通用性和适应性更加宽广。

（4）可获得任意厚度的复合镀层。复合电镀可根据需要得到任意厚度的镀层，以满足各种不同材料的特性要求。

很多材料部件的功能在很多方面是通过表面层体现出来的，如耐磨、减摩、导电和抗高温氧化等。因此，在很多情况下可采用某些特殊功能的复合镀层来取代整体实心材料，即可用廉价的基体材料镀上复合镀层，代替由贵重原材料制造的零部件。如在钢钉上镀银及复合镀层，就可取代纯银电接触头。

复合电镀虽然是一种比较方便和经济的方法，但也存在一些问题。复合镀层的厚度太厚，镀层的均匀性受到影响，甚至出现不同程度的变形，会影响镀件的整体质量。另外，固体微粒在基质金属中的含量不能过高，一般不宜超过质量分数的50%，因而其整体特性的发挥在一定程度上受到限制。在有些情况下，仅在部件表面镀覆一层复合材料还不能完全满足使用特性要求，必须采用整体材料进行制造。因此，复合电镀不可能完全取代各种热加工等方法来制备复合材料，不同的方法都有自己的特点和适用范围。

4.5.3 复合电镀机理

关于复合电镀的机理研究，就目前来说还远落后于工艺，由于复合电镀影响因素繁杂，难于用简单的数学模型来描述复合电镀中各因素及其相互作用关系。如果说金属电沉积是涉及液固两相交界面上物质基本粒子的运动和交换的话，那么可以说复合电镀层是多相（固液相均为多相）交界面的物质基本粒子与物质颗粒的复合运动与交换。可想而知，复合电镀影响因素之多，再加上受实验手段的限制及方法的不完善，给复合电镀机理研究带来许多困难。Foster曾注意到添加剂对复合镀层形成的重要作用；Snaith提到了固体微粒表面电荷对金属陶瓷共沉积有影响，讨论了固体微粒黏着于电极表面上的各种作用力；国内郭鹤桐等人也对共沉积机理做过研究；意大利N. Guglielmi提出了无机颗粒共沉积的两步吸附理论来反映电极与溶液界面间电场的作用，并较成功地提出了数学模型，将固相复合粒子浓度和液相悬浮粒子浓度及电极过电位有机的联系起来，这一理论的正确性已被某些复合镀体系所验证，但也有许多体系不符合两步吸附理论或有较大的偏差，可见，两步吸附理论所提出的假说，具有它的合理性，抓住了影响复合电沉积的重要因素界面电场的影响，但也有其缺陷，它忽略了许多影响因素，诸如搅拌的力学因素、颗粒尺寸、颗粒荷电情况、金属沉积电流大小等。

从上述几种观点出发，并随着对复合电镀实际经验的逐步积累，提出了几种机理来试图揭示这一过程的作用机制，并加以解释上述及后来观察到的实验现象。总结起来有3种机理假说。

（1）吸附理论。固体微粒在阴极上的吸附主要受范德华力的影响，即微粒在范德华力的作用下被吸附到阴极表面上，然后才能和金属共沉积得到复合镀层。该假说认为微粒颗粒与金属发生共沉积的先决条件是微粒在相互吸附，主要影响是范德华力。但同时也必须要求镀液具备良好的分散能力，以便能够将微粒充分包裹在电极上。颗粒吸附在阴极表面上，颗粒便被生长的金属埋入。

（2）力学机理。该机理认为颗粒携带的电荷在共沉积过程中意义不大，颗粒只是通过简单的力学过程被裹覆。复合电镀过程通常都需要进行搅拌，由于搅拌才能使固体微粒有机会被运动的流体传递到阴极表面，一旦接触阴极，便靠外力停留其上，在停留时间内，被生长金属俘获。根据搅拌之强弱，颗粒撞击电极表面的频率或高或低，搅拌强度不同，停留时间亦不同。因此，搅拌强度和微粒碰撞阴极表面的频率对沉积过程起主要作用。这种假说认为共沉积过程依赖于流体动力因素和金属沉积速率。

（3）电化学理论。该机理认为电极与溶液界面间场强和微粒表面所带电荷是复合电镀的关键因素，归纳起来有：1）颗粒在镀液中的电泳迁移速率是控制复合电沉积过程的关键；2）颗粒穿越电极表面的分散层的速率及与电极表面形成的静电吸附强度是控制该过程的关键；3）颗粒部分穿越电极表面的紧密层，吸附在颗粒表面的水化金属离子阴极还原，使得颗粒表面直接与沉积金属接触，从而形成颗粒——金属键，这一过程的速率被认为是颗粒共沉积的控制步骤。

以上3种假说，由于研究共沉积的角度不同，而各有侧重，虽然也解释了一些实验现象，但都具有一定的片面性，还不能完全阐明固体微粒和金属共沉积的全过程。

后来，人们又建立了Guglielmi模型、MTM模型、Valdes模型及运动轨迹模型等4种模型来解释和描述复合电沉积的过程，其中有代表性的是Guglielmi模型两步连续吸附理论，这种模型是将微粒在阴极表面上的吸附分为两步，首先是物理吸附，微粒被吸附离子和溶剂分子所覆盖，在范德华力的作用下，阴极表面上形成一层密度和覆盖率较高的，但吸附较为松散的弱吸附层。其次是与之相连的吸附各种离子的微粒，在电场的作用下向阴极移动，当带电荷的微粒电泳到双电层内时，由于静电引力增强，微粒和阴极建立了较强的吸附层，即第二步强吸附，这种吸附具有电化学特性。由于两步吸附同时存在，并互相联系，于是当微粒被强吸附在阴极表面后，便被连续沉积的金属包覆，而得到共沉积的复合镀层（图4-14）。

尽管人们对复合电沉积机理的研究做了许多工作，但颗粒到达阴极后，以何种力黏附于其上，然后又是以怎样的模式被俘获，对于这样关键性问题的认识尚不完全清楚。因此，未来的研究重点应该放在颗粒/阴极接触区域的局部界面电场和电流密度的变化和分布状况的精细描述上。

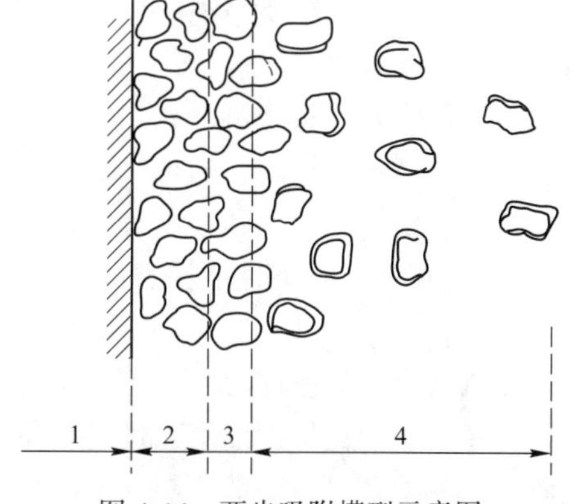

图4-14 两步吸附模型示意图

1—基体金属；2—复合镀层；
3—形成的强吸附层；4—松散吸附层

综上所述，在电镀法实施的复合镀过程中，可以把微粒和金属共沉积的过程大致分为如下的步骤：(1) 在电场作用下，带正电荷的微粒子有向阴极靠近的倾向，但固体微粒的电泳速度与搅拌形成的运动相比是微弱的。(2) 在搅拌的作用下，微粒子被带到阴极表面，与阴极表面碰撞并被阴极表面俘获。(3) 在电场作用下，微粒吸附在阴极表面上。这是一种弱吸附。在静电场力作用下，粒子脱去水化膜，与阴极表面直接紧密接触，形成化学吸附的强吸附。未形成强吸附的粒子在液流冲击下又会脱附离开阴极。吸附与脱附处于动态平衡。(4) 微粒吸附的金属离子及未被吸附的金属离子在阴极上放电沉积进入晶格，固体微粒子被沉积金属埋没而镶嵌在镀层中，形成金属/固体微粒复合镀层。微粒被沉积金属掩埋固定所需时间愈短，微粒的共沉积量愈大。

因此，若要制备复合镀层，需满足下述基本条件：(1) 粒子在镀液中是充分稳定的，既不会发生任何化学反应，也不会促使镀液分解。(2) 粒子需经过亲水处理，特别是疏水粒子，更应作充分的亲水处理，并降低镀液的表面张力，使粒子在镀液中要完全润湿，形成分散均匀的悬浮液。(3) 镀液的性质要有利于固体粒子带正电荷，即利于粒子吸附阳离子表面活性剂及金属离子。(4) 粒子的粒度要适当。粒子过粗，易于沉淀，而且不易被沉积金属包覆，镀层粗糙；粒子过细，易于结团成块，不能均匀悬浮。通常使用 0.1~10μm 的粒子，但以 0.5~3μm 最好。(5) 要有适当的搅拌，这既是保持微粒均匀悬浮的必要措施，也是使粒子高效率输送到阴极表面并与阴极碰撞的必要条件。

在满足上述条件前提下，用电镀法和化学镀法都可以得到复合镀层。但化学镀法中，沉积金属对还原剂必须要有自催化能力，以满足自催化化学沉积的要求。所以在化学镀中，以镍合金为基体材料最多。电镀法中，使用的基体材料要比化学镀广泛得多。除搅拌、微粒处理和定期补充外，镀液配制、工艺控制与常规电镀、化学镀基本相同。

4.5.4 复合镀层的类型和用途

目前，复合电镀技术仍然是世界各国研究的热点，尤其日本、俄罗斯、德国在该领域的研究较深入。研究开发的镀层已形成多种系列，按用途分可分为耐磨复合镀层、润滑复合镀层、耐高温复合镀层、电接触复合镀层和耐腐蚀性复合镀层等。

4.5.4.1 耐磨复合镀层

耐磨复合镀层主要是利用微粒自身硬度及其共沉积所引起的基质金属的结晶细化来提高其耐磨性的。通常以镍、镍基合金、铬等为基质金属，而以硬质固体微粒（如氧化铝、氧化锆、碳化硅、碳化铬、氮化钛等）为分散相得到的复合镀层，具有高的硬度和耐磨性能，以提高零部件表面的抗摩擦磨损等特性，已广泛的用来取代电镀硬铬层。主要应用在气缸壁、模具、压辊和轴承等。例如，在瓦特镀镍溶液中加入碳化硅微粒，以获得 Ni-SiC 复合镀层，其耐磨性能比普通镀镍层提高 70%，可用在汽车和摩托车等发动机的铝零件上。

在氨基磺酸盐镀镍溶液中加入 1~3μm 的碳化硅微粒，获得的 Ni-SiC 复合镀层，其硬度和耐磨性高于瓦特镀镍层，使磨耗量大大降低。该复合镀层已用在汽车发动机气缸内腔表面，作为耐高温耐磨镀覆层。Ni-SiC 复合镀层作为气缸内壁的磨损量是通常铁套气缸的 60%，可比电镀铬层降低成本 20%~30%，Ni-Al_2O_3 和 Ni-TiO_2 等复合镀层也在汽车及航空工业中得到应用。

以钴为基质金属的复合镀层具有很好的高温耐磨性能，在600～1000℃高温条件下，仍保持较好的特性。可应用在飞机发动机的活塞环、制动器和起动装置的弹簧等。$CoCr_3C_2$ 复合镀层在300℃以上时，在接触摩擦面上生成玻璃状氧化钴层，因此能保持高温耐磨性。在干燥的空气中，$CoCr_3C_2$ 复合镀层在800℃下仍能保持耐磨性。

用于耐磨用途的复合镀层，还有铬基复合镀层等。但由于金属铬具有较大的毒性，特别是六价铬，其应用会逐渐受到限制。而三价铬镀硬铬工艺，目前还没有得到应用，因而铬基复合镀现在研究得较少。

4.5.4.2 润滑复合镀层

润滑有两种类型，即干膜润滑和液体润滑（又称湿润滑）。干膜润滑比液体润滑方便，对于较轻负荷或间隙动作的部件，用干膜润滑更是简单而有效。通常干膜润滑是用黏结剂或涂料等将润滑材料黏结在一起，但其强度、附着力、耐磨损和持久性均不如复合镀层。

润滑用的复合镀层采用的润滑剂通常是固体微粒。最常用的有石墨、聚四氟乙烯（PTFP）、MoS_2 和 CaF_2 等，但也能直接复合液体的润滑剂，如普通的润滑油。利用微胶囊化的方法很容易将液态物质包裹成珠粒，也能在复合镀液中悬浮，而夹带入复合镀层内。润滑镀层主要应用在气缸壁、活塞环、活塞头、轴承等一些方面。

一般说来，用复合电镀的方法来制备润滑镀层，在操作上相对比耐磨镀层稍微难一些。因为像石墨和二硫化钼等分散相在镀液中不容易均匀悬浮，形成共沉积比较困难。需要选择适宜的表面活性剂和分散剂才能得到均匀稳定的悬浮。

4.5.4.3 电接触复合镀层

金、银等金属镀层具有高的导电性和较低的接触电阻，已广泛应用于电子工业的电接触和电连接件上。其不足之处是耐磨性差、摩擦因素较大、抗电弧烧蚀性也不好，且镀层容易变色，而采用金镀层则成本也高。如果采用Au-WC（质量分数17%）或Au-BN等复合镀层，其硬度、耐磨性均高于纯金镀层，可使电接触点使用寿命显著提高。采用Ag-石墨、Ag-La_2O_3 等复合镀层可使电接点的使用寿命明显增加，抗电烧蚀性能提高。Ag-Ce_2O_3 复合镀层可提高电插拔件的使用寿命，还能节约贵金属。

4.5.4.4 分散强化合金镀层

复合镀层应用的另一重要领域是分散强化合金镀层。以金属粉作为分散微粒，悬浮在电镀液中并与基质金属共沉积，即可获得金属微粒弥散于另一金属之中的复合镀层。然后将复合镀层进行热处理，可得到一定组成的新合金镀层。通过这种方法可以得到从水溶液中难以共沉积的合金镀层。

例如，在瓦特镍镀液中加入铬粉（微粒约为5μm），即可得到Ni-Cr复合镀层，再经过1000℃以上的热处理，就得到了Ni-Cr合金镀层。又如，将钼、钨等耐热金属粉加入到镀铬溶液中，获得的复合镀层在1100℃下进行热处理，就可获得Cr-Mo和Cr-W等分散强化合金镀层。

4.5.4.5 防护性复合镀层

早在20世纪60年代为了改善和提高铜/镍/铬体系的耐蚀性，就研究采用了镍封和缎面镍做中间层以代替金属镍层。它是将非导电微粒如 SiO_2、SiC、TaO_2 等加入到镀镍溶液中，获得了 Ni-SiO_2、Ni-SiC、Ni-$BaSO_4$ 等复合镀层。当继续镀铬时就得到了微孔铬或微裂纹铬，它使真实腐蚀电流密度大大下降，于是能将该体系的耐蚀性提高 3~5 倍。

4.5.4.6 装饰性复合镀层

若在瓦特镀镍溶液中加入粒径为 3μm 的 α-Al_2O_3 分散相，再加入光性强的表面活性剂，它既能促进微粒进行共沉积，同时由于 α-Al_2O_3 微粒上吸附了荧光表面活性剂，使复合镀层具有荧光彩色。

另一种方法是以三聚氰胺树脂为颜料，而以柠檬黄、橙、粉红等有机荧光颜料作为分散相，用复合电镀的方法可以获得相应颜色，并在夜间发出荧光彩色的镍镀层。荧光粒子在复合镀层表面的比例约占 80%。为了防止荧光粒子从镀层表面脱落，可在复合镀层的表面再镀一层薄金（0.2~0.5μm）。荧光彩色复合镀层可以作为金属荧光板、汽车和摩托车的尾灯等，以节约能源。

4.5.4.7 其他类型的复合镀层

目前复合镀层逐渐向功能应用方面发展。由于利用复合电镀的方法制备某些特殊功能材料比较方便。如用镍作为基质金属，以 Cd-S、Cd-Te 等为分散相进行的共沉积，得到的复合镀层可作为光敏元件。用镍或镍钴合金为基质金属，复合以陶瓷粉、CeO_2 等微粒得到的复合镀层有很好的耐高温特性，可用于航空航天。用镍复合 ZrO_2、WC 等得到的复合镀层，可用来做电解电极，以提高催化活性等。这说明通过复合电镀的方法进行材料组合，就能提供改善性能和开发新的应用领域，并提供了无限可能。

总之，随着航空、航天、电子、机械、化工、冶金、核能等工业的发展，迫切需要各种新型功能材料和结构材料，单一材料难以满足某些要求，如汽车的汽缸套、活塞环、化工和冶金工业用的注塞泵、搅拌轴、叶片、螺旋桨等，它们既要求有一定的耐磨性又要求有一定的自润滑或耐蚀性，具体如图 4-15 所示。

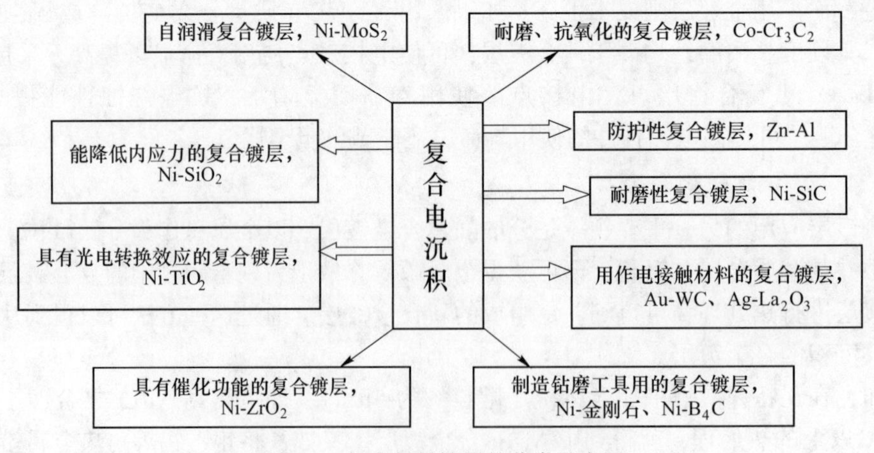

图 4-15 复合材料镀层的分类及应用

4.5.5 复合电镀工艺

复合电镀虽然和电镀有很多相似之处，但还存在着较多的差别。总的来说，影响复合电镀的因素更多，更复杂，工艺上也更困难一些。

4.5.5.1 复合镀液与基质金属

复合电镀工艺研究和应用的起点，往往是利用原有的，已经比较成熟的各种镀液，加入适宜和适量的固体微粒，并使之均匀悬浮，然后在通常使用的条件下进行电镀试验。这种探索是否成功，在很大程度上取决于固体微粒在溶液中能否较长时间均匀悬浮，当获得初步成功后，还要观察这种混合镀液随时间的稳定性。

复合镀液中可使用的基质金属或合金很多，但应用最早和最多的是金属镍及其合金，这是由于镀镍应用得比较广，且镍镀层具有很多优点，至今还是应用最广泛的基质金属。其次还有钴、铁、锌、金、银等及其合金。

复合镀液中的基本成分和电镀该金属（或合金）使用的成分基本相同，但其中需要加入适宜的固体微粒，并在工艺条件方面需要进一步探索。在镀液的基本成分中通常还需要选择适宜的添加剂和分散剂。

（1）添加剂。在复合镀液中加入添加剂的目的是容易获得分散均匀的微粒，并可得到具有一定含量的复合镀层。因而要对微粒表面进行改性，以促进和改善微粒在镀液中的分散性能，并且能够形成共沉积。在含有较大微粒（微米级）的镀液中，多用搅拌或超声波分散的方法。此时，添加剂的主要任务是促进微粒共沉积。

通常使用的添加剂有3种类型，即表面活性剂型、有机化合物型和无机离子型。一般表面活性剂用得较多，它能降低镀液和微粒之间的表面张力，有利于微粒的润湿，从而为共沉积提供有利条件。但如果使用纳米级粉、石墨或氟化石墨粉等时，则由于大多数情况下会发生团聚，于是促使微粒的分散性成为关键。

（2）分散剂。利用表面活性剂对微粒进行改性，以实现均匀分散和稳定悬浮，为在复合镀层中均匀分散创造条件。常用的表面活性剂均含有亲水基团和亲油基团，其亲水性的亲水基与亲油性的亲油基的强弱，通常用亲水亲油平衡值（HLB）来表述。通过实验认为HLB值在11~15之间的表面活性剂比较适合，该范围内的表面活性剂均有较好的润湿性、渗透性、分散性、水溶性和悬浮性。

4.5.5.2 复合镀液与固体微粒

要制备复合镀层，就必须在一般的电镀溶液中加入所需的固体微粒，并要求固体微粒能够均匀悬浮在镀液中。要满足以上条件，就需要通过各种不同的措施，使固体微粒满足以下条件。

（1）使固体微粒呈悬浮状态。通常是加入能使微粒悬浮的添加剂，并通过搅拌等措施使微粒能够均匀分散于镀液中。

（2）微粒的粒度。当微粒的粒度过粗，即微粒尺寸太大，将不易包裹在镀层中，并会造成镀层粗糙；粒度过细，则微粒在溶液中容易结块，从而使微粒在镀层中分布不均匀。一般常使用的粒度为0.1~10μm。

（3）微粒应亲水。这一点对于疏水微粒如氟化石墨、聚四氟乙烯等微粒特别重要。通常微粒在加入镀液前，需用表面活性剂对其进行润湿处理，已被润湿的微粒还要进行活化处理。活化后，用水清洗数次，清洗后的微粒其表面应呈中性。此时再用少量镀液混合并充分搅拌，使其被镀液润湿，最后将处理好的微粒倒入镀液中。

（4）微粒应带电荷。为了使微粒带电荷，最好使其带正电荷，方法之一是在镀液中添加阳离子表面活性剂。例如，在瓦特镍镀液中进行镍-碳化硅共沉积时，加入一定量的氟碳型表面活性剂，对碳化硅的共沉积有极好的促进作用。固体微粒在镀液中，往往吸附一定量的离子，而使其表面带有一定量的电荷。通常微粒表面会吸附金属离子和氢离子，使微粒表面带正电荷。若微粒表面带正电荷，就容易吸向阴极，越容易共沉积，这样复合镀层中的微粒就含量高；相反，微粒在镀层中就含量低，甚至不可能共沉积。研究发现在瓦特镍镀液中加入微粒氧化铝后，氧化铝表面强烈地吸附了镍粒子，由于微粒表面带正电荷，容易被吸附在阴极表面，所以容易得到镍-氧化铝复合镀层。但在硫酸铜溶液中，氧化铝微粒吸附铜离子的能力很弱，所以发现氧化铝和铜共沉积很少。当在镀液中加入Tl^+、Rb^+等离子后，由于这些粒子容易被氧化铝表面吸附，使氧化铝带正电荷，明显地促进了氧化铝的共沉积。许多能被微粒吸附的阳离子，特别是一价的阳离子如 Tl、Rb、Ti 等以及 Cs，均会对复合过程有促进作用，有利于形成复合镀层。

（5）微粒应具有一定的含量。镀液中固体微粒的含量对共沉积也有一定的影响，通常是随镀液中微粒悬浮含量的增加，微粒的共沉积量也增加，但并不是正比关系。以镍基碳化硅复合镀层为例，见表 4-13。

表 4-13　镀液中碳化硅含量与镀层中碳化硅含量的关系

项　目	配方号			
	1	2	3	4
镀液中含 $SiC/g \cdot L^{-1}$	10	20	50	100
电流密度$/A \cdot dm^{-2}$	3	3	3	3
镀层中 SiC 含量（质量分数）/%	11.5	15.7	19.2	25.0

此外，微粒本身是否导电，也能影响微粒的共沉积。若微粒导电，一旦被镀层捕获，它和基质金属一样成为阴极的一部分，在它的表面也能引起金属共沉积。因此，这种共沉积的镀层表面往往是包覆的。在 Ni-BC 符合电沉积过程中，可清楚地看到这种情况。若微粒表面电流密度容易集中，于是在复合镀层表面呈瘤状，而使镀层变粗糙。当非导电微粒共沉积时，镀层表面的微粒总是裸露的，随着电沉积过程的进行，微粒逐渐被掩埋，而新吸附的微粒又被裸露。

目前，已在复合镀层中能达到规模生产的固体微粒主要有：Al_2O_3、BN、SiC、MoS_2、PTFE、石墨、金刚石等比较少数的几种，这些微粒材料通过批量生产，已达到比较熟练和成熟阶段。

复合电镀工艺条件对复合镀层的影响如下：

（1）电流密度的影响。通常是随电流密度的提高，微粒共沉积量也增加，但达到一定数值后，继续升高电流密度，共沉积量反而下降。随电流密度提高，微粒共沉积量增加的原因，可能是由于金属和微粒不断共沉积，于是金属和微粒间接触面增大，微粒附着强度增加，因而搅拌产生的冲击力使微粒离开表面的概率减小，容易被金属捕获。若电流密度过高，由于金属的析出速度随电流密度增加而增加，而微粒的吸附速度在其他条件不变的情况下是一定的，所以镀层中微粒的相对含量有所降低，如图 4-16 所示。

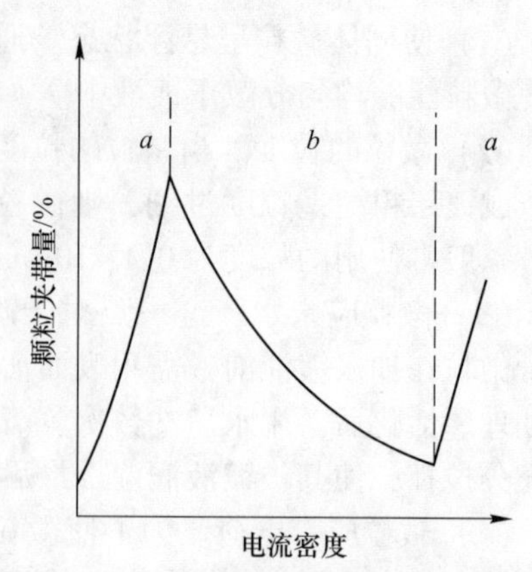

图 4-16　电流密度对复合镀夹带量的影响
a—电化学极化区域；*b*—浓度极化区域

（2）pH 值的影响。pH 值对微粒共沉积的影响，电镀液体系的不同有明显的差别。如电沉积 Co-Cr_2O_3 复合镀层时，镀液的 pH 值对镀层中的氧化铬几乎没有影响。对于电沉积 Ni-MoS_2 复合镀层时，MoS_2的共沉积量随 pH 值降低而呈直线上升的趋势。但对于电沉积 Ni-Al_2O_3 时，Al_2O_3 的共沉积量却随 pH 值降低呈现降低的趋势。

（3）搅拌强度的影响。在复合电镀过程中，为了使固体微粒均匀的悬浮在镀液中，经常采用搅拌或悬浮循环等方法。对镀液搅拌强度的大小，也会影响微粒的共沉积量。若提高镀液的搅拌速度，会使微粒向镀层表面碰撞概率增大，所以微粒的共沉积量随搅拌强度增加在某种程度上也会增加。但若搅拌强度很高时，使被吸附在电极表面上的微粒被冲刷下来的概率也增加了，因此微粒的共沉积量反而会降低。所以复合电镀过程中，镀液的搅拌速度应该适当，如图 4-17 所示。

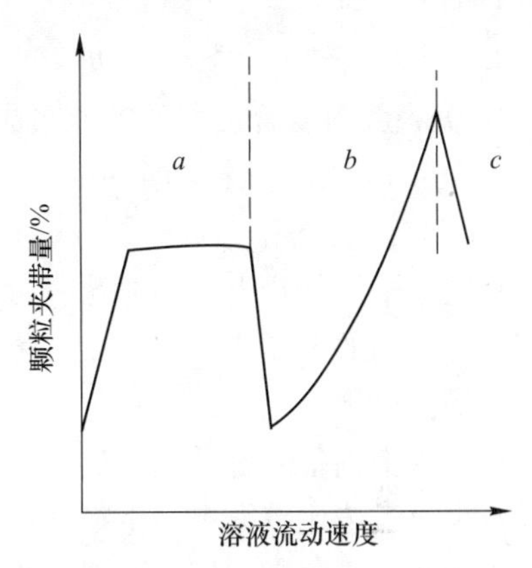

图 4-17 搅拌速度对复合镀夹带量的影响

a—层流区；*b*—过渡区；*c*—湍流区

（4）温度的影响。镀液的温度对微粒共沉积也有影响，一般说来，温度升高，溶液黏度下降，微粒容易沉积；另一方面由于微粒对电极表面的黏附性减弱，又使微粒共沉积量降低。所以镀液温度的变化对有些复合电镀体系的影响比较复杂，规律性不明显。此外，超声波、脉冲电流、换向电流和磁场对电沉积复合镀层也均有不同程度的影响。

4.5.6 常用的复合镀层

4.5.6.1 耐磨、耐高温氧化的复合镀层

这种复合镀层已在汽车工业如汽缸套、石油地质勘探业如钻头、机械加工业如复合刀具、造船工业如发动机缸体、航空工业如飞机的起落架以及电子、宇航工业中得到应用。如 Ni-SiC、Co-Cr_3C_2、Cr-SiC、Co-Cr_2O_3、Ni-B_4C、RE-Ni-W-P-SiC、RE-Ni-W-B-B_4C-MoS_2 等。

制备 Co-Cr_3C_2 复合镀层的镀液组成及工艺条件：$CoSO_4 \cdot 7H_2O$ 430～470g/L，NaCl 15～20g/L，H_3BO_3 25～35g/L，Cr_3C_2（2～4μm）350～550g/L，pH 值 4.5～5.2，温度 50～60℃，电流密度 4～6A/dm^2。

制备 Co-Cr_2O_3 复合镀层的镀液组成及工艺条件：$CoSO_4 \cdot 7H_2O$ 500g/L，NaCl 15g/L，H_3BO_3 35g/L，Cr_2O_3（1～10μm）200～250g/L，pH 值 4.7，温度 50℃，电流密度 3～7A/dm^2。

4.5.6.2 自润滑性镀层

主要用于橡胶、塑料模具以及金属电铸，提高其脱模性能，如 Cu-MoS_2、Ni-PTFE、Ni-石墨、Ni-氟化石墨等。Ni-PTFE 复合镀层的镀液组成及工艺条件：$NiCl_2 \cdot 6H_2O$ 45g/L，$NiSO_4 \cdot 7H_2O$ 280g/L，H_3BO_3 40g/L，PTFE(0.3μm) 50g/L，添加剂-1 15ml/L，添加剂-2 1ml/L，pH 值 4.2，温度 45℃，电流密度 4A/dm^2。

4.5.6.3 耐磨性复合镀层

如 Ni-W-B-SiC 复合镀层的镀液组成及工艺条件：$NiCl_2 \cdot 6H_2O$ 30g/L，KBH_4 1.5~3.5g/L，$Na_2WO_4 \cdot 2H_2O$ 40~60g/L，SiC(3.0~3.5μm) 70g/L，pH 值 13.5，温度 30~60℃，电流密度 3~9A/dm^2。

4.5.6.4 防护、装饰性复合镀层

Ni-荧光颜料复合镀层的镀液组成及工艺条件：硫酸镍 320~350g/L，硼酸 35~40g/L，氯化镍 30~50g/L，颜料 30~50g/L，十二烷基硫酸钠 0.05~0.1g/L，pH 值 4.2~4.5，温度 45~55℃，电流密度 1.5~2.0A/dm^2。

总之，采用复合电镀的方法，可以得到各种不同性质的复合镀层。由于复合镀层可以含有各种不同的金属或合金以及各种不同类型的微粒，其适应性和实用性更加广泛，可变性和可操作性十分宽广，在一定程度上极大的增强了人们控制材料各种特性的能力。通过电沉积方法来制备复合材料是比较方便而经济的工艺技术。与热加工方法相比，其具有设备投资少、工艺比较简单、生产费用低、能源消耗少和原材料利用率较高等优点。所以，复合电镀技术为改变和调节材料的物理、化学、力学等性能方面创造了有利的途径。近几年来，复合镀技术又有了新的发展，如复合电刷镀和化学镀复合镀等新技术研究和应用，大大丰富了复合镀技术内容，为制造各种新型的复合材料增加新生力量，其应用将会更加广泛。

4.5.7 复合电镀的国内外现状和发展趋势

自从 1949 年美国 A. Simos 获得第一个复合电镀专利以来，复合电镀工艺已有很大发展，从单金属单颗粒复合电镀工艺，发展到现在为满足特殊性能要求的合金、多种颗粒的复合电镀工艺，且工艺手段与方法不断得到完善。1966 年 Metzger 等开始试验复合化学镀，以化学镀的镍-磷合金作为复合镀层的基质金属。1983 年苏联报道了制备以磷化层为基质，以 MoS_2 为镶嵌微粒的复合镀层的消息。除在水溶液中沉积复合镀层之外，还可在非水溶液中沉积复合镀层。另外，既可以用挂镀法，也可以用滚镀法沉积复合镀层。

我国于 20 世纪 70 年代开始研究复合电沉积技术，天津大学进行 Ni-金刚石复合镀层工艺的研究；哈尔滨工业大学开展了 Ni-SiC、Fe-Al_2O_3、Fe-SiC 等复合镀层的电镀工艺研究；武汉材料保护研究所于 20 世纪 70 年代末、20 世纪 80 年代初开展了 Ni-氟化石墨和 Cu-氟化石墨复合电镀工艺的研究；天津大学开展了具有电接触功能复合镀电沉积工艺的研究，如 Au-WC、Au-MoS_2、Ag-La_2O_3、Ag-MoS_2 等。昆明理工大学 20 世纪 90 年代初开展了多元复合电沉积工艺及技术的研究与开发工作，研制出几种多元复合镀层，如 Ni-W-P-SiC 等复合材料镀层。

为了节约能源，人们开发出了具有催化功能的复合镀层。如天津大学研制出 Ni-ZrO_2、Ni-Al_2O_3、Ni-WC、Ni-MoS_2 等复合镀层。也开发出以半导体材料 ZrO_2、TiO_2 为分散介质而形成的 Ni-ZrO_2、Ni-TiO_2 复合镀层。该镀层具有光电转换效应。例如有些 Ni-荧光颜料复合镀层在紫外线照射下发出强烈而明亮的各色荧光，具有广阔的应用前景。另外，还有高温下耐磨与抗氧化复合镀层，此种镀层一般以 Co 为基质金属，以 SiC、Cr_3C_2、WC、ZrB_2 等为分散微粒，获得 Co-SiC、Co-Cr_3C_2、Co-WC、Co-ZrB_2 复合镀层，此种镀层在大气干燥、温度在 300~800℃的条件下，仍能保持优良的耐磨性能和高温抗氧化性。还有利于降低内应力的复合镀层，用作有机膜底层的复合镀层等。

思 考 题

答案 4

4-1 简述金属电镀的基本过程。
4-2 从能量观点分析金属离子的放电位置。
4-3 合金共沉积的基本条件是什么，可采用什么途径来实现？
4-4 复合电镀有哪些性能特点？
4-5 电刷镀的原理及特点是什么？
4-6 阐述单金属电镀的分类，都有哪些镀层，各起何种作用？
4-7 合金电镀的基本原理是什么，与热冶金相比有何特点？
4-8 简述电结晶过程及相关理论。

5 化学镀技术

在表面工程技术发展过程中，化学镀占有重要位置，它是在不通电的情况下，利用氧化还原反应在具有催化表面的镀件上，经控制化学还原法进行的金属沉积过程并获得金属镀层的一种化学处理方法。在化学镀中，金属离子是依靠溶液中得到所需的电子而还原成金属。由于金属的沉积过程是纯化学反应（催化作用当然是重要的），所以将这种金属沉积工艺称为“化学镀”最为恰当，这样它才能充分反映该工艺的本质。它是最近发展起来的一门新技术。被广泛地应用于机械、电子、塑料、模具、冶金、石油化工、陶瓷、水力、航空航天等工业部门，是一项很有发展前途的高新技术之一。

到目前为止，只发现部分金属元素具有化学沉积过程中的自催化效应。如镍、钴、铜、钯、铂、银、金等以及包含上述一种或多种金属的合金。这些金属和合金还可以夹入一些本来不能直接依靠自身催化而沉积的金属和非金属元素，甚至还可以夹带各种分散态的金属或非金属颗粒而形成复合镀层。化学镀方法还可以制备非晶态合金镀层。

5.1 化学镀的特点

化学镀必须要有催化剂，基体可以作为催化剂，但当基体被完全覆盖之后，要想使沉积过程继续进行，其催化剂只能是沉积金属本身。若被镀金属本身是反应的催化剂，则化学镀的过程就具有自催化作用。反应生成物本身对反应的催化作用，使反应不断进行，即化学镀又称为自催化镀（autocatalytic plating）、无电解镀（electroless plating）。因此，化学镀可以说是一种沉积金属的、可控制的、自催化的化学反应过程。它与时间成正比，理论上认为可以产生较厚的沉积层。

众所周知，从金属盐溶液中沉积出金属得到电子的还原过程，反之，金属在溶液中转变为金属离子是失电子的氧化过程。它们是一对共轭反应。金属的沉积过程是还原反应，它可以从不同途径得到电子，由此产生了各种不同的金属沉积工艺。

化学镀工艺无外加电源提供金属离子还原的电子，而是靠溶液中的化学反应来提供，确切地讲是靠化学反应物——还原剂来提供。即化学镀过程的实质是氧化还原反应，仍有电子转移，只不过是无外电源的化学沉积过程。这类湿法沉积过程可分为 3 类。

（1）置换法。将还原性较强的金属（基材、待镀的工件）放入另一种氧化性较强的金属盐溶液中，还原性较强的金属是还原剂，给出电子被溶液中金属离子接收后，在基体金属表面沉积出溶液中所含的那种金属离子的金属涂层。最常见的如铁件在硫酸铜溶液中沉积出一层薄薄的铜。这种工艺又称为化学浸镀，应用不多。原因是基体金属溶解放出电子的过程是在基材表面进行，该表面被溶液中析出的金属完全覆盖后，还原反应就立刻停止，即镀层很薄，且镀层与基体结合力不佳。另外，该反应是基于基体金属的腐蚀才得以进行，适合浸镀工艺的金属基材和镀液的体系也不多。

（2）接触镀。将待镀的金属工件与另一种辅助金属接触后浸入沉积金属盐的溶液中，辅助金属的电位应低于沉积出来的金属。金属工件与辅助金属浸入溶液后构成原电池，后者活性强是阳极，被溶解放出电子，阴极工件上就会沉积出溶液中金属离子还原出的金属层。接触镀与电镀相似，只不过前者的电流是靠化学反应供给，而后者是靠外电源。接触镀虽然缺乏实际应用意义，但是在非催化活性基材上引发化学镀过程时是可以应用的。

（3）还原法。在溶液中添加还原剂，由它被氧化后提供的电子还原沉积出金属镀层。这种化学反应如不加以控制，在整个溶液中进行沉积是没有实用价值的。目前讨论的还原法是专指在具有催化能力的活性表面上沉积出金属涂层，由于施镀过程中沉积层仍具有自催化能力，使该工艺可以连续不断的沉积形成一定厚度且有实用价值的金属镀层。本方法就是“化学镀”工艺，前面讨论两种方法只不过在原理上同属于化学反应范畴，不用外电源而已。用还原剂在自催化活性表面实现金属沉积的方法，是唯一能用来代替电镀法的湿法沉积过程。

还原剂的有效程度是利用它的标准氧化电位来推断，如次磷酸盐是一种强还原剂，能产生一个正值的标准氧化-还原电位 $E^{\ominus}$。但又不应过分地依赖 $E^{\ominus}$ 值，在应用中，由于溶液中不同的离子活度、超电位和类似其他因素的影响，会使 $E^{\ominus}$ 值有很大差异，但氧化和还原电位的计算，仍有助于预先估计不同还原剂的有效程度。若标准氧化还原电位太小或为负值，则金属还原将难以进行。最常用的还原剂是次磷酸盐和甲醛，最近又逐渐采用硼氢化物、胺基硼烷类和肼类衍生物等作为还原剂。化学镀从本质上说是一个无外加电场的电化学过程。化学镀如果用电化学进行说明，即为有金属离子 M^{n+} 被还原的阴极反应和还原剂被氧化的阳极反应。

阴极反应：

$$M^{n+} + ne^- \longrightarrow M$$

阳极反应：

$$R(\text{还原剂}) \longrightarrow O(\text{氧化剂}) + ne^-$$

与电镀工艺相比，化学镀具有其自身特点，具体表现在：

（1）镀层厚度非常均匀，镀液的分散能力接近 100%，无明显的边缘效应，几乎是基体材料形状的复制。特别适合于形状复杂工件、腔体件、探孔件、管件内壁等表面施镀。电镀法因受电力线分布不均匀的限制是很难做到的。由于化学镀镀层厚度均匀又易于控制，表面光洁平整，一般不需要镀后加工，适宜做加工件差的修复及选择性施镀。

（2）通过敏化、活化等前处理，化学镀可以在非金属（如塑料、玻璃、陶瓷及半导体材料）表面上进行，而电镀法只能在导体表面施镀。化学镀工艺是非金属表面金属化的常用方法，也是非导体材料电镀前做导电底层的方法。

（3）工艺设备简单，不需要电源、输电系统及辅助电极，操作时只需要工件正确悬挂在镀液中即可。

（4）化学镀是靠基体材料的自催化活性而施镀的，其结合力一般优于电镀。镀层有光亮或半光亮的外观，晶粒细小致密、孔隙率低，某些化学镀层还具有特殊的物理化学性能。

不过，电镀工艺也有其不能为化学镀所代替的优点，首先是可以沉积的金属远多于化学镀，其次是成本比化学镀低得多，工艺成熟，镀液简单易于控制。化学镀可沉积金属种类远少于电镀、镀液寿命短、废水排量大、沉积速度慢及成本高等缺点。但由于电镀方法做不到的事情化学镀工艺可以完成，化学镀方法具有明显的优势而使其用途日益广泛，目前在工业水已经成熟而普遍应用的化学镀主要有镍和铜，尤其是化学镀镍。

5.2 化学镀镍技术

5.2.1 化学镀镍机理

5.2.1.1 化学镀镍的热力学

化学镀镍在具有催化活性的表面上，通过还原剂的作用，使镍离子还原析出，其反应如下：

$$Ni \cdot C_m^{2+} + R \longrightarrow Ni + mC + O \tag{5-1}$$

式中，C 为配合剂；m 为配合剂的量；R 为还原剂；O 为氧化体。

式（5-1）包括两个反应式，即：

阳极（氧化）反应：

$$R \longrightarrow O + 2e^- \tag{5-2}$$

阴极（还原）反应：

$$Ni \cdot C_m^{2+} + 2e^- \longrightarrow Ni + mC \tag{5-3}$$

显然，上述反应类似于腐蚀反应，只要已知式（5-2）和式（5-3）中的可逆电位，就可以预测化学镀层热力学上的可能性。如以柠檬酸为配合剂，次亚磷酸盐为还原剂组成的化学镀镍槽液，其反应式的可逆电位如下（假设还原剂和配合剂的活度均为 1）。

$$H_2PO_2^- + H_2O \longrightarrow H_2PO_3^- + 2H^+ + 2e^- \quad E=-0.504-0.06pH\ （相对于 SHE） \tag{5-4}$$

$$Ni_3(C_6H_5O_7)_2 + 6e^- \longrightarrow 3Ni + 2(C_6H_5O_7)^{3-} \quad E=-0.37\ （相对于 SHE） \tag{5-5}$$

由式（5-4）和式（5-5）的可逆电位表明，从热力学角度分析，反应是可能发生的。

由于化学镀镍与 pH 值有密切关系，因而也可用电位-pH 值图进行判断。如以次亚磷酸钠为还原剂的化学镀镍槽液，那么用 Ni-H_2O 系和 P-H_2O 系电位-pH 值图作为热力学的判断依据，如图 5-1 所示。

由图 5-1 可知，存在 3 个稳定区，即 Ni、Ni^{2+}和镍的氧化物或氢氧化物等。

由图 5-2 可知，酸碱体系各存在 2 个稳定区，即 $H_2PO_4^-$ 与 $H_2PO_3^-$ 的酸性体系稳定区和 HPO_4^{2-} 与 HPO_3^{2-} 的碱性体系的稳定区。

镍离子还原，热力学观点是在金属基体表面的还原剂释放电子与镍离子反应，即：

$$Ni^{2+} + 2e^- \longrightarrow Ni \tag{5-6}$$

图 5-2 表明在金属表面的还原剂氧化电位要低于-0.25V（相对于 SCE），镍离子才有可能还原，从图 5-2 也可以看出，在酸性体系内，电位低于-0.25V（相对于 SCE），次亚磷酸根氧化变成亚磷酸根，释放出 2 个电子，可使 Ni^{2+}还原，具体反应如下：

$$H_2PO_2^- + H_2O \longrightarrow H_2PO_3^- + 2H^+ + 2e^- \quad E=-0.504+0.06pH(V) \tag{5-7}$$

$$Ni^{2+} + 2e^- \longrightarrow Ni \quad E=-0.25(V) \tag{5-8}$$

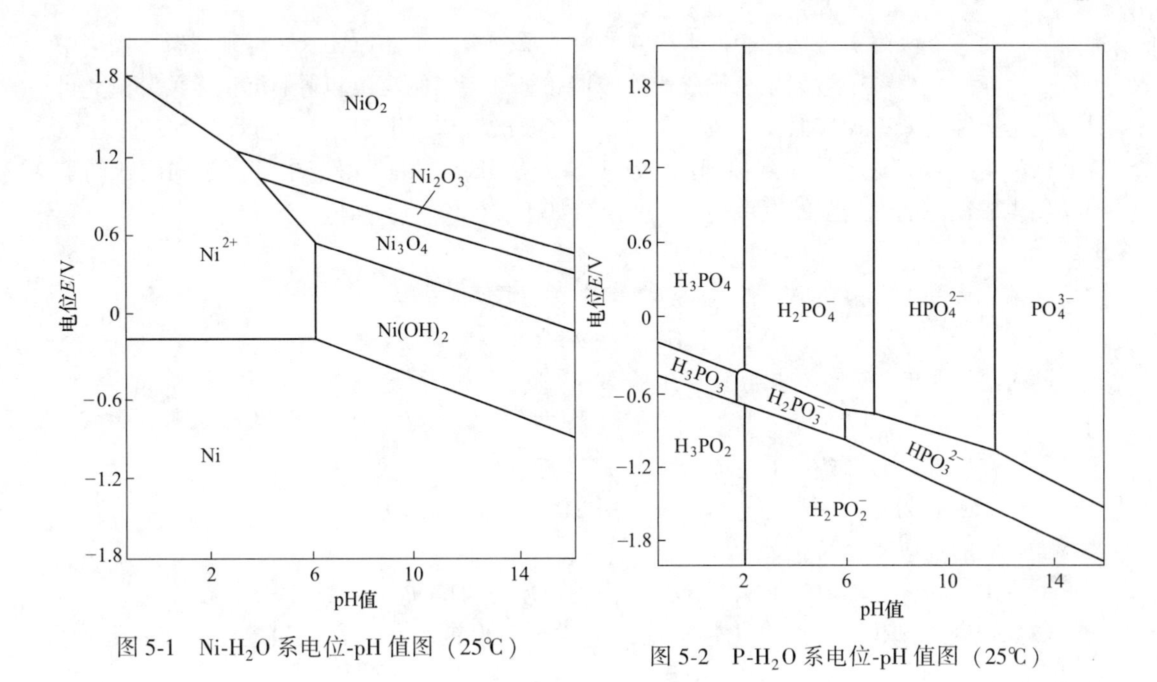

图 5-1 Ni-H_2O 系电位-pH 值图（25℃）

图 5-2 P-H_2O 系电位-pH 值图（25℃）

在碱性体系内，次亚磷酸根同样氧化变成亚磷酸氢根，放出 2 个电子，使 Ni^{2+} 还原，即：

$$H_2PO_2^- + 3OH^- \longrightarrow HPO_3^{2-} + 2H_2O + 2e^- \quad E = -0.31 - 0.09\text{pH}(V) \tag{5-9}$$

$$Ni^{2+} + 2e^- \longrightarrow Ni \quad E = -0.25(V) \tag{5-10}$$

由上述反应表明，在酸性和碱性体系中镍均有可能还原。此外，还原剂的可逆电位和被镀金属的可逆电位之间差值愈大愈好。差值愈大，意味着沉积镍的可能性越大，同时沉积也愈快。在酸性体系内可逆电位的差值比碱性体系内可逆电位的差值大，即酸性体系化学镀镍的沉积速度较快。

5.2.1.2 化学镀镍的动力学

几十年来人们不断探索化学镀镍的动力学过程，提出各种沉积机理、假说，以期解释化学镀镍过程出现的许多现象，希望推动动力学化学镀镍技术的发展和应用。以次亚磷酸盐为还原剂的化学镀镍槽液中发生的化学反应，已经提出的几种理论有“原子氢态理论”“氢化物理论”和“电化学理论”等。

（1）原子氢态理论。按照“原子氢态理论”，在化学镀镍反应过程中将产生原子态的氢。原子氢态理论认为镍的沉积是依靠镀件表面的催化作用，使 $H_2PO_2^-$ 分解析出初生态原子氢。它的化学反应方程式为：

$$H_2PO_2^- + H_2O \longrightarrow H^+ + HPO_3^{2-} + 2H_{吸}$$

$$Ni^{2+} + 2H_{吸} \longrightarrow Ni + 2H^+$$

$$H_2PO_2^- + H_{吸} \longrightarrow H_2O + OH^- + P$$

$$H_2PO_2^- + H_2O \longrightarrow H^+ + HPO_3^{2-} + H_2$$

在具有催化表面和足够能量的情况下，次亚磷酸根离子氧化成亚磷酸根离子，其中，一部分氢放出被催化表面吸附，然后通过吸附的活性氢去还原催化表面上的镍离子形成镍镀层，同时有些吸附氢被催化表面上少量的次亚磷酸根离子还原成水、羟基和磷，槽液中大部分次亚磷酸根离子被催化氧化成亚磷酸根和氢气，它们与镍和磷的沉积无关，由此可见，化学镀镍的效率比较低，一般还原1kg镍需要次亚磷酸钠5kg，平均效率为37%。

（2）氢化物理论。按照这种理论，次亚磷酸盐分解是由于溶液中氧离子同次亚磷酸根作用生成还原能力更强的氢负离子，其反应如下：

$$H_2PO_2^- + O^{2-} \longrightarrow HPO_3^{2-} + H^-$$

在催化表面上，氢负离子使Ni^{2+}还原生成镍镀层：

$$Ni^{2+} + H^- \longrightarrow Ni + H^+$$

同时溶液中的H^+与H^-相互作用生成H_2：

$$H^+ + H^- \longrightarrow H_2$$

其次在酸性的界面条件下生成磷：

$$2PO_2^{2-} + 6H^- + 4H_2O \longrightarrow 2P + 3H_2 + 8OH^-$$

镍还原的反应综合为：

$$Ni^{2+} + H_2PO_2^- + O^{2-} \longrightarrow HPO_3^{2-} + H^+ + Ni$$

（3）电化学理论。按照电化学理论，次亚磷酸根被氧化，释放出电子，使镍还原，其反应如下：

次亚磷酸根释放电子：

$$H_2PO_2^- + H_2O \longrightarrow H_2PO_3^- + 2H^+ + 2e^-$$

镍离子得到电子还原成金属镍：

$$Ni^{2+} + 2e^- \longrightarrow Ni$$

氢离子得到电子还原成氢气：

$$2H^+ + 2e^- \longrightarrow H_2$$

次亚磷酸根得到电子析出磷：

$$H_2PO_2^- + e^- \longrightarrow P + 2OH^-$$

镍还原的总反应式为：

$$Ni^{2+} + H_2PO_2^- + H_2O \longrightarrow Ni + H_2PO_3^- + 2H^+$$

电化学理论还认为化学镀镍过程是依靠原电池的作用，在电池阳极和阴极将分别发生下述反应：

阳极反应：

$$H_2PO_2^- + H_2O - 2e^- \longrightarrow H_2PO_3^- + 2H^+$$

阴极反应：

$$Ni^{2+} + 2e^- \longrightarrow Ni$$

$$2H^+ + 2e^- \longrightarrow H_2$$

$$H_2PO_2^- + e^- \longrightarrow P + 2OH^-$$

在这3种理论中，得到广泛承认的是“原子氢态理论”。但它们都具有以下共同点：（1）沉积镍的同时伴随着氢气析出；（2）镀层中除镍外，还含有与还原剂有关的磷、硼或氮等元素；（3）还原反应只发生在具有催化活性的金属表面上，但又会在已经沉积镍镀层上继续沉积；（4）产生的副产物氢离子促使槽液pH值降低；（5）还原剂的利用率小。

无论什么反应机理都必须对上面的现象作出合理的解释，尤其是化学镀镍一定在具有自催化的特定表面上进行，机理研究应该为化学镀提供催化表面。元素周期表中第Ⅷ族元素表面几乎都有催化活性，如镍、钴、铁、钯、铑等金属的催化活性表现为是脱氢和氢化作用的催化剂。在这些金属表面上可以直接化学镀镍。有些金属本身虽不具备催化活性，但由于电位比镍负，在含有镍离子的溶液中可以发生置换反应构成具有催化作用的镍表面，使沉积反应能够继续下去，如锌、铝。对于电位比镍正又不具备催化活性的金属表面，如铜、银、金等，除了可以用先闪镀一层薄薄的镍层的方法外，还可以用“诱发”反应的方法活化，即在镀液中用一活化的铁或镍片接触已清洁活化过的工件表面，瞬间就在工件表面上沉积出镍层，去除镍或铁片后，镍的沉积反应会继续下去。

化学镀的催化属于多相催化，反应是在固相催化剂表面进行。不同材质表面的催化能力不同，因为它们存在的催化活性中心数量不同，而催化作用正是靠这些活性中心吸附反应物分子增加反应激活能而加速反应进行。在实际化学镀中工件的催化活性大小与工艺密切相关。不难发现一些并不具备催化活性的表面，如不锈钢、搪瓷、清漆、塑料、玻璃钢等在长期施镀、机械摩擦、局部温度或 pH 值过高，或还原剂浓度过高等条件下，由于它们制成的容器壁、挂钩上也会显示出催化活性而沉积上镍，温度高的区域更明显。这是化学镀镍过程中要不断用浓硝酸处理容器、挂钩、过滤泵等原因。为了避免在容器底部或壁上沉积镍，经常调换镀槽进行清洗是必要的。由此可见，化学镀中表现的所谓催化活性也是有条件的，也就是说催化剂对反应条件有严格的选择性，要某材质表现出良好的催化活性也要有相应的环境才行。对化学镀镍来说不可能改变镀液组成和施镀条件以满足各种材质表面所需要的催化条件，否则镀液会严重的自分解。材质不同，表面的催化活性也不同，在同一条件下施镀其最初的沉积速度也不同，但在覆盖上镍层后靠它的催化活性表面进行反应，沉积速度就会趋于一致。

(1) 镍磷合金镀层的形成机理。对于以次亚磷酸盐为还原剂的化学镀镍槽液进行化学镀镍时，可以认为是两个独立的电化学反应的组合，即金属离子还原为阴极部分的反应和还原剂氧化为阳极部分的反应组合。其具体反应过程为：

还原剂的氧化（阳极部分反应）：

$$H_2PO_2^- + H_2O \longrightarrow HPO_3^{2-} + 2H + H^+ \tag{5-11}$$

或

$$H_2PO_2^- + H_2O \longrightarrow H_2PO_3^- + H_{ad} + H^+ + e^- \tag{5-12}$$

金属离子还原（阴极部分反应）：

$$Ni^{2+} + 2H \longrightarrow Ni + 2H^+ \tag{5-13}$$

$$H_2PO_2^- + H \longrightarrow H_2O + OH^- + P \tag{5-14}$$

$$H_2PO_2^- + H_2O \longrightarrow HPO_3^{2-} + H_2 + H^+ \tag{5-15}$$

或

$$Ni^{2+} + 2e^- \longrightarrow Ni \tag{5-16}$$

$$H_2PO_2^- + 2H^+ + e^- \longrightarrow P + 2H_2O \tag{5-17}$$

$$2H^+ + 2e^- \longrightarrow H_2 \tag{5-18}$$

通过上述的反应表明，在以次亚磷酸钠为还原剂的化学镀镍槽液中获得的镀层是 Ni-P 合金，同时，上述反应过程包括几个相互竞争的氧化还原反应，它们是：

$$Ni^{2+} + H_2PO_2^- + H_2O \longrightarrow Ni + H_2PO_3^- + 2H^+ \quad (5\text{-}19)$$

$$H_2PO_2^- + H \longrightarrow P + OH^- + H_2O \quad (5\text{-}20)$$

$$H_2PO_2^- + H_2O \longrightarrow H_2PO_3^- + H_2\uparrow \quad (5\text{-}21)$$

由这些反应可知，如果槽液温度不变，那么 pH 值升高，有助于式（5-19）反应的进行，即镍的还原速率升高，磷的还原速率降低，得到含磷量低的镀层；反之 pH 值降低，有利于式（5-20）和式（5-21）反应的进行，即镍的还原速率下降，而磷的还原速率上升，析氢增加，结果得到含磷量高的合金镀层。

（2）镍硼合金镀层的形成机理。以硼氢化物为还原剂的化学镀镍槽液，对于以硼氢化物为还原剂的槽液，存在如下反应：

$$BH_4^- + 4Ni^{2+} + 8OH^- \longrightarrow 4Ni + BO_2^- + 6H_2O \quad (5\text{-}22)$$

$$2BH_4^- + 4Ni^{2+} + 6OH^- \longrightarrow 2Ni_2B + 6H_2O + H_2\uparrow \quad (5\text{-}23)$$

脱氢反应：

$$BH_4^- \longrightarrow BH_3^- + H \quad (5\text{-}24)$$

脱氢的硼氢化物释放出电子：

$$BH_4^- + 2OH^- \longrightarrow BH_3OH^- + e^- \quad (5\text{-}25)$$

在此过程中释放出电子还原金属镍离子和槽液中含有的其他金属离子（如作为稳定剂的铊盐）。其反应式如下：

$$2Ni^{2+} + BH_4^- + 4OH^- \longrightarrow 2Ni + BO_2^- + 2H_2O + 2H_2\uparrow \quad (5\text{-}26)$$

$$4Tl^+ + BH_4^- + 4OH^- \longrightarrow 4Tl + BO_2^- + 2H_2O + 2H_2\uparrow \quad (5\text{-}27)$$

$$8Tl^+ + BH_4^- + 8OH^- \longrightarrow 8Tl + BO_2^- + 6H_2O \quad (5\text{-}28)$$

由上述反应可以看出，以硼氢化物为还原剂的化学镀镍槽液，得到的是镍硼铊合金镀层，同时有相当一部分氢气析出。

以二甲基胺硼烷（DMAB）为还原剂的槽液，在碱性或中性槽液内，可以接受的反应式为：

$$(CH_3)_2NHBH_3 + OH^- + 2H_2O \longrightarrow (CH_3)_2N^+ + H_3BO_3 + 6H^+ + 6e^- \quad (5\text{-}29)$$

或

$$(CH_3)_2NHBH_3 + OH^- \longrightarrow (CH_3)_2NH + BH_3OH^- \quad (5\text{-}30)$$

$$BH_3OH^- + 3OH^- \longrightarrow BO_2^- + 2H_2O + \frac{3}{2}H_2\uparrow + 3e^- \quad (5\text{-}31)$$

若槽液为弱酸性，则其反应为：

$$(CH_3)_2NHBH_3 + H^+ \longrightarrow (CH_3)_2NH_2 + BH_3 \quad (5\text{-}32)$$

$$BH_3 + 2H_2O \longrightarrow BH_3OH^- + H_3O^+ \quad (5\text{-}33)$$

$$BH_3OH^- + H_2O \longrightarrow BO_2^- + 6H^+ + 6e^- \quad (5\text{-}34)$$

上述反应式表明：在以 DMAB 为还原剂的化学镀镍槽液中，无论是碱性还是酸性，都是 BH_3OH^-脱氢氧化释放电子去还原镍与硼，最后得到镍硼合金镀层。

根据以上分析不难看出，化学镀镍的沉积速率主要是由槽液的 pH 值和温度控制。

5.2.2 化学镀镍溶液及影响

5.2.2.1 化学镀镍溶液的基本组成

化学镀镍溶液按照 pH 值分为酸浴和碱浴两类，酸浴 pH 值一般为4~6，碱浴 pH 值一般大于8；如果按温度分类则有高温浴（85~92℃）、低温浴（60~70℃）及室温浴；按照镀层中的磷含量又可以分为高磷镀液、中磷镀液和低磷镀液。高磷镀液能得到非晶结构的镀层，耐磨性能优良且具非磁性，广泛用于计算机工业中；低磷镀液施镀时沉积速度快、稳定性好、寿命长，是目前用得最多的化学镀镍液；而低磷镀液得到的镀层硬度高、耐磨、耐腐蚀性好。

化学镀镍溶液主要由镍盐、配合剂、还原剂和添加剂组成。

A 镍盐

镍盐是镀液中的主盐，作为二价镍离子的供给源。一般使用的是硫酸镍、次磷酸镍、氯化镍，其次是醋酸镍、氨基磺酸镍及碳酸镍等。早期曾使用氯化镍作主盐，但是体系中的 Cl^- 不仅会降低镀层的耐蚀性，还产生拉应力；硫酸镍是目前使用较多的主盐，不足之处是会在体系中积存大量的 SO_4^{2+}；比较理想的主盐是次磷酸镍，可以解决上述两种主盐存在的问题，但是价格相对昂贵。

B 配合剂

配合剂是镀液最重要的组成之一，能与镍离子生成稳定的配合物，具有稳定和延长镀液使用寿命的作用；同时可以控制沉积速度，改善镀层质量。在酸性溶液中，镍离子的配合剂有柠檬酸、氨基乙酸、乳酸、羟基乙酸、苹果酸、甘油、丁二酸、丙酸、醋酸、酒石酸等。在碱性溶液中，多用有机酸盐及胺类的混合物作为配合剂，如酒石酸钾钠、乙二胺四乙酸二钠、三乙醇胺、乙二胺、柠檬酸钠等。

C 还原剂

还原剂一般采用次亚磷酸钠，它的作用是通过催化脱氢，提供活泼的氢原子，把镍离子还原成金属，与此同时，使镀层中含有磷的成分。此外，用作还原剂的还有硼氢化钠、烷基胺硼烷、肼等。

D 添加剂

添加剂包括加速剂、稳定剂、pH 值调整剂、润湿剂等。

（1）加速剂。加速剂的作用是加速化学镀的沉积速度，其机理一般被认为是还原剂 $H_2PO_2^-$ 中氧原子可以被外来的酸根取代形成配位化合物，或者说阴离子的催化作用是由于形成了杂多酸所致。在空间位阻作用下使 H—P 键能减弱，有利于次磷酸根离子脱氢，后者增加了 $H_2PO_2^-$ 的活性。化学镀镍中许多配合剂兼具加速剂的作用。常用的加速剂包括丙二酸、丁二酸、戊二酸、己二酸、氨基乙酸、丙酸等有机酸和碱金属的氟化物等无机物。

（2）稳定剂。在化学镀的过程中，因种种原因不可避免地会在镀液中产生活性的结晶核心，致使镀液沉淀，加入稳定剂后可以对这些活性结晶核心进行掩蔽，从而达到防止镀液自分解的目的。常用的稳定剂有 S、Se、Te 等第ⅥA 族元素如硫代酸盐、硫氰酸盐、硫脲及其衍生物等；AsO_2^-、IO_3^-、BrO_3^-、NO_2^-、MoO_4^{2-} 及 H_2O_2 等含氧化合物；Pd^{2+}、Sn^{2+}、Sb^{3+}、Cd^{2+}、Zn^{2+}、Bi^{3+}、Tl^+ 等重金属离子；$(CH_2)_2C(COOH)_2$、邻苯二（甲）酸酐的衍生物等水性有机物。

（3）pH 值调整剂。加入 pH 值调整剂的目的是将 pH 值调整到所要求的范围内，常用的试剂有醋酸、稀硫酸、氨水、稀碱等。

（4）润湿剂。加入润湿剂的作用是降低镀液与镀件表面之间的表面张力，提高浸润能力，润湿剂通常使用阴离子表面活性剂如硫酸酯、磺化脂肪酸、琥珀酸等。

5.2.2.2 镀液组成对化学镀镍影响

A 镍盐浓度的影响

镀镍液中镍离子浓度增加，必然增多离子与还原剂在沉积层表面上碰撞的机会，加速相互间反应的可能性，从而提高化学镀镍的沉积速率。

（1）酸性镀镍液。酸性镀镍液中镍盐浓度小于20g/L时，若增加镍盐浓度，则镍的沉积速率加快，见表5-1。

表5-1 镍盐浓度对沉积速率的影响

硫酸镍/g·L^{-1}	5	10	20	30	40	50	60
镀速/μm·h^{-1}	12	19	24	21	20	20	20

注：次亚磷酸钠20g/L，醋酸钠10g/L，pH值为5.5，温度为82~88℃。

（2）碱性镀镍液。在碱性镀镍液中，镍盐的浓度在20g/L以下时，提高镍盐的浓度，则沉积速率有明显的提高；但当镍盐浓度大于20g/L时，继续提高镍盐的含量，其沉积速率趋于稳定。

B 还原剂浓度的影响

（1）次亚磷酸钠。增加次亚磷酸根浓度，可以提高沉积速率，因为增加次亚磷酸盐的浓度，可以加速同镍离子的反应，从而提高了沉积速率。

然而，再增加次亚磷酸钠的浓度，也不能无限增加镍的沉积速率，而是存在一个极限沉积速率。不同的镀液其极限沉积速率也不同，见表5-2。超过了极限沉积速率，无论怎样增加次亚磷酸盐的浓度，其沉积速率不仅不会增加，反而会降低镀液的稳定性和镀层的质量。

表5-2 不同镀液中次亚磷酸钠浓度增加时出现的极限沉积速率

镀液组成	含量/g·L^{-1}	次亚磷酸钠/g·L^{-1}	工艺条件		沉积速率/μm·h^{-1}
			温度/℃	pH值	
$NiSO_4\cdot 6H_2O$	30	15	83~85	4.2~4.6	12
$CH_3COONa\cdot 3H_2O$	20	20			16
		25			21
		30			18
		35			17
$NiSO_4\cdot 6H_2O$	30	5	83~85	5.0~5.6	4
$CH_3COONa\cdot 3H_2O$	20	10			9
		15			20
		20			17
		30			17
$NiSO_4\cdot 6H_2O$	5	5	80~84	5.7~6.4	9

续表 5-2

镀液组成	含量 /g·L^{-1}	次亚磷酸钠 /g·L^{-1}	工艺条件		沉积速率 /μm·h^{-1}
			温度/℃	pH 值	
$CH_3COONa \cdot 3H_2O$	20	10			9
		15			8
		20			7
		25			6
$NiSO_4 \cdot 6H_2O$	30	15	82~84	4.4~4.8	12
$CH_3COONa \cdot 3H_2O$	15	20			10
		25			10
		30			8
		35			6

（2）其他还原剂。用硼氢化物及其衍生物作还原剂的化学镀镍液，其沉积速率与还原剂的关系大致与次亚磷酸盐作还原剂的情况相类似。但由于硼氢化物的还原能力比次亚磷酸盐强，当硼氢化物的浓度增加时，其镀液的沉积速率迅速提高，但很容易引起镀液的自发分解，因此使用量不能任意提高。

用肼作还原剂时，其最低浓度为 20ml/L，才能保证镀液的稳定，但超过此浓度却对镀速影响不大。

C　配合剂浓度的影响

不同配合剂对沉积速率的影响也不同，见表 5-3。

表 5-3　各种配合剂对沉积速率的影响

配合剂	无配合剂	柠檬酸盐	水杨酸	丁二酸	乙二醇酸	乳酸
镀速/μm·h^{-1}	5	7.5	12.5	17.5	20	27.5

D　pH 值调整剂的影响

在同一温度，同一 pH 值条件下，对相同的镀液中加入不同的 pH 值调整剂如氨水、氢氧化钠等，将对沉积速率产生不同的影响，用氨水作 pH 值调整剂的镀液，其沉积速率较快；用氢氧化钠作 pH 值调整剂的镀液，其沉积速率较慢。

E　添加剂的影响

在镀镍液中加入适当的添加剂对它的沉积速率有较大的影响。

（1）用次亚磷酸盐作还原剂的镀液。在酸性镀液中加入氯化铅、硫化铅和醋酸铅等，将会降低沉积速率；当溶液中加入硫脲或硒酸等，它们能够吸附在镀层表面抑制氢气的产生，从而提高了还原剂的效率。

在以柠檬酸盐为配合剂以次亚磷酸钠为还原剂的碱性化学镀镍液中加入硼酸或硼砂，则能提高其沉积速率。

（2）用硼氢化物及其衍生物作还原剂的镀液。在硼氢化物镀液中，由于硼氢化物不可避免地要产生分解作用，降低其利用率：

$$BH_4^- + 4H_2O \xrightarrow{Ni} B(OH)_4^- + 4H_2 \tag{5-35}$$

但在镀液中加入一定量的稳定剂，如硫酸铊、氯化铅、含硫的脂肪族酸、含硫的芳香酸等，就可使硼氢化物在镍上的分解作用变慢并减少溶液本体中镍的还原，起到稳定作用。

5.2.2.3 工艺条件对化学镀镍的影响

A 温度影响

温度是影响镀速的最重要的参数，全部过程涉及的大多数氧化和还原反应都需要热能。因为许多单独的反应步骤只有在50℃以上才能以明显速率进行，尤其是酸性化学镀镍溶液必须在明显高于此值的温度下操作。实际上所有的酸性次亚磷酸盐镀液和碱性硼氢化物镀液以及碱性联氨镀液，其操作温度均在80~95℃之间。只有少数碱性至中性的次亚磷酸盐镀液，二甲基胺硼烷（DMAB）、二乙基胺硼烷（DEAB）和联氨硼烷的镀液，镀液的沉积速率随温度的升高而增加。

除了镀速以外，温度还会影响镀层的磷含量，因而也影响镀层的性质。在相同的条件下，当温度升高时，镀层的磷含量降低。因此，必须精确控制化学镀镍溶液的温度，一般认为，只有剧烈搅拌镀液，温度才会均匀。

B pH值影响

在化学镀镍过程中，当镍离子还原形成金属时，H^+离子的浓度随之增加。当化学镀镍进行时，镀液的pH值将降低，因此，所有化学镀镍溶液必须加缓冲剂。操作时OH^-离子必须靠连续添加稀碱（NH_4OH或NaOH）来补充。

C 镀液装载量影响

镀液装载量是用来确定浸入工件的表面积与镀槽溶液体积之比的专用术语。低的装载量可获得较高的沉积速度，但易造成镀液分解，并影响镀层质量。而高的装载量则使镀速变慢。在装载量$4dm^2/L$，镀2h之后，已经镀上15μm厚镀层，而对于镀液装载量为$0.5dm^2/L$时，在相同的时间内，可获得40μm厚的镀层。

D 搅拌影响

在化学镀镍过程中，搅拌可提高镀速，并可避免局部热及使各种离子分布均匀，从而对镀液的稳定和镀层质量极为有利。因为扩散速度越高和对流越大，反应物传递到被镀件表面越有效，反应速率越快。对于大截面或有较深凹陷或盲孔，以及镀管道内壁时尤其如此。

溶液搅拌多数靠空气注入、泵循环或机械搅拌来实现。而工件运动，对于在滚桶、转鼓或篮子里大批量镀小件是容易达到的，但对大批量的零件来说，无疑会比较困难。

使用超声波是一种特殊的加强溶液搅拌的方法。频率从几千Hz到2MHz的超声波起到加速电镀和化学镀过程的作用。在碱性次亚磷酸盐的情况下，已经报道可以加速达15倍。在酸性次亚磷酸盐的情况下，影响不显著，对于联氨和硼氢化钠镀液，要加速2~4倍。

5.2.3 化学镀镍工艺

5.2.3.1 化学镀镍的前处理

镀层金属的生长首先是基材原子排列的继续，要结合力好，基材就必须是清洁的，所以镀前除油、活化工序是影响结合力的重要因素。不恰当的前处理可能产生镀层附着力不好、多孔、粗糙甚至漏镀。另外，与电镀前处理工序比较，化学镀的前处理须更加仔细。

化学镀镍层的前处理工序大致包括：化学清洗、电解清洗、水洗、浸酸和活化等工艺。

(1) 化学清洗。清洗的重要功能在于清除工件表面的污垢，为保证清洗效果，通常使用清洁剂，采用机械搅拌和加温措施。采用碱性清洗剂时必须加热至65~85℃，以便彻底清除污垢，大多数碱性清洗采取浸洗并机械搅拌。也可以采用喷淋清洗方式。市售的清洗清洁剂的质量和去污能力差异很大。因此，根据工件污染程度选用清洁剂是很重要的。

(2) 电解清洗。电解清洗是化学镀镍活化处理前的末道清洗方法。直流电解清洗即阴极电解清洗的优点在于工件表面产生大量氢气增加了洗涤效果；其不足在于工件带负电，因而会吸附清洗溶液中的铜、锌等金属离子、皂类和某些胶体物质，在工件上形成疏松的电极泥。因此，通常采用换向电流。电解清洗时使用换向电流使工件为阳极，迫使工件表面带正电荷的离子和污垢脱离。而且工件表面生成的氧气有利于更有效地洗涤掉嵌牢在工件上的污垢，由清洗溶液中的清洁剂去润湿污垢，乳化置换掉污垢。

(3) 水洗。两个前处理工序间设计的水洗工序，目的在于防止上道工序带出的溶液对下道工序溶液的污染及从工件表面清除污垢、金属离子污染和电极泥。

(4) 浸酸。浸酸是为了除去工件表面的锈等氧化皮。浸酸并不能除去工件表面的污垢。多孔工件如铸铁件，孔中滞留酸液会造成化学镀镍层起泡。浸酸的另一个危险是工件表面生成浮锈，如果在下一道工序前不彻底清除工件表面的酸则会造成镀层附着力变差。通常在浸酸溶液中加入缓蚀剂，避免出现上述问题。

(5) 活化。化学镀镍前工件的活化有多种方法，包括电解活化（周期换向或阳极电流）或者浸酸活化；另外，有时采用工件闪镀镍活化不锈钢和特殊的钢铁合金如含铅钢。浸酸活化是处理大批碳钢件的便捷方法。但是，浸酸活化也使得化学镀镍前工件生锈的可能性增加，因此必须控制转移时间，即浸酸后水洗至进入化学镀镍槽前所经历的时间不超过5min（越快越好）。镀大型工件时，合理控制转移时间尤为重要。

5.2.3.2 化学镀镍的实施

A 化学镀镍槽

因为化学镀镍是通过自身催化反应，只要有镀槽和辅助设备就能保证工艺的实现，获得所要求的镀层质量。化学镀镍槽必须满足不被化学镀镍液浸蚀和对镍离子无催化作用条件。符合这两个条件的材料有耐酸搪瓷、陶瓷、玻璃、不锈钢、塑料等。能生产和使用的镀槽有钟形、圆柱形和方形等，其中方形镀槽由于加工制造容易，操作方便，被广泛采用。

根据零件或固定零件的夹具框架等大小，一般可以确定镀槽的最小尺寸。镀槽的最小尺寸只要比零件或固定零件的夹具大15~20cm，就可以进行适当搅拌，使被镀零件的表面始终可以通过新鲜镀液。

关于镀槽结构材料的选择应当考虑以下因素：(1) 化学镀镍槽的工作温度，通常为85~95℃；(2) 镀槽结构材料对化学镀镍溶液的敏感倾向最小，即在镀槽材料上镍不会发生还原反应；(3) 镀槽材料的价格和使用寿命。

由于镀槽内连续放置化学镀镍槽液，最后几乎镀槽各个表面都变得敏感或可能在这些表面上析出镍层，应选择更不活泼或易钝化的材料作为镀槽的结构材料。所有与槽液接触的金属材料必须经30%硝酸溶液定期地进行再钝化，使在镀槽表面上析出的金属镍最少。

用来制造化学镀镍槽的结构材料有聚丙烯塑料、不锈钢。但最理想的镀槽结构材料是用钢结构为外壳，6~12mm厚的聚丙烯塑料或玻璃钢为内衬，并采用槽内加温方式。

B 镀镍槽液的加热

用来加热化学镀镍槽液有槽内电加温和槽外水浴加热两种方式。槽外水浴加热是在槽液容器不大，把它放在有控温装置的水浴内，当槽液升到所要求工艺温度时，此时通过控温装置使水浴停止升温。在这种方式中蒸汽和电加温是最普通的热源。

带有自动控温装置的蒸汽加热的蛇形管或外部热交换器直接浸没在槽液内，升到规定的工艺温度，通过控温装置停止升温。

Teflon热交换器的蛇形管是由许多细小管子绕成环形。使用Teflon作为热交换器，优点是化学惰性、抗蚀性能好、使用寿命长、可消除散杂电流；缺点是导热性差，必须使用比由金属制成的加热器更大的换热面，其次是Teflom管子较脆，容易损坏，为此就要防止管子的机械损坏。

不锈钢制成的蛇形管内部有热媒在流动，这样加热效率高且经济，缺点是在槽液中不锈钢有时形成活化原电池，在管壁上有镍析出。为防止镍在管壁上的沉积，有时可采用阳极钝化即在蛇形管上附加一个稍正的电压，这样就不可能有镍在管壁上析出。注意悬挂零件不要紧靠着钝化的蛇形管，否则来自蛇形管的杂散电流会影响化学镀镍层质量。

电加热是一种管式加热器，把它浸没在槽液中直接进行加热，电阻加热元件的外壳（套）是石英玻璃、钛或不锈钢材料，其中不锈钢最便宜，而且效果最好。

C 化学镀镍液的维护管理

在化学镀过程中，当HPO_3^-浓度达到120g/L时，镀液会发生变化，产生沉淀以致完全浑浊，不能正常使用。为了充分利用原料，降低生产成本，提高镀液的利用率，有必要对镀液进行再生处理。具体方法及操作过程如下：（1）将刚从镀槽中放出的镀液降温至75℃左右，然后以20g/L $NiSO_4$的添加量称足重量，将其溶解于镀液中。（2）在上述镀液中按75m/L（25%）的氨水溶液加入，充分搅拌，调整溶液的pH值6.5左右，此时溶液形成乳浊液。（3）将此液室温下放置24h，然后用滤纸或棉布进行过滤，经多次过滤可再生85%的镀液，再用盐酸调pH值，降至5以下。剩下的15%沉淀物可进一步用浓硫酸处理回收高纯度结晶的$NiSO_4 \cdot 7H_2O$。

因各种原因导致镀液污染。污染来源有以下几点：（1）在正常生产过程中，反应生成的亚磷酸根含量会逐渐上升，当亚磷酸根浓度超过120g/L，产生亚磷酸镍沉淀。（2）操作失误，如镀液温度不均匀，循环或搅拌次数太少，也会使镀液失去使用效力。（3）操作过程中带入杂质，如自来水中的各种有害物质，工件除锈不干净，灰尘进入，都可导致镀液污染。镀液使用后应及时加盖以免铁、铜丝等金属掉入槽中。特别是铅和镉，镀液中超过5mg/L就会对镀液产生不良影响。（4）$H_2PO_2^-$和Ni^{2+}消耗过多，造成镀液各成分比例失调，使镀液失去稳定性。

镀液维护十分重要，主要从以下几个方面着手：（1）及时加料。随着反应的进行，镀液各成分的含量随之发生变化。当$H_2PO_2^-$和Ni^{2+}的含量分别只有原来的10%和50%时，必须补加。加入时应事先将药品溶解，禁止将固体原料直接加入镀槽，同时用泵循环镀液。(2) 及时调节 pH 值。随着化学镀镍反应的进行，镀液的 pH 值会逐渐降低。当 pH 值低于 3.8 时，应用稀释的氨水调节，将 pH 值控制在 3.8~5.0 之间。(3) 及时过滤。每镀完一槽后，须将镀液过滤，除去杂质。(4) 及时清洗槽壁和加热管上的沉积物。除去促进镀液分解的活化中心，保持镀液的稳定性，同时可减少药品不必要的消耗。(5) 防止灰尘进入镀槽。灰尘一旦过多落入镀槽，很可能成为镀液不稳定的诱发物。(6) 化学镀镍液要每天化验一次。特别是镍盐、还原剂、亚磷酸盐含量化验应在每天投产前，而后根据化验结果，调整镀液。

目前很多工厂已经实现了化学镀镍液的自动调整控制，大大地提高了镀镍的效果和节省了劳动生产力。

5.2.3.3 化学镀镍后处理

在大多数情况下，化学镀镍层除了清洗和干燥外，一般不做任何后处理。但为了达到某一目的，还得进行必要的后处理，如：(1) 烘烤。提高镀层附着力，减少氢脆。(2) 热处理。提高镀层硬度和耐磨性。(3) 活化和表面预备。镀金属或有机涂层。(4) 铬酸盐钝化。提高耐蚀性。(5) 着色。提高其装饰性。

5.2.3.4 化学镀镍层的退除

化学镀镍层的退除要比电镀镍层的退除困难得多，特别是对于高耐蚀化学镀镍层更是如此。不合格的化学镀镍层在被检查出来后，在热处理之前应立即进行退除，否则镀层钝化后，退镀更加困难。

化学镀镍层的退除可以采用机械切削、电解和非电解退镀等方法。在大多数情况下，化学镀镍层的退除都是浸没在退镀液中进行的，对于退镀液和退镀工艺的选择务必小心谨慎。首先，退镀溶液必须对基体金属无腐蚀；其次，镀层厚度、退镀速度、环境保护和退镀费用等因素需综合考虑。如钢铁件上镀层的退除，一般采用浓硝酸，但工件引入槽液时，必须保持干燥，温度保持低于 35℃。另外，应采用 41.5%（体积分数）硝酸和 24.5%（体积分数）氢氟酸的混合酸，在 20~60℃ 条件下使用，溶解速率为 120μm/h。最后，还可采用 70%（体积分数）硝酸和 30%（体积分数）醋酸的混合，在室温下使用。

5.2.4 化学镀镍基多元合金

化学镀镍基多元合金的研究始于 20 世纪 70 年代初，现已开发出 Ni-P 和 Ni-B 系列。其中 Ni-P 系列较多，已报道的能够与化学镀 Ni-P 共沉积的元素有 W、Mo、Cr、Cu、Fe、Zn、Co、Mn 等。而能够与化学镀 Ni-B 共沉积的元素很少，目前仅有 Fe、W、Mo、Cu 等。这些合金层大都具有优良的磁性、硬度、热稳定性等特殊性能。

化学镀 Ni-W-P 合金是一种很好的电触电材料，用来制作薄膜电阻。尽管化学镀 Ni-W-P 合金层的镀液组成有多种，但基本组成是相同的。表 5-4 列出了常用的化学镀 Ni-W-P 合金的镀液组成及工艺规范，供参考。

化学镀 Ni-Cu-P 合金的镀液组成及工艺规范如表 5-5 所示。

在使用没有添加稳定剂的 Ni-Cu-P 化学镀液时，镀液不稳定，镀液因其副反应过快而导致在很短时间内出现分解现象。并导致原料消耗增加，镀层质量降低。

表 5-4　Ni-W-P 合金的镀液组成及工艺规范

项　目		配　方　号					
		1	2	3	4	5	6
镀液组成	$NiSO_4 \cdot 6H_2O/g \cdot L^{-1}$	35	20	21	8	26	26
	$NaH_2PO_2 \cdot H_2O/g \cdot L^{-1}$	10	20	20	10	10	10
	$Na_3C_6H_5O_7 \cdot 2H_2O/g \cdot L^{-1}$	85	35	30	17	85~90	59~118
	$Na_2WO_4 \cdot 2H_2O/g \cdot L^{-1}$	26	30	46	33	30~35	33
	$(NH_4)_2SO_4/g \cdot L^{-1}$		30				
	$NH_4Cl/g \cdot L^{-1}$	50					
	$C_3H_6O_3/mL \cdot L^{-1}$		5				
	$Pb^{2+}/mg \cdot L^{-1}$		2				
	添加剂 $C_1/moL \cdot L^{-1}$			0.06			
	添加剂 $C_2/moL \cdot L^{-1}$			0.04			
	添加剂 $C_3/mL \cdot L^{-1}$					12	
工艺规范	pH 值	8.8~9.2	7	8	9	8~9	5~10
	温度/℃	88	85	80±2	90	90±1	90±1

表 5-5　化学镀 Ni-Cu-P 合金的镀液组成及工艺规范

项　目		配　方　号		
		1	2	3
镀液组成	$NiSO_4 \cdot 6H_2O/g \cdot L^{-1}$	35	50~70	0.152mol/L
	$CuSO_4 \cdot 5H_2O/g \cdot L^{-1}$	9	0.8~1.2	0.004mol/L
	$NaH_2PO_2 \cdot H_2O/g \cdot L^{-1}$	20	10~20	0.236mol/L
	$Na_3C_6H_5O_7 \cdot 2H_2O/g \cdot L^{-1}$	60	50~70	0.136mol/L
	$CH_3COONH_4/g \cdot L^{-1}$	40	30~50	0.52mol/L
	25% $NH_3 \cdot H_2O/mL \cdot L^{-1}$	10~20	10~15	
工艺规范	pH 值	8.5~11	7.0~7.5	6.5~9.5
	温度/℃	75~89	85~95	70~94
	装载量/$dm^2 \cdot L^{-1}$	1.5	1.0	

无论添加哪种稳定剂，均使镀液的稳定性提高。每种稳定剂的加入量均有一个最佳量。对 $NaMoO_3$ 的最佳加入量是3mg/L，KIO_3 是4mg/L，KI 是3mg/L。而且 $NaMoO_3$ 对镀液的稳定作用最好，KIO_3 次之。

以上 3 种稳定剂的添加量对沉积速度的影响如表 5-6 所示。可见，合金镀层的沉积速度随稳定剂的增加而逐渐减少，说明无论哪种稳定剂，都起到了抑制镍的还原反应速度的作用，稳定剂添加量越大，这种作用越强。KI 的抑制作用最强，KIO_3 次之。从镀液稳定性和镀层沉积速度考虑，既要使镀液稳定性好，又要具有相当的沉积速度，确定以 $NaMoO_3$ 为镀液的稳定剂，添加量为 3mg/L。另外，在未加稳定剂 $NaMoO_3$ 时，镀液温度高于85℃就会产生镀层质量降低，镀液分解现象；当加入稳定剂 $NaMoO_3$ 后，当温度升至90℃时，才会产生上述现象，说明稳定剂 $NaMoO_3$ 对镀液有着较好的稳定作用。

表 5-6 稳定剂浓度对合金镀层沉积速度的影响

项目		浓度/mg·L^{-1}				
		0	1	2	3	4
沉积速度/g·(dm^2·h)$^{-1}$	$NaMoO_3$	1.421	1.101	0.942	0.891	0.729
	KIO_3		1.218	0.891	0.764	0.688
	KI		1.260	0.961	0.810	0.694

Ni-Cu-P 合金镀层越厚，孔隙率越小。含磷量相近的合金镀层的孔隙率主要取决于合金镀层含铜量。含铜量越高，合金镀层孔隙率越小。测定了不同组成、不同厚度的合金镀层的孔隙率，结果见表 5-7。

表 5-7 Ni-Cu-P 合金镀层成分对合金镀层孔隙率的影响

合金镀层含铜量（质量分数）/%	0.00	8.48	12.51	13.58	16.14	26.86	38.20
合金镀层含磷量（质量分数）/%	5.83	5.68	8.25	3.91	3.72	3.89	1.61
3μm 厚镀层孔隙率/个·cm^{-2}	26	11	9	7	7	3	0
2μm 厚镀层孔隙率/个·cm^{-2}	36	16	13	14	8	5	2

化学镀 Ni-Mo-P 合金层的镀液组成及工艺规范见表 5-8。

表 5-8 Ni-Mo-P 合金层的镀液组成及工艺规范

项目		配方号	
		1	2
镀液组成	$NiSO_4 \cdot 6H_2O$/g·L^{-1}	26	25
	$NaH_2PO_2 \cdot H_2O$/g·L^{-1}	21	20
	$Na_3C_6H_5O_7 \cdot 2H_2O$/g·L^{-1}	30	
	$Na_2MoO_4 \cdot 2H_2O$/g·L^{-1}	0.1~0.8	0.5~0.7
	CH_3COONa/g·L^{-1}	15	
	稳定剂/mg·L^{-1}	1	
工艺规范	pH 值	9.0	9.0
	温度/℃	90±2	88±2

随着钼酸钠浓度的增加，镀层中钼含量增加，而磷含量降低，当钼酸钠浓度达到0.3g/L时，镀层中钼含量上升缓慢，而磷含量趋于恒定。此外，随着浓度的提高，沉积速率逐渐降低。采用深度刻蚀技术对合金元素从表面至基体金属的纵向分布进行分析，结果表明根据合金元素在纵向含量变化可把镀层沿纵向分为：（1）表层；（2）Ni-Mo-P 合金；（3）Ni-Mo-P 层与基体材料的交界面；（4）合金元素 Ni、Mo 和 P 扩散至基体而形成的 Fe-Ni-Mo-P 合金层。

化学镀 Ni-P-B 合金层的镀液组成及工艺规范见表 5-9。

表 5-9　化学镀 **Ni-P-B** 合金的镀液组成及工艺规范

<table>
<tr><th colspan="2">项　　目</th><th>参　　数</th></tr>
<tr><td rowspan="5">镀液组成
/g · L^{-1}</td><td>$NiCl_2 \cdot 6H_2O$</td><td>24</td></tr>
<tr><td>$NaH_2PO_2 \cdot H_2O$</td><td>10~13</td></tr>
<tr><td>KBH_4</td><td>0. 8</td></tr>
<tr><td>NaOH</td><td>40</td></tr>
<tr><td>$C_2H_4N_2H_4$</td><td>36</td></tr>
<tr><td rowspan="2">工艺规范</td><td>pH 值</td><td>12. 5~13. 0</td></tr>
<tr><td>温度/℃</td><td>80</td></tr>
</table>

随着镍盐的增加，沉积速度加快。但当其含量超过 24g/L，沉积速度减慢；当氯化镍浓度超过 36g/L 时，镀液不稳定，镍易沉淀析出，沉积速度降低；当浓度低于 17g/L 时，反应仍可进行，但沉积速度太慢。因此，氯化镍浓度选择在 24g/L 适宜。

次亚磷酸钠是常用的化学镀镍还原剂，因为它的价格低、原料丰富、制备容易，所以在化学镀镍中经常使用。为了确定次亚磷酸钠对沉积速度的影响，配制了其他条件相同，次亚磷酸钠浓度不同的一组镀液，然后测定它们的沉积速度。随着次亚磷酸钠浓度的升高，沉积速度增大，次亚磷酸钠的浓度超过 20g/L 时，虽然沉积速度加快，但镀液稳定性差，因此，次亚磷酸钠浓度以 5~15g/L 为宜。

沉积速度随着硼氢化钾浓度的增加而逐渐递减，与次亚磷酸钠的作用相反。其加入硼氢化钾的最佳值为 0. 8g/L，当含量低于 0. 5g/L 时，沉积速度较高，当高于 1. 1g/L 时，沉积速度较慢。

当配合剂乙二胺的浓度为 24g/L 时，镀速较高；乙二胺的浓度较低（小于 24g/L）时，镀液不稳定，甚至在室温下自然析出镍。过量乙二胺（48g/L）将导致镀液沉积速度的减小。为了保证沉积的稳定进行，乙二胺浓度应控制在 36g/L。为了防止化学镀 Ni-P-B 溶液的自发分解，在镀液中加入稳定剂 $CdSO_4$，能有效地防止因温度和还原剂浓度的突变而造成的镀液不稳定。

5. 2. 5　复合化学镀镍

复合化学镀是在化学镀液中添加固体微粒，在搅拌力的作用下，这些固体微粒与金属或合金共沉积，从而获得一系列具有独特的物理、化学和力学性能的复合镀层。这些固体微粒是元素周期表中Ⅳ、Ⅴ、Ⅵ族的金属氧化物、碳化物、氮化物、硼化物以及有机高分子微粒等，其化合物的性质见表 5-10。

表 5-10　各种微粒的性质

微粒	密度/g · cm^{-3}	硬度/MPa	熔点/℃
TiC	4. 9	32000	3250
WC	15. 8	24000	2630
SiC	3. 17	32000	2210

续表 5-10

微粒	密度/g·cm^{-3}	硬度/MPa	熔点/℃
B_4C	2.5	35000	2450
Cr_3C_2	6.7	13000	1895
TiN	5.4	27000	2930
TiB_2	4.5	34000	2980
CrB_2	5.6	18000	1850
MoB	8.8	15700	2180
Al_2O_3	3.9	25000	2015

化学复合镀层既有镀层金属（或合金）的优良特性，又有分散微粒的特殊功能，从而满足人们对镀层性能的特定要求。目前化学复合镀层已广泛用于汽车、电子、模具、冶金、机械、石化等工业。

5.2.5.1 化学镀 Ni-P-SiC 复合镀层

化学镀 Ni-P-SiC 复合镀层的镀液组成及工艺规范见表 5-11。

表 5-11 化学镀 Ni-P-SiC 复合镀层的镀液组成及工艺规范

项目		配方号			
		1	2	3	4
镀液组成	$NiSO_4·6H_2O$/g·L^{-1}	27	20	20~25	25
	$NaH_2PO_2·H_2O$/g·L^{-1}	30	可调	10~20	25
	$C_3H_6O_3$/g·L^{-1}	31			
	$C_4H_6O_4$/g·L^{-1}	2			
	$C_4H_6O_6$/g·L^{-1}	1			
	SiC/g·L^{-1}	10	12	10~20	5~20
	稳定剂	微量	适量	微量	
	$CH_3COONa·3H_2O$/g·L^{-1}		10	10~20	
	$Na_3C_6H_5O_7·H_2O$/g·L^{-1}		10	5~15	
	添加剂 WH_1/mL·L^{-1}				26
	添加剂 WH_2/g·L^{-1}				2.6
	润湿剂/mg·L^{-1}				30
工艺规范	pH 值	4.8	5.0~5.6	4.6~5.0	4.5~5.0
	温度/℃	85~90	80~90	80~90	90±2

（1）SiC 加入量与共析量的关系。随着镀液中 SiC 添加量的增加，镀层中 SiC 共析量增大，当添加量达 6g/L 以上时，镀层中 SiC 共析量变化不大。

（2）SiC 粒径与共析量的关系。镀液中 SiC 微粒加入量 6g/L，在其他工艺条件一定的情况下，SiC 粒径与共析量的关系见表 5-12。

表 5-12 SiC 微粒粒径与共析量

SiC 标号	W_1（粒径 1μm）	$W_{3.5}$（粒径 3.5μm）	W_5（粒径 5μm）
共析量（质量分数）/%	0.73	6.5	1.89

（3）搅拌转速与 SiC 共析量的关系。用磁力搅拌器使镀液中 SiC 分散微粒均匀悬浮，在其他条件不变情况下，当搅拌速度小于 400r/min 时，随搅拌速度增大，SiC 共析量增加；当搅拌速度大于 400r/min 时，随搅拌速度增大，SiC 共析量下降。这是因为吸附的微粒一定要在镀件表面上停留一定的时间才能被析出金属镶嵌、埋没，实现共沉积。所以镀液中 SiC 微粒以一定的速度缓慢的循环游动而避免高速冲刷是必要的。同时分散微粒性质、密度对共析量也有很大影响。

5.2.5.2 化学镀 Ni-P-Al_2O_3 复合镀层

目前，国内外对加入人造金刚石、碳化硅固体微粒的化学复合镀研究较多，并将成果应用于汽车、机械、石油、化工、纺织等行业。而对加入 Al_2O_3 固体微粒的化学复合镀则报道较少。Al_2O_3 是一种价廉易得的磨料，具有很高的硬度和极强的化学稳定性，因此，有必要对 Ni-P-Al_2O_3 化学复合镀工艺、设备、镀层性能、镀层化学成分及组织结构进行系统研究。化学镀 Ni-P-Al_2O_3 复合镀层的镀液组成及工艺规范见表 5-13。

表 5-13 化学镀 Ni-P-Al_2O_3 复合镀层的镀液组成及工艺规范

项目		配方号	
		1	2
镀液组成/g·L^{-1}	$NiSO_4 \cdot 6H_2O$	30	16~40
	$NaH_2PO_2 \cdot H_2O$	25	12~35
	配合剂	20	30~50
	缓冲剂	5	10
	稳定剂	0.5~2.0	适量
	Al_2O_3(0.5μm)	10	15
工艺规范	pH 值	4.5	4.5~5.0
	温度/℃	80	85~90

（1）施镀温度。会直接影响到镀液稳定性、镀速和镀层质量。温度低，镀速慢，甚至不发生反应。温度过高，反应速度快，但镀液稳定性差。施镀温度在 85~95℃之间，镀速几乎呈直线增加，镀层中微粒含量亦随之增加；温度高于 95℃，镀速增加率明显降低，而微粒含量却随之减少。因此，温度控制在 85~95℃之间是适宜的。

（2）pH 值的影响。不但影响到镀速，也影响到镀层中微粒含量。镀速和镀层中微粒含量均随 pH 值升高而增加。研究发现，pH 值超过 5.5 时，镀液将产生分解。因此，pH 值控制在 3.5~5.5 之间较好。

（3）微粒加入量的控制。增加微粒加入量，固然可增加镀层中微粒含量。正如前所述，微粒的增加不但影响到镀速，还将严重影响到镀液的稳定性。Al_2O_3 微粒加入量由

3g/L 增加到 20g/L 时，镀速减小，而增加到 30g/L 时，镀液出现分解，产生黑色沉积。因此，微粒加入量（就 Al_2O_3 而言）不应超过 30g/L。

（4）搅拌速度的影响。搅拌一方面使镀液成分均匀，使微粒悬浮于镀液之中，并创造微粒与镀件各表面有足够均等的碰撞机会。另一方面有利排除附在镀件表面的微小气泡，保证正常的镀速。在 pH 值、温度和加入微粒一定的情况下，搅拌速度过低或过大，都不利于施镀的正常进行，电磁搅拌控制在 300~400rad/min，能获得大的镀速。而镀层中微粒含量与搅拌速度变化影响不大。

5.2.5.3　化学镀 Ni-P-PTFE 复合镀层

Ni-P-PTFE 复合镀层的摩擦系数很小，是目前金属材料中摩擦系数最小（0.1）者，Ni-P-PTFE 复合镀层还具有较低的、均匀的抗拉力和良好的耐蚀性能。

20 世纪 80 年代以来，欧美、日本相继对 Ni-P-PTFE 无电解复合镀技术进行了研究，并已取得成功。近年来，PTFE 的干态润滑性已引起关注，当将它涂覆到金属基体时，能使金属表面呈不黏性和自润滑状态，降低金属表面的摩擦系数，然而 PTFE 是一种非常软的聚合物，在一定负荷下将会变形，而且它的耐磨能力较差，在运动状态下很快会被磨损。但是，将 PTFE 掺和到化学镀硬镍层中，便得到紧密的结合和支撑，只要变化这种复合镀层的厚度，便能轻易控制其使用寿命，化学镀镍层本身的均匀性和耐蚀性仍然存在，当这种复合镀层经热处理后，既可使 PTFE 材料得到烧结处理，又可使镀层的硬度提高。

化学镀 Ni-P-PTFE 复合镀层的镀液组成及工艺规范见表 5-14。

表 5-14　Ni-P-PTFE 复合镀层的镀液组成及规范

项　目		配方号			
		1	2	3	4
镀液组成	$NiSO_4 \cdot 6H_2O$/g·L^{-1}	25	28	22	30
	$NaH_2PO_2 \cdot H_2O$/g·L^{-1}	15	35	18	15
	$Na_3C_6H_5O_2 \cdot 2H_2O$/g·L^{-1}	10	5		10
	$CH_3COONa \cdot 3H_2O$/g·L^{-1}	20		12	
	PTFE（6%分散液）/mL·L^{-1}	7.5	5	7	8
	丙酸/mL·L^{-1}		2		
	硫脲/mg·L^{-1}		1		
	$C_3H_6O_3$/mL·L^{-1}		24	20	12
	$NaHCO_3$/g·L^{-1}			12	
工艺规范	pH 值	4.5~5.0	4.5~5.0	4.5~5.4	4.5~5.0
	温度/℃	80~90	85~90	85~90	80~90

PTFE 分散液的制备：PTFE 是一种高疏水性物质，其表面能极低。为了使这种高疏水性的颗粒乳化，目前采用的多为氟碳型表面活性剂。

5.2.5.4　化学镀 Ni-P-Cr_2O_3 复合镀层

Cr_2O_3 的物理、化学性质非常稳定，其硬度（HV）达 2940，熔点在 2000℃以上，如果将它作为化学镀 Ni-P 的第二相不溶性微粒加入镀层，可与 Ni-P 共沉积，形成 Ni-P-

Cr_2O_3 复合镀层。由于 Cr_2O_3 微粒很小（5μm 以下），在镀层呈弥散分布，这对提高镀层的硬度和耐磨性是有益的。

化学镀 Ni-P-Cr_2O_3 复合镀层的镀液组成及工艺规范见表 5-15。

表 5-15 镀液组成及工艺规范

项目		配方号	
		A	B
镀液组成 /g · L^{-1}	$NiSO_4 \cdot 7H_2O$	28	28
	$NaH_2PO_2 \cdot H_2O$	23	23
	$NaC_2H_3O_2 \cdot 3H_2O$	5	5
	$Na_3C_6H_5O_7 \cdot H_2O$	5	5
	Cr_2O_3（平均 2μm）		2~12
	阳离子活性剂		微量
工艺规范	pH 值	4.5	3.5~5.5
	温度/℃	88±2	88±2

工艺流程为：A3 钢板→有机除油→水洗→热碱洗→热水洗→冷水→酸洗→水洗→活化→施镀→水洗→烘干。

（1）单层复合镀。在镀液 A 中加入一定量的 Cr_2O_3，在磁力搅拌器中充分搅拌约 30min，搅拌后的镀液为 B。将前处理好的试样放入恒温的镀液 B 中进行施镀，并不断进行搅拌。获得的镀层为 Ni-P-Cr_2O_3 复合镀层。

（2）双层复合镀。将前处理好的试样先在镀液 A 中进行施镀，一段时间后取出，再放入镀液 B 中进行施镀，镀后镀层为 Ni-P/Ni-P-Cr_2O_3 双层复合镀层。

5.2.6 化学镀镍的工业应用

从化学镀发展的速度和应用规模来看，应当首推化学镀镍。特别是近十几年，化学镀镍无论其生产能力还是应用领域都在迅速增长。经过化学镀镍的材料已成为一种优良的工程材料，受到工业界的极大关注。化学镀镍具有以下特点：（1）均镀、深镀能力强（即对各种几何形状，尤其是深孔、盲孔工件的表面镀覆，具有无孔不入的特点）；（2）防腐蚀性能优异（化学镀层呈非晶态特点，特别适于在油田、化工设备以及海洋、岸基设备等的镀覆）；（3）可焊性良好（尤其是电子行业对在镀层表面进行锡焊的工件的镀覆）；（4）镀层硬度与耐磨性能高（主要是对汽配、摩配、各种轴类、钢套、模具的表面镀覆）；（5）具有电磁屏蔽性能（主要对计算机硬盘、飞机接插件等电子元器件的表面镀覆）；（6）适应绝大多数金属基体表面处理（主要对铝及铝合金、铁氧体、钕铁硼、钨镍钴等特殊材料的表面镀覆）；（7）具有大规模应用的低成本。

化学镀镍层结晶细致、孔隙率低、硬度高、磁性好。在许多情况下，如内部镀层和复杂形状的钢铁零件，用化学镀镍替代镀硬铬具有许多优点。目前化学镀镍已广泛应用于电子、航空、航天、化工、精密仪器等工业中，如用非金属材料制成的零件经化学镀镍后再电镀一装饰层，已经在汽车、家电、日用工业产品中大规模应用。化学镀镍层的高防腐性和硬度及其对化工材料的稳定性使其在化工用泵、压缩机、阀等产品部件上的地位越来越高，在核工业、航空航天工业中的应用也越来越广。此外，化学镀镍层优异的磁性能使其在计算机光盘生产中也得到了大规模应用。由于化学镀镍的种种优点，而且设备简单，因此化学镀镍广泛应用于工业领域。

5.3 化学镀铜技术

化学镀铜是利用合适的还原剂，使镀液中的金属铜离子在具有催化活性的基体表面还原沉积出金属铜，形成铜镀层的一种工艺。

1947 年，首先报道了化学镀铜的方法。1950 年出现了 PCB 化学镀铜商用溶液。1957 年第一个与近代化学镀铜溶液相似的配方，即以酒石酸作配合剂、甲醛作还原剂。早期的化学镀铜溶液稳定性较差，寿命较短。因此早期的研究以提高镀液的稳定性为主要的研究目标，如 Shipley 公司研究了一种稳定剂以改善溶液的稳定性。20 世纪 70 年代，进行了以印制线路板通孔内的金属化为目标的研究，后期研究重点主要放在均匀析出上，并进行了化学镀厚铜以代替电镀铜的研究。进入 20 世纪 80 年代，研究重点逐渐向快速镀铜，进一步改善环境污染以及无甲醛化学镀铜工艺方向转移。

化学镀铜的还原剂有：甲醛、二甲胺基硼烷（DMAB）、硼氢化物、肼等，其中甲醛价格低廉，成为最常用的还原剂。20 世纪 80 年代以后，甲醛的致癌性越来越受到社会的关注，尽管用甲醛作还原剂的化学镀铜方法仍占据主导，但是对于其替代品的研究已引起人们的重视。H. Honma 研究了用乙醛替代甲醛作还原剂的化学镀铜方法，该方法镀速高、镀液稳定，能减轻环境污染。S. Mizumoto 发现，氨基乙酸可替代甲醛，所得镀层延展性能良好但其张力略有增加。配合剂是化学镀液中最关键的成分，用 EDTA 作配合剂是因为该体系的镀铜液稳定、镀速高，镀层完美，除此之外，EDTA 还容易从废液中分离，减少环境污染。正是由于它较强的配合性能，废液中只要有少许残余就可以带有大量有毒的重金属离子，因而许多国家限制使用该物质，但由于商业利润的驱使，直到今天最实用的配合剂仍然是 EDTA 类物质。K. Kondo 等研究了三乙醇胺作配合剂的化学镀铜，以一定比例配成的镀液有很高的镀速和稳定性，当三乙醇胺、三异丙醇胺用量超过一定值时，镀速会急剧减小，虽然 EDTA 的用量对镀速的影响不大，但其速率要比三乙醇胺类的小得多。作为化学镀的催化活性物质（活化剂）一般钯-锡胶体系，尽管作为活化剂的胶体钯有很好的活性，但胶体钯易解胶而失去活性。

5.3.1 化学镀铜基本原理

5.3.1.1 化学镀铜的热力学条件

关于化学镀铜的机理，目前还没有统一的认识。早期的化学镀铜过程都会有氢气析出，因此，曾提出了原子氢理论、氢化物理论、金属氢氧化物机理和纯电化学机理 4 种不同的机理。Wagner 和 Trand 为了解释金属腐蚀过程，提出了目前较为业界接受的混合电位原理，Pqunovic 和 Saito 应用该原理解释了铜的化学沉积。

根据电化学混合电位理论，研究者普遍认为化学镀铜过程中，在基体的同一表面同时伴随着阴极和阳极反应的发生，可由 2 个半电池反应描述：

阴极：

$$CuL_n^{2-n\cdot m} + 2e^- \longrightarrow Cu + nL^{m-}$$

阳极：

$$R \longrightarrow O + 2e^- \tag{5-36}$$

式中，L 为配合剂；R 为还原剂；O 为氧化产物；$CuL_n^{2-n\cdot m}$ 为铜配离子。

传统工艺的镀铜液中以甲醛（HCHO）作为还原剂，该镀液中的总反应为：

$$Cu^{2+} + 2HCHO + 4OH^- \longrightarrow 2HCOO^- + 2H_2O + H_2\uparrow \tag{5-37}$$

该总反应是两个半反应组成的氧化还原电池反应，每个电极反应如下：

还原反应：

$$Cu^{2+} + 2e^- \longrightarrow Cu \quad E^{\ominus}_{Cu^{2+}/Cu} = 0.334V$$

氧化反应：

在中性或酸性介质中：

$$HCHO + H_2O \longrightarrow HCOOH + 2H^+ + 2e^- \quad E^{\ominus} = -0.056 - 0.06pH \tag{5-38}$$

在 pH>11 的介质中：

$$HCHO + 4OH^- \longrightarrow 2HCOO^- + 2H_2O + H_2\uparrow + 2e^- \quad E^{\ominus} = -0.32 - 0.12pH \tag{5-39}$$

可见，在 pH>11 的碱性介质中，甲醛才具有还原作用。因此，实际反应多在强碱性条件下进行，甲醛的还原能力取决于溶液的 pH 值。

目前甲醛仍然是主要的化学镀铜还原剂，化学镀铜液包括以下基本成分：硫酸铜、甲醛、氢氧化钠（调节 pH 值）、配合剂、稳定剂等。有研究描述了在瓷体表面化学镀铜的过程。

（1）硫酸铜与氢氧化钠反应生成氢氧化铜的沉淀物（瞬间）：

$$CuSO_4 + 2NaOH = Cu(OH)_2\downarrow + Na_2SO_4 \tag{5-40}$$

（2）溶液中当有配合剂如 EDTA 存在时，EDTA 就与金属铜离子形成螯合物，其反应式如下：

$$Cu(OH)_2 + H_2Na_2Y = CuNa_2Y + 2H_2O \tag{5-41}$$

式中，H_2Na_2Y 为 EDTA 二钠。

（3）溶液中加入甲醛后，铜的配合物被还原分解，生成氧化亚铜：

$$2CuNa_2Y + HCHO + NaOH + H_2O \longrightarrow Cu_2O + 2H_2Na_2Y + HCOONa \tag{5-42}$$

（4）式（5-42）是初始反应，若要进一步还原为金属铜，还必须靠引发剂进行诱发，常用引发剂为银盐或钯盐。首先引发剂在瓷体表面形成一层分布均匀的活化中心，如金属钯膜，其反应式为：

$$Sn^{2+} + Pd^{2+} \longrightarrow Sn^{4+} + Pd \tag{5-43}$$

这层 Pd 膜能使式（5-42）中的氧化亚铜或式（5-41）中产生的配合离子中的二价铜离子直接还原为铜原子，其反应式为

$$CuNa_2Y + HCHO + NaOH \xrightarrow{\text{Pd 膜}} Cu + HCOONa + H_2Na_2Y \tag{5-44}$$

因为式（5-42）反应很少进行，所以式（5-40）、式（5-41）和式（5-44）反应便是化学镀铜的总反应，即：

$$CuSO_4 + 3NaOH + HCHO \xrightarrow[H_2Na_2Y]{Pd} Cu + Na_2SO_4 + HCOONa + 2H_2O \quad (5\text{-}45)$$

可以简化成：

$$Cu^{2+} + 3OH^- + HCHO \xrightarrow[H_2Na_2Y]{Pd} Cu + HCOO^- + 2H_2O \quad (5\text{-}46)$$

实际上式（5-46）也可看成下面两步合成的：

$$HCHO + OH^- \xrightarrow[H_2Na_2Y]{Pd} H_2 + HCOO^- \quad (5\text{-}47)$$

$$Cu^{2+} + H_2 + 2OH^- \xrightarrow[H_2Na_2Y]{Pd} Cu + 2H_2O \quad (5\text{-}48)$$

一旦沉积铜薄膜生成，其本身便进一步自催化，铜离子不断还原为铜原子，加厚铜膜，其反应为：

$$HCHO + OH^- \xrightarrow{\text{铜膜}} H_2 + HCOO^- \quad (5\text{-}49)$$

$$Cu^{2+} + H_2 + 2OH^- \xrightarrow{\text{铜膜}} Cu + 2H_2O \quad (5\text{-}50)$$

由上可见，式（5-47）和式（5-48）与式（5-49）和式（5-50）二者的反应式完全相同，唯一的区别仅在于前者是用 Pd 膜作引发剂，后者是以铜膜本身作催化剂。

（5）化学镀铜溶液的稳定性和镀层质量是至关重要的。因为甲醛的反应不仅在表面上进行，在一定条件下也能在溶液本体内进行，这是一种非催化性的反应，其反应式为：

$$2Cu^{2+} + HCHO + 5OH^- \longrightarrow Cu_2O\downarrow + HCOO^- + 3H_2O \quad (5\text{-}51)$$

所形成的 Cu_2O 以沉淀形式析出，或按下列方式发生歧化反应：

$$Cu_2O + H_2O \longrightarrow Cu^{2+} + 2OH^- \quad (5\text{-}52)$$

亦或按下式形成活性铜核，随后在铜核上进行沉铜反应：

$$Cu_2O + HCHO + 2OH^- \longrightarrow 2Cu + 2HCOO^- + H_2O \quad (5\text{-}53)$$

由式（5-52）和式（5-53）反应生成的 Cu_2O 和铜微粒，无规则地分散于溶液中，当积聚到一定量的铜微粒时，上述非催化反应便变成自催化反应，随着铜微粒的表面积增大而加快，短时间内就会使溶液浑浊变坏，丧失稳定性。

化学沉铜不稳定的另一个原因是甲醛自发消耗，其反应式为：

$$2HCHO + OH^- \longrightarrow HCOO^- + CH_3OH \quad (5\text{-}54)$$

由上可见，提高沉铜溶液稳定性应采取以下措施：加稳定剂、空气搅拌、过滤和加甲醇。采用连续过滤法，使大于 2μm 的铜粒子和杂质滤掉，排除结晶中心；空气搅拌可防止一价铜的生成，二者都能提高溶液的稳定性。后者的反应式为：

$$2Cu_2O + O_2 + 8H^+ \longrightarrow Cu^{2+} + 4H_2O \quad (5\text{-}55)$$

由此式可见，式（5-51）反应生成的 Cu_2O 迅速被氧化成可溶性的 Cu^{2+}，有效地抑制了 Cu_2O 的产生，使溶液的稳定性得到提高；搅拌还有利于沉铜过程所产生的氢气离开镀件，以免少量氢气进入沉积层形成 $(25\sim150)\times10^{-10}$mm 的氢泡，造成铜膜延伸率和致密性下降。

由于甲醛是一种致癌的有毒物，因此以次磷酸钠代替甲醛的研究已经有很多报道。有研究文献称次磷酸钠能还原铜离子，但是必须在具有催化活性的表面上发生。金属催化活性的次序为：

$$Au > Ni > Pd > Co > Pt > Cu$$

由于首先沉积的铜镀层对于后续的反应不具有催化性，当最初的催化基体表面被铜镀层完全覆盖后，铜离子的沉积反应几乎停滞。这时向其中加入少量镍离子，由于镍离子被还原为金属镍，从而增加了镀层的催化性使沉铜反应得以继续下去，所以化学镀铜液当中需要维持适当的镍离子浓度。

在中性或弱碱性条件下，以次磷酸钠作还原剂化学镀铜液中的主要氧化还原反应为：

$$2H_2PO_2^- + Cu^{2+} + 2OH^- \longrightarrow Cu + 2H_2PO_3^- + H_2\uparrow \quad (5\text{-}56)$$

其中，阳极反应为：

$$H_2PO^- \xrightarrow{\text{催化表面}} HPO_2^- + H \quad (5\text{-}57)$$

$$HPO_2^- + OH^- \longrightarrow H_2PO_3^- + e^- \quad (5\text{-}58)$$

$$H_2O + e^- \longrightarrow OH^- + H \quad (5\text{-}59)$$

$$H + H \longrightarrow H_2\uparrow \quad (5\text{-}60)$$

阳极总反应为：

$$2H_2PO_2^- + H_2O \longrightarrow H_2PO_3^- + H_2\uparrow \quad (5\text{-}61)$$

阴极反应为 Cu^{2+} 和 Ni^{2+} 得到电子还原成金属：

$$Cu^{2+} + 2e^- \longrightarrow Cu \quad (5\text{-}62)$$

$$Ni^{2+} + 2e^- \longrightarrow Ni \quad (5\text{-}63)$$

对镀层的分析表明没有金属镍沉积，因此上述金属又发生反应进入到了溶液当中，其反应为：

$$Ni + Cu^{2+} \longrightarrow Ni^{2+} + Cu \quad (5\text{-}64)$$

5.3.1.2 化学镀铜的动力学问题

理论上化学镀铜的速度，可以用反应产物浓度增加和反应物浓度减少的速度来表示。大多数化学镀铜反应动力学研究都不可能考虑添加剂的作用，而仅仅限于镀液中最基本的成分，研究结果以经验动力学表达：

$$r = K[Cu^{2+}]^a[OH^-]^b[HCHO]^c[L]^d \quad (5\text{-}65)$$

式中，L 为配合剂；a、b、c、d 分别为 4 种主要成分的反应级数。

尽管采用经过简化的动力学经验式，不同的研究者所获得的数据彼此之间仍相差甚远。产生不一致的原因有 3 个方面：

（1）研究对象的基体材质不同。有的采用金属基体，有的则采用催化处理过的非导体。

（2）测量时间不同。因为化学镀铜反应速度随时间有所变化，初始镀速（当铜层覆盖度低于 $25\mu g/cm^2$）通常大于其后的稳态镀速。

（3）传质因素的影响。反应物的界面浓度与溶液本体浓度不同。界面浓度受溶液搅拌方式、扩散层厚度、反应物扩散系数等因素的影响。

为了获得接近真实的动力学数据，多年来科学工作者采用了许多先进的测试技术，并且用阴极增重法去校正，比如采用石英微天平技术，这种技术可测 μg 量级重量的变化，并且可用于原位实时测试。唐纳修等对大量不同组成的化学镀铜溶液进行了测定，在混合电位理论分析的基础上，得出了下列反应速率的经验式：

$$r = 2.81\frac{[Cu^{2+}]^{0.43}[HCHO]^{0.16}}{[OH^-]^{0.70}[EDTA]^{0.04}}\exp 11.5\frac{T-313}{T} \tag{5-66}$$

在甲醛的反应级数为 1，其他成分的反应级数为 0 时，化学镀铜动力学公式则简化为：

$$r = AC_{mg}\exp\left(\frac{-E_a}{RT}\right) \tag{5-67}$$

式中，C_{mg}为甲醛的界面浓度；E_a为活化能；R 为气体常数；T 为绝对温度。

实际上应该是其反应中间体亚甲基二醇的浓度。此时测得化学镀铜反应的活化能为 60.9kJ/mol。

5.3.2　化学镀铜工艺及镀液组成

化学镀铜的过程通常为：除油→水洗→化学粗化→水洗→敏化→水洗→活化→水洗→化学镀铜。

化学镀铜浴主要由铜盐、还原剂、配合剂、稳定剂、pH 值调整剂和其他添加剂等组成。

（1）铜盐。铜盐是化学镀铜的离子源，可使用硫酸铜、氯化铜、碱式碳酸铜、酒石酸铜等二价铜盐。大多数化学镀铜溶液中都使用硫酸铜。镀液中铜盐的浓度对于镀层性能的影响较小，而铜盐中的杂质能对镀层性质造成很大的影响，因此，化学镀铜溶液中铜盐的纯度要求较高。

（2）还原剂。化学镀铜溶液中的还原剂可使用甲醛、次磷酸钠、硼氢化钠、二甲胺基硼烷（DMAB）、肼等。目前化学镀铜液多使用甲醛作为还原剂。

甲醛的还原作用与镀液的 pH 值有关。只有在 pH>11 的碱性条件下，它才具有还原铜的能力。镀液的 pH 值越高，甲醛还原铜的作用越强，镀速越快。但是镀液的 pH 值过高，容易造成镀液的自发分解，降低了镀液的稳定性，因此大多数化学镀铜溶液的 pH 值都控制在 12 左右。

增加镀液中的甲醛浓度，可显著提高镀速；但是当镀液中甲醛浓度较大时，浓度变化不再明显影响镀速。

（3）pH 值调整剂。由于化学镀铜过程是镀液 pH 值降低的过程，必须向化学镀铜溶液中添加碱，以始终维持镀液的 pH 值在正常范围内，通常化学镀铜用的 pH 值调整剂是氢氧化钠。

（4）配合剂　正确地选用配合剂不仅有利于镀液的稳定性，而且可以提高镀速和镀层质量。近代化学镀铜溶液中通常添加两种或两种以上的配合剂，如酒石酸钾钠和 EDTA 钠盐混合使用。表 5-16 是常用配合剂及其配合稳定常数，pK 值越大表示其铜配离子越稳定。

（5）稳定剂。化学镀铜的稳定剂是一种能使铜层表面形成非催化薄膜的化合物，它通常是一价铜的配合物，并能吸附在铜表面上。常用的稳定剂有甲醇、氰化钠、2-巯基苯并噻唑、α，α′-联吡啶、亚铁氰化钾等。这类稳定剂对提高镀液的稳定性有效，但是大多数稳定剂又是化学镀铜反应的催化毒性剂，因此稳定剂的含量一般很低，否则会显著降低镀速甚至造成停镀。值得指出的是，化学镀铜溶液最常用的稳定剂是持续的压缩空气（即氧气）鼓泡。

表 5-16 化学镀铜常用配合剂及其配离子

中心离子	配合剂		配离子	pK
	名称	分子式		
Cu^{2+}	酒石酸	$C_4H_6O_6$	$[Cu(C_4H_4O_6)_2]^{2-}$	6.51
	乙二胺	$NH_2C_2H_4\ NH_2$	$[Cu(C_2H_4N_2H_4)_4]^{2+}$	19.99
	氨	$NH_3 \cdot H_2O$	$[Cu(NH_3)_4]^{2+}$	12.68
	水杨酸	$C_6H_4OHCOOH$	$[Cu(C_6H_4OHCOO)_2]^{2+}$	18.45
	三乙醇胺	$N(C_2H_5OH)_3$	$[Cu(C_2H_5OH)_3]^{2+}$	6.0
Cu^+	氰化钠	NaCN	$[Cu(CN)_4]^{3-}$	30.30
	硫脲	NH_2CSNH_2	$[Cu(CSN_2H_4)_4]^+$	15.39
	α，α′-联吡啶	$(C_5H_4N)_2$	$[Cu(C_5H_4N)_2]^+$	14.2
	硫代硫酸钠	$Na_2S_2O_3$	$[Cu(S_2O_3)_3]^{5-}$	13.84
	硫氰化钾	KCNS	$[Cu(CNS)_2]^-$	12.11

由于稳定剂配合 Cu^+并能吸附在铜表面上，因此稳定剂可以起到如下作用：1）降低电极反应的自由表面，增大高电流密度时的超电压；2）改变电极反应动力学参数（交换电流密度和传递系数）；3）减慢放电离子通过吸附层的速度；4）降低结晶表面的自由能，增加成核速度，并能吸附在结晶表面而减慢晶粒长大速率，提高晶核在基板表面的平均密度，例如加入 MBT 后，单位面积上的晶核密度由不加时的 2×10^8 个/cm^2增加到约 10×10^{10}个/cm^2，同时添加 MBT 和氰化钠可使原有的晶核之间生成足够数量的第二级晶核，充满原有晶核间的空隙，从而获得细晶和较高延性的镀层；5）稳定剂能优先地吸附在新形成的小粒子上，从而使它们失去作为催化沉铜的核的活性；6）化学镀铜的同时有氢气析出，加入表面活性剂可以降低溶液的表面张力，有利于氢气析出，避免镀层产生氢脆；7）用电子显微镜观察不加稳定剂所得镀层是由易脱落的铜微粒构成粗糙表面，脱落下来的铜离子将作为核而诱发镀液的自然分解。仅加一种稳定剂的镀层是粗大晶粒，表面出现明显的凹凸不平。而两种稳定剂并用时，则是平滑，细晶（$<0.3\mu m$）的镀层，其延展性，光亮度可提高许多倍。

（6）其他添加剂。提高镀速的添加剂称之为加速剂或促进剂。作为化学镀铜浴加速剂的化合物有氨盐、硝酸盐、氯化物、氯酸盐、钼酸盐等。某些表面活性剂也用于降低化学镀铜浴表面张力，有利于改善镀层质量。

5.3.3 化学镀铜的影响因素

5.3.3.1 基体对化学镀铜的影响

图 5-3（a）和（b）分别示意了基体为电导体和非导体的不同之处。显然，对于催化性电导体，其表面催化活性中心的数目要比非导体表面多。因为 $SnCl_2$-$PdCl_2$ 催化活化处理后的非导体表面的催化中心为弥散的 Sn-Pd 胶体微粒。表面分析结果表明，在 Sn-Pd 催

化剂表面，化学沉积铜的初始阶段的表面组成主要为 Cu 和 Pd，而不是 Cu、Pd、Sn。Cu/Pd 的晶格常数处于 Cu 与 Pd 的晶格常数之间。因此，这种现象似乎是从 Sn-Pd 晶格中取代了 Sn，形成了 Cu-Pd 固溶体。这说明 Cu 对 Sn 置换是催化机理的重要因素。

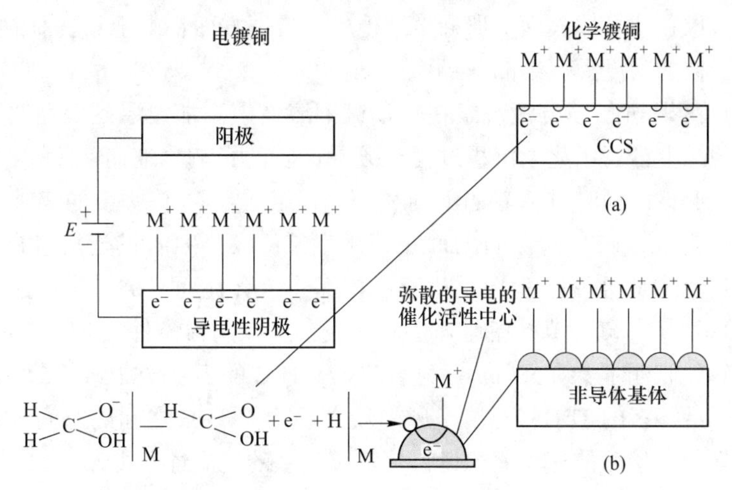

图 5-3 化学镀与电镀比较，铜离子获电子还原示意图

（a）具有催化活性的导电性基体（CCS）；（b）经催化活化处理过的非导体基体

通过在不同基体表面上化学沉积生长过程的显微观察。结果表明，化学镀铜的组织结构和性质在很大程度上取决于发生化学镀铜的基体。在具有催化活性的导体表面的化学镀铜层的晶体结构与催化活化处理过的非导体表面的化学镀铜层显著地不同。在大晶粒铜板基体表面的化学镀铜呈典型的晶面择优取向，即延晶生长，其镀层截面如图 5-4（a）所示。

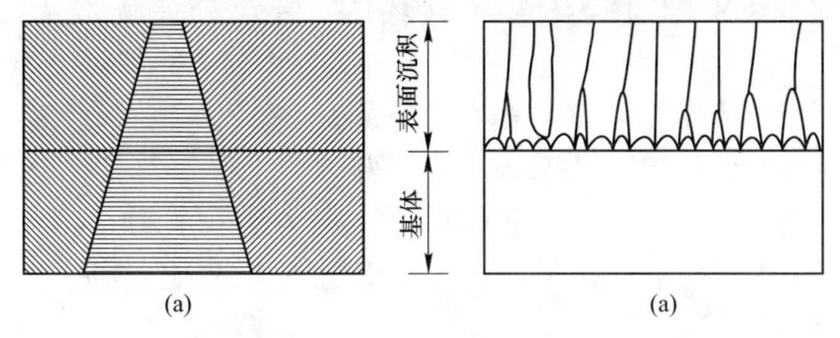

图 5-4 不同基体对于化学镀铜组织结构影响的示意图

（a）晶态基体及镀层；（b）非晶态基体及镀层

在催化处理过的非导体基体表面的化学镀铜，初始为微晶等轴生长，镀厚增加后转变为较大柱状结晶，其镀层截面组织如图 5-4（b）所示。因为催化剂（如 Pd/Sn 胶体）在非导体表面高度分散，所以初始沉积为细微晶粒结构。作为弥散的、不连续的形核中心。在非导体表面的催化剂胶体粒径为 10~50nm。值得注意的是，在溶液本体中催化剂胶体粒径约小 1 个数量级，这说明在非导体表面的催化剂胶体粒子发生了聚结现象。在接触化学镀铜溶液的最初阶段，在非导体表面化学沉积的晶粒尺寸比上述催化剂粒子聚结体的直径要大 1 个数量级。如此看来，沉积时发生了晶体聚结。催化剂腔体粒子与非导体表面结合并不牢固，因此很可能发生了迁移，从而产生聚结现象，这种现象持续进行直到非导体表面生成完整的化学镀铜膜为止。

在非晶态 Pd-Cu-Si 基体表面上，化学镀铜的初始形核生长可能是无定形的；镀层截面显微观察可见其晶体极其细微（10~300nm）。而且随着镀层厚度增加，其晶体尺寸并不长大。在非晶态金属基体的这种情况下，催化活性中心是不可移动的；既然无法迁移，因此不可能发生像在非导体表面上那种聚结现象；另一方面，由于其表面催化活性中心很多，因而生长形枝的密度大，结晶细致。

M. Paunovic 等通过扫描电镜观察在化学镀铜溶液中添加镀层延展性改良剂之后的变化，从结晶形貌学上分析了化学沉积过程对镀层性质的影响。他们认为化学镀铜沉积时，持续的结晶生长形核由同时进行着的下列 3 个过程组成：（1）弥散的三维生长中心（三维晶粒 TDC）的形成；（2）弥散的 TDC 的三维生长；（3）TDC 的连接聚合。因此，连续的化学镀铜层是由 TDC 水平（横向）生长、相互连接合拢而成的。当镀液中同时加两种添加 NaCN 和 MBT（二巯基苯并噻唑）之后，观察到在同样条件下 TDC 的平面尺寸（约 250nm）较之无添加剂时（约 500nm）显著减小，TDC 的密度增加到了 5 倍。添加剂的作用似乎是增加了足够多的 TDC，充填了原来较大尺寸的 TDC 之间的空间。正是这种对于 TDC 横向生长平面连接时的充填模式使得化学镀铜层的延展性获得改善。

5.3.3.2　析氢过程对化学镀铜的影响

化学镀铜伴随着析氢过程，氢可能被滞留于镀层之中。显微观察发现镀层内夹杂着氢气泡，并且氢气泡的大小、形态和分布是不同的。这种现象直接影响到镀层物理性质。贝尔实验室 S. Nakahara 等对化学镀铜层中氢气泡的形成机制进行过长期研究。他们将氢气泡分为 3 类，图 5-5 为化学镀铜层截面缺陷示意图。

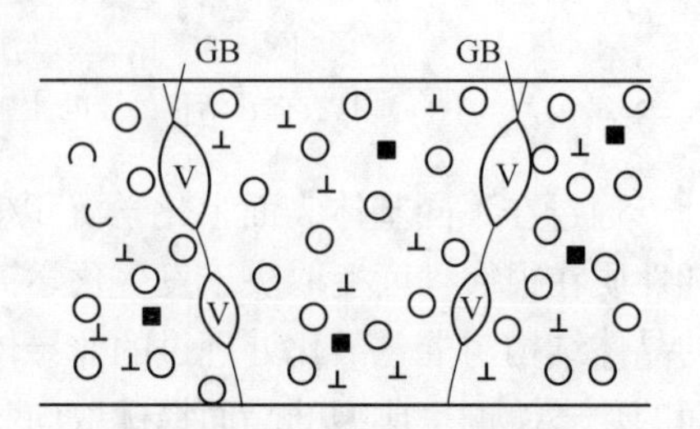

图 5-5　化学镀铜层截面结构缺陷示意图
⊥—位错；■—第二类氢气泡；GB—晶粒边界；○—第一类氢气泡；V—第三类氢气泡

晶体缺陷通常包括位错、孪晶、晶粒边界等，如图 5-5 化学镀铜层中还存在各种形式的氢气泡缺陷，分别称为第一类、第二类和第三类气泡。第一类为细小的圆形气泡，第二类为晶隙氢原子结合而形成的多面形的小气泡，第三类为晶粒边界上的大氢气泡。图 5-6 为 3 类氢气泡的形成过程示意图。

化学镀铜的铜基体有两个显露的晶粒边界缺陷（图 5-6（a））。众所周知，氢气由两个氢原子组成。氢原子来源于甲醛分子中 C—H 链的裂解。氢原子和氢气分子在表面是可迁移的，随时可能聚集成氢气泡。如果氢气泡变得过大，则将脱附进镀液。表面显露的晶粒边界缺陷通常为沟槽状，因此成为择优容纳氢气泡的地点。图 5-6（a）和（b）示意 3 类氢气泡形成机制。在化学镀铜沉积生长时，表面上氢气泡处于聚集和脱附的动态过程，通常大气泡在显露的晶粒边界上保持时间较长，在这样的动态过程中，这些大小气泡可能被裹胁入镀层之中。

了解 3 类气泡分别在气泡总数中所占百分比是很重要的。第二类气泡在数量和尺寸两方面都十分小，可以忽略不计。可以设想气泡总体积由第一类和第三类气泡作贡献。气泡总体积可由化学镀铜层的密度来计算，铜金属本体的密度为 8.92g/cm^3。对于某个密度为 (8.861±0.012) g/cm^3 的化学镀铜试样而言，其气泡总体积百分比为 0.66%。根据

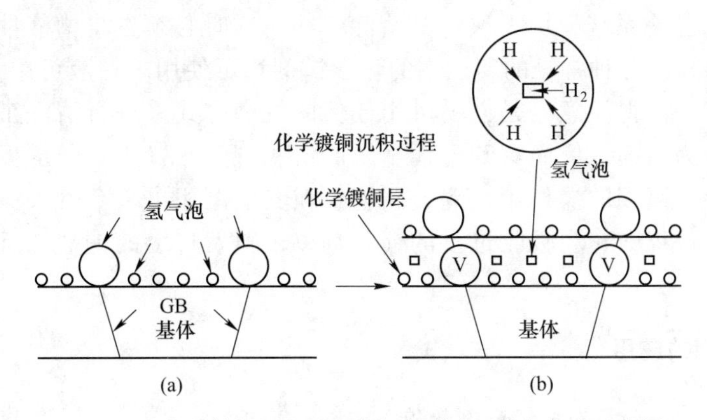

图 5-6 在化学镀铜沉积过程中如何形成 3 类氢气泡示意图

（a）GB 晶粒边界；（b）气泡的形成

S. Nakahara 的研究结果：对于第一类气泡，其单位体积的气泡数目为 $9\times10^{14}\sim9\times10^{15}$ 个/cm^3，气泡平均粒径为 2.5nm；若以上述数据计算，第一类气泡所占百分比 0.0059%～0.0590%，相当于总气泡体积的 1%～10%。因此，第三类气泡占气泡总体积的 90%～99%。氢气泡造成化学镀铜延展性降低可能归咎于下列原因：（1）在晶粒边界附近的第三类气泡成为断裂的萌生点，因而增加了镀层断裂的可能性；（2）其他细小、弥散的氢气泡成为晶面滑移的障碍，造成镀层硬度升高。

5.3.3.3 槽液的控制对化学镀铜的影响

为了得到高质量的镀层，除了要科学合理地选择和调配镀液外，槽液的操作与控制液是非常重要的，其中，以成分浓度的补充、槽液温度的控制、化学镀铜的前处理及搅拌过滤等最为重要。

由于化学镀铜槽液操作不同于电镀铜槽的操作，若要使得沉积反应可以顺利进行，槽液当中的铜盐、氢氧化钠以及甲醛的成分浓度，都需要达到特定的程度，并且应处于一种平衡状态。除此之外，槽液的温度必须适当，而且还需要有一个清洁的镀槽。只有这样，化学镀铜的沉积效果才会良好。由于化学镀铜的槽液的操作不同于电镀铜槽（可以利用外界供给的电流来完成所需的沉积反应），而是凭着内在自身所发生的氧化还原反应来完成所需的沉积镀层，所以不论是在槽液的配方组成，以及槽液的操作控制等方面，化学镀铜均比电镀铜槽的要求严格。

若要使得化学镀铜的槽液操作可以顺利进行，以下提出 3 项基本的控制规则仅供参考：（1）定时对槽液成分进行化学分析并及时补加；（2）槽液的补加必须以规定的量添加；（3）槽液温度必须适当控制。在工作中溶液的温度控制在 35～45℃范围内。在化学镀铜槽液中设有温控和加热，用以控制温度。

此外，要对镀液采取稳定持续的空气搅拌；连续地进行过滤；经常定期清洗铜槽；经常定期清理挂架。空气搅拌的主要作用在于能使溶液更加均匀，同时能降低镀层的粗糙度，以及在槽壁上的沉积。并能减少化学药品的损耗，从而使得孔壁表面的沉积镀层更加均匀细致。在生产过程中，槽液会生成大量的氧化亚铜，它很不稳定，需过滤出来，最后在过滤装置上形成的是铜颗粒。通过对槽液进行过滤，使溶液更加稳定。化学镀铜槽液在经过一段时间的操作与放置之后，槽内壁面上通常有铜金属的颗粒沉积出来，此种情况无论使用任何过滤系统，均无法将其清除干净。这时必须先将槽液抽出，然后再进行清除铜渣的工作。各种常见的腐蚀铜的化学试剂均可使用。一般可用 1∶1 的硝酸液来定期清洗铜槽。值得注意的是，不可用任何的机械方式来进行清洗工作，因为这样将会导致槽壁更为粗糙，反而有利于铜金属的沉积现象。置放于固定板材用的不锈钢挂架，在进行化学镀铜的操作中，铜金属也会在其上沉积出来，由于挂架表面沉积上一层铜，在生产过程中它会吸收过多的催化剂以及耗费过多的铜盐，所以也必须设法将其清除干净。

5.3.4 化学镀铜的应用

5.3.4.1 在印制电路板表面化学镀铜

印制电路板基材为电绝缘体，不能直接通电电镀。化学镀铜技术无电场分布问题，它能使非导体的孔壁上和导线上生成厚度均匀的镀铜层。印制电路板化学镀铜工艺通常包括前处理、镀覆工艺和后处理等工序，均对产品的质量有较大的影响，其中每步工序之间都需要对镀件进行充分的清洗，以避免槽液之间的相互污染。

（1）前处理。主要目的是消除可见的表面缺陷。主要采用强浸蚀性的化学药品除去基体表面的纤维和异物，并且刻蚀基体表面，适当地改变基体的表面形貌和表面化学性质。现代印制电路制造的前处理通常由溶胀、碱性高锰酸钾氧化去脏污以及中和 3 个步骤组成。

（2）镀前预备。目的是保证工件表面的清洁度，获得理想的表面催化活性以便于化学镀铜。该处理阶段一般包括清洗、表面调整、微刻蚀、预浸、催化、解胶等 6 个步骤。

（3）化学镀铜。有关化学镀铜溶液的组成已经在 5.3.2 节介绍。

（4）化学镀铜后处理。化学镀铜之后立即进行抗铜变色处理，然后清洗、干燥、下架进入图形转印工序。抗铜变色溶液呈弱酸性，一般含柠檬酸或酒石酸盐配合剂和抗铜变色剂，如苯并三氮唑。通常抗铜变色剂溶液的浓度很低，操作温度为 50~60℃。洗净后的印制电路板在不锈钢槽中采用强制热风吹干。在减法图形镀工艺化学镀镀铜（约 0.5μm）之后，紧接着电镀铜增厚（约 5μm）作为后处理，然后清洗、干燥、下架进行图形转印工序。

5.3.4.2 ABS 塑料表面化学镀铜

ABS 塑料工件→水洗→碱性除油→水洗→丙酮溶液溶胀→水洗→粗化→一次活化（胶体铜活化）→水洗→二次活化（促进剂）→水洗→化学镀铜。

（1）碱性除油。NaOH 50g/L，Na_3PO_4 30g/L，Na_2CO_3 15g/L，温度为 40~45℃，时间 30~40min。

（2）溶胀。丙酮∶水=1∶2（体积比），温度为室温，时间为 15min。

（3）粗化。CrO_3 400g/L，H_2SO_4 350g/L，温度为 50~75℃，时间为 50~80min。

（4）碱洗。10%NaOH 溶液，温度为室温，时间为 5min。

（5）一次活化（胶体铜活化）。温度为 60℃，时间为 5min。一次活化液的配制方法如下：

甲液（152mL）：$CuCl_2 \cdot 2H_2O$ 8mL（0.8mol/L），配合剂 20mL，水 124mL；

乙液（88mL）：$NaBH_4$ 2mL（0.8mol/L），水 86mL；

丙液（144.8mL）：胶体稳定剂 BP80 20mL，$NaBH_4$ 1mL（0.8mol/L），NaOH 溶液 5mL，$(NH_2)_2CS$ 0.2mL（10.2g/L），H_2O 118.6mL。

甲液在不断搅拌下，逐滴加入乙液，充分搅匀，然后在不断搅拌此混合物的条件下，逐滴加入丙液，充分搅匀，60℃水浴保温 2min，即制得胶体铜活化液。实际使用时，每 1000mL 活化液（甲：乙：丙=1：0.579：0.953）加入 5mL $NaBH_4$（30.26g/L），即得到塑料化学镀时用的活化工作液。

（6）二次活化（促进）。还原剂 B 1g/L，NaOH 适量，调 pH≥9，室温，时间为 3min。

（7）化学镀铜液。$CuSO_4 \cdot 5H_2O$ 14~15g/L，EDTA 20~22g/L，酒石酸钾钠 14~16g/L，甲醛 40~45g/L，NaOH 调 pH=12，亚铁氰化钾 5~10mg/L，温度为 25℃，时间为10~40min。

5.3.5　镀层退除方法

铜镀层的退除基本可以分为化学法和电解法，化学法主要有：（1）以铬酐为主的方法；（2）以间硝基苯磺酸钠和 NaCN 为主并加热的方法；（3）浓 HNO_3 法；（4）H_2O_2-柠檬酸铵法。表 5-17 是铜镀层的常用退镀工艺。

表 5-17　铜镀层的常用退镀工艺

基体材料	化学法/电化学法	操作规范	参　数
钢铁	化学法	防染盐 S/$g \cdot L^{-1}$	70
		氰化钠/$g \cdot L^{-1}$	70
		温度/℃	80~100
	化学法	硝酸/$mL \cdot L^{-1}$	100
		氯化钠/$g \cdot L^{-1}$	42~45
		温度/℃	60~80
镍及其合金	电化学法	氰化钠/$g \cdot L^{-1}$	80~100
		氢氧化钠/$g \cdot L^{-1}$	10~20
		温度/℃	20~70
		电流密度/$A \cdot dm^{-2}$	1~5
钢铁、铝及其合金	化学法	氰化钠/$g \cdot L^{-1}$	70~100
		氢氧化钠/$g \cdot L^{-1}$	5~15
		防染盐 S/$g \cdot L^{-1}$	60
		温度/℃	50~55
		pH 值	11~12
锌及其合金	电化学法	浓硫酸	435~520
		温度	室温
		电流密度/$A \cdot dm^{-2}$	5~8
	电化学法	亚硫酸钠/$g \cdot L^{-1}$	120
		温度/℃	20
		电流密度/$A \cdot dm^{-2}$	1~2

续表 5-17

基体材料	化学法/电化学法	操作规范	参 数
塑料	化学法	硝酸（65%）/mL·L^{-1}	500
		温度	室温
	化学法	铬酐/g·L^{-1}	100~400
		浓硫酸/ml·L^{-1}	2~50
		温度	室温

退镀原理：在氨溶液中铜的标准电极电位较负，还原性远比在酸性介质中强，空气及一些中等氧化能力的氧化剂（如 $KBrO_3$）都可以把铜氧化成 Cu^{2+} 而溶解。但空气的氧化作用较弱，溶解铜的速度较慢，必须使用氧化性较强的 $KBrO_3$ 以提高退铜速度，同时 $KBrO_3$ 的浓度不能过低，否则退镀速度慢，过高则可能导致溶液自分解。氨水作为配合剂，浓度过低不能有效生成 $[Cu(NH_3)_4]^{2+}$，而生成难溶的 $[Cu(NH_3)_4](OH)_2$ 黏附在铜镀层表面。

5.3.6 镀层的后处理方法

化学镀铜层置于空气中极易被氧化，该镀层作为电镀的底镀或非导体的导电层时，通常是不需要后处理的，但是用作某些特殊领域时需要对其进行后处理以提高镀层的抗氧化性、耐磨性、光亮性等性能。有文献报道了浸油热处理、磷化膜处理、铬酸盐钝化处理对以上性能的影响。结果表明，以石蜡为加热介质，把镀铜片浸在石蜡油当中，以煤气灯为热源，控制温度为 200~220℃，恒温加热 60min。能够提高镀铜层的抗氧化性，但对耐磨性没有显著影响。以 $Zn(NO_3)_2$ 120g/L、NaH_2PO_4 40g/L、酒石酸 20g/L 的磷化液，在温度 65℃条件下，处理会使铜镀层表面生成疏松的磷化物，反而破坏了镀层。

铬酸盐钝化处理的溶液组成为 $Na_2Cr_2O_7$ 180g/L、NaCl 10g/L、Na_2SO_4 70.07g/L 和 H_2SO_4 6.0mL/L，pH=0.5，钝化时间为 30s，结果表明钝化处理使镀层表面覆盖了一层球状的铬化物，抗氧化性和耐磨性得到显著改善，而且铬酸盐钝化处理后镀铜层表面仍有光泽。

5.4 化学镀锡技术

锡是一种质地柔软的金属，钎焊性和耐蚀性能好，抗氧化能力强。锡及其合金镀层作为可焊性镀层已广泛应用于以铜和铜合金为基体的电子元器件、印刷线路板、半导体封装等电子行业中。由于镀锡层有产生晶须的可能，为此，人们用锡铅合金代替纯锡镀层。但是铅的使用带来了污染，在日益重视环保的今天，其应用受到越来越多的限制。而无铅可焊性锡基合金镀覆技术在发达国家中也才处于中试阶段，因此，至少在一般的电子元器件等产品上，首选的可焊性镀层仍然是镀锡层。镀锡层作为防护性镀层也已广泛应用于给水系统中铜和铜合金管的内表面镀覆，用以防止铜管内表面溶出铜离子而影响水质。

锡层的制备除热浸、喷涂等物理法外，电镀、浸镀及化学镀等方法因简单易行已在工业上广泛应用。与化学镀相比，电镀的分散能力和深镀能力不好，镀层不均匀，孔内特别是管内难以镀覆；而在元器件的滚镀和振镀中，须加入大量的钢珠作为导电体，造成了材料和能源的极大浪费。因此，化学镀锡受到了人们的重视并得到了一定的应用。

5.4.1 锡镀层的性质和用途

锡具有银白色的表面外观，相对原子质量为118.7，密度为7.3g/cm^3，熔点为232℃，原子价有二价和四价，电化当量分别为2.12g/(A·h) 和1.107g/(A·h)。锡具有抗腐蚀、耐变色、无毒、易钎焊、柔软和延展性能好等优点。锡镀层有以下特点和用途：

（1）化学稳定性高，在大气中耐氧化不易变色，与硫化物不起反应，与硫酸、盐酸、硝酸的稀溶液几乎不反应，即使在浓硫酸和浓盐酸中也只有在加热的条件下才缓慢反应。

（2）在电化序中锡的标准电位比铁正，对钢铁来说是阴极性镀层，在镀层无孔隙时能有效地保护基体。在有机酸介质中，锡的电位比铁负，具有电化学保护作用，溶解的锡对人体无害，故常作食品容器的保护层。

（3）锡导电性好，易钎焊，在强电部门常以锡代替银作导电镀层；在弱电部门电子元器件的引线、印刷电路板也镀锡。铜制印刷线路板浸锡能提高可焊性外，还有隔绝材料中硫的作用；电子元件铜引线浸锡后除了容易焊接外，还能防止与玻璃封接时发生氧化；轴承合金镀锡可起密合和减磨作用；汽车工业上活塞镀锡和汽缸壁镀锡可防止滞死和拉伤。

（4）锡从-13℃起结晶开始发生变异，到-30℃将完全转化为一种非晶型的同素异形体（α锡或灰锡），俗称“锡瘟”，此时已失去金属锡的性质。但锡与少量锑或铋（0.2%~0.3%，质量分数）共沉积时可有效地抑制这种变异。

（5）锡在高温、潮湿和密闭条件下能长成“晶须”，称为“长毛”，是镀层存在的内应力所致。小型的电子元件需防止晶须造成短路事故。镀后可用加热法除去内应力或电镀时与1%的铅共沉积可避免这一特性。

（6）锡通过232℃以上的温度在热油中重熔处理后，能获得有光泽的花纹锡层，可做日用品的装饰镀层。

5.4.2 化学镀锡基本原理

化学镀锡是一种无电解反应过程，是溶液中金属离子在还原剂的作用下，在催化活性表面上沉积的过程，化学镀锡主要有3种方法，即置换法化学镀锡、接触法化学镀锡和还原法化学镀锡。

（1）置换法化学镀锡：又称之为浸镀锡，是把工件浸入锡的盐溶液中，按化学置换原理在工件表面沉积出金属镀层，是一个无电解的反应过程。镀液中不含还原剂，当基体表面被镀层金属覆盖以后，反应会立即停止。浸镀法的缺点是只能在有限的几种基材上进行，而且镀层厚度有限，一般只有0.5μm，甚至谈不上可焊性等性能。浸镀液中含大于0.005g/L Sb^{3+}、大于0.07g/L SO_4^{2-} 则会被毒化不再沉积出锡。但优点也很明显如不需外电源，均镀及分散能力好，操作方便，成本低，可在深孔或管道内壁沉积。

（2）接触法化学镀锡：是把工件浸入锡盐溶液中时，必须与一种活泼的金属紧密连接，该活泼的金属为阳极进入溶液放出电子，溶液中电位较高的金属离子得到电子后沉积在工件表面。

（3）还原法化学镀锡：在溶液中加有还原剂，是自催化反应过程。目前讨论的还原法是专指在具有催化能力的活性表面上沉积出金属涂层，该种方法就是所指的“化学镀”工艺。由于施镀过程中沉积层仍具有自催化能力，可以依据产品要求而获得不同厚度的镀层。化学镀锡液的分散能力好、镀层厚度均匀、无明显边缘效应。另外，结合力优于电镀，工艺设备简单，不需要电源、输电系统及辅助电极。

总之，化学镀方法相对其他方法，无论是镀层质量，还是经济效益，都有一定的优势，在电子元器件以及 PCB 板的锡及锡基合金镀覆方面，有很好的发展前途，且针对电子元件及印刷板等形状复杂的工件，化学镀也有它自身独特的优越性。用还原剂在自催化活性表面实现金属沉积的方法是唯一能用来代替电镀法的一种湿法沉积方法。

5.4.3　浸镀锡

浸镀法化学镀锡又称浸锡，是把工件浸入含有锡的盐溶液中，按照化学镀置换原理在工件表面沉积出金属镀层。其镀液中一般不含有还原剂。浸镀锡目前只在钢铁、铜及其合金、铝及其合金上进行。当基体完全被锡覆盖后，沉积趋于停滞，因此浸镀镀层厚度有限，一般仅有 0.5μm 左右，很难满足实际需要。实际浸镀锡时，往往在原有工艺的基础上加入还原剂，从而增加锡镀层的厚度，有的能实现低温浸锡。浸锡溶液的类型大致可分为 3 类：碱性锡酸盐溶液浸锡、中性氯化亚锡溶液浸锡和酸性硫酸亚锡溶液浸锡。

浸镀锡的原理可以简单的表示为：

$$2Cu + Sn^{2+} \longrightarrow 2Cu^{+} + Sn \tag{5-68}$$

包含有两个电极过程：一个是基体金属原子失去电子形成离子并通过扩散离开基体表面的阳极过程；另一个是液相的金属离子扩散到电极（基体）表面，得到电子形成金属原子，并在电极表面“成核”“长大”，形成镀层的阴极过程。

5.4.3.1　钢基体上浸镀锡

钢丝上浸锡或者 Sn-Cu 合金后改善了拔丝润滑性，一些文化用小商品表面浸锡则达到提高表面色泽美观度和防腐蚀的作用。表 5-18 是在钢基体上浸镀 Sn 及 Cu-Sn 合金的镀液组成及工艺规范。

表 5-18　钢基体上浸镀 Sn 及 Cu-Sn 合金的镀液组成及工艺规范

项　目		镀 Sn	镀 Cu-Sn 合金
镀液组成/$g \cdot L^{-1}$	硫酸亚锡 $SnSO_4$	0.8~2.5	7.5
	硫酸铜 $CuSO_4 \cdot 5H_2O$	—	7.5
	硫酸 H_2SO_4	5~15	10~30
工艺规范	温度/℃	90~100	20
	时间/min	5~20	5

5.4.3.2　铝及其合金基体上浸镀锡

铝及铝合金上化学浸锡的研究最早出现于 1936 年，是作为铝合金上电镀的中间层而发展起来的。铝是两性金属，性质活泼。在铝上浸镀锡层时，由于置换反应中产生氢气泡，使镀层结合力受到较大影响，所以一般不在纯铝上浸锡。铸造硬铝或铝合金活塞上的浸锡效果较好，铝合金中硅含量越高，锡层的结合力及致密性都有所提高。普通铝合金或纯铝上的浸锡对各项工艺参数要求非常严格，稍有不慎就会使结合力变差。

铝上浸镀锡的反应大致可以表示为：

$$4Al + 3K_2Sn(OH)_6 \longrightarrow 3Sn + 4KAlO_2 + 2KOH + 8H_2O \tag{5-69}$$

上述工艺的结合力不佳，原因是两性金属铝在强碱性浸镀液中被腐蚀，但铝合金汽车发动机活塞表面浸锡工艺的研究几乎从1945年一直延续至今。这是由于汽车活塞一般是含硅的铝合金，浸锡时氢气逸出较少，故宜于浸镀锡。同时，锡层可起到润滑作用减小了汽缸的磨损。操作时将活化后的铝件浸入45~75g/L的碱式锡酸钠溶液中，50~70℃浸3~4min，得灰白色的镀层，最后用冷水和热水清洗干净。浸锡过程中，溶液中的锡含量会逐渐降低，游离碱增加，使沉积速度降低，浸镀过程中必须加醋酸降低游离碱浓度使之小于10g/L，并注意补充消耗的锡酸钠溶液以维持适当的沉积速度，否则提高温度也可以。

表5-19和表5-20是铝及其合金基体上浸镀锡的常用配方镀液组成及工艺规范。

表5-19　铝及铝合金基体上浸镀锡的常用配方镀液组成及工艺规范

项目		配方号		
		1	2	3
镀液组成	$SnCl_2 \cdot 2H_2O$/g·L^{-1}	30		10~12
	$Sn(BF_4)_2$/g·L^{-1}		30~50	
	硫脲/g·L^{-1}	60	40~50	
	NaCN/g·L^{-1}			15~25
	HCl/g·L^{-1}	40~50		
	HBF_4/g·L^{-1}		10~20	
	$NaH_2PO_2 \cdot H_2O$/g·L^{-1}	25~30		15~20
	HBF_4/g·L^{-1}		25~40	
	盐酸羟胺/mL·L^{-1}		1~1.2	
	$PdSnCl_4$/mL·L^{-1}	0.7~0.15		
	K_2PdF_4/mL·L^{-1}		1	
	$Co(NH_3)_4Cl_2$/mL·L^{-1}			1~2
	活化剂M-LF/g·L^{-1}	0.2~0.8		0.2~0.6
工艺规范	温度/℃	50~60	20~35	55~65
	pH值	≪1	<1	用Na_2CO_3调9~12
	时间/min	适当	15~40	适当

表5-20　铝及铝合金基体上浸镀锡的常用配方镀液组成及工艺规范

项目		配方号4
镀液组成/g·L^{-1}	锡酸钠 $NaSnO_3 \cdot 3H_2O$	40
	酒石酸钾钠	10

续表 5-20

项目		配方号 4
镀液组成/$g \cdot L^{-1}$	焦磷酸钾	10
	醋酸钠	5~10
	有机磺酸盐光亮剂	0.5
	有机添加剂	1
工艺规范	温度/℃	55~65
	pH 值	11.3~11.5
	时间/min	5

在配方中，配合型添加剂酒石酸钾钠和焦磷酸钾对提高镀层结合力，得到细致并有光泽的锡层有明显的效果，尤其是后者加入后，反应明显缓和，所得镀层外观变得更加细致。同时说明了添加酒石酸钾钠和焦磷酸钾的效果更佳。此外 EDTA 也可以作为该体系的添加剂。

5.4.3.3 铜基体上浸镀锡

一般认为铜基体上浸镀锡的沉积过程分为 3 个阶段进行：置换反应期、铜锡共沉积与自催化沉积共存期和自催化沉积期。

实际镀锡液中，$[Cu(NH_2CSNH_2)_4]^{2+}$离子的浓度要远小于 1mol/L（以 0.001mol/L 为例），而 Sn^{2+}离子的浓度约为 0.13mol/L，因此上述两个电对的平衡电极电位分别为 -0.2025V 和 -0.1637V，同理可算出电对 $[Cu(NH_2CSNH_2)_4]^{+}/Cu$ 的平衡电极电对为 -0.5761V。在仅含有亚锡盐和硫脲的强酸性溶液中，铜的表面可以获得一层肉眼可见的置换镀锡层。即在强酸性的化学镀锡液中，表面无氧化膜的铜与 Sn^{2+}离子之间的置换反应而言，上述电位差作为化学镀锡置换阶段的动力是足够的。再加上柠檬酸对 Cu^{2+}的辅助配合作用（$\log K_{稳}=5.9$），使实际的电位差还要有所增大。

置换反应生成的镀层非常薄，而且基体被完全覆盖后，置换反应立即停止。与此同时，在基体铜与锡之间会因扩散作用而深入相互的表面，当扩散的一种金属的含量超过另一种金属的溶解度时，则随着扩散反应的进行，在金属表面生成另一新相层 Cu_3Sn（ε 相）和 Cu_6Sn_5（η 相），即铜锡合金相。扩散消耗 Sn 层的厚度与时间和温度成正比。另一种说法是镀层中的铜是由于在置换反应初期发生的副反应 $2Cu + O_2 \rightarrow 2CuO$ 而溶解在镀液中，在配合剂及还原剂的共同作用下与锡发生了共沉积，便以合金的形式存在于镀层中，但数量极少，一般只占镀层的 1%~3%（质量分数）。同时，溶液中还原剂与锡离子在液/固相界面发生氧化-还原反应，使得锡的连续自催化沉积得以顺利进行，表示为 $Sn^{2+} + 2e \rightarrow Sn^0$。

镀层随时间的延长不断增厚，锡的含量不断增加，而铜锡合金相的成分却逐渐减少。因为镀液组成本身不含有铜离子，而初期溶解到镀液中的铜离子也是极少量的，待铜离子共沉积完全后，反应继续进行，将只发生锡的连续自催化沉积，而不再有铜析出，将这一阶段归纳为单纯的锡的自催化沉积期。锡的自催化沉积过程中，次亚磷酸钠起着关键的作用。它在反应过程中的作用机理尚有待于进一步研究，但实验表明，它对反应动力学有促进作用，能明显提高锡的化学沉积速度。

浸镀过程中发生的两个副反应 $2Cu + O_2 \rightarrow 2CuO$，及 Cu^{2+}对 Cu 的溶解 $Cu^{2+} + Cu \rightarrow 2Cu^{+}$ 会使 Cu^{2+}增多，一方面会使镀层的可焊性变差，这是由于铜-锡合金以及随后发生的氧化会使涂层难以焊接；同时 Cu^{2+}的聚集会影响镀液寿命，因此，应尽量避免空气对 Cu 的氧化作用。铜及其合金上浸镀 Sn 的镀液组成及工艺规范见表 5-21。

表 5-21　铜及其合金上浸镀 Sn 的镀液组成及工艺规范

项目		配方号				
		1	2	3	4	5
镀液组成	$SnSO_4$/g·L^{-1}	8~16	4	5	20	20~28
	H_2SO_4/g·L^{-1}		20			10~43
	HCl/mL·L^{-1}	10~20			50	
	柠檬酸/g·L^{-1}			16		20~80
	硫脲/g·L^{-1}	80~90	50	80	75	10~43
	次磷酸钠/g·L^{-1}					20~100
	表面活性剂/g·L^{-1}					1~2
工艺规范	温度/℃	50~沸腾	25~50			45
	时间/min	1~2	5			15

随 $SnSO_4$ 浓度的增加，锡镀层厚度降低，但是 $SnSO_4$ 浓度过低，镀锡层易脱落，即锡和铜之间的结合力变差。硫脲浓度增大，镀层厚度也随之增加。这是由于硫脲有提高铜、锡电位差的作用，从而促进锡和铜之间的置换反应。另外硫脲浓度增大，镀层也会变得越来越粗糙，因此在保证镀层厚度的前提下，应适当降低硫脲的浓度。柠檬酸作为镀液中的配位剂，对铜电位的负移具有积极作用，并且可以配位镀液中的杂质，所以当柠檬酸浓度增加时，提高了铜置换锡的驱动力，使沉积速率变快，镀层厚度增加；但是当柠檬酸浓度过高时，会加大对 Sn^{2+}的配位作用，势必会降低游离的 Sn^{2+}浓度，使之更不易被还原，从而降低了锡的沉积速率，使镀层厚度降低。至于次磷酸钠，还不能被确认是获得锡连续自催化沉积的还原剂，它对化学反应动力学有着积极的促进作用，能明显提高锡的化学沉积速度。

浸镀法的缺点是只能在有限的几种基材上沉积 Sn，而且镀层厚度有限，一般只有 0.5μm，基材被完全覆盖后沉积即停止。浸镀液体中含大于 0.005g/L Sb^{3+}、大于 0.07g/L AsO_4^{3-} 则被毒化不会沉积出 Sn。

有报道以六氟合钯酸钾作为催化剂从而强化锡表面对 Sn^{2+}的还原催化作用，达到增厚镀层的目的。其配方及工艺参数为：硫酸亚锡 0.10~0.15mol/L，硫脲 0.70~1.10mol/L，柠檬酸 0.20~0.30mol/L，次磷酸钠 0.15~0.25mol/L，$K_2(PdF_6)$ 10~20mmol/L，pH 值为 0.5~1.0，温度为 40~80℃，时间为 20~40min。

该体系镀锡时，须维持较低的 pH 值、适宜的主盐与配合剂的比值。降低 pH 值，有利于抑制 Sn^{2+}离子的水解，有利于铜的溶解而促进 Sn^{2+}离子在铜表面的置换反应。但过低的 pH 值会使硫脲析出，降低镀液的稳定性。当 pH 值升高时，为了保持溶液的澄清，须相应提高配合剂的含量。由于受溶解度的限制，温度稍低时溶液将出现结晶。硫脲为 Cu^{+} 离子的主配合剂，柠檬酸则为 Sn^{2+} 离子的主配合剂。为了抑制 Sn^{2+} 离子的水解，将 Sn^{2+} 离子与柠檬酸生成较为稳定的配离子，是一个容易实现的有效方法。Sn^{2+} 离子与柠檬酸的摩尔比以 1/2 为宜，柠檬酸相对含量过低，镀液易混浊；柠檬酸相对含量偏高，温度稍低时溶液易出现结晶，并且由于柠檬酸对 Sn^{2+} 离子的配合作用过强而阻滞 Sn^{2+} 离子的还原，降低沉积速度。

由于锡没有自催化性，六氟合钯酸钾吸附在锡表面能够强化锡表面对 Sn^{2+} 的还原的催化作用，达到增厚镀层的目的。在一定范围内增大六氟合钯酸钾的浓度有利于提高锡的沉积速度。

5.4.4 化学镀锡

化学镀锡是溶液中的锡离子在还原剂的作用下在催化活性表面上的沉积过程，是无电解反应。一般的，化学镀方法专指用还原剂施镀，不包括浸镀和接触镀。目前化学镀锡主要为还原剂化学镀锡和歧化反应化学镀锡两种。

还原法化学镀锡是在溶液中加入还原剂的一种自催化反应过程。这种方法由于施镀过程中沉积层具有自催化能力，可根据要求获得不同厚度的镀层。但沉积速度慢，镀液稳定性差，重复性不理想，价格昂贵，目前没有得到广泛应用。

歧化反应化学镀锡是利用锡离子在强碱条件下容易发生歧化反应沉积出金属锡的方法。由于锡自身发生了氧化还原反应，该方法不必外加还原剂可以直接施镀，但是镀液稳定性差，而且当溶液中的 OH^{-} 消耗完时，反应就停止了。

5.4.4.1 还原剂法化学镀锡

锡的表面析氢过电位高，自催化活性低，Cu 或 Ni 自催化沉积用的还原剂如 NaH_2PO_2、$NaBH_4$、肼、甲醛及二烷基胺硼烷等均不能单独用来还原出单质 Sn，因为上述的还原剂均为析氢反应，故不能将 Sn^{2+} 还原为 Sn。因此，要想只用还原剂化学镀 Sn，就必须选择不析氢的强还原剂，如 Ti^{3+}、V^{2+}、Cr^{2+} 等，目前有 Ti^{3+}/Ti^{4+} 体系的报道。

还原法化学镀 Sn 的沉积机理如下：

$$\left.\begin{aligned} Ti^{3+} &\longrightarrow Ti^{4+} + e^{-}(\text{表面}) \\ Sn^{2+} + 2e^{-}(\text{表面}) &\longrightarrow Sn(\text{表面}) \end{aligned}\right\} \tag{5-70}$$

表 5-22 是还原剂化学镀锡的镀液组成及工艺规范。由于 Sn^{2+}、Ti^{3+} 的还原性均较强，这导致镀液不稳定，不能长时间使用，所以一般须添加适用的配合剂如柠檬酸、EDTA、氨基三乙酸等。同时 $TiCl_3$ 必须用 20%~30%的 HCl 溶解。

表 5-22 Ti^{3+}/Ti^{4+} 体系化学镀锡的镀液组成及工艺规范

项目		配方号		
		1	2	3
镀液组成	氯化亚锡 $SnCl_2 \cdot H_2O/g \cdot L^{-1}$	7.6	15.2	15.2
	柠檬酸钠 $Na_3C_6H_5O_7 \cdot 5H_2O/g \cdot L^{-1}$	102	102	72
	$EDTA \cdot 2Na/g \cdot L^{-1}$	15	30	34

续表 5-22

项目		配方号		
		1	2	3
镀液组成	乙酸钠 $NaCH_3COO/g \cdot L^{-1}$	9.8		
	氨基三乙酸 $N(CH_2COOH_3)$ $/g \cdot L^{-1}$		40	19
	三氯化钛 $TiCl_3/mL \cdot L^{-1}$	15①	6	6
	苯磺酸（32%）$/mL \cdot L^{-1}$	1		
工艺规范	pH 值	氨水调整至 8~9	氨水调整至 9	Na_2CO_3 调整至 7
	温度/℃	70~90	80	60

① 30%$TiCl_3$ 溶于 24%HCl（体积）中。

5.4.4.2 歧化反应法化学镀锡

浸镀 Sn 易受基材及镀层厚度的限制，而 $TiCl_3$ 作还原剂的化学镀锡，沉积率不高、镀液稳定性差、成本较高等而未获得实际应用。Molenaar 在 20 世纪 80 年代初期，利用 Sn^{2+}在 Sn 表面的自催化作用，开发了新的化学镀锡液。在碱性溶液中以氯化亚锡或者氟硼酸锡作为全盐进行锡的沉积反应。

歧化反应化学镀锡是利用两个 Sn^{2+}的歧化反应即自身氧化还原而得到一个 Sn 原子和一个 Sn^{4+}离子，从而获得镀锡层的。Sn^{2+}氧化成 Sn^{4+}，放出两个电子再被 Sn^{2+}吸收还原沉积出 Sn，反应式如下：

$$\begin{aligned} Sn^{2+}(\text{配合态}) &\longrightarrow Sn^{4+} + 2e^- \\ Sn^{2+}(\text{配合态}) + 2e^- &\longrightarrow Sn \end{aligned} \tag{5-71}$$

总反应为：

$$2Sn^{2+}(\text{配合态}) \longrightarrow Sn^{4+} + Sn \tag{5-72}$$

镀液为强碱性介质。用热力学观点分析，在溶液本体该反应不可能发生，只有存在 Sn 粒或某些其他活性表面时，这种多相歧化反应才能发生，故反应式（5-71）应修正为：

$$2Sn(\text{Ⅱ})\text{化物} \longrightarrow Sn(\text{Ⅳ})\text{化物} + Sn\downarrow \tag{5-73}$$

Sn^{2+}在中性和微碱性环境中形成 $Sn(OH)_2$ 沉淀，高 pH 值溶液中形成 $HSnO_2^-$ 而清澈。研究表明发生反应的是 $Sn(OH)_2$ 而不是 $HSnO_2^-$，反应式如下：

$$Sn(OH)_2 + 2e^- \longrightarrow Sn + 2OH^-$$

$$Sn(OH)_2 + 4OH^- \longrightarrow SnO_3^{2-} + 3H_2O + 2e^-$$

上两式合并得：

$$2Sn(OH)_2 + 2OH^- \longrightarrow SnO_3^{2-} + Sn\downarrow + 3H_2O \tag{5-74}$$

如果是 $HSnO_2^-$ 发生歧化反应，则反应式为：

$$2HSnO_2^- \longrightarrow SnO_3^{2-} + Sn\downarrow + H_2O \tag{5-75}$$

实验发现，在 $Sn(OH)_2$ 中加入适量 NaOH 可以沉积出 Sn，过量 NaOH 反而无 Sn 沉积，证明 $HSnO_2^-$ 并未发生歧化反应。用 Sn 电子转移研究强碱介质中自催化沉积 Sn，发现在金属表面上存在氢氧化物配合物，即发生歧化反应的是 $Sn(OH)_2$，不是 $HSnO_2^-$。金属 Sn 表面具有自催化活性，从而支持了上述的观点。进一步研究又提出活性物质还不是

$Sn(OH)_2$,在锡表面吸附的 Sn(Ⅱ)配合体，是由 OH^- 基自催化所支配，即活性物质是 OH^- 基，它在歧化反应中起了重要作用。但是，具有 OH^- 基的锡酸盐，当其全部 OH^- 基结合完，就停止了歧化反应。整个歧化反应受 OH^- 支配，又受到 Sn^{2+} 氧化成 Sn^{4+} 的浓度影响。随着化学镀锡反应的进行，Sn^{4+} 的浓度越来越增加，当其浓度超过 0.5mol/L 时，溶液就不稳定了。在碱性溶液中，为了防止 Sn^{2+} 的过度氧化，可以向镀液中吹氮气；当溶液中 Sn^{4+} 浓度超过 1mol/L 时，还向溶液中加 $BaCl_2$，使多余的 Sn^{4+} 生成 $BaSn(OH)_6 \cdot nH_2O$ 沉淀，从而使镀液再生，并延长镀液的使用寿命。利用歧化反应的化学镀锡的镀液组成及工艺规范见表 5-23。

表 5-23 利用歧化反应的化学镀锡的镀液组成及工艺规范

项目		配方号		
		1	2	3
镀液组成 /g·L^{-1}	氯化亚锡 $SnCl_2 \cdot H_2O$	75	68	
	氢氧化钠 NaOH	100		
	氢氧化钾 KOH		218	
	柠檬酸钠 $Na_3C_6H_5O_7$	233		
	柠檬酸钾 $K_3C_6H_5O_7$		148	
	氟硼酸锡 $Sn(BF_4)_2$			29
	硫脲 $(NH_2)_2CS$			114
	乙二胺四乙酸二钠 Na_2EDTA			17
	氟硼酸			53
工艺规范	温度/℃	75	80	80

5.5 化学镀银技术

银是一种古老的金属，早在公元前即被人类发现和生产。据统计，1493~1983 年全世界生产银 87 万吨，1977 年起，世界新产银已超过 1 万吨，到 20 世纪末全世界矿产银的总量估计约 110 万吨。在历史上银长期是最重要的货币，1870 年货币的“银本位制”被“金本位制”取代后，银主要应用于工业。

在所有金属中，银具有最好的导电性、导热性和最高的反射性能，其延展性仅次于金，纯银可辗成 0.025nm 厚的银箔。这些优异的性质决定银在现代工业和生活中具有广泛用途。目前，银主要应用领域包括：感光材料、饰品材料、接触材料、复合材料、银合金焊料、银浆料、能源工业、催化剂、医药及抗菌材料等。此外，纳米银粉还用作润滑剂。

在发达国家，银消费主要用于照相感光材料（1997~2000 年，平均占 28.0%），电器接点、焊接、电镀、催化剂等工业（38.5%）及银器与宝饰（30.3%）；日本工业年需求量为 3100~3450t，其中照相用 1610~1707t，其他用硝酸银 250~300t，电接触接点 170~290t，银钎料 130~150t，电镀极板 75~100t，银展伸材料 140~175t。

5.5.1 银镀层的性质和用途

化学镀银层的导电性能和导热性能优异，可焊性良好，能为其他难焊接的材料提供可焊性。而且由于几乎可以在任何金属及非金属材料上施镀，使得化学镀银广泛用于印刷电路、电子工业、光学（镀镜子）及装饰等领域。但是，另一方面，由于银价格昂贵，化学镀银浴稳定性不够而限制了它的使用范围。近年来的电子工业领域中，大量使用银的微细粉末作为导电胶或者电磁波屏蔽涂料的导电填料。尽管 Ag 价格昂贵，但与 Ni、Fe、Cu 相比，Ag 具有优良的耐气候性和导电性，因此工业上大量的使用 Ag。此外银还常用作催化剂、抗菌剂等材料。

银镀层的纯度较高，但用硼烷作还原剂时镀层中含有 0.01%硼。化学镀银层的硬度较低，二甲基胺硼烷浴镀银层的硬度为 $137kg/mm^2$。化学镀银层与金属银、气相沉积银的 X 射线对比可以充分的说明化学镀银层的晶体结构完整，为柱状或树枝状结晶。镀银层 X 射线衍射峰强度见表 5-24。

表 5-24 镀银层 X 射线衍射峰强度

晶面	金属银	化学镀	气相沉积
(111)	100	100	100
(200)	40	41	13.5
(220)	25	23	—

化学镀银层与电镀银层一样，在空气中暴露易于被氧化变色。必要时要通过表面钝化、表面镀膜或表面涂膜等手段对镀银层予以保护。

5.5.2 化学镀银反应机理

根据催化体系的不同，镀银可以分为两类：一类是电镀银（电催化法），一类是化学镀银。根据使用配合剂种类的不同，镀银可分为有氰镀银和无氰镀银。根据反应类型不同，镀银可分为置换法和化学还原法。

化学镀是不加外电流，在金属表面的催化作用下经控制化学还原法进行的金属沉积过程。化学镀过程中金属的沉积不是通过界面上固液两相间金属原子和粒子的交换，而是存在于液相中的金属粒子（Me^{z+}）通过液相中的还原剂（R^{n+}）在金属或非金属材料上的还原沉积。因此，化学镀液主要由金属盐溶液和还原剂两部分组成，为了改善镀液的性能和镀层的质量，通常还要加入辅助组分如配合剂（调节反应速度）、稳定剂和光亮剂等。

从本质上讲，化学镀是一个无外加电场的电化学过程，此过程中还原金属离子所需的电子由还原剂提供，镀液中的金属离子吸收电子后在工件表面沉积，反应式可表示为：

$$R^{n+} + M^{z+} \longrightarrow R^{(n+z)+} + Me \tag{5-76}$$

从电化学的角度看，上述反应实际上分别是由还原剂和金属离子作阳极和阴极的原电池过程。要使此过程能够进行，必须保证还原剂（即阳极）的氧化还原电位低于金属离子（即阴极）的氧化还原电位。

总体来讲，要保证化学镀的顺利进行，需要考虑以下因素：

（1）施镀前，工件表面需要首先进行预处理，使非金属表面沉积一定的金属原子而具有催化活性。

（2）还原剂的氧化还原电位应低于氧化剂的氧化还原电位。

（3）选择合适的还原剂进行反应，化学镀液不应自发进行氧化-还原反应，即金属的还原应该在工件表面上进行，以避免镀液的自分解反应。

（4）为提高化学镀镀层质量，还应该考虑助剂、温度和 pH 值等因素对反应的影响。

Ag^+在化学镀过程中还原机理目前仍有争议。一种解释是 Ag 的沉积机理与化学镀 Ni、Cu 不同，它是非自催化过程，Ag 的沉积发生在溶液本体中，由生成的胶体微粒 Ag 凝聚而成的。此说法的依据是在未经活化的表面上也能沉积出 Ag，而且有时能观察到诱导期。另一种解释则认为 Ag 的沉积过程仍然有自催化作用，只是其自催化能力不强。其依据是在活化过的镀件表面立即沉积 Ag，镀浴只在 10~30min 内稳定。化学镀银浴不稳定的原因正由于它的自催化过程，使 Ag^+容易从溶液本体中还原，更稳定的配合物体系有利于减缓本体反应。

由于 Ag^+电位较高，可以使用许多还原剂，如甲醛、葡萄糖、酒石酸钾钠、次亚磷酸钠、硫酸肼、乙二醛、硼氢化物、水合肼、对苯二酚、二甲基胺硼烷、三乙醇胺、丙三醇及米吐尔等。下面主要介绍几种常见还原剂的反应机理。

5.5.2.1　甲醛浴化学镀银

用甲醛作还原剂的反应为：

$$2AgNO_3 + 2NH_4OH \longrightarrow Ag_2O + 2NH_4NO_3 + H_2O \tag{5-77}$$

$$Ag_2O + 4NH_4OH \longrightarrow 2[Ag(NH_3)_2]OH + 2H_2O \tag{5-78}$$

$$2[Ag(NH_3)_2]OH + HCHO \longrightarrow 2Ag + HCOOH + 4NH_3 + H_2O \tag{5-79}$$

从电化学方面分析：

阴极反应：

$$2[Ag(NH_3)_2]^+ + 2e^- \longrightarrow 2Ag + 4NH_3 \tag{5-80}$$

阳极反应：

$$HCHO + 3OH^- \longrightarrow HCOO^- + H_2O + 2e^- \tag{5-81}$$

阴极电极电位：

$$\Phi_{[Ag(NH_3)_2]^+/Ag} = \Phi^0_{[Ag(NH_3)_2]^+/Ag} - \frac{RT}{2F}\ln\frac{1}{[Ag(NH_3)_2]^+} \tag{5-82}$$

阳极电极电位：

$$\Phi_{HCOO^-/HCHO} = \Phi^0_{HCOO^-/HCHO} - \frac{RT}{2F}\ln\frac{[HCHO][OH^-]^3}{[HCOO^-]} \tag{5-83}$$

式中，Φ 和 Φ^0 为电极反应的电位和标准电位；T 为温度；R 为理想气体常数；F 为法拉第常数。

降低阳极电极电位是增强甲醛还原能力的有效措施。由阳极电极电位表达式可知，可以通过 3 个途径促进 Ag^+的完全还原：提高 pH 值，提高还原液中甲醛的浓度，升高温度。

甲醛浴化学镀银的镀液组成及工艺规范见表 5-25。

表 5-25 甲醛浴化学镀银的镀液组成及工艺规范

A 液		B 液	
$AgNO_3$	3.5g	38%HCHO	1.1mL
NH_4OH	适量	C_2H_5OH	95mL
H_2O	100mL	H_2O	3.9mL

注：主盐浴还原剂分别配制，使用 A、B 液时按 1∶1(1∶5) 混合，温度 15～20℃，时间视需要而定。

5.5.2.2 酒石酸盐浴化学镀银

酒石酸盐浴化学镀银用途广泛，用酒石酸钾钠作还原剂的反应为：

$$2Ag(NH_3)_2^+ + 2OH^- \longrightarrow Ag_2O + 4NH_3 + H_2O \tag{5-84}$$

$$3Ag_2O + C_4O_6H_4^{2-} + 2OH^- \longrightarrow 6Ag + 2C_2O_4^{2-} + 3H_2O \tag{5-85}$$

$$2[Ag(NH_3)_2]NO_3 + KNaC_4O_6H_4 + H_2O \longrightarrow Ag_2O + KNO_3 + NaNO_3 + (NH_4)_2C_4O_6H_4 \tag{5-86}$$

表 5-26 和表 5-27 是酒石酸盐浴化学镀银的镀液组成及工艺规范。

表 5-26 酒石酸盐浴化学镀银的镀液组成及工艺规范（1）

A 液		B 液	
$AgNO_3$	20g	$KNaC_4O_6H_4 \cdot 4H_2O$	100g
NH_4OH	适量	$MgSO_4 \cdot 7H_2O$	
H_2O	1000mL	H_2O	1000mL

注：主盐浴还原剂分别配制，使用时再混合，10～15℃，10min。

表 5-27 酒石酸盐浴化学镀银的镀液组成及工艺规范（2）

项目		参数
镀液组成/$g \cdot L^{-1}$	硝酸银	8
	KOH	4
	酒石酸钾钠	15
工艺规范	溶液温度/℃	10～20
	时间/min	10

为了增加镀浴稳定性，加入稳定剂二碘酪氯酸（DIT）的镀液组成及工艺规范见表 5-28。

表 5-28 酒石酸盐浴化学镀银的镀液组成及工艺规范（3）

项目		参数
镀液组成/$mol \cdot L^{-1}$	$AgNO_3$	3×10^{-3}
	$KNaC_4O_6H_4 \cdot 4H_2O$	3.5×10^{-2}
	乙二胺	1.8×10^{-2}
	二碘酪氨酸	4×10^{-6}
工艺规范	温度/℃	35～40
	pH 值	10～10.5

pH 值对镀浴稳定性及沉速影响明显，当 pH<1.5 时加 Ag 盐会使溶液 pH 值发生变化，从 Ag^+ 与乙二胺配合反应可见，Ag^+ 及 en（乙二胺）浓度必然影响镀液的 pH 值。

$$Ag^+ + 2H_2O + 2en \longrightarrow [Ag(OH)_2en_2]^- + 2H^+ \quad (5\text{-}87)$$

研究表明稳定剂 DIT 系控制化学镀的阴极过程，如溶液从无色逐渐变黄则表明已有 Ag 的微粒析出。

5.5.2.3 肼浴化学镀银

水合肼作为还原剂需要在碱性条件下进行反应，在酸性介质中水合肼会与银离子反应生成稳定的配合物，而不易将银还原出来。

用肼作还原剂的反应式为：

$$4[Ag(NH_3)_2]NO_3 + N_2H_4 \longrightarrow 4Ag + 4NH_4NO_3 + 4NH_3 + N_2 \quad (5\text{-}88)$$

或 $N_2H_5^+ \rightarrow N_2\uparrow + 5H^+ + 4e^-$，标准电极电位 $\Phi^0_{N_2/N_2H_5^+} = -0.31 - 0.06pH$。

肼作还原剂时，还原速度快，适于喷淋。肼浴化学镀银的镀液组成及工艺规范见表 5-29。

表 5-29 肼浴化学镀银的镀液组成及工艺规范

A 液		B 液	
$AgNO_3$	114g	硫酸肼	42.5g
NH_4OH	227mL	NH_4OH	45.5mL

注：A、B 液均稀释至 4.55L，使用时按 1∶1 混合。

5.5.2.4 葡萄糖浴化学镀银

葡萄糖是转化糖的一种，因其价格便宜而有现实意义，应用较多。用葡萄糖作还原剂的反应式为：

$$nAg^+ + C_6H_{12}O_6 + 3/2nOH^- \longrightarrow nAg + 1/2RCOO^- + nH_2O \quad (5\text{-}89)$$

式中，n 是化学计算系数，与 Ag^+、还原剂浓度有关。

以下是葡萄糖浴化学镀银的镀液组成及工艺规范（表 5-30 和表 5-31）。

表 5-30 葡萄糖浴化学镀银的镀液组成及工艺规范（1）

A 液		B 液	
$AgNO_3$	3.5g	葡萄糖	45g
NH_4OH	适量	酒石酸	4g
NaOH	2.5g/100mL	乙醇	100mL
H_2O	60mL	H_2O	1000mL

注：施镀温度 15~20℃，时间视需要定。使用时按 1∶1 混合 A、B 两种溶液。

表 5-31 葡萄糖浴化学镀银的镀液组成及工艺规范（2） （g/L）

硝酸银	氨水	KOH	葡萄糖	乙醇
30	80	15	15	50

注：溶液温度 10~20℃，时间 5~10min。

5.5.2.5 二甲胺基硼烷化学镀银

利用二甲胺基硼烷的镀液，曾经成功地在银基体上进行化学镀银沉积，其镀液组成见表 5-32。

表 5-32 二甲胺基硼烷化学镀银的镀液组成

镀液组成	参 数
$NaAg(CN)_2$/g · L^{-1}	1.83
NaCN/g · L^{-1}	1.0
NaOH/g · L^{-1}	0.75
$(CH_3)_2NHBH_3$/g · L^{-1}	2.0
硫脲/mg · L^{-1}	0.25

其中硫脲作为稳定剂可以改善槽液的稳定性。温度为 55℃时，化学镀银的沉积速度可以达到 2.5μm/h；60℃时，可以达到 4μm/h；65℃时，可以达到 6μm/h。研究表明，55℃时，沉积速度虽然随 $NaAg(CN)_2$ 浓度上升而增大，但超过 1.83g/L 后，镀液变得不稳定。游离 NaCN 浓度增加沉速下降，反之沉速增加，但镀液不稳定，既要保证镀液稳定又不降低镀速，NaCN 浓度以 1.0g/L 为宜。还原剂 DMAB 浓度增加沉速也随之上升，但大于 2.0g/L 后镀液容易分解、对银盐利用率不利。至于 NaOH 浓度的影响，试验发现无 NaOH 时沉速很低，其浓度增加在提高镀速的同时会降低镀液的稳定性，故以 0.75g/L 为宜。

无硫脲存在时镀液在 55℃即出现分解，硫脲浓度为 1g/L 时会影响沉速。随温度提高镀速明显提高，但是大于 65℃镀液分解，加 0.25mol/L 硫脲则可兼得镀速及稳定性。硫脲浓度过高镀层发暗。

5.5.3 化学镀银的应用

5.5.3.1 印制线路板化学镀银

印制线路板（printed circuie board）简称 PCB。通常把在绝缘材上，按预定设计，制成印制线路、印制元件或两者组合而成的导电图形称为印制电路。而在绝缘基材上提供元器件之间电气连接的导电图形，称为印制线路。这样就把印制电路或印制线路的成品板称为印制线路板，亦称为印制板或印制电路板。

作为元器件搭载器的 PCB 是电子设备中产量最大的设备，在微电子器件向高密度、微线宽、窄间距、多层次和小孔径的方向发展的同时，对其表面处理工艺提出了更新、更高的要求。早期印刷电路板的最终表面精饰大都采用热浸锡铅合金焊料的热风平整（HASL）工艺，由于它可焊性好、焊点可靠、工艺成熟、成本低，成为当前 PCB 表面涂层的经典工艺。但随着 PCB 复杂化，布线密度在不断的提高，使 HASL 工艺不再能适应 PCB 发展的需要。又由于热浸的温度高（约 250℃），表面安装的零件都必须具备耐高温性能，而且热浸后的焊料虽经热风整平，其表面仍然凹凸不平，不适合于表面贴装（SMT）新工艺的实施，也不能用于铝线键合（aluminium wire bonding）。此外 HASL 工艺用铅被国际法规所禁止。这就使 HASL 工艺在技术和环保上受到限制。目前，主流的表面终饰工艺已逐渐 HASL 转向浸镀工艺，现有的浸镀工艺包括浸镀锡、浸镀金、浸镀钯和浸镀银。其中浸镀银具有优良的可焊性、导电性和导热性，被认为未来最有希望取代热风整平的新工艺。印刷电路板浸镀银就是将经预处理后的印刷电路板浸入含银溶液，利用印刷电路板表面覆铜层与溶液中银盐发生如式（5-90）所示的置换反应来获得银镀层。

$$Cu + 2Ag^{+} \longrightarrow Cu^{2+} + 2Ag \tag{5-90}$$

由于银的标准电极电位比铜正，从热力学角度看，式（5-90）反应可以自发进行。由于浸镀时铜溶解释放电子的过程是在铜表面进行的，该表面一旦被溶液中析出的银覆盖后，反应随即停止，从而有望获得均匀致密、表面平整光洁的银镀层。

印刷电路板的化学镀银工艺一般包括：脱脂、微蚀、酸洗、化学镀银、防变色处理。也有报道为：酸洗除油、微腐蚀、浸酸、预浸、浸镀银、防变色处理。根据需要和镀银条件来确定具体的温度、浓度和操作时间。

由于铜银间置换反应速度一般较快，若不加以控制，所形成的镀层大都粗糙疏松且与基材结合不良，没有使用价值，因此必须采取措施控制浸镀过程的沉积速度。在浸银溶液中加入 Ag^{+}配合剂，可使银离子 Ag^{+}的氧化还原电位负移，降低了银的沉积速度，从而防止沉积不均和枝状晶生长。魏喆良等研究了乙二胺作为印刷电路板浸镀银的配合剂发现，采用乙二胺作配合剂可以使溶液中的银离子以更稳定的配银离子形式存在；印刷电路板表面覆铜层一旦被银覆盖，铜置换银的反应随即停止，可得到薄且均匀的银镀层；溶液中银离子浓度、配合剂（乙二胺）含量以及溶液 pH 值等工艺参数对浸镀沉积速度和镀层形貌具有重要影响，在该实验条件下，当溶液中银离子浓度为 3g/L，银离子与乙二胺的摩尔比为 1 : 5，溶液 pH 值为 11. 3 时，可获得均匀致密的银镀层。

有专利报道一种镀银溶液含有一种作为配合剂的脂肪族化合物、含羟基的硫化复合物和一种单体或者非硫化物。镀液添加剂含有硫脲，氨基羧酸，聚胺，羟基羧酸和聚羧酸。镀液适合于制备印刷电路板、半导体集成电路、电阻器等产品。该镀液稳定性好，并且所制备镀层有很好的外观。

此外，为防止银变色，在溶液中加入 1%~3%有机化合物，与 Ag 形成共沉积或浸银后进行防氧化层单独处理，形成憎水性分子层表面，隔绝空气与 Ag 接触，防止 Ag 表面氧化。

5. 5. 3. 2 金属粉体化学镀银

复合金属粉末可改变单一金属粉末的表面和内部结构。在金属粉体上镀银制备出的复合粉体可以作导电浆料、工业催化剂、电磁屏蔽材料等。目前报道的主要有镀银铜粉、镀银铝粉和镀银镍粉

A 镀银铜粉的制备

对铜粉表面镀银制成复合粉体既可解决银的迁移问题（抗迁移能力较普通银粉导电涂料提高近百倍），又可提高铜粉的导电性和抗氧化性能，相对于单一的银粉，降低了生产成本。因而银包铜粉可以部分代替银粉，在导电填料、催化剂、导电油墨、橡胶、抗菌材料等领域具有广阔的应用前景。

目前已经公开报道的银包铜粉的制备方法主要包括：混合球磨法、熔融雾化法和化学镀法。化学镀法是目前应用较多的用于粉体表面包覆金属的方法之一。具有工艺简单、制备成本低等特点，被认为是制备银包铜粉最适合的方法之一。

国内外对于化学镀制备银包铜粉的研究较多。按照所使用的配合物，化学镀银体系可分为氰化体系和无氰体系两种。由于氰化配合物独有的特点，实际生产中的应用仍然很多。相比于氰化体系无氰体系更加环保，且目前无氰体系制备银包铜粉的研究已取得了很大的突破。

无氰化体系分为无配合剂直接置换法和有配合物体系。无配合剂直接以铜粉与硝酸银发生置换反应制取银包铜粉的反应机理是：

$$Cu + 2AgNO_3 \longrightarrow 2Ag + Cu(NO_3)_2 \tag{5-91}$$

该法制得的银包铜粉的镀层结构为表面点缀状。由于不加入配合剂，该反应很快且会出现剧烈的团聚，严重影响了银在铜粉表面分布的均匀性和镀层的致密性。无配合剂直接置换法制取银包铜粉的实用性不强。

有配合物体系中，镀银的质量受配合剂的影响最大，配合剂的选择是化学镀法制备银包铜粉的关键所在。氨水是目前研究最多的用于铜粉表面无氰化学镀银的配合剂之一，但是用该法镀银时，一次性只能得到表面点缀状镀层，银包铜粉的抗氧化性、导电性等性能较差，一般认为其主要原因是，铜粉表面镀银体系属于高分散的微细体系，拥有极大的表面积，具有很高的表面吉布斯能，会产生很强的界面吸附作用。铜粉与铜胺 $[Cu(NH_3)_4]^{2+}$ 的吸附作用要强于与银胺 $[Ag(NH_3)_2]^+$ 的吸附作用，铜胺排斥银氨配离子与铜粉接触从而阻碍置换反应继续进行。

因此出现了一些方法对氨水配合体系进行改进，包括：以氨水调剂 pH 值、多次镀银、添加还原剂、敏化活化法、螯合萃取法等。

以氨水调剂 pH 值的实质是通过调节银的成核和生成速率，同时减少游离态银粒的形成来获得包覆性好的银包铜粉。多次镀银法用的较多，即将一次镀银得到的银包铜粉用稀硫酸洗涤除去表面吸附的 $[Cu(NH_3)_4]^{2+}$，再进行镀银，重复几次，制得了镀层为包覆结构的银包铜粉。添加还原剂可以减少直接置换反应，从而减少铜粉表面吸附的 $[Cu(NH_3)_4]^{2+}$ 对铜继续还原 $[Ag(NH_3)_2]^+$ 的反应的阻碍作用，进而增加铜粉表层的银含量。铜粉经敏化活化后再进行镀银，由于经敏化活化后铜粉表面吸附有 Pd 原子，其催化活性很强，可以很好为银颗粒提供一个形核中心，使银颗粒逐渐地长大并实现均匀沉积。另外，在银氨（胺）配离子体系中，银的氧化-还原标准电位 $E^0_{1.8} = +0.373V$；在铜氨配离子体系中，铜的氧化-还原标准电位 $E^0_{1.9} = -0.05V$；$SnCl_2$ 的敏化原理：

$$Sn^{2+} = Sn^{4+} + 2e^- \quad E^0_{1.20} = +0.20V \tag{5-92}$$

将银的氧化-还原标准电位和铜的氧化-还原标准电位相加（未敏化）得：

$$E = E^0_{1.8} + E^0_{1.9} = (+0.373) + (-0.05) = +0.323V \tag{5-93}$$

将银的氧化-还原标准电位和式（5-92）氧化-还原标准电位相加（敏化）得：

$$E = E^0_{1.8} + E^0_{1.20} = (+0.373) + (+0.20) = +0.573V \tag{5-94}$$

可见，敏化后的氧化-还原标准电位比未敏化高，因而置换反应容易进行。

曹晓国等在镀液中添加 Re608 螯合萃取剂萃取 Cu^{2+}，防止 $[Cu(NH_3)_4]^{2+}$ 吸附于铜粉表面，制得的银包铜粉表面光滑，抗氧化性和导电性都得到提高。

在机理的研究方面，在氨溶液中铜粉表面镀银的反应机理，认为银的还原过程主要受到铜粉表面氧化物和氢氧化物的分解及镀银方法的影响。在具有活性的铜粉表面形成的银晶核是进一步发生自催化反应沉积银的活性点，因此彻底清除铜粉表面的氧化层并避免铜粉表面的水解反应是获得高质量银包铜粉的关键。

研究者在采取措施对氨水体系改进的同时，亦积极寻找其替代物，以提高镀层质量。目前报道的配合物主要有胺烯类化合物和 EDTA 盐。发现镀银效果归因于银氨（胺）配离子的键间结合力。键间结合力小，银容易以粉末形式游离出来，影响镀层厚度；键间结合力大，则置换反应难进行，键间结合力居中为宜，二乙烯三胺是较理想的配合剂。

EDTA 与 Ag^+能形成稳定的配合物，降低溶液中游离 Ag^+的浓度，从而有效降低 Ag^+被还原的速率，并降低银晶核的形成和生长速率，有利于银晶粒在还没有长大时便沉积在铜粉表面，改善包覆性。EDTA 用量越多，Ag 的生长速度越慢，但当 EDTA 用量太多时，Ag 的生成速度会很慢，先沉积在铜粉表面的银与铜生成大量微电池，从而增加 Ag 在点缀镀层部位沉积的概率，使沉积的 Ag 愈加不均匀，导致铜银复合粉的抗氧化性减弱。

以上均是碱性体系下在铜粉表面镀银的方法报道，关于酸性体系中在铜粉表面沉积金属银的研究，尤其是对反应过程的研究还很少。在硫酸环境下银离子在铜粉表面沉积反应的动力学问题，分析了 Cu 和 Ag 浓度对反应速率的影响，并研究了生成银的形态。在酸性并且含氧的硫酸溶液中，银离子与金属铜最可能发生也是最重要的化学反应可以简单地表示为：

第一阶段：

$$Cu^0 + Ag^+ \longrightarrow Ag^0 + Cu_{ad}^+ \tag{5-95}$$

第二阶段：

$$Cu_{ad}^+ + Ag^+ \longrightarrow Cu^{2+} + Ag^0 \tag{5-96}$$

$$Cu_{ad}^+ + H^+ + \frac{1}{4}O_2 \longrightarrow Cu^{2+} + \frac{1}{2}H_2O \tag{5-97}$$

式中，Cu_{ad}^+表示吸附在铜表面的亚铜离子。第一阶段生成的 Cu_{ad}^+在铜粉表面很快会与溶液中的 Ag^+或者氧发生反应。由于反应是在铜粉表面进行的，所以生成的银层比较致密。

在酸性并且无氧的硫酸溶液中的化学反应可以简单地表示为：

第一阶段：

$$Cu^0 + Ag^+ \longrightarrow Ag^0 + Cu_{ad}^+ \tag{5-98}$$

第二阶段：

$$Cu_{ad}^+ + Ag^+ \longrightarrow Cu^{2+} + Ag^0 \tag{5-99}$$

$$Cu_{ad}^+ \xrightarrow{扩散} Cu_{sol}^+ + Ag^+ \longrightarrow Cu^{2+} + Ag_{colloid}^0$$

在第一阶段，银离子与金属铜在铜的表面发生置换反应生成 Cu_{ad}^+。第二阶段 Cu_{ad}^+一方面很快会与其他的 Ag^+发生反应，同时会扩散到溶液中形成 Cu_{sol}^+，这些 Cu_{sol}^+会与溶液中 Ag^+发生反应从而生成胶状的 $Ag_{colloid}^0$，导致生成的银疏松呈树枝状。因此在无氧条件下反应得到的银层的致密性要差于有氧条件时的。

B 镀银铝粉的制备

铝粉比重轻、延展性好、色泽光亮，但是与铜粉相似，铝粉在空气中容易被氧化，在铝粉表面化学镀银可以制得镀银铝粉，一方面解决了铝的氧化问题，同时提高了它的导电性，在电子、航空等领域有较好的应用前景。由于铝粉性质的特点使在其表面直接镀银比较困难。文献报道了一种铝粉表面化学镀银的方法，即铝粉经碱洗除油之后用稀盐酸酸化，而后进行酸性浸铜，再采用置换法镀银。所得银包铝粉在色泽和导电性方面均较好。由于铝粉性质活泼，不耐强酸也不耐强碱，因此反应中应严格控制溶液的 pH 值。另外，浸银时银配合剂的选择也非常关键。

C 镀银镍粉的制备

片状镍粉具有很好的电磁屏蔽性能，作为一种优良的屏蔽材料在军事和民用工业上得到了广泛的应用。镀银镍球形粉主要用作弹性树脂系统的填充料，生产高性能射频干扰和电磁干扰屏蔽用导电垫片，以及要求具有良好导电性能的其他产品。其控制粒度与规则几何球形相结合也有利于生产导电黏结剂。银包镍粉在低温聚合物导体浆料中的应用可以使成本降低2/3。

片状镍粉表面化学镀银的工艺流程为：镍粉→除油→稀酸洗→水洗过滤→表面镀铜→水洗过滤→置换镀银→水洗过滤→干燥。由于片状镍粉在球磨中要添加一些助磨剂，因此，在化学镀前进行除油，并经过酸洗去除镍粉表面的氧化物几乎是来必需的。在施镀时，中间镀铜层的质量对后续镀银的质量有较大的影响，此外，镀铜层与镀银层的质量比也影响到银包镍粉的导电性能，研究表明 m_{Cu}/m_{Ag} 以 0.3 为佳。

目前，金属粉体表面镀银还存在很多问题。首先是镀银液非常不稳定，一些金属粉体本身可以自催化，当加入时反应很快，即使加入一些稳定剂和缓冲剂也很难控制反应的速度，容易引起镀液的分解失效。目前一些报道中有关制备铜-银粉所使用的硝酸银的量比较大，所以如何节省原料制备良好的镀层也是研究方向之一。另外，银镀液基本只能使用一次，很难再进行回收利用，所以提高银盐的一次性利用率也是需要解决的问题。

5.5.3.3 非金属粉体化学镀银

化学镀银广泛用于电子元器件表面处理，通过化学镀银还可以获得具有可焊性的表面精饰镀层。近年来，在各种非金属纤维、微球等粉体材料上施镀成为研究的热点之一。表面镀银的非金属粉体与材料具有良好的相容性和结合力，它用作导电填料，具有质轻、导电导热性良好等诸多优点，在航空航天工业中可用作电磁波屏蔽材料和电子工业中用作抗电磁波干扰材料。

A 非金属表面化学镀银的预处理工序

与金属不同，由于非金属基体一般不具备导电性，因为在此表面上没有催化的活性粒子，要获得与非金属基体结合力良好的化学镀金属层，最为重要的是对基体进行镀前处理。非金属表面镀银前除了除油还必须进行粗化、敏化、活化等预处理。预处理是所有的非金属镀件实施化学镀前都要进行的一步，也是金属沉积成功与否的关键。

（1）粗化。从冶金学观点来看，非金属粉体材料与其表面覆盖金属层之间的交互作用之中，延晶、扩散和键合的作用是十分微弱的，而表面形貌的影响比较突出。所以总的来说，这些材料与其金属覆盖层的结合强度较低。为了尽可能地提高基体与镀层之间的结合力，非金属材料镀前必须经过刻蚀处理，适当的增大工件表面的粗糙度和接触面积，以便获得理想的表面形貌和润湿性能。粗化的目的是让粉末的表面形成无数的微孔、凹槽，产生锁形并形成多孔性结构，粗化的表面由疏水体变成亲水体，具有一定的吸附能力，提高金属层的黏附力。粗化液的配方一般根据其粉体的大小和性质来确定。粉体的厚度越薄，其粗化液的浓度就越低。非金属的粗化液一般为氢氟酸、氟化钠+酸、强碱性的氢氧化钠或氢氧化钾等。

（2）敏化。所谓敏化就是在已粗化后的表面吸附一层易被还原的物质，以便在活化处理中通过还原反应使表面附着金属层，能够使化学镀顺利进行。常用氯化亚锡（$SnCl_2$）进行敏化。其方法是将粉末浸入氯化亚锡溶液中，使粉末表面吸附一层二价锡化合物，通过水解反应：

$$SnCl_2 + H_2O \longrightarrow Sn(OH)Cl + H^+ + Cl^- \tag{5-100}$$

$$SnCl_2 + 2H_2O \longrightarrow Sn(OH)_2 + 2H^+ + Cl^- \tag{5-101}$$

反应中生成的 Sn(OH)Cl 和 $Sn(OH)_2$ 结合生成微溶于水的凝胶状物黏附在粉末表面。

氯化亚锡溶液的配制方法是，将固体 $SnCl_2 \cdot nH_2O$ 加入到含一定量盐酸的溶液中加热直到融化，盐酸可以防止 $SnCl_2$ 发生水解反应。配制好的溶液中一般要加入一定量的金属锡片以防止 Sn^{2+} 的氧化为 Sn^{4+}。

(3) 活化。经敏化的颗粒，表面吸附了还原剂，需在含氧化剂的溶液中反应，使金属离子还原成金属，在颗粒表面形成催化中心，以便在化学镀中加速反应。这种在颗粒表面产生一层很薄而具有催化性金属层的工艺称为活化。活化方法主要有浸钯法、催化性涂料法、银浆法、钼锰法、气相沉积法、介电层放电法、光化学法等。目前比较常用的是钯活化法，即利用还原吸附在粉体表面的 Pd 原子作为催化中心，溶液中的 Ag^+ 被还原后在粉体表面沉积，逐渐形成均匀连续的银镀层。常用的钯活化剂有 $PdCl_2$、胶体钯溶液等，反应如下：

$$Pd^{2+} + Sn^{2+} \longrightarrow Pd + Sn^{4+} \tag{5-102}$$

采用敏化和活化分两步进行的表面催化方法（即两步法）能够获得很好的效果，但成本较高。有文献显示敏化时间的增长能够使粉体表面更适于镀覆的进行，但当敏化时间超过 4h 后，所得镀层量将不再随之增加。文献还指出活化液浓度的改变也能使所得镀层量发生改变，当 $PdCl_2$ 浓度从 0.2g/L 上升到 0.5g/L 时，镀层金属铜在所得粉体中的质量分数也从 28%上升到 36%。

将敏化、活化过程合并在一起的一步法既缩短了预处理时间，又节约了成本，还能达到不错的效果。即先在粉体表面吸附一层胶态钯微粒，这种胶态钯微粒无催化活性，然后采用解胶工艺把钯微粒周围的 Sn^{2+} 水解胶层脱去，露出金属钯微粒。这种胶体 Pd-Sn 处理液通常由 1g $PdCl_2$、60mL HCl(37%) 和 22g $SnCl_2 \cdot 2H_2O$ 溶解于 1L 水中。Lee 等采用 $Pd(Ac)_2$ 为前驱体，以高分子为保护剂在室温下的纯乙醇系统中加入氢氧化钠促进乙二醇还原 Pd 的速度，在基体表面沉积一层纳米钯颗粒，不仅可以提高粉体表面钯原子的数量，而且可使 Pd 更均匀的分布在粉体表面，这是目前较先进的活化方法。该敏化活化处理液的催化活性和稳定性取决于其制备条件，如时效温度和静置时间等。处理液的稳定性还会随其中 $SnCl_2$ 的浓度的提高而提高，但过量的 $SnCl_2$ 可能导致胶体催化剂催化活性的丧失。

J. P. Marton 等发现用 $SnCl_2$-$PdCl_2$ 敏化活化处理液催化陶瓷粉末时，会出现粉体表面催化不完全、不同粉体表面活化粒子数量不同的问题，出现这种情况的原因与粉体表面的亲水性或憎水性有关。通过对处理液的改性，如添加少量异丙基乙醇（10mL/L）可以减少这种现象。此外，采用在化学镀液中直接添加胶体钯离子的方法也能够在陶瓷粉体表面获得镀覆的金属镀层（即直接法）。

以钯盐活化的不足是成本较高。目前，以银盐代替钯盐进行的活化的报道越来越多，且取得了不错的成效。如陈步明等研究了银盐活化在玻璃纤维表面进行化学镀银，结果表明，玻璃纤维表面经银盐活化后呈黄色，活化液中 $AgNO_3$ 浓度为 2g/L、pH 值为 8.2 时能获得导电性好，结合力强的银包玻璃纤维。

B　非金属表面镀银的工艺

经过活化后几乎可以在任何非金属表面进行化学镀银。由于非金属的性质稳定，在其表面镀银制得的复合粉体较金属-银复合粉的性能更加稳定，而且成本一般更低。当然非金属-银复合粉也存在不足，如作为导电介质时需要更大的添加量才能获得与金属-银复合粉相同的导电性能。目前报道的非金属粉体表面化学镀银的粉体主要可以分为无机非金属粉体表面镀银和高分子粉体表面镀银。

（1）无机非金属粉体表面镀银。无机材料粉体主要包括非金属的氧化物、金属的硅酸盐、碳化物、氮化物和卤化物等，镀银后的复合粉体兼具无机材料和金属材料的优点，如质量轻、硬度和强度高、耐蚀性和导电性好、易加工成型等，在电子工业、精密仪器、航空航天、日用化工等领域得到了广泛应用。

（2）高分子粉体表面化学镀银。高分子粉体包括天然树脂、天然纤维、聚乙烯、聚丙烯、聚苯乙烯、聚酰胺、聚丙烯酸酯、醇酸树脂、酚醛树脂等，镀银的高分子粉体克服了高分子材料本身存在的许多缺陷，具有良好的耐溶剂性、耐蚀性、耐磨性、耐光照性、导热和导电性能及质量轻、镀层硬度高、便于焊接等特点，在抗菌剂、电磁屏蔽、压敏元件等领域有广阔的应用前景。

目前对高分子粉体镀银的研究较少，主要是预处理工艺复杂，用传统的机械粗化和化学粗化的效果都不理想。其与无机材料一样，也不具有催化活性，而且吸附无机的活化粒子能力较弱，得到的镀层往往不牢固和不均匀。高分子材料表面镀层的结合力主要取决于基体的粗化度，近年来，用常压等离子体对高分子材料进行表面粗化处理的技术发展很快，由于等离子体的独特性能，其可以同时对材料表面进行消蚀（微蚀刻）、表面净化、交联和表面活化4个方面的化学作用，粗化效果良好，用此方法处理高分子粉体为其化学镀银研究开辟了一条新路。另外，采取先在高分子粉体表面镀铜或其他金属，然后再进行化学镀银也是今后研究的方向之一。

综上所述，传统的非金属表面化学镀银一般首先对基体采取预处理，而后采用直接镀银或还原镀银，某些粉体需要先在表面化学镀铜再进行化学镀银，通过铜与银的置换反应而形成镀银层。这种镀银制品是以Cu为基底层的Cu与Ag的双重镀层，由于含有较多的Cu，随着时间的推移，基底镀Cu层与表面镀Ag层相互扩散，降低镀银层原有的物理性质，难以获得性能优良和稳定的镀银制品。另外，无机粉体镀银的问题还体现在表面活化方面，要得到连续均匀的银镀层，必须增加表面的活性点，但活性点的增多会导致银镀液的快速分解，如何平衡两者的关系也是得到优良镀层的关键。另外，镀液各组分用量、镀液pH值、粉体装载量、温度等因素对镀层的影响也比较大，选择合适的配方及工艺条件也是今后研究的重点。

5.5.4 化学镀银的注意事项

目前化学镀Ag浴基本上还是一次性使用，因使用一次以后即自发分解不能继续再用。如何在这类一次性使用镀液中得到平均的沉积速度和最大厚度是值得研究的问题。实验表明增大Ag^{+}浓度虽然增加平均沉速和最大厚度，但超过0.03mol/L这种影响就不再明显。还原剂浓度也是如此，例如，转化糖浓度大于1.3g/L反而使最大厚度减小。氨浓度高起始沉速小，但对平均沉速无影响。碱浓度大，沉速快，但大于0.2mol/L会降低镀层质量。温度高虽然沉速快，但最大厚度减小。

如何保证化学镀Ag浴的稳定性是又一个重要问题，能采取的措施不外乎适当提高配合剂浓度、碱浓度、加稳定剂、按规程正确配制镀液、温度不宜过高、装载比为1∶5左右、经常保持容器挂具清洁、过滤去除析出的Ag微粒或杂质、必须彻底冲洗净镀件才入槽等。为了降低成本还应设法尽量提高Ag的利用率，减少Ag在工件以外地区沉积。镀液最好在用前才配制，保存时间不宜过长，温度要低，避免形成易爆的氮化银（雷铂）。废液加HCl形成AgCl以回收Ag。

另外，镀前镀后处理也很重要，尤其非金属材料的前处理。以玻璃表面为例，在除油后的工件表面上浸$SnCl_2$溶液1~2min，热水漂洗净。因Sn^{2+}水解后形成的SnO_2吸附在玻璃表面。荷负电，容易吸引荷正电的Ag^+，或者说Ag^+被Sn^{2+}还原后吸附在玻璃表面形成。

总之，由于银已在前处理过程中因诱导反应而沉积在玻璃表面上，下一步就可以按化学镀银过程而继续沉积。镀毕必须及时用蒸馏水清洗净表面，否则残留的$Ag(NH_3)_2OH$配合物会迅速使镀件表面变色。洗净后立即干燥为好。化学镀银层的外观较暗，但容易抛光擦亮。与电镀银层一样，化学镀银层也易在空气中变色，必须及时采取措施予以保护。

5.5.5 镀层退除方法

研究银层退除机理，选择合理适用的退除工艺，选用效果优良的退除配方，对节约金银资源、开发新型技术、支援国家建设，都具有深远意义。镀银层的退镀方法主要分为化学法和电化学法。

银是最不活泼的金属之一，在电动序中位于末后位置。银溶解于硝酸，不溶于稀盐酸和稀硫酸，但在沸硫酸中能迅速溶解，放出二氧化硫。人们利用银在浓硫酸中的溶解度，从金和铂中分离银，也利用银能被HNO_3和H_2SO_4溶解而选择退镀银层配方。如浓硫酸H_2SO_4 950mL/L，浓硝酸HNO_3 50mL/L，温度80℃，退镀时间以银层完全退除为止，应防止基体被腐蚀。不同基材的化学退镀工艺见表5-33。

表5-33 不同基材的化学退镀工艺

金属基材	退除方法
铝、锌	HNO_3（65%）1份、H_2O 1份，混合制成，室温下浸渍
铁、镍、锡	NaCN 25~35g/L，H_2O 1份，混合制成，室温浸渍
铜、黄铜、白铜	H_2SO_4 19份、HNO_3（65%）1份，液温以80~82℃为宜，处理后黑膜用稀盐酸处理

思考题

答案5

5-1 什么叫化学镀，如何实现化学镀，解释化学镀中的还原沉积原理。

5-2 自催化还原化学镀的基本条件是什么？

5-3 化学镀镍层（以Ni-P，Ni-B为例）的主要性能和组织结构特点是什么？

5-4 复合镀的基本原理是什么？阐述复合镀层的种类及应用。

5-5 与电镀相比，化学镀有何特点？

6 化学转化膜及表面着色技术

6.1 化学转化膜概述

6.1.1 化学转化膜定义及分类

金属（贵金属除外）包括其合金，在通常情况下会自发与介质起反应形成化合物，这一过程称为金属的腐蚀。有时这个过程不会一直进行下去，因为这时金属与介质形成的化合物在金属表面累积，这层致密的金属化合物形成一种“膜”，膜阻碍了金属与介质进一步接触。化学转化膜就是基于这个原理设计的。

化学转化膜又称金属转化膜。它是金属（包括镀层金属）表层原子与介质中的阴离子相互反应，在金属表面生成附着力良好的隔离层，这层化合物隔离层称为化学转化膜。用下面反应式来严格定义和表达化学转化膜的形成过程：

$$mM + nA^{z-} \longrightarrow M_mA_n + ze^- \tag{6-1}$$

式中，M 为与介质反应的金属原子；A^{z-}为介质中价态为 z 的阴离子。

化学转化膜同金属上别的覆盖层（如电镀层）不一样，它是基体金属与选定的介质起反应，生成自身转化产物（M_mA_n）。这就说明化学转化膜的形成既可以是金属与介质之间的化学反应，也可以是在外加电源的条件下进行的电化学反应。应该指出的是，上述反应式只是化学转化膜反应的基本形式，具体的转化膜的形成过程要复杂得多，一般都含多步化学反应和电化学反应，也包含多种物理化学变化过程。

金属在同转化膜处理液进行界面反应，有时还可能有二次产物生成，且这种二次产物可能是金属上化学转化膜的主要成分。如当钢铁制件在磷酸盐溶液中进行处理时，所得到的膜层主要组成就是二次反应的产物，即锌和锰的磷酸盐。

在生产实际中通常按基体材料的不同，分为铝材转化膜、锌材转化膜、钢材转化膜、铜材转化膜、镁材转化膜等。也可以按用途分为涂装底层转化膜、塑性加工用转化膜、防护性转化膜、装饰性转化膜、减摩或耐磨性转化膜及绝缘性转化膜等。此外，按生产工艺也可分为阳极氧化膜、化学氧化膜、磷化膜、钝化膜及着色膜等。

6.1.2 化学转化膜的处理方法

化学转化膜常用处理方法有：浸渍法、阳极化法、喷淋法、刷涂法等。其特点与适用范围列于表 6-1 和图 6-1。在工业上应用的还有滚涂法、蒸汽法（如 ACP 蒸汽磷化法）、三氯乙烯综合处理法（简称 T. F. S 法），以及研磨与化学转化膜相结合的喷射法等。

表 6-1 化学转化膜常用方法、特点及适用范围

方法	特点	适用范围
浸渍法	工艺简单易控制，由预处理、转化处理、后处理等多种工序组合而成，投资与生产成本较低，生产效率较低，不易自动化	可处理各类零件，尤其适用于几何形状复杂的零件，常用于铝合金的化学氧化、钢铁氧化或磷化、锌材钝化等
阳极化法	阳极氧化膜比一般化学氧化膜性能更优越，需外加电源设备，电解磷化可加速成膜过程	适用于铝、镁、钛及其合金阳极氧化处理，可获得各种性能的化学转化膜
喷淋法	易实现机械化或自动化作业，生产效率高，转化处理周期短，成本低，但设备投资大	适用于几何形状简单、表面腐蚀程度较轻的大批零件
刷涂法	无需专用处理设备，投资最省，工艺灵活简便，生产效率低，转化膜性能差，膜层质量不易保证	适用于大尺寸工件局部处理，或小批零件，以及转化膜局部修补

6.1.3 化学转化膜的防护性能

化学转化膜作为金属制品的防护层，其防护功能主要是依靠将化学性质活泼的金属单质转化为化学性质不活泼的金属化合物，如氧化物、铬酸盐、磷酸盐等，提高金属在环境中的热力学稳定性。对于质地较软的金属，如铝合金、镁合金等，化学转化膜还为金属提供一层较硬的外衣，以提高基体金属的耐摩擦性能。除此以外，也依靠表面上的转化产物提供对环境介质的隔离作用。

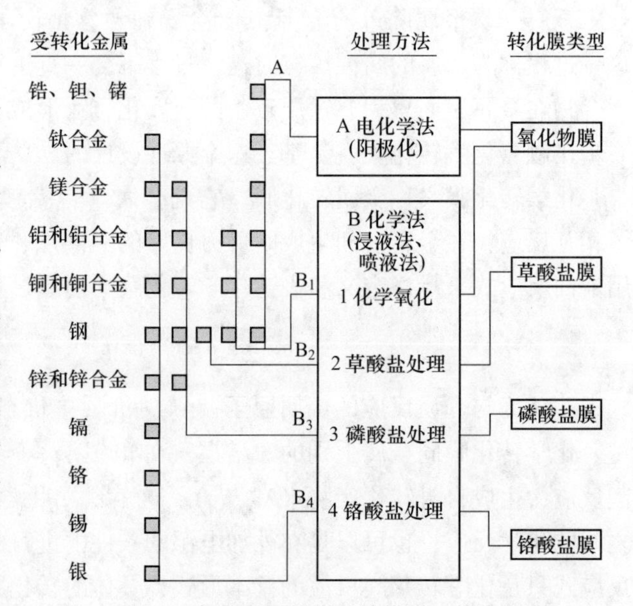

图 6-1 各种金属的化学转化膜及其分类

铬酸盐转化膜是各种金属上最常见的化学转化膜。这种转化膜厚度在很薄的情况下，也能极大地提高基体金属的耐蚀性。例如，在金属锌的表面上，如果存在仅为 0.5mg/dm^2 的无色铬酸盐转化膜，其在 1m^3 的盐雾试验箱中，每小时喷雾一次质量分数为 3%的氯化钠溶液时，首次出现腐蚀的时间为 200h，而未经处理的锌，则仅 10h 就会发生腐蚀。耐蚀性的提高是属于金属表面化学活泼性降低（钝化）所产生的效果，铬酸盐转化膜优异的防护性能还在于，当膜层受到机械损伤时，它能使裸露的基体金属再次钝化而重新得到保护，即具有所谓的自愈能力。

对于其他类型的化学转化膜，也依靠表面的钝化使金属得到保护。例如，钢铁的磷酸盐转化膜，无论所得的膜是属于厚度低于 1μm 的转化型，还是属于厚达 15~20μm 的转化型，它们对钢铁的防护都以形成由 Fe_3O_4 和磷酸铁组成的钝化膜为其特征。

一般来说，化学转化膜的防护效果取决于下列几个因素：(1) 被处理基体金属的本质。(2) 转化膜的类型、组成和结构。(3) 膜层的处理质量，如与基体金属的结合力、孔隙率等。(4) 使用的环境。

应该清楚，同别的防护膜如金属镀层相比，化学转化膜的韧性和致密性相对较差，有些化学转化膜对基体金属的防护作用不及金属镀层。因此，金属在进行化学转化膜处理之后，通常还要施加其他防护处理。

6.1.4 化学转化膜的用途

化学转化膜具有广泛的用途，它主要用于金属的防腐、耐磨，转化膜还具有良好的涂漆性，可用于有机涂层的底层。其次是用于冷加工，在冷加工时，转化膜层可以起润滑作用并减少磨损，使工件能够承受较高的负荷。多孔的转化膜，可以吸附有机染料或无机染料，染成各种颜色。

转化膜的基本用途论述如下：

（1）防腐蚀。防腐蚀型的化学转化膜主要用于对部件有一般的防锈要求，如涂防锈油等，转化膜作为底层，很薄时即可应用。对部件有较高的耐蚀要求，部件又不受挠曲、冲击等外力作用，转化膜要求均匀致密，且以厚者为佳。

（2）耐磨。耐磨型化学转化膜广泛应用于金属与金属面互相摩擦的部位。铝的硬质阳极氧化膜，其耐磨性与电镀硬铬相当。金属上的磷酸盐膜层有很小的摩擦系数，因此减少了金属间的摩擦力。同时，这种磷酸盐膜层还具有良好的吸油作用，在金属接触面产生一层缓冲层，从化学和机械方面保护了基体，从而减少磨损。

（3）涂装底层。作为涂装底层的化学转化膜，要求膜层致密、质地均匀、晶粒细小、厚度适中。

（4）塑性加工。金属材料表面形成磷酸盐膜后再进行塑性加工，例如，进行钢管、钢丝等冷拉伸，是磷酸盐膜层的另一应用领域。采用这种方法对钢材进行拉拔加工时，可以减小拉拔力，延长拉拔模具寿命，减少拉拔次数。该法在挤出工艺、深拉延工艺等各种冷加工中均有广泛的应用。

（5）绝缘等功能膜。化学转化膜多数是电的不良导体，很早就有用磷酸盐膜作为硅钢片绝缘层。这种绝缘层的特点是占空系数小，耐热性好，而且在冲裁加工时可以减少模具的磨损等。阳极氧化膜可以作为铝导线的耐高温绝缘层。用溶胶-凝胶法制得的膜层，目前多数是功能性的。

工业上应用的金属及镀层金属（例如铁、锌、镉、铝、铜、锡、镁、铅及其合金等）均可形成化学转化膜。目前，铬酸盐处理和磷化处理，已经成为钢板、镀锌钢板、镀锌零件、锌合金等生产中的重要工序。阳极氧化处理已成为铝、镁、钛及其合金的重要生产过程。它提供了高耐蚀、耐磨损、装饰、着色、电绝缘等各种性能。氧化处理在钢铁的表面加工中也有广泛的应用。

6.2 钢铁的化学氧化处理

在日常生活中，钢铁是最有用、最廉价、最丰富、最重要的金属。工农业生产中，钢铁是最重要的基本结构材料，用途广泛；国防和战争更是钢铁的较量，钢铁的年产量代表一个国家的现代化水平。但钢铁有一个最大的缺点就是容易腐蚀，而且腐蚀产物疏松，易吸潮，不能对钢铁表面起到保护作用，反而会促进钢铁的进一步锈蚀。因此生锈的钢铁如果不采取措施防护，会一直锈蚀下去，直到完全变成铁锈为止。

钢铁的氧化，也称发蓝或发黑，其实质是通过化学或电化学方法，在其表面生成一层氧化膜。氧化的方法很多，有碱性氧化法、无碱氧化法和电解氧化法，下文主要介绍应用最普遍的碱性氧化法。碱性氧化时，因为不析出氢，故不会产生氢脆。氧化膜很薄，对零件尺寸精度不会有显著影响，膜的颜色一般为蓝黑色或深蓝色。

6.2.1 化学氧化机理

钢铁的氧化是指材料表面的金属层转化为最稳定的氧化物 Fe_3O_4 的过程，可以认为这种氧化物是铁酸 $HFeO_2$ 和氢氧化亚铁 $Fe(OH)_2$ 的反应产物。Fe_3O_4 可以通过铁与 300℃ 以上的过热蒸汽反应得到，在温度达到 570℃之前，反应生成磁铁 Fe_3O_4；在温度升高至 570℃以上时，磁铁并没有突然的转化，而是产生混合的氧化物，其成分取决于操作温度。

应用最普遍的钢铁氧化方法是在添有氧化剂如硝酸钠或亚硝酸钠的强碱溶液里，于 100℃以上的温度进行处理。其机理如下所述：

（1）钢铁氧化是个电化学过程，在微观阳极上，发生铁的溶解：

$$Fe \longrightarrow Fe^{2+} + 2e^-$$

（2）在有氧化剂存在的强碱性溶液里，Fe^{2+}按照下述方程式转化成氢氧化铁：

$$2Fe^{2+} + 2OH^- + O^{2-} \longrightarrow 2FeOOH$$

（3）在微观阴极上，这种氢氧化物可能被还原：

$$FeOOH + e^- \longrightarrow HFeO^{2-}$$

（4）因为氢氧化亚铁的酸性明显地低于氢氧化铁的酸性，在操作温度下，继而发生中和及脱水反应，即氢氧化亚铁作为碱，氢氧化铁作为酸的中和反应：

$$2FeOOH + HFeO_2^- \longrightarrow Fe_3O_4 + OH^- + H_2O$$

（5）另一部分氢氧化亚铁可以在微观阴极上直接氧化成四氧化三铁：

$$3Fe(OH)_2 + O \longrightarrow Fe_3O_4 + 3H_2O$$

氧化过程的速度，取决于能氧化二价铁离子的亚硝基化合物的形成速度。

从氧化膜的生成过程来看，在开始时，金属铁在碱性溶液里溶解。在金属铁和溶液的接触界面处，形成了氧化铁的过饱和溶液。然后，在金属表面上的个别点生成了氧化物的晶胞。这些晶胞的逐渐增长，导致在金属铁表面形成一层连续成片的氧化膜。而当氧化膜完全覆盖住金属表面之后，就将使溶液与金属隔绝，铁的溶解速度与氧化膜的生成速度随之降低。

氧化膜的生长速度以及膜层的厚度，取决于晶胞的形成速度和单个晶胞长大的速度之比（图 6-2）。当晶胞形成速度很快时，金属表面上晶胞数多，各晶胞相互结合而形成一层致密的氧化膜，如图 6-2（a）所示。若晶胞形成速度慢，待到各晶胞相互结合的时候，晶胞已经长大。这样形成的氧化膜较厚，甚至形成疏松的氧化膜，如图 6-2（b）所示。

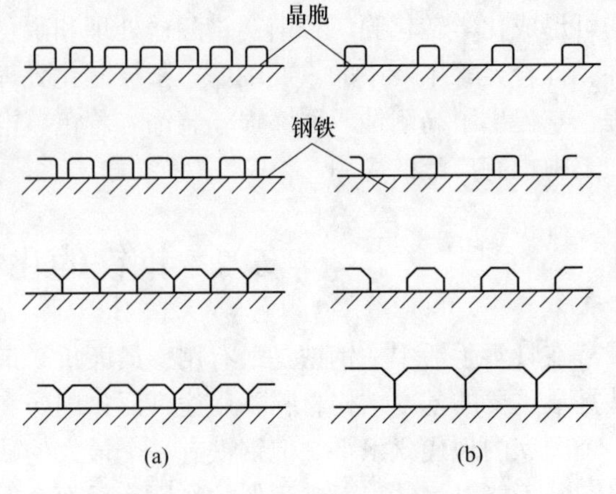

图 6-2　钢铁表面生成氧化膜示意图
（a）晶胞形成速度很快；（b）晶胞形成速度慢

钢铁在这一氧化溶液中的溶解速度和它的化学成分与金相组织有关。高碳钢的氧化速度快而低碳钢的氧化速度慢，因此，氧化低碳钢宜采用氢氧化钠含量较高的氧化溶液。

6.2.2 氧化膜的性质

钢铁氧化膜是由四氧化三铁组成的。膜的结构和防护性都随氧化膜厚度的变化而变化。很薄的膜（2~4nm）对工件的外观无影响，但也无防护作用。厚的膜（超过 2μm）是无光泽的，呈黑色或灰黑色，耐机械磨损性能差。厚度为 0.6~0.8μm 的膜有最好的防护性能和耐磨损性能。

无附加保护的钢铁氧化膜的耐蚀性低，并与操作条件有关。如果工件氧化处理后，再涂覆油或蜡，其抗盐雾性能从几小时增加至 24~150h。对膜性能影响较大的是氧化时溶液的温度和碱浓度。

在溶液温度接近沸点时，碱浓度影响成膜厚度。在很浓碱溶液（超过 1500g/L）里，没有膜形成，这是由于氢氧化亚铁在这样高浓度的碱溶液中，不会发生水解反应。从图 6-3 的曲线可以看出温度对氧化膜厚度的影响，图中给出的操作温度比相应的氢氧化钠溶液的沸点要稍微低一些。在沸点温度高于 145℃的溶液里，得到的氧化膜生长不良而且为疏松的水合氧化铁，尽管其膜层较厚，但无防护作用。表 6-2 为不同浓度氢氧化钠溶液的沸点。

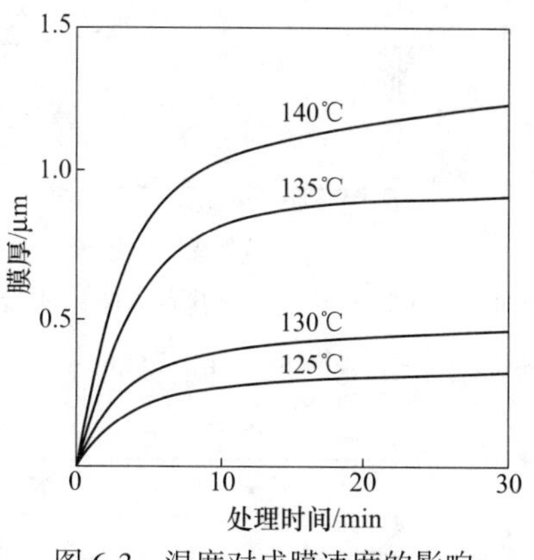

图 6-3 温度对成膜速度的影响

氧化剂的影响如图 6-4 所示，随着溶液里氧化剂质量浓度的增加，氧化膜的厚度逐步降低，但是在超过氧化剂的临界浓度后，厚度不再受其影响。这可能是氧化剂通过膜孔隙对钢铁表面的钝化作用所致。

表 6-2 氢氧化钠溶液的沸点

质量浓度/$g \cdot L^{-1}$	沸点温度/℃	NaOH 质量浓度/$g \cdot L^{-1}$	沸点温度/℃
400	117.5	900	147
500	125	1000	152
600	131	1100	157
700	136.5	1200	161
800	142		

在 NaOH 浓度为 800~900g/L 的溶液中，即在 140~145℃的温度下，进行的化学氧化，得到的膜层防护效果最好。

6.2.3 化学氧化工艺

如果工件表面只是稍带油脂且没有腐蚀产物，可以直接在浓碱溶液里进行氧化，否则，首先应该在有机溶剂或碱性溶液里进行脱脂，在加有缓蚀剂的硫酸或盐酸里进行酸洗活化后即可进行氧化。

钢铁的氧化溶液添加有硝酸钠或亚硝酸钠，或同时加有这两种化合物的浓 NaOH 溶液组成。处理工艺有一步法氧化工艺和二步法氧化工艺，其中，一步法氧化工艺较简单，二步法氧化工艺可以得到较厚的氧化膜，而且在工件表面上无红色氧化物沉积（图 6-5）。钢铁的氧化工艺见表 6-3。

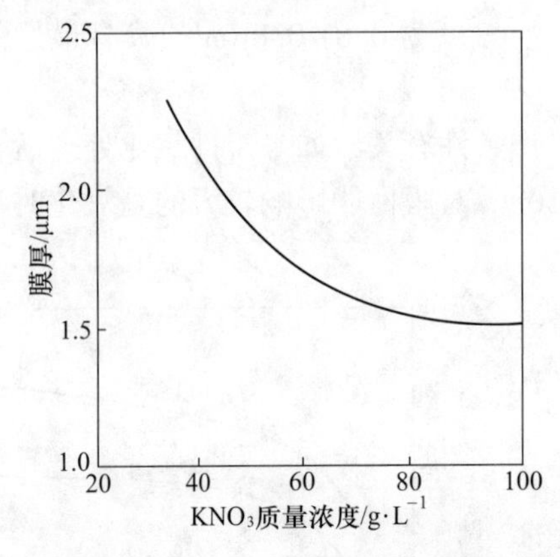

图 6-4 氧化膜的厚度与氧化剂 KNO_3 质量浓度的关系
（溶液条件：NaOH 800g/L，操作温度：135℃）

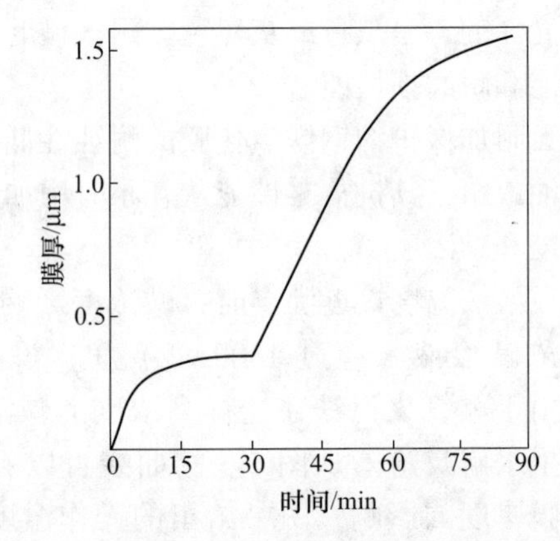

图 6-5 二步氧化法膜层与处理时间的关系

表 6-3 钢铁的氧化工艺

编号	溶液组成		操作条件	
	成分	含量	温度/℃	时间/min
1	NaOH	700~800g	开始：138~140 结束：142~146	20~120
	$NaNO_3$	200~250g		
	$NaNO_2$	50~70g		
2	NaOH	1000~1100g	开始：145~150 结束：150~155	80~90
	$NaNO_3$	130~140g		
3	NaOH	800~900g	140~145	5~10
	KNO_3	25~50g		
	NaOH	1000~1100g	150~155	20~30
	KNO_3	50~100g		
4	NaOH	800~900g	140~145	5~10
	KNO_3	25~50g		
	NaOH	1300~1400g	163~165	20~30
	KNO_3	50~100g		
5	NaOH	650~700g	136~138	40~60
	$NaNO_3$	30~35g		
	$NaNO_2$	16~18g		
	NaCl	18~20g		

续表 6-3

编号	溶液组成		操作条件	
	成分	含量	温度/℃	时间/min
6	NaOH	34.5%（质量分数）	130~150	40~120
	$NaNO_3$	2%（质量分数）		
	$Na_2S_2O_3 \cdot 5H_2O$	8%（质量分数）		
	KCl	2.7%（质量分数）		
7	NaOH	45%（质量分数）	130~150	40~120
	Na_3PO_4	10%（质量分数）		
	$Na_3SO_3 \cdot 7H_2O$	5%（质量分数）		

钢的含碳量如果不同应该采取不同的处理工艺，含碳量低的钢应该采用高浓度的碱液和高的处理温度，具体要求见表 6-4。

表 6-4　不同钢材的处理工艺

$w(C)/\%$	溶液的沸点温度/℃	处理时间/min
0.7	135~137	10~30
0.7~0.4	138~140	30~50
0.4~0.1	142~145	40~60
合金钢	142~145	60~90

当工件进入槽液时，温度应在下限，上限温度是出槽温度。当氧化完成以后，溶液沸点会升高，适当加一些热水，最好溶液温度降到 100℃以下再加热水，这样可以防止碱液飞溅。

为了提高工件的耐蚀性，要另外用油或蜡涂覆氧化过的表面。然而，对于氧化膜表面，水溶液比油更容易润湿。因此氧化膜在干燥前，需将工件浸在稀肥皂水溶液里，以增加金属表面的润湿性。也可以涂机油、锭子油、变压器油等。还可以先用重铬酸钾钝化处理，以进一步提高耐蚀性。

重铬酸钾	3%~5%(质量分数)
温度	90~95℃
时间	10~15min

或用肥皂填充处理，将氧化膜的孔隙填满。

肥皂	3%~5%(质量分数)
温度	80~90℃
时间	3~5min

钝化或皂化过的工件用流动水洗净，吹干或烘干，然后浸入 105~110℃的锭子油里处理 5~10min，取出静置 10~15min，使表面残余油流掉，或用干净的抹布将表面多余的油擦掉。表 6-5 为钢铁氧化的工艺过程。

表 6-5 钢铁氧化的工艺过程

工序	工序名称	溶液		工艺条件		备注
		组成	质量浓度/g·L^{-1}	温度/℃	时间/min	
1	化学脱脂	氢氧化钠	30~50	大于 90	10~15	
		碳酸钠	30~50			
		磷酸三钠	30~40			
		水玻璃	5~10			
2	热水洗			大于 80		
3	流动热水洗					
4	酸洗	硫酸	150~200	50~60	5~10	
		缓蚀剂	0.5~1			
5	流动热水洗					
6	氧化	氢氧化钠	550~560	135~145	15~20	
		硝酸钠	130~180			
7	氧化	氢氧化钠	600~700	140~150	20~30	
		硝酸钠	150~200			
8	冷水洗					不流动的冷水
9	热水洗					不流动的热水
10	后处理	重铬酸钾	30~50	90~95	10~15	
		肥皂	30~50	80~90	3~5	
11	流动冷水洗					
12	流动冷水洗					
13	吹干或烘干					
14	检验					
15	浸油	锭子油		105~110	5~10	
16	放置	铁丝网		室温	10~15	让残油流尽

注：本表列出的是二次氧化工艺，如果是一次氧化工艺，工艺 7 则可省去。

6.2.4 氧化膜的影响因素

（1）碱含量的影响。在溶液里，碱的含量增高时，相应地升高溶液温度，所获得的氧化膜厚度增加，但氧化膜表面易出现红褐色的氢氧化铁。碱含量过高时所生成的氧化膜被碱溶解，不能生成膜。当溶液碱含量低时，金属表面氧化膜薄且发花，过低时不生成氧化膜。

（2）氧化剂的影响。氧化剂含量越高，生成的亚铁酸钠和铁酸钠越多，促进反应速度加快，这样生成的氧化膜速度也加快，而且膜层致密且牢固。相反，氧化膜疏松且厚。

（3）温度的影响。氧化溶液温度增高时，相应的氧化速度加快，生成的晶胞多，使氧化膜变得致密而且薄。但温度过高时，氧化膜（Fe_3O_4）在碱溶液的溶解速度增加，致使氧化速度变慢。因此，在氧化初开始时温度不要太高，否则氧化膜（Fe_3O_4）晶粒减少，会使氧化膜变得疏松。氧化溶液的温度，在进槽时温度应在下限，出槽时温度应在上限。

（4）铁离子的影响。氧化溶液里的铁离子是在氧化反应过程中，从工件上逐渐溶解下来的，它的含量对氧化膜的生成是有影响的。在初配槽的溶液里铁离子含量低，会生成很薄且疏松的氧化膜，膜与基体金属结合不牢，容易擦去。

（5）氧化时间与工件含碳量的关系。钢铁工件含碳量高时容易氧化，氧化时间短。合金钢含碳量低，不易氧化，氧化时间长。可见氧化时间的长短决定于钢铁的含碳量。

总之，影响氧化膜的因素很多，如溶液成分的含量、温度、材料和合金成分等，这里不再做详细介绍。

6.3 钢铁的磷化处理

6.3.1 磷化的基本原理

磷化是指金属在含有磷酸盐的溶液中进行处理，在金属表面形成磷酸盐化学转化膜的过程。随之而形成的金属磷酸盐化学转化膜称之为磷化膜。磷化工艺在我国的应用已相当广泛，如涵盖汽车、军工、电器、机械等诸多工业领域。磷化主要的工业用途是防锈、耐磨、减摩、润滑、作涂装底层等，也可作表面装饰。

6.3.1.1 磷化反应

磷化反应的形成是一个复杂的化学或电化学过程。很多文献资料中阐述的有关磷化处理的分子反应式写法各异，无统一的说法，这是由于涉及的化学反应很多。如电离、水解、氧化还原、沉淀、配合等化学反应。目前较为普遍认同的观点是由以下4个步骤组成：

（1）酸的浸蚀使基体金属界面H^+浓度降低，反应如下：

$$\left.\begin{array}{l} Fe - 2e^- \longrightarrow Fe^{2+} \\ 2H^+ + 2e^- \longrightarrow 2[H] \longrightarrow H_2\uparrow \end{array}\right\} \tag{6-2}$$

（2）促进剂（氧化剂）加速界面的H^+浓度降低，反应如下：

$$[\text{氧化剂}] + [H] \longrightarrow [\text{还原产物}] + H_2O$$

$$3Fe^{2+} + [\text{氧化剂}] \longrightarrow 2Fe^{3+} + [\text{还原产物}] \tag{6-3}$$

由于促进剂（氧化剂）第一步反应所产生的氢原子，加快了式（6-2）反应的速度，进一步导致金属界面H^+浓度急剧下降，同时也将溶液中的Fe^{2+}氧化成为Fe^{3+}。

（3）磷酸根的多级离解，反应如下：

$$H_3PO_4 \longrightarrow H_2PO_4^- + H^+ \longrightarrow HPO_4^{3-} + 3H^+ \longrightarrow PO_4^{3-} + 3H^+ \tag{6-4}$$

由于金属表面的H^+浓度急剧下降，导致磷酸根各级离解平衡向右移动，最终会离解出PO_4^{3-}。

（4）磷酸盐沉淀结晶为磷化膜。当金属表面离解出的PO_4^{3-}与溶液中的金属离子

(Zi^{2+}、Mr^{2+}、Ca^{2+}、Fe^{2+}) 达到浓度积常数时，就会形成磷酸盐沉淀，磷酸盐沉淀结晶形成磷化膜，反应如下：

$$2Zn^{2+} + Fe^{2+} + 2PO_4^{3-} + 4H_2O \longrightarrow Zn_2Fe(PO_4)_2 \cdot 4H_2O\downarrow \text{(磷化膜)} \quad (6\text{-}5)$$

$$3Zn^{2+} + 2PO_4^{3-} + 4H_2O \longrightarrow Zn_3(PO_4)_2 \cdot 4H_2O\downarrow \text{(磷化膜)} \quad (6\text{-}6)$$

磷酸盐沉淀与水分子形成磷化晶核，晶核长大形成磷化晶粒，大量的晶粒紧密堆集成为磷化膜。

磷酸盐沉淀的副反应将形成磷化沉渣，反应如下：

$$Fe^{3+} + PO_4^{3-} \longrightarrow FePO_4\downarrow \quad (6\text{-}7)$$

上述理论不仅可以解释磷化成膜过程，还可以指导磷化配方与工艺设计。从上述理论看，适当的氧化剂可提高式（6-3）的反应速度，低浓度的 H^+ 可使磷酸根离解式（6-4）的反应离解平衡更容易向右移动，从而离解出 PO_4^{3-}。同时，胶体态表面调整剂在金属表面吸附产生活性点，使沉淀式（6-5）和式（6-6）反应不需太大的过饱和度即可形成磷酸盐沉淀，晶核-磷化沉淀的产生取决于式（6-2）与式（6-1），即溶液中的高 H^+ 浓度、强氧化剂均能使沉淀增多。除开以上阐述的原理外，国际上流行的理论是从反应物质的电化学特性考虑。

6.3.1.2 金属磷酸盐

正磷酸（H_3PO_4）是一种三元酸，它含有 3 个可取代的氢原子，产生 3 种系列的盐。这 3 个氢原子在 25℃时的离解常数分别为：$K_1 = 0.7101\times10^{-2}$，$K_2 = 7.99\times10^{-8}$，$K_3 = 4.8\times10^{-13}$。可见，只有第一个氢原子是容易离解的，这 3 种系列的磷酸盐相应为 M_2HPO_4（伯盐）、M_2HPO_4（仲盐）和 M_3PO_4（叔盐），许多其他酸和碱的盐，也可以如此描述。

碱金属的伯磷酸盐呈酸性反应；仲磷酸盐为弱碱性反应；叔磷酸盐为强碱性反应。25℃时，质量分数为 10g/L 的三种钠磷酸盐，其 pH 值分别为：

盐	pH 值
伯盐 NaH_2PO_4	6.6
仲盐 Na_2HPO_4	8.3
叔盐 Na_3PO_4	11.9

二价金属的磷酸盐相应为：

$M(H_2PO_4)_2\downarrow$	$MHPO_4$	$M_3(PO_4)_2\downarrow$
（伯盐）	（仲盐）	（叔盐）

在金属表面生成的结晶状磷化膜，取决于铁、锰、锌磷酸盐的溶解度特性。一般说来，这些金属的伯磷酸盐能溶于水，仲磷酸盐不溶于水或不稳定，叔磷酸盐则不溶于水。

（1）正磷酸锌。Salmon 和 Teny 发现了 5 种锌磷酸盐：1）二酸伯磷酸盐 $Zn(H_2PO_4)_2 \cdot 2H_3PO_4$；2）二水伯磷酸盐 $Zn(H_2PO_4)_2 \cdot 2H_2O$；3）一水仲磷酸盐 $ZnHPO_4 \cdot H_2O$；4）三水仲磷酸盐 $ZnHPO_4 \cdot 3H_2O$；5）四水叔磷酸盐 $Zn_3(PO_4)_2 \cdot 4H_2O$。在这些正磷酸盐中，只有 4）和 5）两种盐是稳定的。四水叔磷酸盐以无机矿物的形式，存在于自然界中。在中性的伯磷酸盐稀溶液里，四水叔磷酸锌通常成为沉淀。

（2）磷酸锰。伯磷酸锰 $Mn(H_2PO_4)_2$，是一种无水盐，或者是一种带有 2.5 个水分子的结晶物。另外，有三水仲磷酸 $MnHPO_4 \cdot 3H_2O$ 以及多种叔磷酸锰 $Mn_3(PO_4)_2$ 的水合物。还发现了一种稳定的仲叔磷酸 $Mn_3(PO_4)_2 \cdot 2MnHPO_4 \cdot 5H_2O$。仲磷酸镐和仲一叔磷酸镒，常常会在稀溶液中分解，并具有负溶解度特性。

（3）磷酸铁。铁的两种化合价状态，导致产生两个系列的盐。亚铁磷酸盐包括：常以蓝铁矿（Viviante）形式存在的八水叔磷酸铁 $Fe_3(PO)_2 \cdot 8H_2O$、一水仲磷酸铁 $Fe(HPO_4) \cdot H_2O$，以及二水伯磷酸铁 $Fe(H_2PO_4)_2 \cdot 2H_2O$。

三价铁的磷酸盐，只溶于酸性溶液中，叔磷酸盐 $FePO_4$ 在酸性溶液中会分解，伯磷酸盐 $Fe(H_2PO_4)_3$ 的性质与此相似。

6.3.1.3 膜的构成

磷化膜的生成机理相当复杂。以重金属磷酸盐溶液为基础的工艺，是依据下述的基本平衡：

$$\underset{（能溶）}{伯磷酸盐} \rightleftharpoons \underset{（不溶）}{叔磷酸盐}$$

重金属的伯磷酸盐溶液，在一定的温度或 pH 值条件下，会离解成仲盐、叔盐及游离磷酸。

$$3M(H_2PO_4)_2 \rightleftharpoons 3MHPO_4 + 3H_3PO_4 \tag{6-8}$$

$$3MHPO_4 \rightleftharpoons M_3(PO_4)_2 + H_2PO_4 \tag{6-9}$$

$$3M(H_2PO_4)_2 \rightleftharpoons M_3(PO_4)_2 + 4H_3PO_4 \tag{6-10}$$

温度较高时，化学平衡式（6-10）从左向右移动。如果将某一种金属（它不一定与磷酸盐中的金属相同），放进伯磷酸盐溶液中，便会与游离磷酸反应：

$$M + 2H_3PO_4 \rightleftharpoons M(H_2PO_4)_2 + H_2 \tag{6-11}$$

反应式（6-11）消耗了磷酸，会促进使反应式（6-8）与反应式（6-10）向右移动。同时，溶液中的仲盐和（或）叔盐，就沉积在金属与溶液的交界面上。部分难溶的磷酸盐，可能在溶液中沉淀成泥浆。当然，大部分都沉积在金属的表面上，并与金属表面发生化学结合。

显然，在金属伯磷酸盐溶液中，总因为存在一定量的游离磷酸，才能维持水解作用和保持槽液的稳定。离解程度随温度的升高而增强。因此在高温条件下，应该有较多的磷酸，以防止槽中叔磷酸盐的沉淀。

另外，水解作用的化学平衡，还依赖于溶液的浓度。当浓度较低时，水解作用便进行得快些，如果槽子里长时间存在太多的游离酸，在界面上中和多余游离酸的时间较长，会使从工件上溶解下来的金属多于正常量。因此，在设计磷化槽时，为了维持该槽操作温度和浓度下的水解平衡，应使槽中保持适度的磷酸量。

最简单的情况，就是在锌上生成磷酸锌覆膜，其反应如下

$$3Zn(H_2PO_4)_2 \rightleftharpoons Zn_3(PO_4)_2 + 4H_3PO_4 \tag{6-12}$$

$$2Zn + 4H_3PO_4 \rightleftharpoons 2Zn(H_2PO_4)_2 + 2H_2 \tag{6-13}$$

$$2Zn + Zn(H_2PO_4)_2 \rightleftharpoons Zn_3(PO_4)_2 + 2H_2 \tag{6-14}$$

设定，M^1 是待处理的金属，将其置于另一种金属 M^2 的伯磷酸盐溶液中，那么金属

M^2 的磷酸盐（$(M^2)HPO_4$ 或 $(M^2)_3(PO_4)_2$，就会参与构成覆膜。当然，覆膜中亦含有比例较少的金属 M^1 的磷酸盐。另外，从反应式（6-11）可知，槽子里将产生金属 M^1 的伯磷酸盐。如果不考虑碱式盐、复盐和其他混合盐类的生成，则存在下述盐类：

溶液中	覆膜中
$(M^1)(H_2PO_4)_3$	$(M^1)HPO_4$
$(M^2)(H_2PO_4)_2$	$(M^2)HPO_4$
	$(M^3)_3(PO_4)_2$
	$(M^2)_3(PO_4)_2$

二价铁也是研究的对象之一，不管是在溶液中，还是在覆膜里，二价铁的存在将使情况更为复杂，反应如下：

$$3Zn(H_2PO_4)_2 + 2Fe \longrightarrow \underset{(不溶)}{Zn_3(PO_4)_2} + \underset{(可溶)}{2Fe(H_2PO_4)_2} + H_2 \tag{6-15}$$

Van Wazer 认为，磷酸锌在铁表面生成的覆膜，可近似地以下反应式来表示：

$$Fe + 3Zn(HPO_4)_2 + 2H_2O \longrightarrow Zn_3(PO_4)_2 \cdot 4\,H_2O\downarrow + FeHPO_4 + 3H_3PO_4 + H_2 \tag{6-16}$$

铁、锰、锌的伯磷酸盐槽，全部都能产生大结晶的覆膜，膜重为 $15\sim35g/m^2$。

在新配制的槽子中，磷酸锌覆膜呈中等程度的灰色。但当槽子中有铁时，其颜色会变深。磷酸铁和磷酸锰槽，会生成灰色的覆膜，并且比相应的磷酸铁覆膜稍硬。

在不含促进剂的槽子里，沉积磷酸锌覆膜，要比沉积磷酸铁或磷酸锰覆膜快得多。这主要是由于仲磷酸锌不稳定。当伯磷酸锌水解时，直接变成了叔磷酸锌［式（6-10)］，或者以非常快的速度从式（6-8）过渡到式（6-9）。对铁而言，后一个反应的发生则相对较慢。

根据 Drysdale 的研究，如果覆膜中没有铁，那么磷酸锌覆膜的抗蚀性能，便不如磷酸铁或磷酸锰覆膜。在磷酸锌或磷酸锰中引入少量的铁，有利于减少孔隙率和增加抗蚀性。但是，若进一步增加铁在覆膜中的含量，又会发生相反的效应，即孔隙率增高而抗蚀性减小。当在磷酸锌槽中生成的覆膜里，$w(Fe)$ 高达 30%~40%时，其抗蚀性便十分低劣。

磷化主要是电化学现象。在微阳极上，发生金属的溶解和放出氢气；在微阴极上，则发生不溶性磷酸盐的水解和沉积。

金属的侵蚀常常集中在晶界上，这些地方是高效能量区，即称“活性中心”。根据 X 射线衍射研究的结果，Saison 认为，由于发生初级氧化阶段，致使在钢上形成了一个亚表层。在这个亚表层里，含有二价铁和三价铁的化合物。

Cupr 和 Pelikep 注意到了仲磷酸盐离子作用。例如，在锌的磷化过程中，由下述的反应，增加了仲磷酸盐离子：

$$Zn(H_2PO_4)_2 \longrightarrow ZnPO_4 + H_2PO_4 + 2H^+ \tag{6-17}$$

在阳极表面的反应为：

$$Fe + 2ZnPO_4 \longrightarrow Zn_2Fe(PO_4)_2 + 2e^- \tag{6-18}$$

进而，从阳极溶解下来的铁在穿越磷酸锌铁层的同时，又促进了新膜的形成。在微阴极上，随着 $ZnPO_4$ 浓度的增加而使酸度降低，生成的 $Zn_3(PO_4)_2$ 将超过其自身的溶解度，沉积成四水叔磷酸锌 $Zn_3(PO_4)_2 \cdot 4H_2O$，即磷锌矿(hopeite)。

在磷酸锌覆膜中，存在有磷酸锌铁 $Zn_2Fe(PO_4)_2 \cdot 4H_2O$，即磷叶石(phosphophyllite)。Cheever 还指出，磷锌矿与磷叶石的有关特性，是随搅动的程度而转移的。在搅动有限的情况下，积聚在金属一溶液界面上的二价铁浓度较高，有利于磷酸锌铁的再沉积。

6.3.2 磷化的基本分类

磷化的分类有好多种方法，一般是按磷化膜厚度（膜重）、磷化成膜物质、磷化处理温度以及磷化膜结晶形态等划分。

6.3.2.1 按磷化膜厚度（膜重）分类

按磷化膜厚度分类，一般分为 4 类：次轻量级、轻量级、次重量级和重量级，见表 6-6。

表 6-6 磷化膜厚度（膜重）分类

类别	膜重/$g \cdot m^{-2}$	膜的组成	主要用途
次轻量级	0.2~1.0	主要由磷酸铁、磷酸钙或其他金属的磷酸盐所组成	用作较大形变钢铁工件的涂装底层或耐蚀性要求较低的涂装底层
轻量级	1.1~4.5	主要由磷酸锌和其他金属（Ca、Ni）的磷酸盐所组成	用作涂装底层
次重量级	4.6~7.5	主要由磷酸锌和（或）其他金属的磷酸盐所组成	可用作基本不发生形变钢铁工件的涂装底层
重量级	>7.5	主要由磷酸锌、磷酸铉和（或）其他金属的磷酸盐组成	不适宜作涂装底层

6.3.2.2 按磷化成膜物质分类

按磷化成膜物质分类，大体上有锌系、锌钙系、锌锰系、锰系、铁系和碱金属轻铁系 6 大类，其相关特性见表 6-7。

表 6-7 按膜层物质分类及特性

分类	符　号	磷化槽液主成分	磷化膜层主成分	用　　途
磷酸锌系	Znph	Zn^{2+}、$H_2PO_4^-$、NO_3^-、H_3PO_4 促进剂	$Zn_3(PO_4)_2 \cdot 4H_2O$、$Zn_2Fe(PO_4)_2 \cdot 4H_2O$	涂装底层、防锈和冷加工减摩润滑
磷酸锌钙系	ZnCaph	Zn^{2+}、Ca^{2+}、NO_3^-、$H_2PO_4^-$、H_3PO_4 促进剂和其他添加剂	$Zn_2Ca(PO_4)_2 \cdot 4H_2O$、$Zn_2Fe(PO_4)_2 \cdot 4H_2O$、$Zn_3(PO_4)_2 \cdot 4H_2O$	涂装底层、防锈

续表 6-7

分类	符　号	磷化槽液主成分	磷化膜层主成分	用　　途
磷酸锌锰系	ZnMnph	Zn^{2+}、Mn^{2+}、NO_3^-、$H_2PO_4^-$、H_3PO_4 及添加剂	$Zn_2Fe(PO_4)_2 \cdot 4H_2O$、$Zn_3(PO_4)_2 \cdot 4H_2O$、$(Mn,Fe)_5H_2(PO_4)_4 \cdot 4H_2O$	涂装底层、防锈及冷加工减摩润滑
磷酸锰系	Mnph	Mn^{2+}、NO_3^-、H_3PO_4、$H_2PO_4^-$以及添加剂	$(Mn,Fe)_5H_2(PO_4)_4 \cdot 4H_2O$	防腐蚀及冷加工减摩润滑
磷酸亚铁系	Fehph	Fe^{2+}、$H_2PO_4^-$、$H_2PO_4^-$ 以及添加剂	$Fe_5H_2(PO_4)_4 \cdot 4H_2O$	防腐蚀及冷加工减摩润滑
磷酸亚铁（碱金属磷酸盐处理所得）系	Feph	Na^+、NH_4^+、$H_2PO_4^-$、H_3PO_4、MoO_4^- 以及添加剂	$Fe_3H_2(PO_4)_2 \cdot 8H_2O$、$Fe_3O_2$	非晶态彩膜层，磷化膜薄，仅用于耐蚀性要求较低的涂装底层（如喷塑）

6.3.2.3　按磷化处理温度分类

磷化按其不同的处理温度可分为以下 4 类：常温磷化是指在磷化处理中不须加温，温度范围为 5~35℃（取决于室内温度）；低温磷化属于加温类型，温度范围为 25~45℃；中温磷化的温度范围为 50~70℃；高温磷化的温度一般都在 80℃以上。

6.3.2.4　按磷化膜结晶形态分类

磷化成膜过程中，无论采用何种磷化液，最终磷化膜的结晶形态只可能是以下 2 种：(1) 结晶型瞬化膜（人为转化磷化膜）。溶液中不仅有酸根离子，而且有金属阳离子（如 Zn^{2+}、Ca^{2+}、Mn^{2+}等）直接参与成膜反应。(2) 无定型磷化膜（转化磷化膜）。在磷化过程中金属基体作为膜的阳离子成分，形成无定型膜，这是由磷酸或聚磷酸的碱金属盐或铵盐形成的磷化膜。

除以上所述以外，磷化分类还有按处理方式（喷淋、浸泡），按所添加的促进剂种类以及按被处理工件材质（如钢铁件、铝件、锌件以及混合件）来分类的。

6.3.3　磷化液的基本组成

磷化液的基本组成包括以下 4 个方面，即主成膜剂、促进剂、重金属离子和配合剂。单一的磷酸盐配制的磷化液反应速度极慢，结晶粗大，不能满足工业生产的要求。

(1) 磷化主成膜剂。这是形成磷化膜的主要组成部分，磷化成膜的过程是由磷酸盐沉淀与水分子一起形成磷化晶核，晶核长大形成磷化晶粒，大量的晶粒堆集形成膜。

磷化的主成膜剂包括磷酸二氢锌、磷酸二氢钠、马耳夫盐等，这类物质在磷化液中是作为磷酸盐主体而存在的，同时它也是总酸度的主要来源。

(2) 磷化促进剂。在磷化液中加入促进剂可以缩短磷化反应时间，降低处理温度、促进磷化膜结晶细腻、致密、减少 Fe^{2+}离子的积累等。

1) 铜和镍促进剂。磷化膜是在金属表面局部生成的，而金属则在局部阳极溶解。阳极对阴极的比例，取决于基体金属，也受晶粒边界、杂质和金属加工切削的影响。添加极少量的铜，甚至仅仅加入质量分数为 0.002%~0.004%的可溶性铜盐，便能极大地提高反应速度，在钢上的成膜速度，可以提高6倍以上。显然，铜的作用是在金属表面镀出微量的金属铜，从而增加了阴极的面积。多余的铜必须除掉，否则会把覆膜置换成金属铜，导致金属铜代替了所需要的磷化膜。

2）氧化型促进剂。氧化或去极化促进剂是最为重要的促进剂。它们能和氢反应，从而防止被处理金属的极化。去极化促进剂分成两类：其中一类，能进一步把溶液中的二价铁完全氧化；而另一类，则不能或不能完全把铁氧化，此类型促进剂的第二个重要作用，就是能控制溶液中的铁含量。

另外，除了促进覆膜的生成和控制溶液中的铁含量之外、氧化型促进剂还具有其他优点，即能与新生态的氢立即反应，从而把工件的氢脆减至最低程度。

最常使用的氧化型促进剂有硝酸盐、亚硝酸盐、氯酸盐、过氧化物和硝基有机物。它们可以单独使用，也可以几个混合使用。上述的促进剂中，亚硝酸盐、氯酸盐和过氧化物，极容易氧化溶液中的二价铁。显然，强氧化剂不宜用来作为磷酸亚铁槽的促进剂。事实上，磷酸亚铁槽通常是用重金属来促进或抑制其工艺过程的。某些更强的氧化剂，可以在磷酸锰槽中产生积极的作用，而在磷酸锌系统中，它们的使用有限。以下是几种常用的促剂类型。

①硝酸盐型：NO_3^-，NO_3^-/NO_2^-（自生型）；

②氯酸盐型：ClO_3^-，ClO_3^-/NO_3^-，ClO_3^-/NO_2^--R；

③亚硝酸盐型：NO_3^-/NO_2^-，$NO_3^-/ClO_3^-/NO_2^-$；

④有机硝基化合物型：硝基胍，R-NO_2^-/ClO_3^-；

⑤铝酸盐型：MO，MOO_4^-/ClO_3^-，MOO/NO_3^-；

⑥羟胺类型：羟胺，NO^-/羟胺。

3）物理促进作用。当把磷酸盐溶液猛烈地喷射到金属表面上时，比将金属浸渍在相同的溶液中，能更快地生成磷化膜。或者说，在给定的操作时间里，可以在较低的温度下生成磷化膜。其他物理促进的方法，是在工艺过程中刷拭，或摇晃金属表面。刷涂法可以减少工艺时间到1/10左右。

（3）磷化中的重金属离子。在磷化液中添加多种金属离子成分与单一的Zn^{2+}相比，磷化膜的外观质量和耐蚀性都有很大的提高。

1）Zn^{2+}离子。Zn^{2+}离子是锌系磷化中的主要离子，Zn^{2+}含量高能形成更多的结晶核，加快磷化反应速度，并使磷化膜结晶细致，晶粒饱满有光泽。Zn^{2+}含量过高时，磷化膜结晶粗大，易脆，表面灰分变多。Zn^{2+}含量不足时，膜层疏松发暗，磷化膜的耐腐蚀性能下降。

2）Ni^{2+}离子。Ni^{2+}离子可使磷化成膜的速度加快，改善磷化膜的结晶（使得晶核数量加大，晶核排列完整），能显著提高磷化膜的耐蚀性能，Ni^{2+}离子含量应控制在2g/L以内，加大用量对生产不会产生影响，但会提高成本。

3）Ca^{2+}离子。Ca^{2+}离子能调整磷化膜的生长，细化晶粒。含有Ca^{2+}离子的磷化液，其膜层光滑细腻，质感非常好。但过多的Ca^{2+}离子的加入则会使膜层挂灰，影响涂装。

4）Fe^{2+}离子。磷化液中的Fe^{2+}离子是一个充满矛盾的物质。一方面磷化液中心须含有一定量的Fe^{2+}，它有利于成膜，并影响到晶核的大小和数量。磷化液中若无Fe^{2+}则工件表面易产生粉状物，当 Fe^{2+} 含量低时，膜薄，甚至磷化不上，膜的耐蚀性能下降。另一方面，Fe^{2+} 含量过高，磷化膜晶粒粗大，厚度增加，同时磷化液变成酱油色，阻碍磷化反应继续，影响磷化液的稳定性。工业生产上，新的磷化液在使用前，用铁粉或浸铁板的方法增加槽液中的 Fe^{2+} 含量；但经过一段时间的生产后，磷化液出现酱油色时，表明 Fe^{2+} 含量过高，这时须用氧化剂（双氧水）来除去 Fe^{2+}，将二价的游离铁离子氧化成三价铁离子，然后反应生成沉淀物。

5）Cu^{2+} 离子。Cu^{2+} 离子在磷化液中是常用的促进剂。它与其他氧化剂并用时，不仅能催化硝酸盐的分解，还能加速氧化反应，扩大钢铁表面的阴极区，加速磷化膜的形成。Cu^{2+} 的加入量极少，一定要控制好，否则会使磷化膜呈红色，降低膜的耐蚀性能，而且会破坏磷化液本身。

（4）磷化中的配合剂。磷化液使用最多的配合剂为柠檬酸（$C_6H_8O_7$），起配合作用。它能使磷化膜减重，延缓初期磷化沉渣出现的时间。但对后期降低沉渣效果不明显。

（5）磷化中的杂质离子。磷化中的杂质离子是指对磷化有破坏性的离子。

1）Al^{3+} 离子。Al^{3+} 离子是磷化中危害最大的杂质离子，是不允许带入槽液中的。当磷化液中的 Al^{3+} 达到一定浓度时，工件表面会产生乳白色粉状物，磷化膜发花，不均匀，甚至完全无膜。一旦出现类似的情况，在磷化液中加氟化物，使 Al^{3+} 离子成为不溶的氟铝酸钠而沉淀下来。

2）SO_4^{2-} 离子。磷化液中带入 SO_4^{2-}，会使磷化时间延长，磷化膜疏松、多孔。严重时，磷化不上，此时须更换槽液。

6.3.4 磷化处理工艺

6.3.4.1 磷化工艺条件

（1）处理方式。工件处理方式是指工件以何种方式与槽液接触达到化学预处理的目的。它包括全浸泡式、全喷淋式、喷-浸组合式和涂刷式等。采用何种方式主要取决于工件的几何形状、场地、投资规模、生产量等因素。

（2）处理温度。从降低生产成本，缩短处理时间和加快生产速度的角度出发，通常选择常温、低温和中温磷化工艺。生产实际中普遍采用还是低温（25～45℃）和中温（50～70℃）两种处理工艺。

工件除有液态油污外，还有少量固态油脂，在低温下油脂很难除去，因此脱脂温度应选择中温，对一般锈蚀及有氧化皮的工件，应选择中温酸洗，方可保证在 10min 内彻底除掉锈蚀物及氧化皮。除非有足够的理由，一般不选择低温或不加温酸洗除锈。

（3）处理时间。处理方式、处理温度一旦选定，处理时间应根据工件的油锈程度来定，除按产品说明书外，一般原则是除尽为宜。

（4）磷化工艺流程。根据工件油污、锈蚀程度及涂装要求，分为以下 3 种工艺流程：

1）完全无锈工件。预脱脂→水洗→脱脂→水洗→表调→磷化→水洗→烘干。适用于各类冷轧板及加工无锈工件前处理，还可将表调剂加到脱脂槽内，减少一道工序。

2）一般油污、锈蚀、氧化皮混合的工件。脱脂→热水洗→除锈→水洗→中和→表调→磷化→水洗→烘干。这套工艺流程是用目前国内应用最广泛的工艺，适合各类工件的前处理。如果磷化采用中温工艺，则可省掉表调工序。

3）重油污、重锈蚀、氧化皮混合的工件。预脱脂→水洗→脱脂→热水洗→除锈→中和→表调→磷化→水洗→烘干。

6.3.4.2 磷化膜及工艺

磷化膜最重要的工业应用，是作为钢和镀锌钢的油漆前处理。磷化膜为油漆提供了优良的底层。作为油漆基层的磷化膜，可以分成两个不同的类型：轻质非晶形磷酸铁膜（0.2~0.6g/m^2）；轻质晶体磷酸锌膜（2.0~5.0g/m^2，浸渍；1.4~3.0g/m^2，喷射）。在服务环境相当严酷的产品，例如汽车、拖拉机、洗衣机等所用零部件的磷化处理，最好用磷酸锌工艺。而对服务环境不严酷的产品，例如办公室设施、荧光照明器材等所用零部件的磷化处理，可用轻质磷酸铁工艺。对在油漆之后需加工成形的物件，还要求磷化膜具有高柔性和高附着力性能。

1）油漆基膜轻质磷酸铁工艺。以磷酸二氢钠或磷酸二氢铵为基础，带有如氯酸盐、钼酸盐或间硝基苯磺酸钠等促进剂，膜重范围是0.3~0.6g/m^2。根据不同的配方，操作温度可变化于30~70℃之间。磷化膜的外观，受所用促进剂的影响：氯酸盐为促进剂者，产生灰色膜；钼酸盐或溴酸盐为促进剂者，产生蓝色膜。改进的配方可以用来处理钢、镀锌钢和铝的混合产品。处理热浸镀锌钢和铝表面时，可加入氟化物以促进反应的进行。

2）油漆基膜磷酸锌工艺。对于浸渍工艺，最常使用亚硝酸/硝酸盐作为促进剂。这种未加改进的磷酸锌工艺，广泛适用于溶剂油漆。强碱清洗和酸洗，都倾向于产生粗糙的、较重的膜，这对油漆的光泽和附着力，都是不利的。在不能避免使用这种清洗方法的场合，在一定的限度内，可通过预浸活化的方法，把它们的影响减至最小。对于喷射工艺，由亚硝酸盐、氯酸盐或此两种盐联合促进的磷酸锌工艺，在溶剂油漆和老式的阳极电泳漆方面，应用极广。

3）重质磷化及工艺。防锈磷化，即重质磷化与涂油或上蜡一起施用，是磷化膜最原始的应用之一，并且一直具有十分重要的工业价值。结晶性磷化膜，是一种能吸油的多孔性表面，因此能使整个金属表面保持一种油膜。当然，磷化膜的价值，不仅仅在于它们的吸收性能。

6.3.5 磷化作用及用途

涂装前磷化的作用有：增强涂装膜层（如涂料涂层）与工件间结合力；提高涂装后工件表面涂层的耐蚀性；提高装饰性。

非涂装磷化的作用有：提高工件的耐磨性；令工件在机加工过程中具有润滑性；提高工件的耐蚀性。

磷化工艺在工业上的应用主要是防锈、耐磨润滑和作涂装打底，见表6-8。

表6-8 磷化的主要工业用途

工业用途	磷化体系	膜重/g·m^{-2}	后处理工艺	耐盐雾性能/h	室内防锈漆应用举例
工序间防锈	Znph、ZnCaph	3.5~7	钝化或无钝化	2	0~3月

续表 6-8

工业用途	磷化体系	膜重/g·m^{-2}	后处理工艺	耐盐雾性能/h	室内防锈漆应用举例
库存防锈	Znph 、ZnMnph	10~20	钝化或浸油	8~24	3~12 月
长期防锈	Znph、ZnMnph	10~30	浸防锈油、涂脂	48~120	1~2 年
拉丝拉管	Znph、ZnCaph	5~15	硼砂或皂化处理	—	减径、减壁拉
冷加工深冲	Znph、ZnCaph	5~15	皂化处理	—	减壁冲，保护模具
精密配件承载	Mnph	1~3	浸油	—	活塞环、缸套
大配合承载	Mnph	5~30	浸油	—	齿轮、离合片
阳极电泳	Znph Feph	1.5~3.5 0.2~0.5	—	80~400	自行车、摩托车、农机车零部件
阴级电泳	Znph、ZnMnNiph	1.5~3.5	铬钝化或无	720~1200	汽车覆盖件、汽配件
静电喷涂氮基漆	Znph	1.5~3.5	—	96~150	仪表、轻工零部件
粉末涂装	Znph Feph	1.5~3.5 0.2~0.5	—	>500	家用电器、办公用具、钢制家具

6.4 铝及铝合金的阳极氧化处理

铝是银白色的轻金属，熔点660.37℃，沸点2467℃。纯铝较软，密度较小，为2.7g/cm^3，铝为面心立方结构，有较好的导电性和导热性，仅次于Au、Ag、Cu，延展性好，塑性高，可进行各种机械加工。

铝的化学性质活泼，在干燥空气中，铝的表面立即形成厚约5nm的致密氧化膜，使铝不会进一步氧化，并能耐水。但铝的粉末与空气混合则极易燃烧。熔融的铝能与水猛烈反应。高温下，铝能将许多金属氧化物还原为相应的金属。铝是两性的，既易溶于强碱，也能溶于稀酸。铝在大气中具有良好的耐蚀性。纯铝的强度低，只有通过合金化，才能得到可作结构材料使用的各种铝合金。

铝中加入Mn、Mg，形成的Al-Mn、Al-Mg合金具有很好的耐蚀性、良好的塑性和较高的强度，称为防锈铝合金，用于制造油箱、容器、管道、铆钉等。硬铝合金的强度较防锈铝合金高，但防蚀性能有所下降，这类合金有Al-Cu-Mg系和Al-Cu-Mg-Zn系。新近开发的高强度硬铝，强度进一步提高，而密度比普通硬铝减小15%，且能挤压成型，可用作摩托车骨架和轮圈等构件。Al-Li合金可制作飞机零件和承受载重的高级运动器材。

目前，高强度铝合金广泛应用于制造飞机、舰艇和载重汽车等，可增加它们的载重量以及提高运行速度，并具有抗海水侵蚀、避磁性等特点。铝在建筑上的用途也很多，连民用建筑中也在采用铝合金门窗，至于用铝合金作装饰的大厦、宾馆、商店，则几乎遍布城市的每个角落。桥梁也正在考虑采用铝合金，因为它既有相当的强度，又有质轻的特点，可以增大桥梁的跨度。由于铝不被锈蚀，使桥梁更经久耐用。在日常生活用品中，我们接触的铝更多，铝锅、铝盆、铝饭盒、铝制水壶和水杯。

6.4.1 阳极氧化概述

将铝及铝合金置于适当的电解液中作为阳极进行通电处理，此处理过程称为阳极氧化。经过阳极氧化，铝表面能生成厚度为几个至几百微米的氧化膜。这层氧化膜的表面是多孔蜂窝状的，比起铝合金的天然氧化膜，其耐蚀性、耐磨性和装饰性都有明显的改善和提高。采用不同的电解液和工艺条件，就能得到不同性质的阳极氧化膜。

6.4.1.1 阳极氧化膜的分类

阳极氧化膜根据其应用和膜的特性可以分为下列几种类型：

(1) 防护性膜。主要用于提高铝制品的耐腐蚀性，并具有一定的耐磨性和抗污染能力，无装饰性的特殊要求。

(2) 防护-装饰性膜。阳极氧化生成的透明膜，可以着色处理，能得到鲜艳的各种颜色，也能得到与瓷质相似的瓷质氧化膜。

(3) 耐磨性膜。包括硬质氧化膜，用于提高制品表面的耐磨性，这种氧化膜层较厚，一般也具有相当的耐腐蚀性。

(4) 电绝缘膜。表面呈致密状，又叫阻挡型氧化膜，有很好的电绝缘性和很高的介电常数，用作电解电容的介质材料。

(5) 油漆的底膜。由于氧化膜具有多孔性和良好的吸附特性，能使漆膜或有机膜与铝基体牢固结合。

(6) 电镀层底膜。它能与铝基体牢固结合，并具有良好的导电性。

6.4.1.2 阳极氧化机理

铝及铝合金在阳极氧化过程中作为阳极，阴极只起导电和析氢作用。当铝合金的合金元素或杂质元素溶于电解液后，有可能在阴极上还原析出。常见的电解液为酸性，一般主要成分为含氧酸。进行阳极氧化时，阳极的电极反应是水放电析出氧原子，氧有很强的氧化能力，它与阳极上的铝作用生成氧化物，并放出大量热：

$$H_2O - 2e^- \longrightarrow O + 2H^+$$

$$2Al + 3[O] \longrightarrow Al_2O_3 + 1669J$$

同时，金属铝和电解液的酸反应，产生氢气，氧化铝在酸中溶解：

$$2Al + 6H^+ \longrightarrow 2Al^{3+} + 3H_2\uparrow$$

$$Al_2O_3 + 6H^+ \longrightarrow 2Al^{3+} + 3H_2O$$

氧化铝的生成与溶解是同时进行的，如果有足够长的时间，生成的氧化铝可以完全溶于电解液中，因此氧化膜是阳极表面来不及溶解的氧化铝，只有当氧化铝的生成速度大于溶解速度时，膜才能不断增厚。

阳极氧化一开始，工件表面立即生成一层致密的具有很高绝缘性的氧化铝，厚度为0.01~0.1μm，称为阻挡层。随着氧化膜的生成，电解液对膜的溶解作用也就开始了。由于膜不均匀，膜薄的地方首先被电压击穿，局部发热，氧化膜加速溶解，形成了孔隙，即生成多孔层。电解液通过孔隙到达工件表面，使电解反应连续不断进行。于是氧化膜的生成，又伴随着氧化膜的溶解，反复进行。部分氧化膜在电解液中溶解将有助于与氧化膜的继续生成。否则，因为氧化膜的电绝缘性将阻止电流的通过，而使氧化膜的生成停止。

氧化膜的成长过程包含两个相辅相成的方面：膜的电化学生成过程与膜的化学溶解过程。并且，膜的生成速度必须大于膜的溶解速度，才能获得足够厚度的氧化膜。但究竟是氧离子迁移通过阻挡层到达基体进行反应，还是铝离子迁移通过阻挡层到达膜层——溶液界面进行反应呢？过去，许多学者认为，膜的成长发生在阻挡层一基体界面处，即认为迁移通过阻挡层的是氧离子。

图6-6是在200g/L的H_2SO_4溶液中，阳极电流密度D_A为1 A/cm^2，22℃条件下测出的电解电压与时间的关系曲线。利用该曲线，可以对氧化膜的生长规律进一步说明。

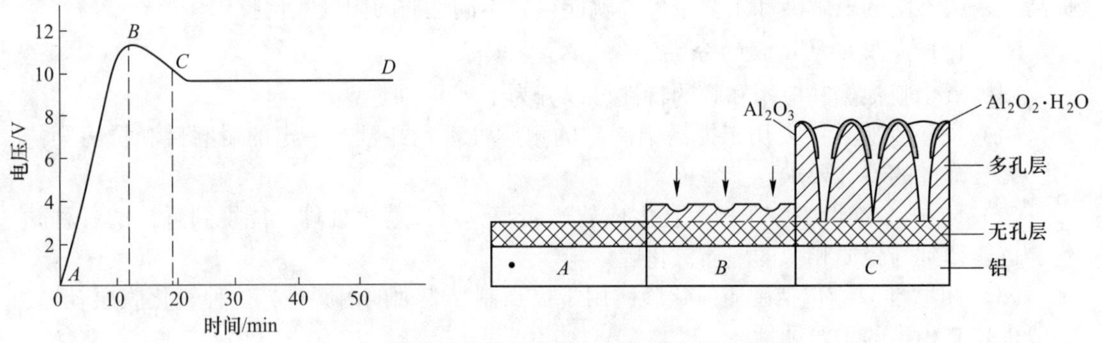

图6-6　阳极氧化特性曲线与氧化膜生长示意图

（1）曲线*AB*段。在通电后数秒内，电压急剧上升，由于在工件表面形成连续、无孔的氧化铝膜。无孔膜电阻大，阻碍反应进行，此时膜层厚度主要取决于外加电压的高低。电压愈高，厚度越大，在一般氧化工艺中采用13～18V电压时，其厚度为0.01～0.015μm，其硬度也比多孔层高。

（2）曲线*BC*段。电压上升达到的最大值*B*主要取决于电解液的性质和温度，溶解作用越大，电压峰值就越低。电压达到一定数值后开始下降，一般可比最高值下降10%～15%。这是因为膜层局部被溶解或被击穿，产生了孔穴，氧化膜的电阻下降，电压随之下降，使反应继续进行。

（3）曲线*CD*段。电压下降到*C*点后不再继续下降，趋于平稳，阻挡层厚度不再变化，氧化膜的生成和溶解速度在一个基本恒定的比值下进行，膜层孔穴的底部向金属内部移动。随着时间的延长，孔穴加深变成孔隙，孔隙之间膜层加厚，成为孔壁，孔壁与电解液接触部分氧化膜不仅被溶解，而且被水化成为$Al_2O_3 \cdot H_2O$，氧化膜变成导电的多孔层结构，厚度达几十到100μm，有时甚至更高。当膜的化学溶解速率（随表面多孔膜的暴露面积增大而增加）等于膜的生成速率（随膜的欧姆电阻增加和副反应的效应而降低）时，膜层便达到一定的极限厚度而不再增加。极限厚度与溶液成分及操作条件有关，比如加大电流密度，平衡将会打破。徐源等通过研究还首次提出了极限电流密度的概念，即当电流密度大于临界电流密度时，形成壁垒型膜（或称阻挡型膜）。只有当电流密度小于极限电流密度时形成的才是多孔膜。

6.4.2　阳极氧化膜

6.4.2.1　阳极氧化膜的组成与结构

自从1923年阳极氧化工艺问世以来，许多研究者都对其形成机理和组成结构进行了研究。电子显微镜观察表明，多孔膜为细胞状结构，其形状在膜的形成过程中会发生变化。观察结果证明，采用铬酸、磷酸、草酸和硫酸得到的阳极氧化膜，结构完全相同。

氧化物细胞状结构的大小在决定氧化膜的多孔性和其他性质时都非常重要。受阳极氧化条件的影响，细胞大小可以下式表示：

$$0.1C = 0.2WE + 0.1P \tag{6-19}$$

式中 C——细胞尺寸，nm；

W——壁厚，nm/V；

E——形成电压，V；

P——孔隙直径，nm，大约 33nm。

表 6-9 列出了不同氧化膜中细胞或孔隙数目。Keller、Murphy、Wood 等提出的膜的细胞状结构模型如图 6-7~图 6-9 所示。

表 6-9 不同氧化膜中细胞或孔隙数目

电解液	硫酸 15%（质量分数，10℃）			草酸 2%（质量分数，25℃）			铬酸 3%（质量分数，50℃）			磷酸 4%（质量分数，25℃）		
电压/V	15	20	30	20	40	60	20	40	60	20	40	60
每平方厘米孔隙数	772×10^8	518×10^8	277×10^8	357×10^8	116×10^8	58×10^8	228×10^8	81×10^8	42×10^8	188×10^8	72×10^8	42×10^8

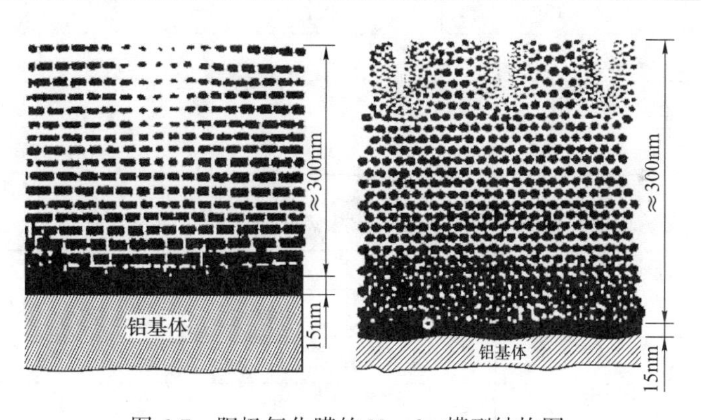

图 6-7 阳极氧化膜的 Murphy 模型结构图

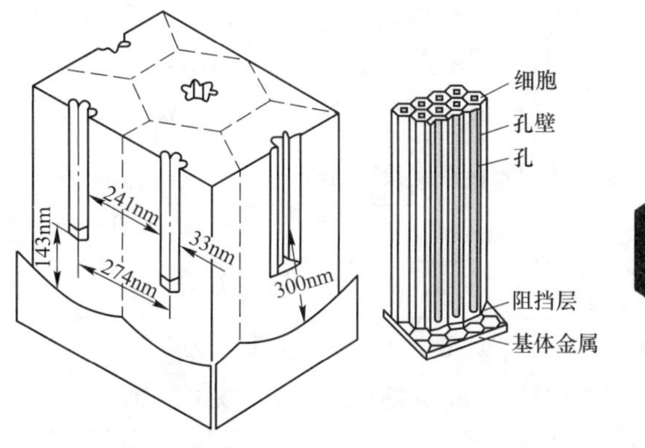

图 6-8 阳极氧化膜的 Keller 模型结构图

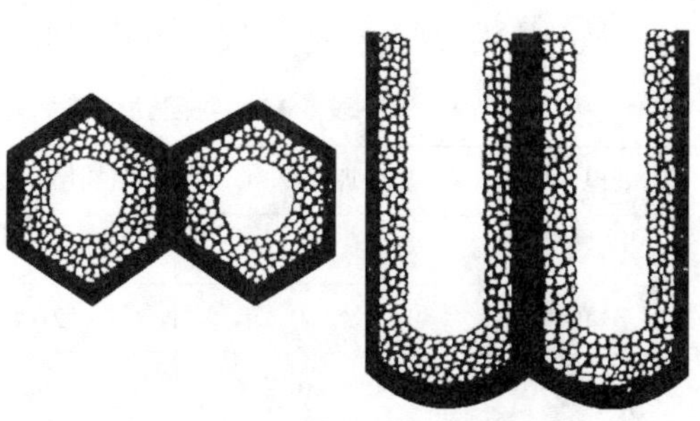

图 6-9 阳极氧化膜的 Wood 模型结构图

阳极氧化时，金属氧化膜的生长方向与金属电沉积时情况完全不同，氧化膜不是在工件的表面上向溶液深处成长，而是在已生长的氧化膜下面，即铝与膜的交界处向基体金属生长。也有研究者曾用实验证实了上述观点：在经过短时间阳极氧化的铝试片上涂以染料，然后将该试片浸入电解液中继续氧化，发现染料仍留在金属表面上，而在它的下面则有新生成的无色氧化膜层。

阳极氧化膜由两部分组成，内层称为阻挡层，较薄、致密、电阻高（比电阻为10^{11} Ω/cm）；外层称多孔层，较厚、疏松多孔、电阻低（比电阻为10^{11} Ω/cm）。

氧化膜孔体底部的直径是一定的，阻挡层的厚度取决于阳极氧化的初始电压，多孔层的孔穴和孔体的尺寸与电解液的组成、浓度和操作条件有关。在硫酸、铬酸和草酸电解液中，硫酸对氧化铝的溶解作用最大，草酸的溶解作用最小。所以，在硫酸中得到的阳极氧化膜的孔隙率最高，可达20%~30%，故膜层也较软。但这种膜层几乎无色透明，具有一定的韧性，吸附能力很强，可以染成各种鲜艳的颜色。表6-10所示为各种阳极氧化膜阻挡层生长率，表6-11所示为不同电解液中阳极氧化膜孔径和细胞壁宽。

表6-10　各种阳极氧化膜阻挡层生长率

电解液成分	含量（质量分数）/%	温度/℃	阻挡层生长率/$nm \cdot min^{-1}$
硫酸	15	10	10
草酸	2	24	11.8
磷酸	4	24	11.9
铬酸	3	38	12.5

表6-11　不同电解液中阳极氧化膜孔径和细胞壁宽

电解液成分	含量（质量分数）/%	温度/℃	孔径/nm	壁宽/$m \cdot V^{-1}$
硫酸	15	10	120	8×10^{-10}
草酸	2	24	170	9.7×10^{-10}
磷酸	4	24	330	11×10^{-10}
铬酸	3	38	240	10.9×10^{-10}

阳极氧化膜的化学组成往往因为电解液的成分不同和处理工艺条件的改变而不一致。Scott测得硫酸电解液阳极氧化膜的组成为（经封闭处理，质量分数）：Al_2O_3 72%，SO_3 13%，H_2O 15%。Spooner测得封闭处理前后硫酸电解液阳极氧化膜的组成见表6-12。

表6-12　封闭处理前后硫酸电解液阳极氧化膜的组成

处理方法	处理温度/℃	阻挡层厚度/nm	膜的厚度/μm	膜的组成和结构
干燥空气	20	1~2	0.001~0.002	无定形 Al_2O_3
干燥空气	500	2~4	0.04~0.06	无定形 Al_2O_3 加 γ-Al_2O_3
干燥氧气	20	1~2	0.001~0.002	无定形 Al_2O_3
干燥氧气	500	10~16	0.03~0.05	无定形 Al_2O_3 加 γ-Al_2O_3
常规阳极氧化	10~25	10~15	5~30	无定形 Al_2O_3 加溶液中阴离子

续表 6-12

处理方法	处理温度/℃	阻挡层厚度/nm	膜的厚度/μm	膜的组成和结构
硬质阳极氧化	3~6	15~30	30~200	无定形 Al_2O_3 加溶液中阴离子
阻挡型阳极氧化	50~100	30~40	1~3	晶形 Al_2O_3 加无定形 Al_2O_3 加溶液中阴离子

在阳极氧化的整个过程中氧化膜应该是在不断增长，但是，随着电解时间的延长，膜的增长速度减小，显然这与阳极氧化过程的阳极电流效率变化有关。图 6-10 表示了在质量分数为 15% H_2SO_4 溶液中，氧化电量 Q 与电流效率 η_A 和氧化膜厚度 δ 的关系。在这种条件下，所得到的阳极电位 ψ_A 和氧化膜厚度 δ 随时间 t 的变化曲线如图 6-11 所示，测量时使用的电解液温度为（23±2）℃，阳极电流密度为 2.5A/dm^2。图 6-10 中的横坐标 Q 为氧化过程所消耗的电量，以 A · min 表示，图中的虚线表示氧化膜的理论厚度。从这两个图中可以看出，氧化开始时所生成氧化膜的厚度接近于理论厚度。随着氧化时间增长，氧化膜的厚度也逐渐增大，这就使阳极的欧姆电阻增大，因而促使阳极电位升高。由于膜厚度逐渐增大，膜中的孔也跟着加深，电解液到达孔的底部愈困难。同时孔中的真实电流密度很高以及膜外层的水化程度加大，提高了其导电能力，因而促使氧的析出，降低了阳极氧化的成膜电流效率。所有这些都导致氧化膜的增长随时间延长而变慢。经过一定时间后，氧化膜的厚度就不再增长了。若继续延长氧化时间，氧化膜只会变得更疏松，甚至出现局部腐蚀。

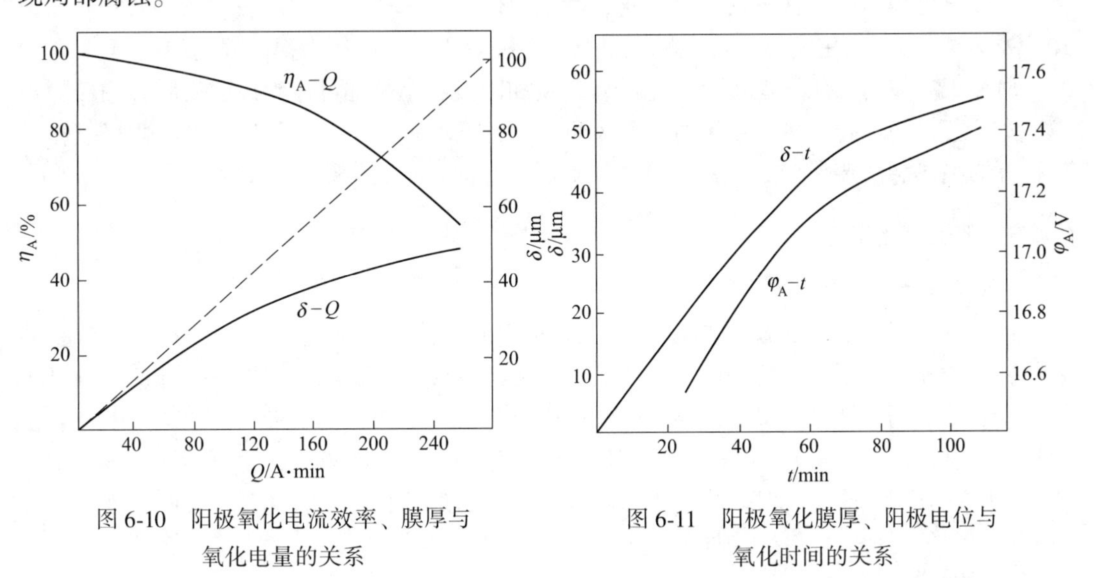

图 6-10 阳极氧化电流效率、膜厚与氧化电量的关系

图 6-11 阳极氧化膜厚、阳极电位与氧化时间的关系

6.4.2.2 阳极氧化膜的性质

阳极氧化膜的性质与铝的性质有很大的区别。氧化膜阻挡层的硬度最大，超过淬火钢而接近刚玉。例如，工业纯铝的氧化膜厚 170μm 时，其内层硬度约为 6GPa，外层约为 4GPa；铝合金 2A80（LD8）膜厚 70μm 时，内层硬度约为 3.34GPa，外层约为 3GPa。表 6-13所示为铝氧化膜及各种材料的显微硬度。氧化膜与金属的结合力虽然牢固，但由于膜的脆性，故在弯曲变形时易裂。氧化膜非常耐磨，在润滑条件下由于氧化膜的多孔

性，微孔内吸附并存留有润滑油，从而改善了摩擦条件。氧化膜的耐蚀性，尤其是硫酸阳极氧化膜耐蚀性非常好，其耐腐蚀破坏的稳定性比用其他处理方法高数十倍，见表6-14。

表6-13 铝阳极氧化膜硬度与其他材料的硬度比较

材料	显微硬度/GPa	材料	显微硬度/GPa
刚玉	20	工具钢	3.6
纯铝氧化膜	15	2618铝合金氧化膜	9.3
淬火后工具钢	11	w(Cr)为7%的铬钢	3.2
淬火后再回火（300℃）工具钢	6.4	2618铝合金	3.5
工业纯铝氧化膜	6	工业纯铝板	3.0

表6-14 氧化条件对氧化膜耐蚀性影响

项目	合金									
	5A02 (LF2)	2A80 (LD8)	2A80 (LD8)	2A80 (LD8)	2A80 (LD8)	2A80 (LD8)	2A80 (LD8)	2A80 (LD8)	2A80 (LD8)	2A80 (LD8)
电解液成分	CrO_3	CrO_3	CrO_3	CrO_3	H_2SO_4	H_2SO_4	H_2SO_4	H_2SO_4	H_2SO_4	H_2SO_4
含量（质量分数）/%	3	3	2.5	5	20	20	20	20	20	20
膜厚/μm	6.5	4	3	6	13	121	102	58	160	51
全腐蚀时间/s	571	251	202	637	348	12993	8820	10001	21812	4775
比腐蚀/$s \cdot \mu m^{-1}$	88	63	67	106	27	107	86	173	137	94

阳极氧化膜是一种良好的绝缘材料，其室温体积电阻率为$10^9\Omega/cm^3$，250℃时升高到$10^{13}\Omega/cm^3$。由于氧化膜薄并具有耐高温、抗腐蚀等优点，可作为铝导线的绝缘膜。

氧化铝有较高的化学稳定性，化学氧化膜和阳极氧化膜都可作涂漆的底膜。阳极氧化膜多数无色，而且孔隙多，可进行各种染色和着色，增强了铝表面的装饰性。阳极氧化膜是很好的绝热和耐热保护层，其热导率非常低，特别是厚氧化膜更是如此。

6.4.3 阳极氧化工艺

6.4.3.1 硫酸阳极氧化

1937年，英国首先用硫酸阳极氧化法来对铝的表面进行电化学处理，对铝合金制品装饰、保护和表面硬化。硫酸阳极氧化法是指用稀硫酸作电解液的阳极氧化处理。也可添加少量的添加剂以提高膜层的性能，硫酸阳极氧化法在生产上应用最广泛。硫酸阳极氧化膜一般无色，透明度高。高纯度铝可以得到无色透明的氧化膜，合金元素Si、Fe、Cu、Mn会使透明度下降，Mg对透明度无影响。氧化膜的耐蚀性、耐磨性高，膜的硬度高，着色容易，颜色鲜艳，效果好。处理成本低，包括电解液成本低和电解能耗低，操作容易，槽液分析维护简单。电解液毒性小，废液处理容易，环境污染小。

一般铝合金制品阳极氧化工艺流程为：工件→机械预处理→脱脂→水洗→化学侵蚀→水洗→出光→水洗→阳极氧化→水洗→着色→水洗→封闭→水洗→干燥。

氧化膜增厚过程取决于膜的生成与溶解的速度比。硫酸含量降低，氧化膜的溶解速度下降，阻挡层变厚，处理电压升高。反之，含量增加，氧化膜溶解速度上升，阻挡层变薄，处理电压下降。图6-12所示为各种质量分数的硫酸对氧化膜溶解速度的影响。

硫酸对氧化膜溶解能力大，因此，氧化膜的耐蚀性和耐磨性会随硫酸质量分数的增加而

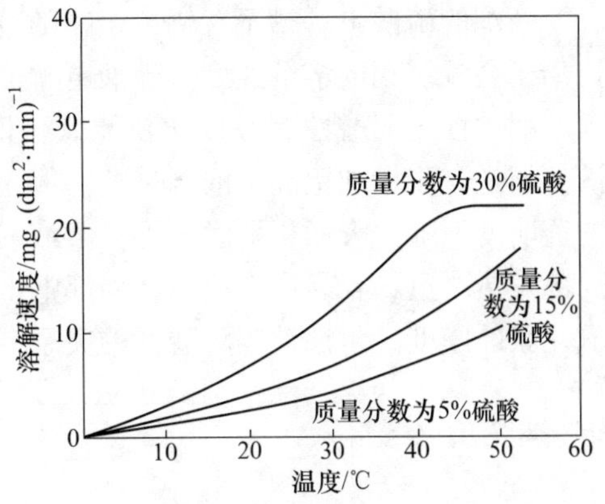

图 6-12　各种质量分数的硫酸对氧化膜溶解速度的影响

降低，但是这种倾向因合金而异，耐蚀性几乎呈直线下降，耐磨性则以 15%～20%的比例下降。降低硫酸的质量分数，可提高膜的耐蚀性和耐磨性，但电解电压上升，氧化膜的表面粗糙度上升，膜的光亮度降低、颜色变暗，着色能力下降。硫酸的质量分数对阳极氧化膜的厚度影响不显著，硫酸阳极氧化的最佳质量分数为 15%。

电解溶液温度升高时，氧化铝的溶解速度增加，这样获得的氧化膜阻挡层厚度减少，氧化膜的孔隙率增加，氧化膜的耐蚀性、耐磨性及厚度下降。通常生产使用的温度范围为 13～26℃。槽温低于 13℃时，氧化膜发脆容易产生裂纹；超过 26℃时，氧化膜容易疏松掉粉末。电解液温度与阳极氧化膜的关系如图 6-13 所示，从图中的曲线可以看出 18～22℃时所获得的氧化膜综合性能最好。

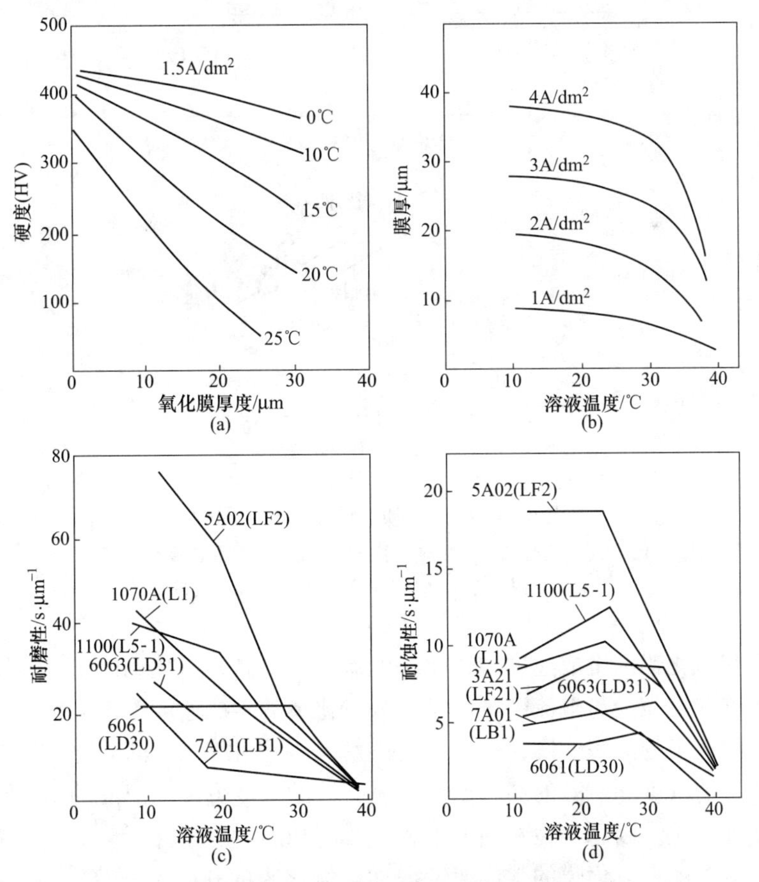

图 6-13　溶液温度与阳极氧化膜的关系

（a）氧化膜厚度与氧化膜硬度的关系；（b）氧化膜厚度与溶液温度的关系；
（c）氧化膜耐磨性与溶液温度的关系；（d）氧化膜耐蚀性与溶液温度的关系
（电流密度 1A/m²，氧化时间 30min）

新配的硫酸电解槽不含铝离子，随着阳极氧化的进行，铝离子会逐渐增加，溶液中的铝离子会减缓铝的溶解速度。硫酸电解液中有少量的铝离子（以1~5g/L为佳），对氧化膜的耐蚀性、耐磨性有好处。新配氧化槽液时，常常添加少量的铝屑，或保留部分旧槽液。但进一步增加铝离子的含量，一般超过10g/L时，氧化膜的性能会逐步下降，氧化膜的透明度下降，表面粗糙度增加。溶液的铝离子含量太大时，会导致氧化电压上升，表面局部发热严重，容易产生粉霜和局部电击穿。图6-14为铝离子质量浓度与电解电流密度、氧化膜的厚度、耐蚀性、耐磨性的关系。铝离子质量浓度一般不能超过25g/L。

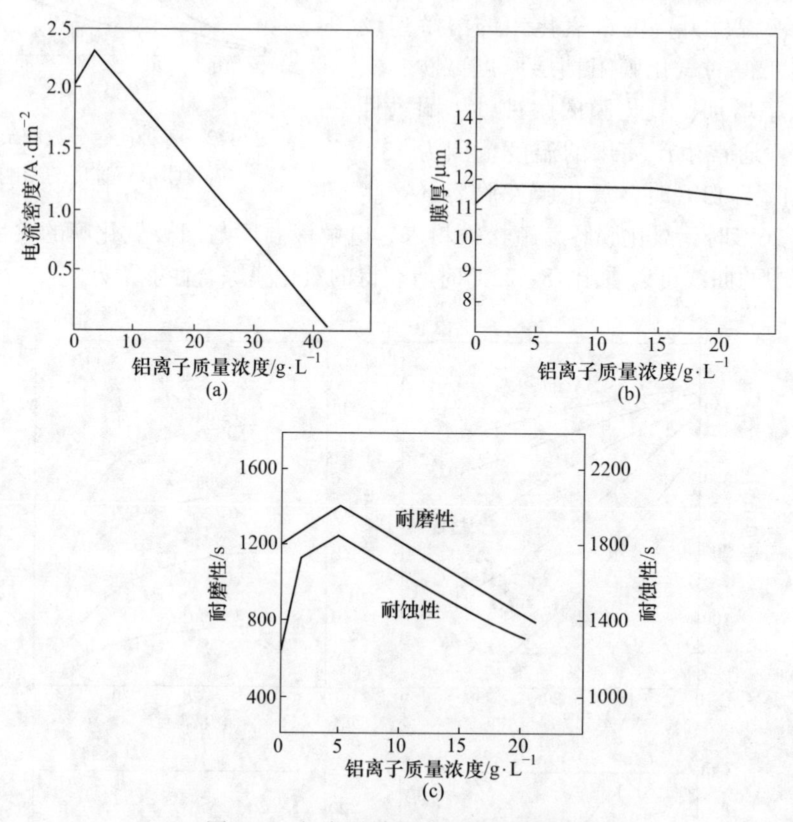

图6-14　铝离子质量浓度的相关影响

（a）铝离子质量浓度与电流密度的关系；（b）铝离子质量浓度与膜厚的关系；
（c）铝离子质量浓度与耐磨性和耐蚀性的关系

电流密度与氧化铝的生成速度成正比，电流密度愈高，氧化铝的生成速度愈快。但氧化膜的生成速度并不完全与电流密度成正比。氧化膜的生成速度等于氧化铝的生成速度减去氧化铝在电解液中的溶解速度，氧化铝的溶解是一个化学过程，与电解电流密度无关，它取决于电解液的浓度和溶液的局部温度。电解液的浓度愈高，溶液的局部温度愈高，氧化铝的溶解速度愈快。因此，在相同的电解液浓度和温度的条件下，即氧化铝的溶解速度不变。提高电流密度，氧化膜的生成速度增加，氧化膜的孔隙率下降，氧化膜的耐蚀性、耐磨性增加。但是，电流密度继续提高会导致发热量的增加，电阻一定时，溶液的发热量与电流密度的平方成正比，如果溶液的冷却和搅拌强度不够时，较高电流密度很容易导致工件表面的局部温度上升，这时，氧化铝的溶解速度大大增加，氧化膜变得疏松，孔隙率上升，甚至粉化，局部烧蚀。图 6-15 所示为氧化膜的耐蚀性与电流密度的关系，氧化膜的耐蚀性在 $1A/dm^2$ 附近出现了极大值，这说明用 $1A/dm^2$ 左右的电流氧化效果较佳。常用的阳极氧化工艺中电流密度为 $0.8 \sim 1.6A/dm^2$，在强化冷却和搅拌条件的快速氧化（或硬质阳极氧化）工艺中，电流密度可以提高到 $2 \sim 5A/dm^2$。

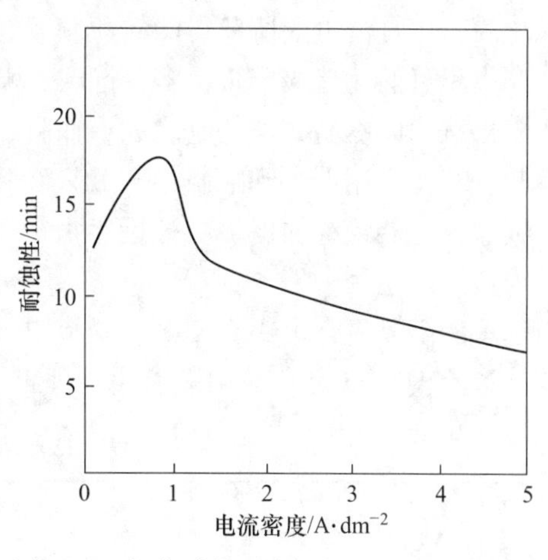

图 6-15　氧化膜的耐磨性与电流密度的关系

在恒定的电流密度、电解液温度条件下，特别是氧化初期，氧化膜厚度与时间呈线性关系。利用这种关系计算出氧化膜的厚度，比用一般无损检测方法检测的膜厚还要准确。但是，随着氧化膜厚度的增加，厚度逐步偏离与时间的线性关系。特别是接近膜厚的极限值时，膜厚的误差更大。当膜厚到达极限值时，厚度将不随电解时间的增加而变化，氧化膜厚度可用下式计算：

$$氧化膜厚度(\mu m) = K \times 电流密度(A/dm^2) \times 电解时间(min)$$

式中，K 是常数，大小取决于铝合金材质、电解液参数、处理工艺，一般为 0.26～0.31。该式适用于膜厚远离极限值的情况（膜厚 $< 20\mu m$）。如果恒定电流密度、电解液温度，电解电压随电解时间的增加而缓慢增加。

对电解溶液进行搅拌，可使溶液成分和温度均匀。阳极氧化处理时，工件表面强烈放热。搅拌能使氧化膜附近的热量及时扩散开，否则局部温度升高，氧化膜孔隙率增加，膜层质量下降，特别是电流容易集中凸出部位易产生烧蚀。搅拌主要有 4 种方式：螺旋桨搅拌、压缩空气搅拌、移动阳极搅拌和喷射电解液搅拌。螺旋桨搅拌，溶液流速快，搅拌强度高，设备简单，成本低；缺点是溶液流速不均匀，槽液中有高速运动的物体，容易发生碰极（阴极和阳极短路），工件跌落，工件打坏，甚至容易出现工件飞出伤人的事故，所以，生产时较少使用。压缩空气搅拌，压缩空气在溶液中产生气泡，利用气泡分散、爆炸等作用搅拌槽液，搅拌强度高并可以调控，槽液中无运动的物体，搅拌均匀；缺点是会产生酸雾，在加有表面活性剂的电解液中，会产生大量泡沫，有噪声污染。移动阳极搅拌，搅拌直接作用在工件上，因此用较低的速度（5～6 次/min），可以达到较高的搅拌效果。一般用于不能使用压缩空气搅拌的场合，如黏度高的槽液、含挥发性酸的槽液、加有表面活性剂的槽液。喷射电解液搅拌，是在电解槽中安装输液管道，朝工件方向开有喷射孔，工作时经过冷却的电解液朝工件高速喷去，迅速带走工件表面的热量。该方法槽液无运动的物体，又无泡沫产生，搅拌效果最好；但设备复杂，成本高。

6.4.3.2　草酸阳极氧化

电解液的基本成分为 2%～10%（质量分数）的草酸溶液，可以使用直流电或交流电。所得氧化膜的耐蚀性和耐磨性不低于硫酸阳极氧化膜。由于草酸对铝的溶解能力比硫酸小，所以容易得到比硫酸阳极氧化更厚的膜层。同时，对于纯铝和铝合金的阳极氧化膜，根据合金元素的不同，可以得到银白色、青铜色或黄褐色，这一特点十分适宜表面装饰的工件。另一方面，草酸法的膜层孔隙率比硫酸法小，用交流电来进行阳极氧化，所获得的氧化膜，比直流电法所获得的氧化膜软、韧性好，可用来做铝线绕组的良好绝缘层。

由于草酸比硫酸要贵得多，同时，草酸阳极氧化的电解电压要比硫酸法高，所以草酸法阳极氧化成本高，消耗电能大；而且，草酸电解液对杂质的敏感度要比硫酸法高得多。因此，其在应用上受到限制，一般只在特殊情况下应用。例如，用于铝锅、铝盆、铝壶、铝饭盒，电器绝缘的保护层，近年来在建材、电器工业、造船业、日用品和机械工业也有较为广泛的应用。

草酸阳极氧化可用直流电、交流电、交直流叠加电源，其中，交直流叠加电解法应用较广泛。表 6-15 是草酸阳极氧化处理工艺。

表 6-15 草酸阳极氧化处理工艺

电源	溶液配方		工艺规范				用途
	成分	含量/$g \cdot L^{-1}$	温度/℃	电流密度/$A \cdot dm^{-2}$	电压/V	时间/min	
直流	草酸	40~60	15~18	2~2.5	110~120	90~150	电器绝缘
直流	草酸	50~70	30~35	1~2	40~60	30~40	表面装饰
交流	草酸	40~50	20~30	1.5~4.5	40~60	30~40	一般应用
直流和交流交替	草酸	2%~4%	20~30	1~2（直） 0.5~1（交）	80~120 25~30	20~60	日用装饰

（1）草酸。草酸添加量可根据通过的电量来估算，每安培小时约消耗草酸 0.13~0.14g，每安培小时有 0.08~0.09g 的铝进入溶液，铝溶解后与草酸结合生成草酸铝，每份重量的溶解铝需消耗 5 份重量的草酸。铝含量增高，使电流密度降低。当加入 5 倍于铝重量的草酸后，电流密度又会重新恢复。

（2）温度和电解液 pH 值的影响。温度升高，膜层减薄，如果在较高温度时，增加电解液的 pH 值，膜的厚度可增加，最佳的膜色调的影响 pH 值在 1.5~2.5 之间，温度在 25~40℃之间。

（3）杂质的影响。草酸阳极氧化对氯离子杂质非常敏感，氯离子含量不能超过 0.2g/L，否则氧化膜会发生腐蚀或烧蚀。氯离子主要来自自来水或冷却盐水。铝离子不能超过 3g/L，否则氧化电压上升并容易烧蚀。如果草酸电解液中的氯离子、铝离子含量太高，应更换槽液。

（4）电压和电流的影响。在草酸氧化过程中，电流和电压应该缓慢增加，如上升太快，会使新生成的氧化膜不均匀处电流集中，导致该处出现严重的电击穿，引起金属铝的腐蚀。生产中一旦发现电流突然上升或电压突然下降，说明产生了电击穿，应立即关闭氧化电流终止氧化，等待片刻后重新开启电流，调至额定值。

6.4.3.3 铬酸阳极氧化

铬酸阳极氧化法，是用质量分数为 3%~10%的铬酸作电解液，通入直流电来进行铝及铝合金的阳极氧化技术，铬酸阳极氧化膜比硫酸法要薄，通常厚度只有 2~5μm。其膜层较软，但弹性高，而耐磨性较差。铬酸阳极氧化膜的颜色，由灰白色到深灰色，一般不能染色。

铬酸阳极氧化膜结构与硫酸阳极氧化膜不同，其孔隙致密呈树状分支结构，氧化后不经封闭处理即可使用。铬酸溶液对铝的溶解度较小。因此，此法可用于尺寸公差小和表面粗糙度低的工件加工较为合适。铬酸阳极氧化法的适用范围有：对疲劳性能要求较高的零件；要求检查锻压、锻造工艺性能的零件；气孔率超过三级的铸件；Al-Si 合金的防护；精密零件的防护；形状简单的对接气焊零件；需检查晶粒度的零件；蜂窝结构面板的防护；需胶结的零件。机械加工件、钣金件、铆接件、点焊件，也可以采用铬酸法来处理。铬酸法不适合 Cu 或 Si 的质量分数超过 4%的铝合金以及与其他金属组合的零件，铬酸法在溶液成本、电力消耗、废水处理等方面都比硫酸法费用高，因此在使用方面受到限制。

铬酸阳极氧化的溶液成分及处理工艺见表 6-16。

表 6-16　铬酸阳极氧化的溶液成分及处理工艺

铬酸质量浓度 $/g \cdot L^{-1}$	电流密度 $/A \cdot dm^{-2}$	温度/℃	电压/V	时间/min	适用范围
95~100	0.3~2.5	37±2	0~40	35	油漆底膜
50~55	0.3~2.7	39±2	0~40	60	一般加工件或钣金件
30~35	0.2~0.6	40±2	0~40	60	尺寸公差小的抛光件

（1）BS 法。BS 法实际上是分阶段提高电解电压进行处理的方法。首先，在 10min 内使电压升到 40V 进行电解处理，然后，在 5min 内电压升到 50V 进行电解处理。这时电流密度为 0.3~0.4A/dm^2，可得到 2~5μm 的氧化膜。处理铸件时，溶液温度为 25~30℃，在 10min 内使电压升到 40V，然后在此电压下电解 30min。BS 法操作复杂，生产中不常用。

（2）恒电压法。恒电压法始于美国，是一种强化型铬酸阳极氧化。电解液为质量分数为 5%~10%的铬酸，在 40V 恒压电解，溶液寿命长，处理时间比 BS 法短。处理 1200M（L5M）、2A12CZ(LY12CZ) 合金材料时，氧化膜厚度可分别达到 3.5μm、3μm。Brace 与 Peek 用此法在 54℃、30V 条件下、电解 20min 获得了 5μm 厚的氧化膜，电解 60min 可获得 10μm 厚的氧化膜。

6.4.3.4　瓷质阳极氧化

瓷质阳极氧化又称仿釉氧化，是铝及铝合金精饰的一种方法。其处理工艺实际是一种特殊的铬酸或草酸阳极氧化法。它的氧化膜外观类似瓷釉、搪瓷或塑料，具有良好的耐蚀性能，并能通过染色获得更好装饰效果。

瓷质氧化一般采用较高的电解电压（25~50V）和较高的电解液温度（48~55℃）。

瓷质阳极氧化膜具有下列特点：耐蚀性好，比一般阳极氧化膜的耐蚀性高 1~2 倍；具有良好的弹性和电绝缘性；外观与陶瓷、塑料相似，具有瓷釉般光泽，美观大方；具有良好的吸附能力，可染上各种颜色；具有良好的遮盖能力，能遮盖部分工件表面的加工缺陷。

瓷质阳极氧化的应用范围：精密仪器仪表零件的装饰与防护；需保持零件表面原有光泽和尺寸精度，又要求表面具有一定硬度、电绝缘性的零件；日用品、食品用与家具用电器装饰。

常用的瓷质阳极氧化溶液有两类。一种是以草酸钛钾为基础的溶液，该瓷质氧化膜的形成，是靠稀有金属（如钛、钍、锆等）盐类的水解作用沉积在氧化膜孔隙中。氧化膜质量好，硬度高，可保持零件的高精度和低表面粗糙度，但价格较贵，使用周期短。阴极材料一般用碳棒或纯铝板。另一种是铬酐、硼酸和草酸的混合溶液，成分简单，成本低廉，可用于一般零件瓷质氧化。阴极材料可用铅板、不锈钢板或纯铝板。

铝是在以钛为基础的溶液中进行阳极氧化的。草酸钛钾起着重要的作用，其作用是：在溶液中水解形成氢氧化钛［$Ti(OH)_4$］；在电解过程中嵌入氧化膜孔隙中；使氧化膜更加致密。这3种工艺都使用了草酸，草酸是一种含氧酸，主要用来形成氧化膜。硼酸也是含氧酸，除有形成氧化膜的作用外，还对溶液起缓冲作用。柠檬酸则起光亮剂的作用，后面两种酸对膜层的光泽和色泽也有明显的影响。铬酸也对氧化膜的形成起作用，并且在很大程度上影响膜层的颜色。在相同的工作条件下，如不添加铬酐，氧化膜会呈半透明状。

6.4.3.5 硬质阳极氧化

硬质阳极氧化是一种铝及铝合金特殊的阳极氧化法，有的也称厚膜阳极氧化。氧化膜的最大厚度可达250μm，在纯铝上能获得15000MPa显微硬度的氧化膜，而铝合金本身的硬度只有300~400MPa。其硬度值内层大于外层。由于膜有孔隙，所以可吸附各种润滑剂，起到了减磨作用。膜层导热性很差，其熔点高达2050℃，电阻系数较大，经过绝缘漆或石蜡封闭处理的硬质氧化膜击穿电压可达2000V，在大气中有较高的耐蚀能力。由于硬质阳极氧化膜硬度高，耐磨性强，有良好的绝缘性，并与基体金属结合得很牢等一系列优点，因此在军工和各种机械制造工业上，获得广泛的应用。主要应用于要求耐磨、耐热、绝缘等铝合金零件上，如作为筒的内壁、活塞、气缸、轴承，飞机货舱的地板、滚棒、导轨等。其缺点为膜层厚度大时，对合金的疲劳强度有所影响。制备硬质阳极氧化膜的电解液很多，如硫酸、草酸、丙二酸、磺基水杨酸，以及其他无机酸和有机酸等。所用的电源为直流、交流、交直流叠加和脉冲电源。其中以直流电、压缩空气搅拌、低温硫酸电解液应用最广。其优点是溶液成分简单、稳定、操作方便、成本低，而且氧化处理适应材料较广等。

用硫酸电解液进行硬质阳极氧化的机理，与普通硫酸阳极氧化一样。不同点是为了达到硬度高、膜层厚的氧化膜，在阳极氧化过程中，工件和电解液必须保持比较低的温度(-10~10℃)，由于硬质阳极氧化所生成的膜层具有较高的电阻，会直接影响到电流密度和氧化作用。为了取得较厚的氧化膜，必须增加电解电压，来消除电阻大的影响而保持一定的电流密度，使工件氧化继续进行。当通过较大电流时，会产生剧烈的发热现象。加上氧化膜生成时又会散发出大量的热，因此，使工件周围电解液温度上升，加速了氧化膜的溶解。发热现象以膜层与金属接触面最为严重，如不及时降温，会使工件局部表面温度升高而被烧毁。为了消除发热现象，往往采用强制降温和搅拌电解液的方法。这样给生产和设备配套增加了一定的困难。为了解决这方面的困难，采取某些有机酸电解液，可在室温下进行硬质阳极氧化。

通常将膜厚在20μm以上，硬度（HV）在3500MPa以上的阳极氧化膜层称为硬质氧化膜。硫酸硬质阳极氧化溶液配方及工艺参数见表6-17，混合酸硬质氧化溶液配方及工艺规范见表6-18。

表 6-17 硫酸硬质阳极氧化溶液配方及工艺规范

项目	配方号		
	1	2	3
H_2SO_4 含量(d = 1.84g/cm^3)	200~300g/L	15%(质量分数)	10%(质量分数)
电流密度/A·dm^{-2}	2~5	2.0~2.5	2.5~10
电源	直流	直流	直流
电压/V	40~90	25~60	40 (上升)~120
温度/℃	-8~10	0	-5~5
搅拌	机械或压缩空气	机械或压缩空气	机械或压缩空气
阴极材料	纯铝或铅板	纯铝或铅板	纯铝或铅板
时间/h	2~3	2	2

表 6-18 混合酸硬质阳极氧化溶液配方及工艺规范

配方类型	溶液成分及工艺参数			特点
硫酸-苹果酸系列	含量/g·L^{-1}	H_2SO_4	5~12	氧化膜为深黑色、蓝黑色或褐色。膜厚约 50μm，硬度(HV)>300，适用于 w(Cu) 在5%以下的各种铝合金，适用于通孔内表面氧化
		苹果酸 ($C_4H_6O_5$)	30~50	
		磺基水杨酸	90~150	
	温度/℃	形变铝合金	15~20	
		铸铝	15~30	
	电流密度/A·dm^{-2}	形变铝合金	5~6	
		铸铝	5~10	
		时间/min	30~100	
草酸-丙二酸系列	含量/g·L^{-1}	草酸	40~50	膜厚可达 40~60μm，膜致密，硬度（HV）可达 474~868，可连续生产
		丙二酸	30~40	
		硫酸锰	3~4	
	温度/℃		10~25	
	电压/V		起始 40~50	
			最终>100	
	电流密度/A·dm^{-2}		2.5~3	
	时间/min		60~100	
	阴极材料		铅板	
	阳极移动/次·min^{-1}		24~30	
硫酸-草酸系列	含量(质量分数)/%	硫酸	20	膜厚可达 40μm，适用于含铜铝合金，如 2A12(LY12)
		草酸	2	
		甘油	5	
	温度/℃		10~15	
	电压/V		25~27	
	电流密度/A·dm^{-2}		2~2.5	
	时间/min		40	
	阴极材料		铅板	

硬质阳极氧化膜的生长过程与普通阳极氧化有相似的规律。如图6-16所示，第一阶段是阻挡层的形成；第二阶段是孔隙的出现；从第三阶段开始有明显的不同，电压平稳地上升，这说明多孔层的孔隙，随着膜的加厚而增大，导致电阻在不断增加，第三阶段的时间愈长，氧化膜就愈厚；第四阶段电压急剧上升，达到一定电压后，出现电火花，膜被击穿。因此，正常的氧化时间应在第三阶段末尾结束，时间约2h，才能保证氧化膜的质量。

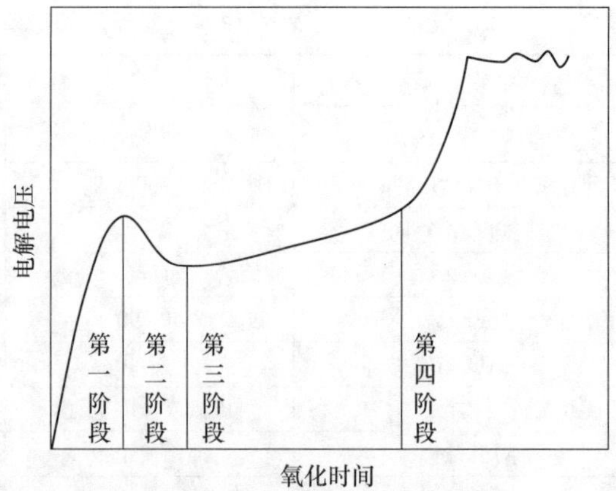

图6-16　硬质阳极氧化电压特性曲线

6.4.4　铝及铝合金阳极氧化膜的封闭

早期有人发现阳极氧化膜在热的水蒸气作用下，会失去吸附性能，当时认为这是氧化膜的封闭，无水的氧化膜发生水合作用，使氧化膜的孔隙变小，吸附性能下降，结果提高了氧化膜的抗污染能力及氧化膜的韧性，氧化膜的耐腐蚀性也得到了改善。后来人们发现煮沸的热水和金属盐溶液都有封闭作用。

事实证明，氧化膜只有通过封闭处理以后，才具有充分的保护作用。阳极氧化膜封闭的目的，是将电解过程所产生的蜂窝状孔隙封闭，从而使得氧化膜具有应有的保护价值，否则氧化膜由于它的吸附性能而将吸收污染物质或腐蚀性物质。因此，一个未经封闭处理或封闭处理不良的氧化膜，在一定情况下的耐腐蚀性能比天然氧化膜还差。总之，封闭处理具有下列目的：(1) 防止阳极氧化膜外观变坏。(2) 提高阳极氧化膜的耐蚀性。(3) 最大限度的提高阳极氧化膜的耐点蚀性能。(4) 使着色氧化膜的退色降到最低限度。(5) 提高阳极氧化膜的抗侵蚀能力。(6) 提高阳极氧化膜的电绝缘性能，特别是潮湿环境的绝缘性。一般情况下，封闭是阳极氧化处理的最后步骤。

6.4.4.1　沸水封闭

沸水封闭是阳极氧化膜在纯净的沸水中处理，由无水、无定形氧化铝和水化合，产生含水的、结晶态γ水铝石，结晶水化物后体积膨胀而将氧化膜孔隙封住，其反应式如下：

$$Al_2O_3 + H_2O \longrightarrow 2AlO(OH) \longrightarrow Al_2O_3 \cdot H_2O$$

上述反应在80℃以上即可进行，但实际上为了保证封闭的速度，一般在接近水的沸点95℃以上进行，pH值必须为6左右，如果温度低于80℃，pH值小于6，产物就不是γ水铝石，而是生成镁磷钙铝石，其耐腐蚀能力低得多，反应式如下：

$$2AlO(OH) + 2H_2O \longrightarrow Al_2O_3 \cdot 3H_2O$$

热水封闭工艺：去离子水或蒸馏水，pH值5.5~6.5，温度95~98℃，压缩空气或机械搅拌，时间1.5~3min。

热水封闭的封闭质量，取决于热水的温度、封闭的时间、水质、pH值和搅拌等因素。

6.4.4.2　蒸汽封闭

蒸汽封闭也是一种水合封闭。其特点是，温度高，封闭速度快，封闭不受水质、pH值等因素影响；封闭质量高，耐蚀性好；对于着色氧化膜封闭时，染料损失比用沸水封闭少。缺点是，要使用密闭的压力容器，费用高；无法处理大型铝材；不能连续操作；氧化膜处理时会骤冷骤热，厚膜易破裂。

蒸汽封闭工艺：水蒸气（用软化水或去离子水）加热产生，蒸汽压力 $(3\sim5)\times10^5$Pa，温度 110~150℃，处理时间 20~30min。

封闭容器应选用耐腐蚀材料，如不锈钢、搪瓷等。蒸汽封闭温度每提高 10℃，反应速度增加 2~4 倍，蒸汽扩散速度提高 30%。

封闭蒸汽压力（温度）提高，氧化膜的耐蚀性提高，氧化膜的抗污染能力也提高，但耐磨性有所下降。蒸汽封闭最大的问题是容易产生粉霜，而且不能通过使用添加剂的方法解决，只能通过控制封闭温度，缩短封闭时间来解决。蒸汽封闭前，氧化膜必须彻底洗净，否则，残余在氧化膜孔隙里的电解液会在封闭时流出，使氧化膜产生“挂花”“流痕”等缺陷，严重时会导致氧化处理失败。另外，蒸汽封闭处理的能耗大，成本比较高。

6.4.4.3 重铬酸盐封闭

重铬酸盐封闭，它可以封闭阳极氧化膜和化学氧化膜，能较大地提高氧化膜的耐蚀性，同时经此工艺处理的工件表面为黄色。因此，常用于非装饰性工件的封闭。

重铬酸盐封闭是由两个反应过程组成，即：

（1）重铬酸盐与氧化膜反应，生成碱式铬酸铝和碱式重铬酸铝沉淀：

$$2Al_2O_3 + 3K_2Cr_2O_7 + 5H_2O \xrightarrow{\triangle} 2Al(OH)CrO_4\downarrow + 2Al(OH)Cr_2O_7\downarrow + 6KOH$$

（2）氧化膜的水化作用，使氧化膜层体积增大而封闭了孔隙的工艺，见表 6-19。

表 6-19 重铬酸盐封闭溶液组成及工艺规范

项目		配方号		
		1	2	3
溶液组成 $/g\cdot L^{-1}$	重铬酸钾	100	50	15
	碳酸钠	(10 或 18)		4
	氢氧化钠	13		3
工艺规范	pH 值	6.0~7.0	5.0~6.0	6.5~7.5
	温度/℃	94~98	90~100	90~95
	时间/min	10	15	10

注意事项：

（1）工件要求。封闭处理前，氧化膜一定要清洗干净，以免将酸带入封闭槽中。此外，应防止工件与槽体直接接触，以免破坏氧化膜。

（2）对封闭液中杂质的限制。当 SO_4^{2-} 离子含量>0.2g/L 时，会使封闭工件颜色变淡、发白，可加适当的铬酸钙（$CaCrO_4$）沉淀过滤排除。当 Cl^- 离子含量>1.5g/L 时，会对氧化膜产生腐蚀，可将封闭液稀释或更换。

6.4.4.4 硅酸盐封闭

硅酸盐封闭，一般采用硅酸钠（水玻璃）溶液，可以用来封闭阳极氧化膜，也可以用来封闭化学氧化膜。硅酸盐封闭阳极氧化膜的特点是耐碱性特别强，同时封闭液对环境无污染。

硅酸盐封闭工艺：硅酸钠溶液（水玻璃）(Be)20%(体积分数)，pH≈11，温度85~95℃，时间10~15min。

硅酸盐封闭液碱性较强，阳极氧化膜封闭后，容易产生难以除去的白色污迹；同时，着色阳极氧化膜封闭处理过程中容易变色。硅酸盐封闭的应用不如热水封闭、醋酸镍封闭、重铬酸盐封闭广泛。

6.4.4.5 醋酸镍封闭

醋酸镍封闭技术的广泛应用，替代了部分热水封闭工艺。醋酸镍封闭在北美洲非常流行，这得益于它具有较高的封闭质量。醋酸镍封闭的原理是：镍离子被阳极氧化膜吸附后，发生水解反应，生成氢氧化镍沉淀，填充在孔隙内，达到封闭的目的，反应式为：

$$Ni(CH_3COO)_2 + 2H_2O \xrightarrow{\text{水解}} Ni(OH)_2\downarrow + 2CH_3COOH$$

封闭过程包括下列3个步骤：

(1) 金属盐在孔隙中吸附，产生氢氧化物沉淀，填在孔隙中。

(2) 对于染色氧化膜，金属氢氧化物沉淀与染料反应生成金属配合物。

(3) 水合反应产物（透明物）将孔隙封住，这个反应与沸水封闭相同。

醋酸镍（有时用硫酸镍）封闭工艺见表6-20。

表6-20 镍盐封闭工艺

<table>
<tr><th rowspan="2">序号</th><th colspan="2">配 方</th><th colspan="3">工 艺 规 范</th></tr>
<tr><th>成分</th><th>质量浓度/g·L</th><th>pH值</th><th>温度/℃</th><th>时间/min</th></tr>
<tr><td rowspan="4">1</td><td>硫酸镍</td><td>4.2</td><td rowspan="4">4.5~5.5</td><td rowspan="4">80~85</td><td rowspan="4">10~20</td></tr>
<tr><td>硫酸钴</td><td>0.7</td></tr>
<tr><td>醋酸钠</td><td>4.8</td></tr>
<tr><td>硼酸</td><td>5.3</td></tr>
<tr><td rowspan="3">2</td><td>醋酸镍</td><td>5~5.8</td><td rowspan="3">5~6</td><td rowspan="3">70~90</td><td rowspan="3">15~20</td></tr>
<tr><td>醋酸钴</td><td>1</td></tr>
<tr><td>硼酸</td><td>8~8.4</td></tr>
<tr><td rowspan="3">3</td><td>醋酸镍</td><td>5</td><td rowspan="3">5.5~6.0</td><td rowspan="3">85~95</td><td rowspan="3">15~25</td></tr>
<tr><td>硼酸</td><td>5</td></tr>
<tr><td>添加剂（分散剂、配合剂、表面活性剂等）</td><td>5~15</td></tr>
<tr><td rowspan="4">4</td><td>醋酸镍</td><td>0.25~1.0</td><td rowspan="4">5.5~6.5</td><td rowspan="4">98</td><td rowspan="4">15~30</td></tr>
<tr><td>磷酸盐</td><td>$\leq 15\times10^{-6}$</td></tr>
<tr><td>硅酸盐</td><td>$\leq 10\times10^{-6}$</td></tr>
<tr><td>硫酸盐</td><td>$\leq 50\times10^{-6}$</td></tr>
</table>

醋酸镍封闭也会出现一些缺陷，如在槽液化学成分比例失调、pH值太高，当封闭时间太长时，阳极氧化膜表面会产生污迹或粉霜。如果醋酸镍封闭槽的pH值太低或氯离子浓度太高，在高铜铝合金的阳极氧化膜表面会产生腐蚀点。由于醋酸镍封闭包含阳极氧化膜的水合作用，所以会使阳极氧化膜的耐磨耗能力下降。醋酸镍封闭槽液中常添加一些添

加剂，如添加剂可以减少粉霜的产生，但是，添加剂必须能耐紫外光照射。阳极氧化膜封闭槽中封闭以后，经太阳光照射，氧化膜会变黄，变黄的程度取决于添加剂的化学成分和使用浓度。必须对醋酸镍封闭工艺的废水包含重金属离子进行处理，才能排放，以免对环境造成污染。

6.4.4.6 其他封闭方法

（1）电解封闭法。电解封闭法是将阳极氧化膜在无机化合物（如含钙离子、镁离子的化合物）中进行交流电解的方法。在电解过程中，钙离子、镁离子进入氧化膜的微孔中，与孔中的铝及其他化学成分进行电化学或化学反应生成胶状物质，将氧化膜的孔隙封住。胶状物质凝结，这种凝结、硬化作用，提高了氧化膜的耐蚀性，起到了封闭作用。

钙化物水溶液电解封闭一般采用交流电，通电时间为电流下降到一定值（3~5min）后。电解封闭法具有温度（10~30℃）低，时间（3~10min）短，可连续操作，安全，设备费用及管理费用低，氧化膜性能良好等优点。缺点是对染色的封闭不够理想。

（2）聚氨基甲酸酯溶液封闭。这种封闭铝阳极氧化膜的方法是用质量分数为10%~30%的聚氨基甲酸酯溶液来渗透膜。这样处理过的膜显示出极好的耐蚀性。

（3）漆封闭。阳极氧化膜是漆膜极好的底层，漆膜牢固地黏附在氧化膜表面上，并有许多油漆渗入氧化膜的孔隙中，将氧化膜紧紧抓住。因而，常常用漆膜来替代封闭。应当使用稀的漆液，以利于漆液渗进膜孔里。只要符合规定的技术条件，可以使用任何类型的漆。

一般将未封闭的阳极氧化膜（无色或已着色），浸入水分散油漆乳液中，用电泳的方法沉积在氧化膜的表面和孔隙中，得到一层厚约10μm的无色漆膜。然后在180℃的烘槽中，干燥固化20~30min。

（4）蜡封闭。阳极氧化膜也可以用特殊的蜡来封闭孔隙。氧化膜在蜡封闭之前，必须完全干燥，如果氧化膜中含有少量的水分，会严重影响封闭的效果。然后浸入用有机溶剂稀释的蜡溶液中，也可以使用喷或涂擦的方法，烘干使有机溶剂挥发完全。蜡封闭完后，工件表面一般会留下溶剂的流痕，要用布轮抛光才能达到装饰效果。用蜡封闭的阳极氧化膜光亮、滑腻、疏水，有自润滑作用，用于光亮装饰或需要自润滑的铝合金工件。这种封闭方法麻烦且耗费工时，同时存在有机物易燃易爆的危险。

6.5 金属的表面着色

6.5.1 表面着色原理

金属表面彩色化是近年来表面科学技术研究与应用最活跃的领域之一。我国在20世纪70年代后期以来相继在化学染色和电解着色等方面开展工作，虽然和工业发达国家还有差距，但经过科技工作者的努力，在铝、铜及其合金和不锈钢的表面着色方面已积累了大量经验，并均已形成规模生产。随着装饰行业的不断发展，对彩色金属的需求量也必将越来越大，金属的表面着色技术也将得到越来越多的应用。以下以铝为例来说明。

铝及其合金阳极氧化膜着色的方法主要分为电解发色、化学染色与电解着色3种方法。电解发色是阳极氧化和着色过程在同一溶液里完成，在铝合金上直接形成彩色的氧化膜，因此，电解发色法也称之为电解着色一步法。化学染色法是染料被吸附在膜层的孔隙内而着色。电解着色法是将经过阳极氧化的铝或铝合金放入含有重金属的盐类溶液中进行电解着色，也常称为电解着色二步法。由于这3种方法的着色机理不同，发色体沉积的部位也互不相同（图6-17）。对电解发色法，因电解液和铝材的不同，发色体在多孔层整体中，或发色体的胶体粒子分布在多孔层整体中；对化学染色法，发色体是在氧化膜孔隙上部；电解着色时，金属发色体沉积在多孔层的孔隙底部。

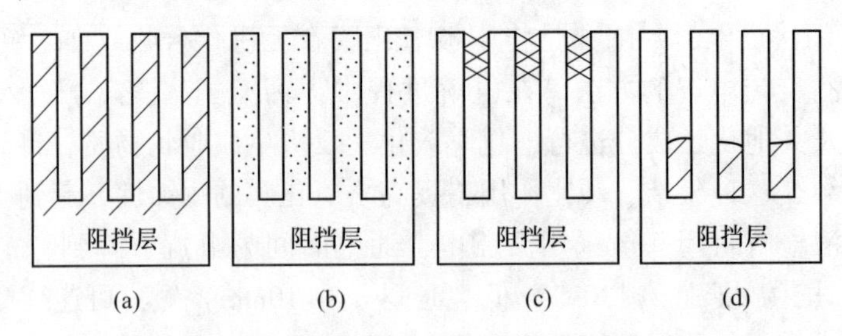

图6-17 不同着色方法发色体沉积的部位
（a），（b）电解发色法；（c）化学染色法；（d）电解着色法

电解发色是由于光线被膜层选择吸收了某些特定的波长，剩余波长部分被反射引起的。选择吸收与合金元素在膜层中的氧化状态以及电解液成分与氧化膜中物质的结合状态有关。

电解发色膜产生颜色原因虽然有种种解释，但似乎无明确结论，材料成分、溶液种类、氧化膜厚度以及操作条件等都对它有重要影响。

铝制品的阳极氧化膜用有机和无机染料浸渍后都能进行染色。最适合于染色的氧化膜，是经硫酸阳极氧化而得到的氧化膜。大多数铝及其合金经硫酸阳极氧化后形成的是无色而又透明的膜，并有适当的厚度和一定的孔隙率及吸附性。

关于有机染料的着色机理有3种解释：

（1）有机染料分子与膜内铝的化合物发生化学结合；

（2）膜的主要成分氧化铝物理吸附，即氧化膜孔隙中吸附了沉淀的色料；

（3）机械填充于膜的微孔之中。

电解着色法是指铝或铝合金经阳极氧化后浸入到更贵的金属盐溶液里，通过使用交流电进行极化或用直流电进行阴极极化来进行着色的一种方法。采用的方法有直流阴极电流法、交直流叠加法、脉冲氧化法、直流周期换向法、间断阴极电流法、不对称交流法等。着色过程示意如图6-18所示。

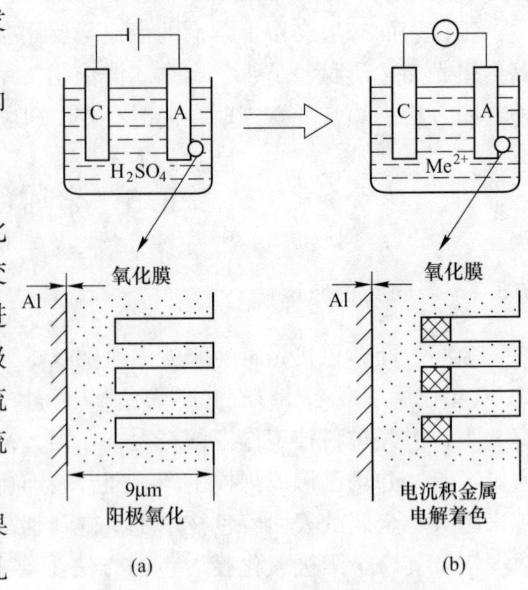

图6-18 电解着色过程示意图
（a）阳极氧化；（b）电解着色

铝及铝合金能被着色是因为电解的结果使Ni、Sn、Cu、Ag等以金属的形式沉积在孔里所致。由于电沉积金属颗粒直径是不均匀的，使得散射光的波长范围很宽，氧化膜看

起来呈棕色。当着色时间比一般着色时间更长时，有更多的金属沉积，且金属胶体的粒径分布更广，氧化膜呈黑色。当金属胶体的粒径分布很狭窄时，可以产生像蓝、绿或红色这样的基色。另外，电沉积金属的粒径分布随着金属种类的不同而不同，用硫酸镍可以得到粉红色、绿色、紫色和蓝色，铝在较低电压下进行硫酸阳极氧化时，阻挡层薄，阻挡厚度差别也很小，这时电沉积的粒度均匀，散射光的波长范围很窄，氧化膜呈粉红、红、绿或蓝色。

6.5.2　铝和铝合金的着色工艺

6.5.2.1　化学染色

氧化膜的染色可用有机染料，也可用无机染料。但从染色的牢固程度、上色速度、操作方法、色彩鲜艳程度及染色使用期等方面考虑，有机染料都比无机染料染色优越得多，因此，实际生产中大多使用有机染料。在铝氧化膜上进行有机染料染色时，可以用染毛、丝、棉纺织品的酸性染料，也可以用碱性染料、茜素染料、复合金属染料，以及各种直接染料和活性染料。所获得的色调主要取决于氧化膜的性质及染料分散作用的程度，而所得色彩的耐光性基本决定于所使用的材料、膜的氧化方法及染色后的封闭处理。膜对染料的吸收与溶液的 pH 值、膜的水化程度、膜层的晶粒尺寸有关。膜的水化程度高，其化学活性亦高；膜的晶粒愈细，对染料的吸收愈好。

染色处理应在氧化之后立即进行。染色前，铝或铝合金制品应用冷水仔细清洗，并且不可用手触摸制品表面。如在进行染色之前，经氧化后的铝或铝合金制品放置的时间较长，则应在稀硝酸中浸润数秒到数分钟（活化），以提高氧化膜的染色性能。活化处理后的零件要先在流动的水里充分清洗，接着在蒸馏水或软化水里清洗，然后进行浸渍着色。着色后仔细进行清洗和封闭，表 6-21 给出了常用的有机染料染色工艺规范。

表 6-21　有机染料染色配方及工艺规范

颜色	染料名称	浓度/g·L^{-1}	时间/min	温度/℃
黑色	苯胺黑	5~10	15~30	60~70
	酸性粒子元 NBL	12~16	15~30	60~70
	冰醋酸（98%）	0.8~1.2(mL/L)		
	酸性毛 ATT	10~12	10~15	60~70
红色	酸性红 GR	5	2~10	室温
	直接锡利桃红 G	2~5	1~5	60~70
	铝红 ZBLW	2~5	2~5	室温
	酸性红 B 冰醋酸（98%）	4~6	15~30	15~40
蓝色	直接耐晒蓝	3~5	15~20	室温
	酸性蒽醌蓝	5	5~15	50~60
	直接锡利翠蓝	2~5	1~5	60~75
	铝蓝 LLW	2~5	2~5	室温
	活性艳蓝	5	1~5	室温

续表 6-21

颜色	染料名称	浓度/g·L^{-1}	时间/min	温度/℃
绿色	酸性绿	5	15~20	70~80
	直接耐晒翠绿	3~5	15~20	室温

6.5.2.2 电解着色

长期以来，铝及其合金阳极氧化膜着色一直采用化学法染色。为改善和提高铝及其合金制品的各种性能和装饰效果，近十年来开始广泛应用电解着色。电解着色的铝及其合金颜色典雅，具有优良的抗变色能力和耐蚀性能，表面具有与硫酸阳极氧化膜相同的硬度和耐磨性能。

常用的电解着色工艺是把硫酸阳极氧化的铝及其合金的制品，放入含有重金属盐类的溶液中，进行交流电解着色。所用溶液不同，所得的颜色也不同；电解着色的时间、电流和电压不同，颜色的深浅也不一样。

A 电解着色溶液

电解质主要采用不同金属盐类，获得膜层色泽也不同。下面是几种常用的金属盐。

（1）锡盐电解液。可形成古铜色和黑色的膜层。电解液的基本成分是硫酸亚锡及硫酸，锡盐分散能力好，色调均匀，但锡易氧化和水解沉淀，导致着色液不稳定。为了减少 Sn^{2+} 氧化，必须加入稳定剂。

（2）镍盐电解液。可形成古铜色和黑色的膜层。电解液的主要成分是硫酸镍，同时镍本身是一种强磁性物质，可用来作磁性皮膜。该膜耐热性好，缺点是形状复杂的零件存在着色不均匀的问题，必须加入促进剂、稳定剂才能形成均匀古铜色。

（3）铜盐电解液。电解液的主要成分是硫酸铜及硫酸。该电解着色液获得膜层是红色至咖啡色的，成本低，耐光性好，但耐蚀性较差，应用不广。

（4）银盐电解液。电解液的主要成分是硝酸银。该电解液中获得的膜层是金黄色或黄绿色的，该镀液操作严格，对杂质敏感性强。例如，含 Cu^{2+} 200mg/L 膜层颜色偏红，Cl^-进入电解液，即与 Ag 生成 AgCl，造成着色困难。

（5）混合盐电解。液体电解液是以镍盐为主，以锡盐作添加剂的混合着色液。它综合了镍盐价廉、稳定，锡盐分散能力好的优点，克服了各自的缺点，可获得咖啡色、古铜色、黑色。

除上述几种金属盐电解液外，还有铁盐、锌盐、硒盐等配成的电解液。

B 着色添加剂

在电解着色液中，必须加入添加剂，主要稳定电解着色液，促进着色膜色泽均匀，延长电解液着色寿命。广泛的应用有：硫酸铝、葡萄糖、EDTA、硫酸铵、酒石酸、邻苯三酚，以及市场供应组合添加剂 GKG 等。

C 电解着色工艺

表 6-22 给出了几种典型的电解着色溶液的组成及工艺规范。

表 6-22 电解着色溶液的组成及工艺规范

成分	浓度/$g \cdot L^{-1}$	温度/℃	交流电压/V	pH 值	时间/min	颜色
硫酸镍	25	20	7~15	4.4	2~15	青铜色→黑色
硫酸镁	20					
硫酸铵	15					
硼酸	25					
硫酸亚锡	5~10	20	10~25	—	1~5	古铜色
硫酸镍	30~80					
硫酸铜	1~3					
硼酸	5~50					
硫酸钴	25	20	17	4~4.5	13	黑色
硫酸铵	15					
硼酸	25					
硫酸铜	35	20	10	1~1.3	5~20	紫色
硫酸镁	20					
硫　酸	5					
硝酸银	0.5~1	20	8~10	—	1~5	金黄色
硫酸锰	10					
硫酸	6~10					
硫酸亚锡	15	20	4~6	1.3	1~8	红褐色→黑色
硫酸铜	7.5					
硫　酸	10					
柠檬酸	6					

随着溶液温度升高，离子扩散速度加快，色调加深；温度低，则着色速度慢。但温度过高，会加速亚锡盐水解。采用机械搅拌，色调均匀性且重现性要好。不宜采用空气搅拌，它将导致亚锡盐氧化和沉渣泛色，影响着色稳定性。

6.5.3 不锈钢的着色工艺

在不锈钢表面形成彩色的技术很多，大体有化学着色法、电化学着色法、高温氧化法、有机物涂覆法、气相裂解法及离子沉积法等。本书将着重介绍不锈钢的化学着色法。

化学着色法制备彩色不锈钢的过程包括前处理、化学着色和后处理等 3 部分。工艺流程为：清洗→碱性除油→清洗→电解抛光→清洗→活化→清洗→坚膜→清洗→封闭→清洗→热风吹干→成品。

化学着色法是将不锈钢零件浸在一定溶液中，因化学反应而使不锈钢表面呈现出色彩的方法。化学着色法分为 4 种：碱性着色法、硫化法、重铬酸盐氧化法和酸性着色法。应用最广泛的是酸性着色法。

酸性着色法是经过活化的不锈钢在含有氧化剂的硫酸水溶液中进行着色。这种方法着色控制容易，着色膜的耐磨性较高，适合进行大规模生产。其着色机理为：使不锈钢表面形成透明氧化膜，当入射光与反射光在膜层中产生干涉时会发出某种色光。在 0.15~0.4μm 之间改变膜层厚度时，便可得到不同的颜色。

不锈钢经着色处理后，虽然能获得鲜艳的彩色膜，但获得的膜层组织疏松多孔，孔隙率为 20%~30%，膜层也很薄，不耐磨且容易被污染，因此，必须进行坚膜处理。坚膜处理又可分为化学坚膜和电解坚膜，其溶液组成及工艺规范见表 6-23。

表 6-23 坚膜处理的溶液组成及工艺规范

项目		化学坚膜	电解坚膜
溶液组成/$g \cdot L^{-1}$	重铬酸钾	15	
	氢氧化钠	3	
	铬酐		250
	硫酸		2.5
工艺规范	pH 值	6.5~7.5	
	阴极电流密度/(A/dm^2)		0.2~1
	阳极		铅板
	温度/℃	60~80	室温
	时间/min	2~3	5~15

着色膜经坚膜处理后，其硬度、耐磨、耐蚀性能得到改善，但表面仍为多孔，容易被污物沾染。若着色后，先经电解坚膜处理，随后再用 1%的硅酸盐水溶液在沸腾条件下浸渍 5min，将使多孔膜封闭，且耐磨性能得到进一步提高。

坚膜和封闭处理是使彩色不锈钢具备耐磨、耐蚀和耐沾污等性能的重要步骤。

思考题

答案 6

6-1 阐述化学转化膜的形成原理，化学转化膜性质与用途有哪些，与电镀相比有何区别？

6-2 简述磷化膜的形成机理及其结构，试述钢铁的发黑与发蓝处理原理及应用。

6-3 结合电压-时间曲线（阳极氧化特性曲线）说明铝阳极氧化的原理及膜的产生及成长过程。

6-4 金属表面的主要着色法有哪些，阐述铝合金电解着色的工艺过程（包括预处理和后处理）。

6-5 铝合金电解着色法的机理是什么？简述其原因。

6-6 不锈钢表面上的透明膜为什么能着各种色彩，电解发色后为什么要进行硬化处理？

6-7 简述化学转化膜技术的发展动向。

7 表面涂覆技术

表面涂覆技术是在基质表面上形成一种膜层，以改善表面性能的技术。涂覆层的化学成分、组织结构与基质材料完全不同，它以满足表面性能、涂覆层与基质材料的结合强度能适应工况要求、经济性、环保性为准则。涂覆层的厚度可以从微米到毫米。通常在基质零件表面预留加工余量，以实现表面具有工况需要的涂覆层厚度。表面涂覆与表面改性相比，由于它的约束条件少，而且技术类型和材料的选择空间大，因而表面涂覆类技术非常多，应用最为广泛。主要包括电镀、电刷镀、化学镀、物理气相沉积、化学气相沉积、热喷涂、堆焊、激光束或电子束表面熔覆、热浸镀等。

本章重点介绍热喷涂、喷焊、堆焊及涂装技术，前 3 种技术都是利用热能（如氧-乙炔火焰、电弧、等离子火焰等）将具有特殊性能的涂层材料熔化后涂敷在工件上形成涂层的技术。特点是可以制备比较厚的涂层（0.1~10mm），因此，对于制造具有复合结构的机械零件和各类零件的修复非常有用。

7.1 热喷涂技术

热喷涂技术是使工件表面强化和表面防护的技术，采用气体、液体燃料或电弧、等离子弧、激光等热源，将粉末状或丝状的金属或非金属喷涂材料加热到熔融或半熔融状态，并用热源自身的动力或外加高速气流雾化，使喷涂材料的熔滴以一定的速度喷向经过预处理的工件表面，依靠喷涂材料的物理变化和化学反应，形成附着牢固的表面层的加工方法。由于它可以喷涂几乎所有的固体工程材料，如金属、合金、陶瓷、石墨、氧化物、碳化物、塑料尼龙以及其复合材料，所以能形成耐磨、耐蚀、隔热、抗氧化、绝缘、导电、防辐射等涂层，使工件具有许多特有功能。

热喷涂技术又是高科技的技术，利用它可研制出新的材料，如现代宇航技术中应用的防远红外、微波、激光等功能性涂层；生物工程新型材料及其他领域的压电陶瓷材料、非晶态材料等，它作为一个学科的综合应用技术已显示出很大作用，并随着科学发展而向更高的水平发展。

7.1.1 热喷涂概述

7.1.1.1 热喷涂原理

热喷涂是采用各种热源使涂层材料加热熔化或半熔化，然后用高速气体使涂层材料分散细化并高速撞击到基体表面形成涂层的工艺。其原理如图 7-1 所示。

热喷涂过程，一般要经过 4 个阶段：（1）喷涂材料被加热成熔化或半熔化状态。对于线材，当端部进入热源高温区域，即被加热熔化；对于粉末，进入热源高温区域，在行

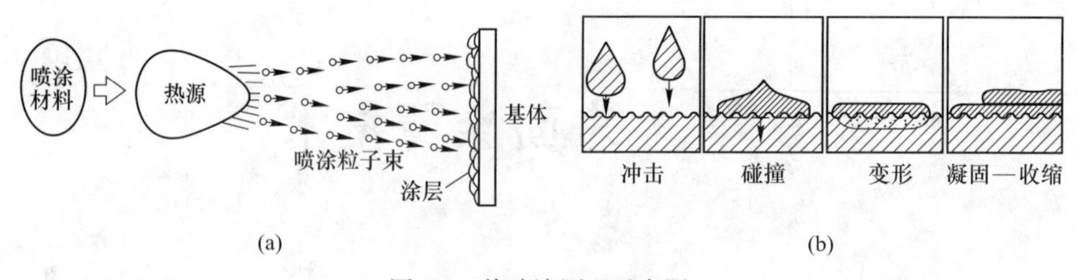

图 7-1 热喷涂原理示意图
（a）喷涂过程；（b）涂层形成过程

进的过程中被加热熔化或软化。（2）喷涂材料的熔滴被雾化。线材端部熔化形成的熔滴在外加压缩气流或热源自身射流作用下脱离线材，并雾化成微细熔滴向前喷射；粉末一般不存在熔粒被进一步破碎和雾化的过程，而是被气流或热源射流推向前喷射。（3）雾化了的喷涂材料被气流或热源射流推动向前喷射飞行。在飞行过程中，颗粒首先被加速形成离子流，随飞行距离增加，粒子运动速度逐渐减小。（4）粒子在基材表面发生碰撞、变形、凝固和堆积，当具有一定温度和速度的微细颗粒与基材表面接触时，颗粒与基材表面产生强烈的碰撞，颗粒的动能转化为热能并部分传递给基材，同时微细颗粒沿凸凹不平表面产生变形，变形的颗粒迅速冷凝并产生收缩，呈扁平状黏结在基材表面。喷涂的粒子束连续不断的运动并撞击表面，产生碰撞→变形→冷凝收缩过程，变形的颗粒与基材表面之间，以及颗粒与颗粒之间互相黏结在一起，从而形成涂层。

涂层的形成过程，喷涂层是由无数变形粒子互相交错呈波浪式堆叠在一起而形成的层状组织结构（图 7-1）。在喷涂过程中，由于熔融的颗粒在熔化、软化、加速及飞行以及与基材表面接触过程与周围介质间发生了化学反应，使得喷涂材料经喷涂后会出现氧化物；而且，由于颗粒的陆续堆叠和部分颗粒的反弹散失，在颗粒之间不可避免地存在一部分孔隙或空洞。因此，喷涂层是由变形颗粒、气孔和氧化物所组成。涂层中氧化夹杂物的含量及涂层的密度取决于热源、材料及喷涂条件。采用等离子弧高温热源、超音速喷涂以及保护气氛等可减少甚至消除涂层中的氧化物夹杂和气孔；涂层经过重熔后也可消除涂层中的氧化夹杂物和气孔，并使层状结构变成均质状结构，同时涂层与基材的结合状态也发生变化。

7.1.1.2 涂层与基体间的结合强度

涂层的结合包含有两种，一是涂层（颗粒）与基体表面的结合，其结合强度称为结合力；二是涂层内部（颗粒间）的结合，其结合强度称为内聚力。涂层的结合通常认为有机械结合、物理结合、扩散结合和冶金结合等。

（1）机械结合。熔融态的粒子撞击到基材表面，铺展成扁平状的液态薄层，嵌合在起伏不平的表面形成机械结合，又称为抛锚效应。机械结合和基材表面的粗糙程度密切相关。如果对基体不进行粗化处理，而进行抛光处理，热喷涂层的结合力很弱。相反，使用喷砂、车螺纹或化学腐蚀等方法粗化基体表面，可提高涂层和基体的结合强度。

（2）物理结合。当高速运动的熔融粒子撞击到基体表面后，若界面两侧紧密接触的距离达到原子晶格常数范围内时，产生范德华力，提高基体和涂层间的结合强度。基体表面的干净程度直接影响界面两侧喷涂粒子和基体间的原子距离，因此要求表面非常干净且处于活化状态。喷砂可使基体表面呈现异常清洁的高活性的新鲜金属表面，然后立即喷涂能够增加物理结合程度，从而提高基体和涂层的结合强度。

（3）扩散结合。当熔融的喷涂粒子高速撞击基体表面形成紧密接触时，由于变形和高温作用，基体表面的原子得到足够的能量，使涂层与基体之间产生原子扩散，形成扩散结合。扩散使在界面两侧微小范围内形成一层固溶体或金属间化合物，增加了涂层和基体之间的结合强度。

（4）冶金结合。当基体预热，或喷涂粒子有高的熔化潜热，或喷涂粒子本身发生放热化学反应（如 Ni/Al）时，熔融态的粒子和局部熔化的基体之间发生“焊合”现象，产生“焊点”，形成微区冶金结合。由于凝固时间（或化学反应时间）很短，“焊点”不可能很强，但是对粒子和基体间及粒子间都会产生增强作用。在喷涂放热反应到黏结底层时，在基体表面微区内，特别是在喷砂后的突出尖锐部位，接触瞬间温度可高达基体的熔点，容易产生这种结合方式。

喷涂粒子间的结合是以机械结合为主，物理结合、扩散结合、冶金结合、晶体外延等综合作用也有一定效果。涂层中存在残余应力是热喷涂涂层的特点之一，残余应力是由于撞击基材表面的熔融态变形颗粒的冷凝收缩产生的微观应力的累积。涂层中存在残余应力影响涂层的质量、限制了涂层的厚度。

7.1.1.3 热喷涂的分类

热喷涂的种类很多，按涂层加热和结合方式分，热喷涂有喷涂和喷焊两种：前者是基体不熔化，涂层与基体形成机械结合；后者则是涂层经再加热重熔，涂层与基体互熔（基体极小熔化）并扩散形成冶金结合。以热源形式，热喷涂主要有电弧喷涂、等离子喷涂、火焰喷涂、爆炸喷涂、超声速喷涂和激光喷涂等。火焰喷涂通常是指以氧-乙炔火焰喷涂、燃气高速火焰喷涂、燃油高速火焰喷涂等，电弧喷涂包括普通电弧喷涂和高速电弧喷涂，等离子喷涂主要包括普通等离子喷涂、低气压等离子喷涂、超声速等离子喷涂等，特种喷涂主要有线爆喷涂、激光喷涂、悬浮液料热喷涂、冷喷涂等。

热喷涂的方法及其技术特性见表 7-1。

表 7-1 热喷涂的方法及其技术特性

项　目	火焰喷涂	电弧喷涂	等离子喷涂	爆炸喷涂
热源	$O_2+C_2H_4$	电弧加热	电弧产生高温低压等离子体	$O_2+C_2H_2$
焰流温度/℃	850～2000	20000	20000	未知
焰流速度/m·s⁻¹	50～100	30～500	200～1200	800～1200
颗粒速度/m·s⁻¹	20～80	20～300	30～800	～800
热效率/%	60～80	90	35～55	未知
沉积效率/%	50～80	70～90	50～80	未知
喷涂材料形态	粉末，线材	线材	粉末	粉末
结合强度/MPa	>7	>10	>35	>85
最小孔隙率/%	<12	<10	<2	<0.1
最大涂层厚度/mm	0.2～1.0	0.1～3.0	0.05～0.5	0.05～0.1

续表 7-1

项 目	火焰喷涂	电弧喷涂	等离子喷涂	爆炸喷涂
喷涂成本	低	低	高	高
设备特点	简单，可现场施工	简单，可现场施工	复杂，但适合高熔点材料	较复杂，效率低，应用面窄

7.1.1.4 热喷涂的应用特点

热喷涂的应用如下：

（1）耐蚀涂层。Zn、Al、Zn-Al 合金涂层对钢铁具有良好的防护作用，这不仅与阴极保护作用有关，涂层本身也具有良好的抗腐蚀作用。处于室外工业气氛中钢件，若气氛呈碱性，则可采用 Zn 涂层；若气氛中硫或硫化物含量高，则可采用 Al 涂层；如桥梁、输电线、钢结构件、高速公路护栏、照明高杆等喷涂 Zn 或 Al 涂层进行长效防腐。处于盐气雾中的钢件，如海岸附近金属构件、甲板、发射天线、海上吊桥等均可喷涂 Al、Zn 或其合金进行长效防腐。长期处于盐水中的钢件，如船体、钢体河桩及桥墩等可喷涂 Al 进行长期防腐。耐饮用水的涂层可用 Zn，涂层不需封孔，如淡水储器、输送器等。耐热淡水的涂层可用 Al，但涂层需封孔，如热交换器、蒸汽净化设备及处于蒸汽中的钢件。

（2）耐磨涂层。在机械零部件表面喷涂耐磨涂层的主要目的是为提高性能和延长寿命，其基本出发点是机件表面的强化，修旧利废，恢复因磨损或腐蚀磨损而造成的尺寸超差，并赋予机件更好的耐磨性；提高产品质量，对于设备中的某些零部件，通过喷涂耐磨涂层，将会提高整机的性能和技术指标，从而提高产品的质量。由于机械的工作环境和服役条件不同，其磨损机制也不尽相同，因此应有针对性的选择合适的涂层。如抗磨料磨损涂层、抗黏着磨损涂层、耐微动磨损涂层、耐热磨损涂层、耐冲击磨损和耐气蚀磨损涂层等。

（3）耐熔融金属涂层。耐熔融 Zn 浸蚀涂层，如浸 Zn 槽、浇铸槽等；耐熔融 Cu 浸蚀涂层，如锭模；耐熔融 Al 浸蚀涂层，如模具、输送槽等；耐熔融钢铁浸蚀涂层，如风口、连铸模等。

（4）恢复尺寸涂层。热喷涂用于修复因磨损、加工不当造成尺寸超差的工件，涂层要与基体有相同或更好的性能。如齿轮、轴颈、键槽、机床导轨等，多用铁基合金、镍基合金、钢基合金修复。用与钢轨热膨胀系数相近的 Fe_2O_3 粉热喷涂修复钢轨磨损部位便是一个典型的成功的修复范例。

热喷涂技术与其他表面工程技术相比，在实用性方面有以下主要特点：

（1）热喷涂技术的种类多。各种热喷涂技术的优势相互补充，扩大了热喷涂的应用范围，在技术发展中又相互借鉴，增加了功能重叠性。

（2）涂层的功能多。使用于热喷涂的材料有金属及其合金、陶瓷、塑料及其复合材料。应用热喷涂技术可在工件表面制备出耐磨损、耐腐蚀、耐高温、抗氧化、隔热、导电、绝缘、密封、润滑等多功能的单一材料涂层或多种材料的复合涂层。热喷涂涂层中有一定孔隙，这对于防腐涂层来说应是避免的，如果能正确选择喷涂方法、喷涂材料及工艺可使孔隙率减到1%以下，也可以采用喷涂后进行封孔处理来解决。但是，还有许多工况条件希望涂层有一定的孔隙率，甚至要求气孔也能相通，以满足润滑、散热、钎焊、催化反应、电极反应以及骨关节生物生长等需要。制备有一定气孔形态、一定孔隙率的可控孔隙涂层技术已成为当前热喷涂发展中一个重要的研究方向。

(3) 适用热喷涂的对象范围宽。热喷涂的基本特征决定了在实施热喷涂时零件受热小，基材不发生组织变化，因而施工对象可以是金属、陶瓷、玻璃等无机材料，也可以是塑料、木材、纸等有机材料。而且将热喷涂用于薄壁零件、细长杆时在防止变形方面有很大的优越性。施工对象的结构可以大到舰船船体、钢结构桥梁，小到传感器一类的元器件。

(4) 设备简单、生产率高。常用的火焰喷涂、电弧喷涂以及等离子喷涂设备都可以运到现场施工。热喷涂的涂层沉积率仅次于电弧堆焊。

(5) 操作环境较差，需加以防护。在实施喷砂预处理工序时，以及喷涂过程中伴有噪声和粉尘等，需采取劳动防护及环境防护措施。

由于热喷涂涂层与基体之间主要是机械结合，因而热喷涂不适用于重载交变负荷的工件表面，但对于各种润滑的摩擦表面、防腐表面、装饰表面、特殊功能表面等均可适用。

7.1.2　热喷涂工艺

热喷涂工艺的一般过程为喷涂预处理→喷涂→喷涂后处理。

7.1.2.1　喷涂预处理

为提高涂层与基体表面的结合强度，在喷涂前，对基体表面进行预处理，是喷涂工艺中的一个重要工序。热喷涂预处理的内容主要有基体表面的清洗、脱脂、除氧化膜、粗化处理和预热处理等。

对基体表面消洗、脱脂的方法有碱洗法、溶液洗涤法和蒸汽清洗法。对疏松表面(如铸铁件)，虽然油脂不在工件表面，但在喷涂时，因基体表面的温度升高，疏松孔中的油脂就会渗透到基体表面，对涂层与基体的结合不利。故对疏松基体表面，经过一般的清洗、脱脂后，还需将其表面加热到250℃左右，尽量将油脂渗透到表面，然后再加以清洗。基体表面的氧化膜一般采用切削加工法和人工法去除，也可采用酸洗法去除。

基体表面的粗化处理是提高涂层与基体表面机械结合强度的一个重要措施。常用的表面粗化处理方法有喷砂法和机加工法。喷砂是最常用的粗糙化工艺方法，它是用高压、高速压缩空气将砂粒喷射撞击到待喷涂基体表面上，使基体形成凹凸不平的粗糙表面的预处理过程。砂粒有冷硬铁砂、氧化铝砂、碳化硅砂等多种，可根据工件表面的硬度选择使用。由于喷砂后的粗糙面易氧化或受污染而影响结合，故工件喷砂后应尽快转入喷涂工序。据报道，钢与铁处理时间不要超过30min，铝及钛处理时间不超过4h。机加工是采用车螺纹、滚花和拉毛等使基体表面粗化的方法。此外，还有化学腐蚀法和电弧法等表面粗化的方法。

基体表面的预热处理可降低和防止因涂层与基体表面的温度差而引起的涂层开裂和剥落。

7.1.2.2　喷涂

工件经预处理后，一般先在表面喷一层打底层（或称过渡层)，然后再喷涂工作层。具体喷涂工艺因喷涂方法不同而有所差异。

(1) 电弧喷涂。图7-2所示为电弧线材喷涂装置。电弧喷涂是将金属或合金丝制成两个熔化电极，由电动机变速驱动，在喷枪口相交产生短路而引发电弧、熔化，再用压缩空气穿过电弧和熔化的液滴使之雾化，以一定的速度喷向工件表面而形成连续的涂层。电弧喷涂的优点是：喷涂效率高；在形成液滴时，不需多种参数配合，故质量易保证；涂层结合强度高于一般火焰喷涂；能源利用率高于等离子喷涂；设备投资低；适于各种金属材料。电弧喷涂发展迅速，除在大气下的一般电弧喷涂外，又出现了真空电弧喷涂。

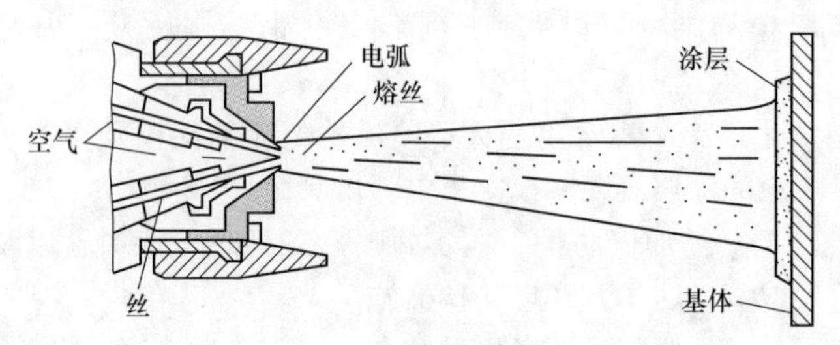

图 7-2 电弧喷涂

（2）等离子喷涂。图 7-3 所示为等离子喷涂装置。等离子喷涂是将惰性气体通过喷枪体正负两极间的直流电弧，被加热激活后产生电离而形成温度非常高的等离子焰流，将喷涂材料加热到熔融或高塑性状态，被高速喷射到预先处理好的工件表面形成涂层。等离子焰流的产生有转移弧和非转移弧。前者是将工件带电呈阳性，将喷涂材料引出喷嘴直接射向工件表面，犹如粉末焊在工件表面，形成一层熔池，冷却凝固与工件形成冶金结合，但工件受热影响大，易产生变形；后者是工件不带电，受热影响小，不易产生变形，喷在表面形成的涂层与工件属机械结合。等离子喷涂产生特别高的温度，可喷涂几乎所有的固态工程材料。

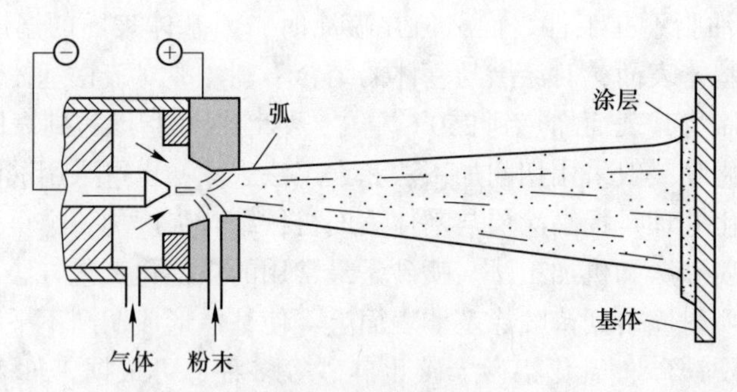

图 7-3 等离子喷涂

（3）火焰喷涂。图 7-4 所示为火焰喷涂装置。火焰喷涂是利用燃气（乙炔、丙烷）及助燃气体（氧）混合燃烧作为热源，或喷涂粉末从料斗通过，随输送气体在喷嘴出口遇到燃烧的火焰被加热熔化，并随着焰流喷射在工件表面，形成火焰粉末喷涂；或喷涂丝从喷枪的中心送出，经燃烧的火焰加热熔化，并被周围的压缩空气将熔滴雾化，随焰流喷射到工件表面，形成火焰线材喷涂。火焰喷涂的特点是：可喷涂各种金属、非金属陶瓷及塑料、尼龙等，应用广泛；喷涂设备轻便简单、可移动、价格低，经济性好，是目前喷涂技术中使用较广泛的工艺。

（4）爆炸喷涂。如图 7-5 所示为爆炸喷涂装置。爆炸喷涂是将一定量的喷涂粉末注入喷枪的同时，引入一定量的按一定比例配制的氧气及乙炔混合气体，点燃混合气体产生爆

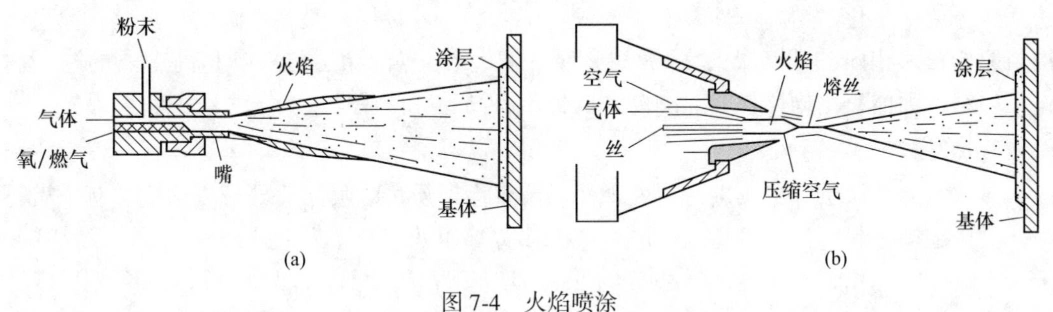

图 7-4　火焰喷涂

（a）粉末火焰喷涂；（b）线材火焰喷涂

炸能量，使粉末熔融并被加速冲击枪口，撞击工件表面形成涂层，每爆炸喷射一次，随即有一股脉冲氮气流清洗枪管。爆炸喷涂的最大特点是涂层非常致密，气孔率很低，与基体结合性强，表面平整，可喷涂金属陶瓷、氧化物及特种金属合金。但因设备昂贵、噪声大等原因，使用还不广泛。

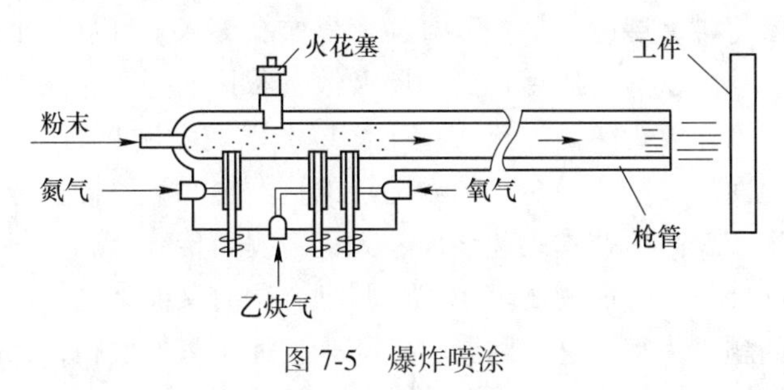

图 7-5　爆炸喷涂

（5）超音速喷涂。如图 7-6 所示为超音速喷涂装置。超音速喷涂发明的目的是替代爆炸喷涂，而且在涂层质量方面也超过了爆炸喷涂。后来人们将它统称为高速火焰热喷涂。与一般火焰喷涂相比，要求有足够高的气体压力，以产生高达 5 倍于声速的焰流；有庞大的供气系统，以满足较大的气体消耗量（所需氧气是一般火焰喷涂的 10 倍）。超音速火焰喷涂的燃气可采用乙炔、丙烷、丙烯或氢气，也可采用液体煤油或工业酒精。

（6）激光喷涂。图 7-7 所示为激光喷涂原理。它是用高强度能量的激光束朝着接近于工件表面的方向直射，同时用辅助的激光加热器对工件加热，将喷涂粉末以倾斜的角度吹

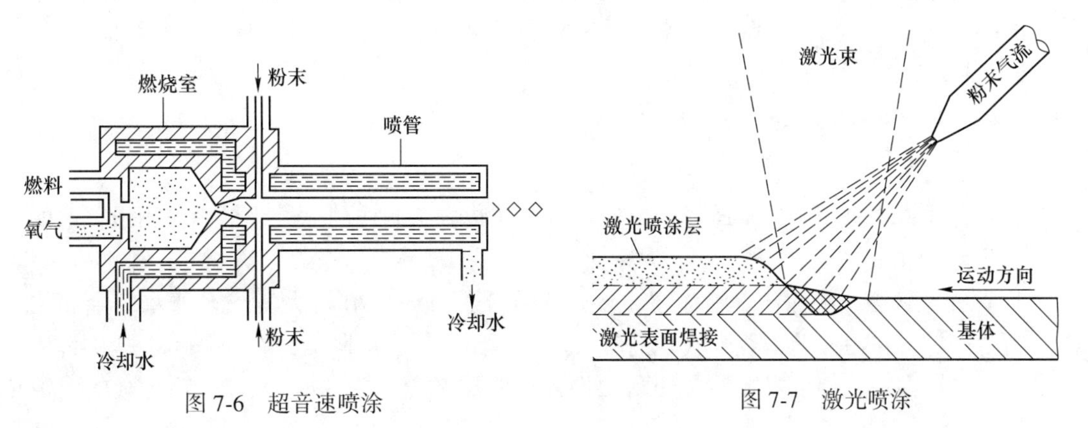

图 7-6　超音速喷涂

图 7-7　激光喷涂

送到激光束中熔化黏结到工件表面，形成一层薄的表面涂层。激光喷涂的特点是：涂层结构与原始粉末相同；可喷涂大多数材料，范围从低熔点的涂层材料到超高熔点的涂层材料，如制备固体氧化物燃料电池陶瓷涂层，制备高超导薄膜等。

7.1.2.3 喷涂后处理

热喷涂后，涂层应尽快进行后处理，以改善涂层质量。喷涂后处理方法主要有手工打磨、机械加工、封闭处理、高温扩散处理、热等静压处理及激光束处理等。

手工打磨是用油石、砂纸、布抛光的手工方法打磨涂层表面，以改善涂层表面的粗糙度。

机械加工是用机床对涂层进行切削加工，以获得所需尺寸和表面粗糙度。

封闭处理是用封闭剂对涂层进行孔隙的密封，以提高工件的防护性能。常用的封闭剂有：高熔点蜡类，耐蚀、减摩的不溶于润滑油的合成树脂。如烘干酚醛、环氧酚醛、水解乙基硅酸盐等。

高温扩散处理是使涂层的元素在一定温度下原子激活，向基体表面涂层内扩散，以使涂层与基体形成半冶金结合，提高涂层的结合强度及防护性能。

热等静压处理是将带涂层的工件放入高压容器中，充入氩气后，加压加温，以使涂层及基体金属内存在的缺陷受热受压后得到消除及改善，进而提高涂层的质量及强度。

激光束处理是用激光束为热源加热或重熔涂层，以使涂层中的微气孔、微裂纹消除，表面光滑，与基体表面形成冶金结合，提高涂层的抗磨损和耐腐蚀性能。

如今，工农业生产及高新技术飞速发展，人们对提高传统金属材料的性能、拓宽它的功能及延长机械零部件使用寿命的要求越来越强烈，同时又面临制备高性能或多功能结构材料和表面材料的问题。为解决这些问题，近年来表面工程发展很快，尤其是促进了热喷涂技术的高速发展。热喷涂技术由早期制备一般防护性涂层发展到制备各种功能涂层，应用领域从各种机械设备、仪器仪表和金属构件的耐蚀、耐磨和耐高温，直到使用条件最苛刻和要求最严格的宇航工业。

7.1.3 热喷涂材料

热喷涂材料按形状分为线材、棒材、粉末及管状材料；按组成成分可分为金属、合金、自熔性合金、复合材料、陶瓷及有机塑料。热喷涂材料应用最早的是线材，但只有塑性好的材料才能做成线材。随着科技的发展，发现任何固体材料都可制成粉末，故热喷涂粉末的应用越来越广泛。热喷涂粉末主要有金属及合金粉末、陶瓷材料粉末、复合材料粉末和塑料粉末。

7.1.3.1 金属及合金线材

A 非复合喷涂线材

非复合线材指只用一种金属或合金通过普通拉拔方法制作的喷涂线材，应用最普遍的有如下几种：

(1) 锌及锌合金喷涂丝。喷涂层主要用于在干燥大气、农村大气或在清水中金属构件的腐蚀保护，在污染的工业大气和潮湿大气中其耐蚀性有所降低，在酸、碱、盐中锌不耐腐蚀。在锌中加入铝可提高涂层的耐蚀性，铝的质量分数为30%时，锌-铝合金的耐蚀性最佳。

（2）铝及其合金喷涂丝。铝涂层在工业气氛中具有较高的耐蚀性；铝除能形成稳定的氧化膜外，在高温下还能在铁基中扩散，与铁基发生反应生成抗高温的铁铝化合物，提高了钢材的耐热性，也可用于耐热涂层。

（3）铜及其合金喷涂丝。纯铜不耐海水腐蚀，纯铜涂层主要用于电器开关和电子元件的电触点以及工艺美术品的表面装饰；黄铜具有一定的耐磨性、耐蚀性，且色泽美观，其涂层广泛用于修复磨损件，也可作为装饰涂层，黄铜中加入1%左右的锡，可提高黄铜耐海水腐蚀性能，故有海军黄铜之美誉；铝青铜抗海水腐蚀能力强，同时具有较高的耐硫酸、硝酸腐蚀性能，主要用于泵的叶片、轴瓦等零件的喷涂；磷青铜具有比锡青铜更好的力学性能、耐蚀和耐磨性能，而且呈美丽的淡黄色，可用于装饰涂层。

（4）铅及其合金喷涂丝。铅耐稀盐酸和稀硫酸浸蚀，能防止X射线等射线穿过，铅涂层主要用于耐蚀和屏蔽保护。

（5）锡及其合金喷涂丝。锡涂层耐蚀性好，主要用于食品器皿的喷涂和做装饰涂层；合金则主要用于轴承、轴瓦等要求强度不高的滑动部件的耐磨涂层。

（6）镍及其合金喷涂丝。镍涂层即使在1000℃高温下也具有很高的抗氧化性能，在盐酸和硫酸中也具有较高的耐蚀性。应用最为广泛的镍基合金喷丝线材主要有Ni-Cr丝和蒙乃尔合金。Ni-Cr合金涂层作为耐磨、耐高温涂层，可在800~1100℃高温下使用，但耐硫化氢、亚硫酸气体及盐类腐蚀性能较差。蒙乃尔合金涂层具有优异的耐海水和稀硫酸腐蚀性能，具有较高的非强氧化性酸的耐蚀性能，但耐亚硫酸腐蚀性能较低。

（7）不锈钢喷涂丝。不锈钢可分为铬不锈钢和铬镍不锈钢两大类，目前焊接用的不锈钢丝均可用于喷涂。铬不锈钢喷涂过程中颗粒有淬硬性，颗粒间结合强度高，涂层硬度高，耐磨性好，并且具有相当好的耐蚀性能，常用作磨损较严重及中等腐蚀条件下工作机件的表面强化，尤其适合于轴类零部件的喷涂，涂层不龟裂；以18-8型奥氏体不锈钢为代表的镍铬不锈钢涂层具有优异的耐蚀性和较好的耐磨性，主要用于工作在多数酸和碱环境下的易磨损件的防护与修复。

（8）钼喷涂丝。钼耐磨性好，同时又是金属中唯一能耐热浓盐酸腐蚀的金属相，与很多金属如普通碳钢、不锈钢、铸铁、铝及其合金等结合良好，涂层常用作打底层；另外，涂层中会残留一部分MoS_2杂质，或与硫发生反应生成MoS_2固体润滑膜，因而钼涂层可作为耐磨涂层。

（9）碳钢及低合金钢喷涂丝。各种碳钢和低合金钢丝均可作为热喷涂材料，T8为典型高碳钢丝喷涂用材。在喷涂过程中，碳及合金元素有所烧损，易造成涂层多孔和存在氧化物夹杂等缺陷，但仍可获得具有一定硬度和耐磨性的涂层，广泛用于耐磨损的机件和尺寸的修复。

B 复合喷涂线材

复合喷涂线材是把两种或两种以上的材料复合而制成的喷涂线材。复合喷涂线材中大部分是增效复合喷涂线材，即在喷涂过程中不同组元相互发生热反应生成化合物，反应热与火焰热相叠加，提高了熔粒温度，到达基材表面后会使基材表面局部熔化产生短时高温扩散，形成显微冶金结合，从而提高了涂层的结合强度。常用的复合方法有5种：

（1）丝-丝复合法。即将多种不同组分的丝铰、轧成一股。

（2）丝-管复合法。将一种或多种金属丝穿入某种金属管中压轧而成。

(3) 粉-管复合法。将一种或多种粉末装入某种金属管中加工成线材。

(4) 粉-皮压结复合法。将粉末包覆在金属丝外。

(5) 粉-黏合剂复合法。把多种粉末用黏合剂混合挤压成线材。

7.1.3.2 热喷涂合金粉末

A 自熔性合金粉末

所谓自熔性合金是指熔点较低，熔融过程中能自行脱氧、造渣，能润湿基材表面而呈冶金结合的合金。目前，绝大多数自熔性合金都是在镍基、钴基、铁基合金中添加适量的硼、硅元素而制成的。B、Si与Ni、Co、Fe均能形成低熔点共晶合金，而显著降低它们的熔点；B、Si是强脱氧剂，且具有良好的造渣性；B、Si元素的加入扩大了合金固、液相温度区间，使合金在熔融过程中具有良好的流动性和对基材表面良好的润湿性，且不易流散。Si能固溶于合金基体中，起固溶强化作用，B则大部分以NiB、CrB等金属间化合物的形式弥散分布在合金中起弥散强化作用，因而提高了合金涂层的硬度和耐磨性。常用的热喷涂自熔性合金粉末主要有：

(1) 镍基自熔合金粉末。镍基自熔合金粉末有镍硼硅系和镍铬硼硅系。镍硼硅系涂层硬度并不很高，但具有良好的塑性、韧性、抗氧化性、急冷急热性和一定的耐磨性和耐蚀性。可用于铸铁、玻璃、塑料和橡胶模具及各种机件的修复和表面强化。镍铬硼硅系合金粉末是应用最为广泛的一种自熔合金粉末，铬固溶于镍中，一方面提高了涂层的强度，另外提高了涂层的抗氧化性和耐磨性；铬与硼、碳形成硬质的金属间化合物，提高涂层的硬度和耐磨性。在该合金中加入适量的Cu和Mo，可提高涂层在稀硫酸和稀盐酸中的耐蚀性；在合金中加入适量的Co和W等元素，可提高涂层的高温硬度和高温耐磨性，用于排气门的防护与修复；合金粉末中添加WC硬质颗粒，涂层的耐磨性将显著提高。

(2) 钴基自熔合金粉末。钴基自熔合金主要成分是Co、Cr、W，Co与Cr生成稳定的固溶体，合金基体上弥散分布Cr、W的碳化物、硼化物，从而使涂层具有很高的高温硬度、耐磨性和抗氧化性能，但该合金价格高，主要用于在600~700℃高温工作的耐磨、耐蚀和抗氧化零件的表面涂层。

(3) 铁基自熔合金粉末。铁基自熔合金粉末分为不锈钢型和高铬铸铁型。不锈钢型自熔合金是在奥氏体钢中加入B、Si，由于合金中含有较多的Ni、Cr、W、Mo等合金元素，生成复杂的碳化物和硼化物，使涂层具有较高的耐磨、耐蚀和耐热性能；高铬铸铁型合金涂层中存在大量的碳化物和硼化物，涂层的硬度和耐磨性更高，但脆性增大。铁基合金粉末适用于农机、工程机械、矿山机械及钢轨、模具等新产品的制造与旧件修复。

B 复合粉末

复合粉末是由两种以上不同成分的固相材料所组成，并存在明显的相界面，各组元间一般为机械结合。复合粉末与单纯不同粉末机械混合而成的粉末存在显著差别，复合粉末具有以下主要特点：可实现不同综合性能要求的粉末（如金属与非金属陶瓷的复合粉末）的制备，防止出现成分偏析，保证单颗粒的非均质性和粉末整体均匀性的统一；适当的“组元对”间发生放热反应并形成金属间化合物，放出大量的热既可加热粉末又可对基材表面加热，从而提高了涂层的致密度和结合强度；组分间接触面积大，喷涂时促进固溶体和金属间化合物的合金化行为，合金化过程迅速而完整。

按结构分，复合粉末有包覆型（芯核被包覆材料完整地包覆）、非包覆型（芯核被包覆材料包覆程度是不均匀和不完整的）和烧结型。按形成涂层的机理分，复合粉末有自黏结（增效或自放热）复合粉末和工作层粉末。按涂层功能分，复合粉末有硬质耐磨复合粉末、耐高温和隔热复合粉末、耐腐蚀和抗氧化复合粉末、绝缘和导电复合粉末以及减摩润滑复合粉末等多种。

（1）镍-铝复合粉末。这类复合粉末有镍包铝和铝包镍。在喷涂条件下，熔融的铝和镍间产生强烈的化学反应，生成金属间化合物（NiAl、Ni_3Al），并放出大量的反应热，反应热对熔粒进一步补充加热，同时促进熔粒和基材表面的反应，在界面上产生了微区扩散层，即产生了“自黏结”效应，从而提高了涂层结合强度。镍-铝涂层具有耐高温、抗氧化、抗多种熔融金属侵蚀和耐磨等优良综合性能，但耐蚀性较差。镍铝合金涂层除作打底层外，也可作为工作涂层。

（2）“一步法自黏结”复合粉末。这类粉末是将自黏结复合粉末与工作层粉末混为一体，在喷涂过程中既有放热反应并产生“自黏结”效应，同时形成的涂层又具有工作涂层的性能要求。该类复合粉末的优点主要为：喷涂时不必先喷涂打底层，简化了喷涂工艺。

（3）工作复合粉末。这类粉末不具有自黏结性，喷涂前须先喷涂打底层。其中将各种硬质颗粒作芯核，用金属或合金作包覆材料，可制成硬质耐磨复合粉末，如 Co/WC、Ni/WC、Ni-Cr/WC、Co/Cr_3C_2 等。也有采用低摩擦系数、低硬度具有润滑特性的材料（如石墨、二硫化钼、聚四氟乙烯）等作芯核，用 Co、Ni、Ni-Cr 合金或青铜等做包覆材料，可制成减摩润滑和可磨密封复合粉末。

其次，喷涂材料还有热喷涂陶瓷粉末和塑料，其中热喷涂陶瓷粉末主要是指氧化物、碳化物、氮化物、硼化物及硅化物粉末，常用热喷涂陶瓷粉末主要有 Al_2O_3、ZrO_2、TiO_2、WC、Cr_2O_3 等。陶瓷涂层具有硬度高、熔点高、耐磨性和耐热性好等突出优点。采用等离子喷涂可解决材料熔点高的问题，几乎可喷涂所有陶瓷材料，用火焰喷涂可获得某些陶瓷涂层。

塑料具有良好的防黏、低摩擦系数和特殊的物理化学性能。常用塑料粉末有热塑性塑料（受热熔化或熔化冷却时凝固）、热固性塑料（由树脂组成，受热产生化学变化，固化定型）和改性材料（塑料粉中混入填料，改善其物化、力学性能，改变颜色等）。在金属和非金属表面喷涂塑料，具有美观、耐蚀的性能，若在塑料粉末中添加硬质相还可使涂层具有一定的耐磨性。聚乙烯涂层可耐 250℃温度，在常温下耐稀硫酸、稀盐酸腐蚀，具有耐浓盐酸、氢氟酸和磷酸腐蚀的性能，而且具有绝缘性和自润滑特性。常用的热喷涂塑料还有尼龙、环氧树脂等。

7.1.4 热喷涂的应用

随着热喷涂技术的不断发展，越来越多的喷涂新材料、新工艺技术不断出现，涂层的性能不断提高，使其应用领域迅速普及航空、航天、汽车、机械、造船、石油、化工、铁道、桥梁、矿山、冶金以及电子等行业，以满足人们对耐磨、耐蚀、抗高温氧化、耐热循环、热传导及电特性等特殊功能要求。具体应用领域见表 7-2。

表 7-2 热喷涂涂层的应用领域

行业	热喷涂应用行业
造纸机械	蒸锅、烘缸、烘箱内壁增寿强化修复；各种辊类表面强化和修复；离心泵、轴流泵、蒸汽锅炉、阀门及搅拌机转轴密封套等零部件修复；瓦楞辊表面强化（经强化处理后，瓦楞辊表面硬度（HV）可提高至 1200，瓦楞辊的工作寿命可达 4000 万米以上）
纺织	罗拉、导丝钩、剑杆织布机选纬指耐磨涂层；疏棉机打压辊、小压辊、锡麟辊、铸铁外盘、轧辊表面、给面罗拉轴、上斩刀传动轴、道夫轴；浆纱机通汽阀、烘房边轴平面结合处、浸没花篮轴、上浆辊轴头、主轴轴颈、导纱辊、压浆辊、经轴轴颈、布纱机轴颈；加年级和拉断岌罗拉、大辊（黑辊）、整精机罗拉、导司机罗拉、热辊及分丝辊、导布辊、印花辊辊面及轴颈、线轮、摩擦盘（片）等耐磨涂层
印刷	印刷压印辊；陶瓷网纹辊；涂布辊、墨辊、印刷辊、水辊；牙垫；牙片等
冶金	高炉风口、渣口耐热耐蚀涂层；板坯连铸线的结晶器、导辊和输送辊；钢铁和有色金属加工中的各种工艺辊；钢铁表面处理生产线的各种辊类（如连续退火炉炉辊、镀锌沉没辊及各种导向辊、张紧辊等）的耐磨、耐蚀和抗积瘤等涂层
电力	球磨机、汽轮机转子和发电机转子轴颈、气缸结合面修复；锅炉四管耐磨耐蚀涂层；水轮机叶片抗气蚀及耐磨涂层；燃气轮机叶片、火焰筒、过渡段抗高温防护涂层；风机叶轮、球磨机等磨损件耐磨涂层；门芯、门杆、阀芯、阀门配件、阀座耐磨耐蚀涂层及锅炉相关设备部件强化修复
交通运输	各种磨损部位的耐磨涂层；汽车发动机机座、同步环、曲辊修复和预强化；齿轮箱轴承座、油缸柱塞、前后桥支撑轴、门架导轨、发动机主轴瓦座、摇臂轴、半轴油封位、销轴的磨损处的耐磨涂层；挖泥船耙头、防磨环、泥斗、绞刀片、铲齿、泥泵叶轮、船舶的艉轴、艉轴铜套、偏心轴套、齿轮传动轴、泥泵水封颈、泥门、滑板、刮沙机刮板耐磨涂层等
化工	各种容器、反应器、管道、泵、阀及密封部件修复；各种搪瓷罐、专用容器的现场修复；锅炉、空压机、水泵等零部件修复
玻璃行业	采用热喷涂的方法在提升辊、输送辊表面喷涂一层陶瓷，提高提升辊、输送辊对熔融玻璃的耐腐蚀能力，抑制辊面熔融液相的附着，减缓熔融玻璃对辊面的侵蚀，使辊面长时间保持光滑，减少提升辊、输送辊的维修保养，提高玻璃质量和生产成品率，降低生产成本
电工制线	采用超声速火焰喷涂工艺在拔丝塔轮、拉丝机、拉丝轮、线轮、拔丝缸、收线盘、导向槽等零件表面喷涂碳化物陶瓷涂层，可使表面硬度（HRC）达到 75，远比磨具钢或冷硬铸铁的耐磨性高；还可使这些零件的基体采用普通钢材或铸铁制造，既降低成本，又延长使用寿命
市政	各类钢结构的热喷涂长效防护涂层、防腐、长效防腐，一次防护寿命可达 30 年以上
轻工	塑料模具喷涂强化修复；挤塑机螺杆和橡胶密炼机转子喷涂强化；各种辊类轴承位喷涂修复和强化

综上所述，涂层的设计和喷涂材料的选择主要依据工件的服役条件，但同时要考虑工艺性、经济性和实用性。如钴基合金性能优异，但国内资源较匮乏，因而应尽量少用；我国镍资源尽管较为丰富，但镍基合金价格较高，所以在满足性能要求的前提下也应尽量采用铁基合金。对于某些特殊重要的工件的喷涂应以获得最优的涂层性能为准则，而对于大多数工件的喷涂则以获得最大经济效益为准则。近年来，热喷涂技术的发展趋势和特点主要表现在以下几个方面：

（1）大面积长效防护技术得到了广泛应用。对于长期暴露在户外大气的钢铁结构件，采用喷涂铅、锌及其合金涂层代替传统的刷油漆方法，实行阴极保护进行长效大气防腐，近年来得到迅速发展。如电视铁塔、桥梁、公路设施、水闸门、微波塔、高压输电铁塔、地下电缆支架、航标浮鼓、竖井井筒等大型工程都采用了喷涂铅、锌及其合金方法进行防腐。目前国内有几十个专业喷涂厂从事这方面工作，喷涂面积每年达几百万平方米以上。这项技术不仅在国内大量推广应用，而且在援外工程中也得到了较好的推广应用。

(2) 采用热喷涂技术修复与强化大型关键设备及进口零部件国产化。近年来这方面已有许多成功应用实例，如：一米七轧机、高速风机转子、大型挤压机栓塞、大型齿轮、电极挤压成型喷、大功率汽车曲轴等，这些工作的进行，一是解决了生产急需；二是节约了大量外汇。

(3) 超声速火焰喷涂技术的应用。随着我国热喷涂技术的发展与提高，对喷涂层质量要求也越来越高。近年来美国等国家发展起来的高速燃气（HVOF）法是制备高质量涂层的一种新的工艺方法。由于超声速火焰喷涂方法具有很多优点，目前国内已先后从国外引进了近十台设备，在各工业部门发挥着重要作用。

(4) 气体爆燃式喷涂技术进一步得到了应用。该项喷涂技术由于粒子飞行速度可达800m/s以上，涂层与基体结合强度可达100MPa以上，孔隙率<1%，在某些领域里应用，优于其他喷涂方法。

(5) 氧乙炔火焰塑料粉末喷涂技术发展迅速。如前所述，国内近年来已有多家生产制造氧乙炔火焰塑料粉末喷涂设备，采用该项工艺技术，已在化工行业的储藏和管道、陶瓷行业、沪泥机板框、印染行业的导布辊、煤炭行业带式运输机铸件（铸铁）托轮、石油行业的注塑设备，以及表面装潢等广泛应用。

7.2 喷焊技术

喷焊技术是在热喷涂技术基础上发展起来的，是在20世纪60年代出现的一种进行表面防护与强化的技术，也属于表面强化技术领域。采用热源使涂层材料在基体表面重新熔化或部分熔化，实现涂层与基体之间、涂层内颗粒之间的冶金结合，消除孔隙，形成熔敷层的方法。喷焊可以看成是合金喷涂和金属堆焊两种工艺的复合，它克服了热喷涂层结合强度低、硬度低等缺点，同时由于使用了高合金粉末使喷焊层具有一系列特殊的性能，这是一般堆焊所不具备的。

金属热喷焊技术的基本原理是：使用一定的热源，把自熔合金属粉末喷涂在经过处理的工件表面上，在工件不熔化的情况下加热涂层，使其熔化并润湿工件表面，通过液态合金与固态基材表面的相互溶解与扩散，实现冶金结合，形成具有所需性能的致密喷焊层。

喷焊不仅可以用来修复表面磨损的零件，当使用合金粉喷焊时还能使修复件比新零件更耐磨，所以也将其用于新零件表面的强化和装饰等，使零件的使用性能更好，寿命更长。因此，热喷焊技术得到了比较广泛的应用。利用气体燃烧火焰为热源的喷焊方法，成为火焰喷焊。利用转移型等离子弧为主要热源的喷焊方法，称为等离子喷焊（粉末等离子弧喷焊）。近年来发展的激光熔覆技术实质上也属于热喷焊技术。与喷涂层相比，喷焊层优点显著。但由于重熔过程中基体局部受热后温度达900℃会产生较大热变形，因此，喷焊使用范围有一定局限性。

7.2.1 喷焊技术特点

热喷涂涂层颗粒间主要依靠机械结合，结合强度较低，而且存在孔隙。喷焊与喷涂过程不同，合金粉末在基材表面有一个重熔并铺展的过程，因此决定了喷焊的如下几个基本特点：

（1）热喷焊层组织致密，冶金缺陷少，与基材结合强度高，这是热喷焊层与热喷焊技术相比的最大优点。热喷焊层与基材为冶金结合，其强度是一般热喷涂层的10倍。特别是可以涂覆超过几个毫米厚的涂层而不开裂，这是普通热喷涂技术无法达到的。因此热喷焊层可以用于重载零件的表面强化与修复。

（2）热喷焊材料必须与基材匹配，喷焊材料和基材范围比热喷涂窄得多。这主要是因为：第一，喷焊材料在液态下应该能够在基材表面铺展开，即能够润湿基材；第二，喷涂材料必须能够与基材相容，即它们在液相和固相下必须有一定的溶解度，否则无法形成熔合区，亦即无法形成冶金结合；第三，基材的熔点应该高于喷焊材料的熔点，否则容易导致基材塌陷或者工件损坏；第四，热喷焊材料在凝固结晶过程中，应该尽量避免产生热裂纹，或者使基材热影响区产生裂纹。因此，热喷焊工艺只能适合于一些特定的金属材料（包括基材与粉末）。

（3）热喷焊工艺中基材的变形比热喷涂大。由于热喷焊时要求粉末完全熔透，因此基材受热时间比较长，表面达到的温度比热喷涂高得多，导致基材的变形较大、热影响区较深等。因此，对于一些形状复杂、易热变形的零件，无法使用热喷焊技术。

（4）热喷焊层的成分与喷焊材料的成分会有一定差别。热喷焊过程中基体表面会少量熔化，并与喷焊材料发生合金化，导致喷焊层的成分与原来设计的喷焊材料成分有差异。一般将基体材料熔入喷焊层中的质量分数称为喷焊层的稀释率，用公式表示为：

$$\eta = \frac{B}{A + B} \times 100\% \tag{7-1}$$

式中，η 为喷焊层的稀释率；A 为喷焊的金属质量；B 为基材熔化的金属质量。显然，稀释率越大，喷焊层的性能与原设计成分偏离越远。因此，必须控制喷焊工艺参数，以便控制喷焊层的稀释率。

热喷焊包括喷涂和喷焊工艺，所获得的覆盖层分别称为喷涂层和喷焊层。喷涂与喷焊的主要区别：

（1）工件受热情况不同。喷涂无重熔过程，工件表面温度可始终控制在250℃以下，一般不产生变形和使工件的组织状态发生变化。而喷焊要使涂层融化，重熔烧结温度可达900℃以上，不仅易引起工件变形，而且多数工件会发生退火或不完全退火。

（2）与基材的结合状态不同。喷涂层与基材表面的结合以机械咬合为主，尽管存在微区冶金结合，涂层结合强度不高，一般为30~50MPa。喷焊是通过涂层熔化与基材表面形成冶金结合，结合强度一般可达343~440MPa。

（3）所用粉末不同。粉末火焰喷焊所用粉末必须是自熔性合金粉末，而喷涂所用粉末不受限制。

（4）覆盖层结构不同。喷焊层均匀致密，一般认为无孔隙，而喷涂层有孔隙。

（5）承载能力不同。喷涂层不能承受冲击载荷和较高的接触应力，适用于各种面接触工件的表面喷涂。喷焊层可承受冲击载荷和较高的接触应力，可用于线接触场合。

综上所述，当工件承载大，尤其是受冲击负荷作用时和在腐蚀介质中使用，以采用喷焊为宜；当工件尺寸精度要求高和不允许有变形发生或不允许改变其原始组织，而且工件不承受或仅承受轻微冲击载荷时，则宜采用喷涂。目前广泛采用的有粉末火焰喷焊及等离子弧喷焊。

7.2.2 火焰喷焊

采用氧-乙炔火焰作为喷焊的热源，把自熔合金粉末喷涂在基材表面，然后在基材不熔化的前提下加热熔化涂层，获得致密的、结合牢固的喷焊层，起到耐磨、耐蚀、耐热、抗氧化等作用，达到修复零件和延长其使用寿命目的。

氧-乙炔焰合金粉末喷涂焊具有以下特点：焊层具有耐磨、耐蚀、抗高温氧化等性能，可满足各种工况要求，一般情况下与母材结合时的结合强度可达到294MPa；可修复废旧零件，修复后的零件具有较优良的性能和较长的使用寿命；综合性能好，元素稀释率小，对母材适应性强，不受母材化学成分的影响，尤其是要求工作表面具有高硬度而心部要求韧性好的零件，适合采用喷焊法；焊层厚度可以在0.2~3mm范围内调整，喷焊覆盖层薄而均匀。热喷焊的主要缺点是被处理的工件易变形。

喷焊设备简单，主要有喷焊枪氧气瓶和乙炔瓶。喷焊枪与普通气焊枪的主要区别是喷焊枪上装有粉末输送漏斗，其结构如图7-8所示。

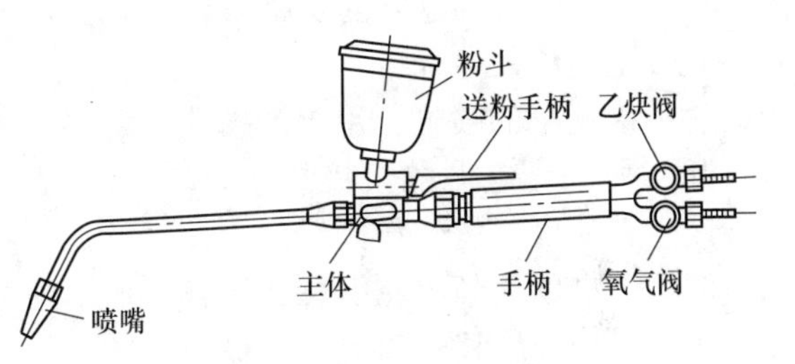

图7-8 中小型喷焊枪外形

当不开启送粉阀时，喷焊枪的作用与普通气焊枪一样，可作喷粉前的预热和喷粉后的重熔用。当开启送粉阀时，粉斗中的粉末靠自重流进枪体，随氧-乙炔混合气体从喷嘴喷射到工件上。当工件较大时，需要特制的重熔枪，实际上就是大型氧-乙炔火焰加热器。它的结构类似普通焊枪，喷嘴呈梅花形，火焰热量大，流速低，重熔质量好。

喷焊工艺过程主要按焊前预处理、喷焊以及后处理三步进行。

喷焊前基材表面状态对喷焊质量有很大影响，表面必须清洁干净，必要时要进行喷砂处理。

喷焊过程包括预热、喷粉和重熔。预热的目的是使工件表面湿气蒸发，产生适当的热膨胀，减少焊层应力，提高喷粉沉积效率。钢材和铸铁的预热温度一般为200~300℃，不锈钢和高合金钢为300~400℃。喷粉和重熔过程又分“一步法”或“二步法”。“一步法”就是边喷粉边熔化、填充粉末，其特点是粉末沉积率高，但涂层厚度完全由手工掌握、不均匀，主要用于工件局部修复；“二步法”是先将粉末喷涂到工件表面，再将涂层熔化形成喷焊层。重熔温度控制在涂层材料的固相线和液相线之间，这时熔融的喷涂材料表面呈“镜面”反光，表明沉积粉达到了颗粒熔化、颗粒间间隙封闭、与基体润湿以及氧化物造渣的最佳效果，并同时保持了熔化涂层的黏度，防止熔化涂层流挂。

喷焊后处理也很关键。如果焊层与基体的热膨胀系数相差较大，喷焊后应采取缓慢冷却的措施，以免焊层开裂。一般的零件在喷焊后已经回火，机械强度有所降低，这时应按退火态的力学性能进行强度校核。如强度不能达到要求，还需进行适当的热处理。

喷焊时基材很少熔化，这与喷涂工艺相似；而涂层合金经过重熔，基材受热较高，这又与堆焊相类似。因此，氧-乙炔火焰喷焊层既像热喷涂层表面光滑平整，其厚度可在0.2~3mm之间控制，又与堆焊层类似，无气孔，无氧化物夹杂。同时喷焊层互熔区窄（约0.005mm），稀释率低，焊层性能好。因此，常认为氧-乙炔火焰喷焊技术是介于热喷涂和堆焊技术之间的一项“中间”技术。

氧-乙炔火焰喷焊简单易学，在各类工模具修复方面显示了极大的优越性，另外，由于氧-乙炔火焰喷焊层与基材结合强度高，耐冲蚀磨损的性能比热喷涂涂层要好，因此在风机叶片等工件表面强化方面得到了很好的应用。

7.2.3 等离子喷焊

等离子弧喷焊包括喷涂和重熔两个同时进行的过程，采用的喷焊设备有单电源和双电源之分。一般采用两台整流电源进行喷焊，其喷焊原理如图7-9所示，将两台电源的负极并联在一起接至喷枪的电极，其中一台电源的正极接喷枪的喷嘴，用于产生非转移弧；另一台电源的正极接工件，用于产生转移弧，氩气作离子气。接通电源后，借助高频火花引燃非转移弧，进而利用非转移弧射流在电极与工件间造成的导电通道引燃转移弧。在建立转移弧的同时，由送粉器向喷枪供粉，吹入电弧中，并喷射到工件上。转移弧一旦建立，就在工件上形成合金熔池，使合金粉末在工件上熔融，随喷枪或工件的移动，液态合金逐渐凝固，最终形成合金喷焊层。

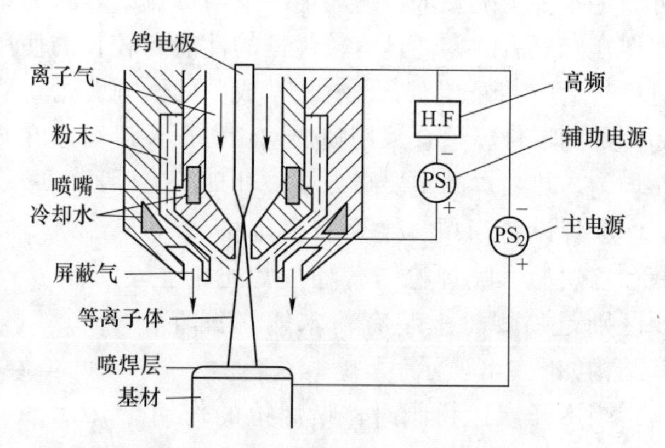

图7-9 等离子弧喷焊原理示意图

在喷焊过程中，进入弧柱的粉末受到均匀地加热，但因采用的是柔性弧，加之粉粒的速度不高，一般只呈半熔融状态随等离子射流喷射到熔池中。重熔过程是粉粒在熔池中进一步熔融的过程，落入熔池的粉立即进入转移弧的阴极区，受到高温加热而迅速熔化，熔池能阻挡电弧穿透至基材，因而尽管转移弧温度高，热量集中，但基材的熔深浅，这使得基材对喷焊合金的冲淡率低。由于电弧对熔池有很高的搅拌作用。使冶金中的物理化学反应更充分，熔池中的气体和熔渣能充分排除，因而与火焰喷焊相比较喷焊层中不存在气孔和夹渣。此外，喷焊层厚度可在很大范围内变化，最厚可达十余毫米。

等离子喷焊的前、后处理工艺及注意事项与氧-乙炔火焰喷焊相同，只是喷焊过程中需控制的工艺参数更复杂一些，如转移弧电压和电流，非转移弧电流、喷焊速度、送粉量、离子气和送粉气、喷焊枪摆动频率和幅度，喷焊嘴距工件距离等。只要经过预先分析和试验，确定最佳工艺参数，就可精确控制喷焊过程，重复性比氧-乙炔火焰喷焊好。

等离子喷焊的材料范围比较宽，特别是可以喷焊难熔材料。它所用粉末的粒度与氧-乙炔火焰喷焊的一样，比热喷涂用粉末粒度要稍大一些。

与其他涂层技术相比，等离子喷焊技术的主要特点如下：

（1）生产效率高。因为等离子喷焊温度高、传热率大，因此喷焊速度高，生产率也较高，并能顺利地进行难熔材料的喷焊。

（2）稀释率低。为保持喷焊层的性能，要求基体材料熔入喷焊层的比例小，即稀释率低。等离子弧温度高、能量集中、弧稳定性和可靠性好，因此可以在保证稀释率低（控制到5%）的同时，保持较高的熔敷率。

（3）工艺稳定性好。易实现自动化。

（4）喷焊层成分、组织均匀。喷焊层平整光滑，尺寸可以得到较精确地控制，可获得在0.25~8mm之间任意厚度的喷焊层。

等离子喷焊适宜对大批量零件的表面强化处理，在冶金工业中的模具和各类阀门的表面强化方面应用越来越广泛。如内燃机排气阀密封面，工作温度800℃左右，一方面氧化铅、CO_2和SO_2腐蚀气体对密封面产生高温腐蚀，同时排气阀的高速启闭，使密封面因高温磨损而产生“麻坑”导致漏气，使发动机的功率和效率降低。对内燃机排气阀密封面进行等离子喷焊镍基和钴基自熔性合金粉末，涂层高温硬度高，耐氧化铅腐蚀能力比现用的21-4N排气阀专用钢提高两倍多，且成品率达90%以上。等离子喷焊工艺已成为内燃机排气门表面喷焊耐磨涂层的专用工艺。

7.2.4 常用喷焊材料

喷焊常用材料一般都是以粉末形式使用的，其粒径比热喷涂用粉末稍粗大。喷焊材料分为合金粉末和金属陶瓷复合粉末。合金粉末通常采用雾化制粉的方法制造，而金属陶瓷复合粉末可采用金属与陶瓷直接混合、包覆型陶瓷粉末与合金粉末混合以及喷雾过程加入陶瓷粉末雾化制造而成。为保证焊接性能，陶瓷含量一般不能大于50%（体积分数）。

喷焊层材料的熔点要求比基体熔点低，有自脱氧造渣性能（也称为自熔性），一般添加硼、硅元素。为了提高合金粉末的焊接性能，在镍、钴、铁基合金中加入了硼、硅元素，在铜基合金中加入硅、锡、磷、硼等合金元素，这类合金称为自熔性合金。加入这些合金元素的作用是：（1）降低熔点，扩大液固两相区；（2）脱氧还原作用和造渣；（3）硬化、强化喷焊层；（4）改善喷焊工艺性能。常用热喷焊材料见表7-3。

表7-3 常用热喷焊材料

常用热喷焊材料种类		熔点/℃	常用喷焊工艺	功能
镍基自熔性合金	NiCrBSi	950~1100	火焰、等离子喷焊	耐磨、耐热、耐蚀及耐气蚀焊层
	NiCrBSi-WC		电弧、火焰、等离子喷涂	耐冲蚀焊层
钴基自熔性合金	CoCrBSi	1050~1150	等离子喷焊	高温耐磨焊层
	CoCrBSi-WC		等离子喷焊	耐高温冲蚀焊层
铁基自熔性合金	铸铁型	1100~1200	火焰、等离子喷焊	耐磨焊层
	不锈钢型		火焰、等离子喷焊	耐磨、耐蚀、耐高温磨损、阀门密封焊层

续表 7-3

常用热喷焊材料种类		熔点/℃	常用喷焊工艺	功 能
铜基自熔性合金	硅锰青铜型	1900~1050	火焰、等离子喷焊	耐磨减摩焊层及尺寸恢复
	磷青铜型	850	火焰、等离子喷焊	耐磨减摩焊层及低压阀门密封面焊层

自熔合金的发明与使用是热喷涂和热喷焊技术的一种重要里程碑。由于自熔合金的熔点低，工艺性能和使用性能优良，在工业上得到广泛应用。

7.3 堆焊技术

堆焊技术是表面工程的一个重要分支，它是指将具有一定使用性能的合金材料借助一定的热源手段熔覆在母体材料的表面，以赋予基材特殊使用性能或使零件恢复原有形状尺寸的工艺方法。因此，堆焊既可用于修复材料因服役而导致的失效部位，亦可用于强化材料或零件的表面，其目的都在于延长零件使用寿命、节约材料、降低制造成本。

堆焊技术在我国几乎与焊接技术同步发展。20 世纪 50 年代末主要用于修复领域，即恢复零件的形状尺寸。相应的技术手段主要有手工电弧焊、电渣堆焊、埋弧自动堆焊、水蒸气保护振动电弧堆焊及氧-乙炔火焰堆焊等。20 世纪 70 年代以后，等离子弧堆焊、低真空熔结、CO_2 保护堆焊以及氧-乙炔喷熔工艺等相继发展，出现了以粉末等离子弧堆焊的开发与应用为代表的堆焊技术。20 世纪 80 年代，堆焊技术以开发应用高碳高铬耐磨合金粉块电弧堆焊技术、大面积耐磨复合钢板堆焊制造技术为代表。20 世纪 90 年代后，国内在采用堆焊方法开发复合材料耐磨制品，在开发高效、优质堆焊技术及大功率、低稀释率粉末等离子弧堆焊技术方面取得了一定进展，发展了以研究、推广堆焊药芯焊带、药芯焊丝为代表的堆焊技术。近年来，高效、优质堆焊技术已成为堆焊领的域重要研究方向。以激光堆焊、电子束堆焊、聚焦光束表面堆焊等高能束堆焊技术为代表的新技术，成为国内学者的研究热点，新的堆焊技术手段和过程控制智能化的发展，推动了堆焊技术向成形精确化发展。

随着中国工业技术的进步及国家产业政策的调整，堆焊技术在工业领域尤其是重工业领域得到了大规模应用，在钢铁冶金、矿山、电力、化工、水利、建材、煤炭、核电、军工及机械制造等行业起着举足轻重的作用，堆焊也由原来的简单修复发展成为新品制造、旧品再制造的重要工艺环节。它可以在普通材质的基础上制备方面的应用在表面工程学中称为修复与强化。

7.3.1 堆焊技术特点与分类

7.3.1.1 堆焊技术特点

堆焊是采用焊接方法将具有一定性能的材料熔覆在工件表面的一种工艺过程。堆焊目的与一般焊接的方法不同，不是为了连接工件，而是对工件表面进行改性，以获得所需耐磨、耐热、耐蚀等特殊性能的熔覆层，或恢复工件因磨损或加工失误造成的尺寸不足，这两方面的应用在表面工程学中称为修复和强化。堆焊方法较其他表面处理方法具有如下优点：

（1）堆焊层与基体金属的结合是冶金结合，结合强度高，抗冲击性能好。

（2）堆焊层金属的成分和性能调整方便，一般常用的焊条电弧堆焊，其焊条或芯焊条调节配方很方便，可以设计出各种合金体系，以适应不同的工况要求。

（3）堆焊层厚度大，一般堆焊层厚度可在 2～30mm 内调节，更适合于严重磨损的工况。

（4）节省成本，经济性好。当工件的基体采用普通材料制造，表面用高合金堆焊层时，不仅降低了制造成本，而且可节约大量贵重金属。在工件维修过程中，合理选用堆焊合金，对受损工件的表面加以堆焊修补，可以大大延长工件寿命，延长维修周期，降低生产成本。

（5）由于堆焊技术就是通过焊接的方法增加或恢复零部件尺寸，或使零部件表面获得具有特殊性能的合金层，所以对于能够熟练掌握焊接技术的人员而言，其难度不大，可操作性强。

7.3.1.2 堆焊技术分类

堆焊技术是熔焊技术的一种，因此凡是属于熔焊的方法都可用于堆焊。堆焊方法的发展也随着生产需要和科技进步而发展目前已有很多种。按实现堆焊的条件，常用堆焊方法的分类如图 7-10 所示，常用的几种堆焊方法的特点见表 7-4。

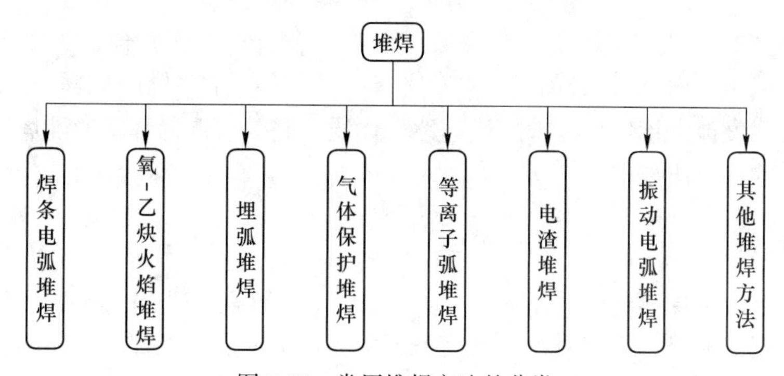

图 7-10 常用堆焊方法的分类

表 7-4 几种堆焊方法的特点比较

堆焊方法		稀释率/%	熔敷速度/kg·h^{-1}	最小堆焊厚度/mm	熔敷效率/%
氧-乙炔火焰堆焊	手工送丝	1～10	0.5～1.8	0.8	100
	自动送丝	1～10	0.5～6.8	0.8	100
	粉末堆焊	1～10	0.5～1.8	0.2	85～95
焊条电弧堆焊		10～20	0.5～5.4	3.2	65
钨极氩弧焊堆焊		10～20	0.5～4.5	2.4	98～100
熔化极气体保护电弧堆焊		10～40	0.9～5.4	3.2	90～95
其中：自保护电弧堆焊		15～40	2.3～11.3	3.2	80～85

续表 7-4

堆焊方法		稀释率/%	熔敷速度/kg·h^{-1}	最小堆焊厚度/mm	熔敷效率/%
埋弧堆焊	单丝	30~60	4.5~11.3	3.2	95
	多丝	15~25	11.3~27.2	4.8	95
	串联电弧	10~25	11.3~15.9	4.8	95
	单带极	10~20	12~36	3.0	95
	多带极	8~15	22~68	4.0	95
等离子弧堆焊	自动送粉	5~15	0.5~6.8	0.25	85~95
	手工送粉	5~15	1.5~3.6	2.4	98~100
	自动送丝	5~15	0.5~3.6	2.4	98~100
	双热丝	5~15	13~27	2.4	98~100
电渣堆焊		10~14	15~75	15	95~100

目前应用最为广泛的是焊条电弧堆焊和氧-乙炔火焰堆焊。随着焊接材料的发展和工艺方法的改进，焊条电弧堆焊应用范围广泛。如应用加入铁粉的焊条使生产率显著提高；采用酸性药皮的焊条可以大大改善堆焊的工艺性能，降低粉尘含量，有利于改善焊工的工作条件；应用焊接电弧熔化自熔性合金粉末，可获得熔深浅、表面光滑、性能优异的堆焊层。

氧-乙炔火焰堆焊火焰温度低，堆焊后可保持复合材料中硬质合金的原有性能，是目前耐磨场合机械零件堆焊常采用的工艺方法。如堆焊炼铁高炉料中工件可使寿命提高5倍。为了最大限度地发挥堆焊技术的优越性，优质、高效、低稀释率的堆焊工艺一直是国内外堆焊技术的重要研究方向。

7.3.2　堆焊材料

堆焊材料可按堆焊层硬度、用途、合金总含量、抗磨性等进行分类，但最好的方法是同时考虑堆焊层的成分和焊态时组织，因为这两者对堆焊层性能都有重要的影响。堆焊材料都可归纳为铁基、镍基、钴基、铜基和碳化钨基等几种类型。

（1）铁基堆焊材料。有珠光体、马氏体、奥氏体钢类和合金铸铁类，它性能变化范围广，韧性和耐磨性匹配好，能满足许多不同的要求，而且价格低，故应用最广泛。珠光体钢堆焊金属含碳量一般在0.5%以下，含合金元素总量通常在5%以下，堆焊层焊态组织以珠光体为主，包括一部分索氏体和屈氏体。马氏体钢堆焊金属除低碳、中碳、高碳马氏体钢外，还包括高速钢、工具钢及Cr13型耐腐蚀高铬不锈钢，其含碳量一般在0.1%~1.0%范围内，个别的高达1.5%。合金总含量5%~12%，属中合金钢范畴，堆焊层焊态组织为马氏体，有时也会出现少量的珠光体、屈氏体、贝氏体和残余奥氏体。奥氏体钢堆焊金属有奥氏体锰钢（高锰钢）、铬锰奥氏体钢和铬镍不锈钢等，其堆焊层焊态组织一般为单一的奥氏体。合金铸铁堆焊金属有马氏体合金铸铁、奥氏体合金铸铁和高铬合金铸铁，其含碳量大于2%，通常含有一种或几种合金元素，抗磨性比马氏体和奥氏体钢堆焊合金高，但延性差，易出现裂纹。

（2）镍基、钴基堆焊材料。价格较高，高温性能好，耐腐蚀，主要用于要求耐高温磨损、耐高温腐蚀的场合。常用的镍基堆焊材料有纯镍、镍铬硼硅和镍铬钼钨合金，镍铬钨硅和镍相铁合金近年来也得到发展。钴基堆焊材料主要指钴铬钨堆焊合金，即所谓的斯太利合金，因其价格比镍还要昂贵，故尽量用镍基和铁基堆焊材料代替。

（3）铜基堆焊材料。耐蚀性好，能减少金属间的磨损，主要有紫铜、黄铜、白铜和青铜4类。其中应用较多的是青铜类的铝青铜和锡青铜。铝青铜强度高、耐腐蚀、耐金属间磨损，常用于堆焊轴承、齿轮、涡轮及耐海水腐蚀工件。锡青铜有一定强度，塑性好，能承受较大的冲击载荷，减磨性优良，常用于堆焊轴承、轴瓦、涡轮等。

（4）碳化钨基堆焊材料。主要有铸造碳化钨和以钴为黏结金属的烧结碳化钨两类。铸造碳化钨中碳的质量分数为3.7%~4.0%、钨的质量分数为95%~96%，它是$WC\text{-}W_2C$的混合物。这类合金硬度高，耐磨性好，但脆性大，加入质量分数为5%~15%的钴可降低熔点，增加韧性。烧结型碳化钨随钴的含量提高，烧结碳化钨堆焊层硬度下降，韧性增加。但其价格较高，在严重磨料磨损零件堆焊中，占有重要地位。

7.3.3 堆焊方法与设备

几乎任何一种焊接方法都能用于堆焊，它们各有其特点和应用范围，常用的堆焊方法及其特点见表7-5。

表7-5 常用堆焊方法及其特点

<table>
<tr><th colspan="2">堆焊方法</th><th>特　点</th><th>注意事项</th></tr>
<tr><td colspan="2">氧-乙炔焰堆焊</td><td>设备简单，成本低，操作较复杂，劳动强度大。火焰温度较低，稀释率小，单层堆焊厚度可小于1.0mm，堆焊层表面光滑。常用合金铸棒及镍基、铜基的实芯焊丝。适用于堆焊批量不大的零件</td><td>堆焊时可采用熔剂，熔深越浅越好。尽量采用小号焊炬和焊嘴</td></tr>
<tr><td colspan="2">焊条电弧堆焊</td><td>设备简单，机动灵活、成本低，能堆焊几乎所有实芯和药芯焊条，目前仍是一种主要堆焊方法。常用于小型或复杂形状零件的全位置堆焊修复和现场修复</td><td>采用小电流、快速焊，窄道焊，摆动小，防止产生裂纹。大件焊前预热，焊后缓冷</td></tr>
<tr><td rowspan="3">埋弧自动堆焊</td><td>单丝埋弧堆焊</td><td>是常用堆焊方法，堆焊层平整，质量稳定，熔敷率高，劳动条件好。但稀释率较大，生产率不够理想</td><td rowspan="3">采用最广的高效率堆焊方法。用于具有大平面和简单圆形表面的零件。可配通用焊剂，也常用专用烧结焊剂进行渗合金</td></tr>
<tr><td>多丝埋弧堆焊</td><td>双丝、三丝及多丝并列接在电源的一个极上，同时向堆焊区送进，各焊丝交替堆焊，熔敷率大大增加，稀释率下降10%~15%</td></tr>
<tr><td>带极埋弧堆焊</td><td>熔深浅，熔敷率高，堆焊层外形美观</td></tr>
<tr><td colspan="2">等离子弧堆焊</td><td>稀释率低，熔敷率高，堆焊零件变形小，外形美观，易实现机械化和自动化</td><td>有填丝法和粉末法两种</td></tr>
</table>

（1）火焰堆焊。火焰堆焊是用气体火焰作热源使填充金属熔覆在基体表面的一种堆焊方法，常用的气体火焰是氧-乙炔焰，该堆焊设备可与气焊、气割设备通用，其组成如图7-11所示。火焰堆焊设备简单，成本低，操作较复杂，劳动强度大；火焰温度较低，稀释率小，单层堆焊厚度可小于1.0mm，堆焊层表面光滑；常用合金铸棒及镍基、铜基的实芯焊丝；适于堆焊批量不大的零件。

（2）手弧堆焊。手弧堆焊是手工操纵焊条，用焊条和基体表面之间产生的电弧作热源，使填充金属熔敷在基体表面的一种堆焊方法。手弧堆焊用的设备和手弧焊一样，电源可用直流弧焊发电机、直流弧焊整流器和交流弧焊变压器。其设备简单，机动灵活，成本低，常用于小型或复杂形状零件的堆焊修复和现场修复。

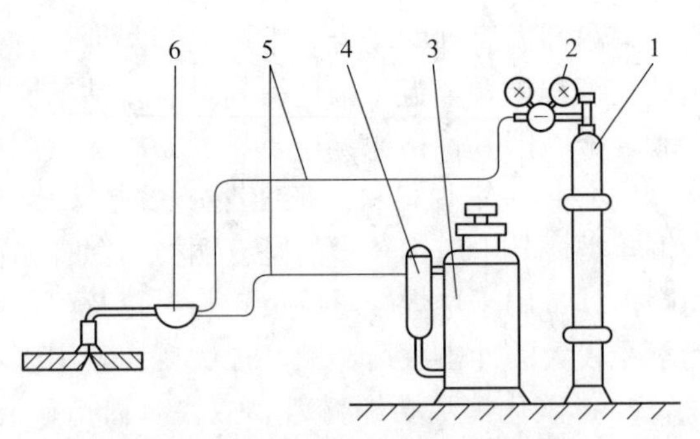

图 7-11　氧-乙炔焰堆焊设备组成
1—氧气瓶；2—减压阀；3—乙炔发生器；
4—回火保险器；5—橡皮管；6—焊炬

（3）埋弧堆焊。埋弧堆焊是用焊剂层下连续送进的可熔化焊丝和基体之间产生的电弧作热源，使填充金属熔敷在基体表面的一种堆焊方法。堆焊时焊剂部分熔化成熔渣，浮在熔池表面对堆焊层起保护和缓冷作用。埋弧堆焊设备可与埋弧焊通用，其组成如图 7-12 所示。埋弧堆焊有单丝、多丝和带极埋弧堆焊，用于具有大平面和简单圆形表面零件。单丝埋弧堆焊是常用的堆焊方法，堆焊层平整，质量稳定，熔敷率高，劳动条件好，但稀释率较大，生产率不够理想。多丝埋弧堆焊是双丝、三丝或多丝并列接在电源的一个极上，同时向堆焊区送进，各焊丝交替堆焊，熔覆率大大增加，稀释率下降 10%~15%。带极埋弧堆焊熔深浅，熔覆率高，堆焊层外形美观。

（4）等离子弧堆焊。等离子弧堆焊是利用等离子体弧作热源，使填充金属熔覆在基体表面的堆焊方法，有粉末等离子弧堆焊和填丝等离子弧堆焊。粉末等离子弧堆焊主要用于耐磨层堆焊，填丝等离子弧堆焊主要用于包覆层堆焊。粉末等离子弧堆焊组成如图 7-13 所示。等离子弧堆焊稀释率低，熔覆率高，堆焊零件变形小，外形美观，易实现机械化和自动化。

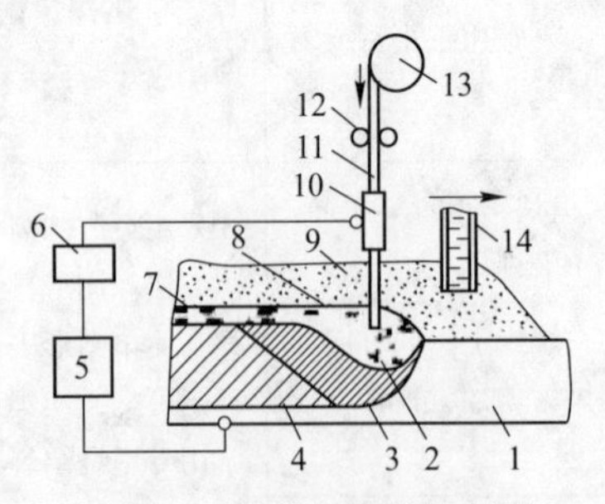

图 7-12　埋弧自动焊示意图
1—基体；2—电弧；3—金属熔池；4—焊缝金属；
5—焊接电源；6—电控箱；7—凝固熔渣；8—熔融熔渣；
9—焊剂；10—导电嘴；11—焊丝；12—焊丝送进轮；
13—焊丝盘；14—焊剂输送管

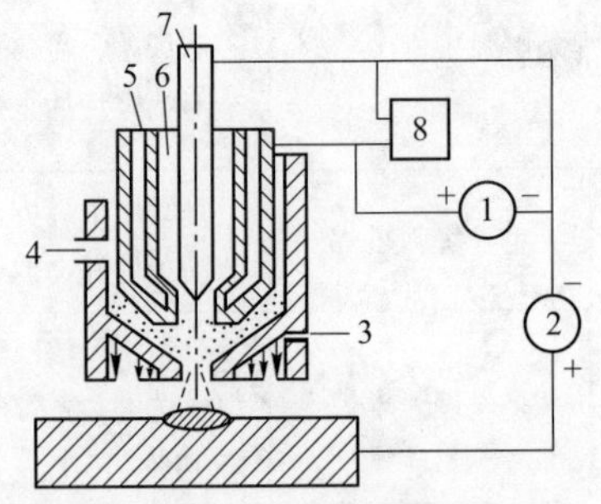

图 7-13　粉末等离子弧堆焊示意图
1—非转移弧电源；2—转移弧电源；
3—保护气；4—粉末和送粉气；
5—冷却水；6—离子气；
7—钨极；8—高频振荡器

7.3.4　堆焊应用领域

作为焊接领域中的一个分支，堆焊技术的应用范围十分广泛，几乎遍及所有的制造业，如矿山机械、输送机械、冶金机械、动力机械、农业机械、汽车、石油设备、化工设备、建筑、工具模具及金属结构件的制造与维修中都大量应用堆焊技术。通过堆焊可以修复外形不合格的金属零部件及产品，或制造双金属零部件。采用堆焊可以延长零部件的使用寿命，降低成本，改进产品设计，尤其对合理使用材料（特别是贵重金属）具有重要意义。因此，堆焊作为一种经济有效的表面处理方法，是现代材料加工与制造业不可缺少的工艺手段。

按用途和工件的工况条件，堆焊技术的应用主要表现在以下两个方面。

(1) 恢复工件尺寸堆焊。由于磨损或加工失误造成工件尺寸不足，是厂矿企业经常遇到的问题。用堆焊方法修复上述工件是一种很常用的工艺方法，修复后的工件不仅能正常使用，很多情况下还能超过原来工件的使用寿命，因为将新工艺新材料用于堆焊修复、可以大幅度提高原有零部件的性能。如冷轧辊、热轧辊及异型轧辊的表面堆焊修复、农用机械（拖拉机、农用车、插秧机、收割机等）磨损件的堆焊修复等。据统计，用于修复旧工件的堆焊合金量占堆焊合金总量的 72.2%。

(2) 耐磨损、耐腐蚀堆焊。磨损和腐蚀是造成金属材料失效的最主要因素，为了提高金属工件表面的耐磨性和耐腐蚀性，以满足工作条件的要求，延长工件使用寿命，可以在工件表面堆焊一层或几层耐磨层或耐蚀层。就是将工件的基体与表面堆焊层选用具有不同性能的材料，制造出双金属工件。由于只是工件表面层具有合乎要求的耐磨、耐蚀等方面的特殊性能，因此充分发挥了材料的作用与工作潜力，而且节约了大量的贵重金属。

耐磨堆焊复合钢板是一种新型的复合耐磨材料，其最大特点是耐磨性高、抗冲击，可以用冷弯方法成型，也可以用焊接方法拼接，因此在工矿领域得到广泛应用。耐磨堆焊复合钢板以 Q235 钢板或 Q345 钢板为基材，在其表面堆焊一层或两层耐磨合金，堆焊层单层厚度为 3~6mm，堆焊合金一般为高铬合金或马氏体合金铸铁。一些典型的耐磨损、耐腐蚀堆焊技术的应用见表 7-6。

表 7-6　耐磨损、耐腐蚀堆焊技术的应用

领域	零部件	堆焊合金	堆焊层性能
机械制造	阀门密封	镍基、铁基合金	耐腐蚀、耐磨损
	犁铧	高铬铸铁合金	耐磨损
	混砂机刮板	镍基合金	耐磨损
	离合器推板	镍基合金	耐磨损
	齿轮、凸轮	铁基合金	耐磨损
	热切边模具	钴基合金	耐高温、耐磨损
	水压机工作缸塞柱	铁基合金	耐高温、耐磨损
石油、煤炭	裂化装置泵	高铬铸铁合金	耐磨损
	钻杆接头	高铬铸铁合金	耐磨损
	刮板输煤机中部槽板	高铬铸铁合金	耐磨损
	固液泵机轮	高铬铸铁合金	耐磨损
交通运输	内燃机排气阀	钴基合金	耐磨损
轻工	玻璃模具	镍基合金	耐磨损
纺织	细纱机成形凸轮	镍基合金	耐磨损

7.4 涂装技术

用有机涂料通过一定的方法涂覆于材料或制件表面，形成涂膜的全部工艺过程称为涂装。涂装用的有机涂料是涂于材料或制件表面而能形成具有保护、装饰或特殊性能的固体涂膜的一类液体或固体材料的总称。早期大多以植物油为主要原料，故有“油漆”之称，后来合成树脂逐步取代了植物油，因而统称为“涂料”。现在对于呈黏稠液态的具体涂料品种仍可按习惯称为“漆”，对于其他一些涂料，如水性涂料、粉末涂料等新型涂料就不能这样称呼了。

7.4.1 涂料组成

涂料主要由成膜物质、颜料、溶剂和助剂4部分组成。

(1) 成膜物质。成膜物质是组成涂料的基础，具有黏结涂料中其他组分形成涂膜的功能，并对涂料和涂膜的性质起决定作用。成膜物质一般有天然油脂、天然树脂和合成树脂，目前广泛应用合成树脂。

(2) 颜料。颜料能使涂膜呈现颜色和遮盖力，还可增强涂膜的耐老化性和耐磨性以及增强膜的防腐蚀、防污等能力。颜料呈粉末状，不溶于水或油，而能均匀地分散于介质中。大部分颜料是某些金属氧化物、硫化物和盐类等无机物。有的颜料是有机染料。

(3) 溶剂。溶剂使涂料的成膜物质溶解或分散为液态，以便于施工，施工后又能从薄膜中挥发，从而使液态薄膜形成固态的涂膜。常用的有植物性溶剂（如松节油）、石油溶剂（如汽油、松香水）、煤焦溶剂（如苯、甲苯、二甲苯）、酯类（如乙酸乙酯、乙酸丁酯）、酮类（如丙酮、环己酮）和醇类（如乙醇、丁醇）。

(4) 助剂。助剂在涂料中用量虽少，但对涂料的储存性、施工性以及对所形成涂膜的物理性质有明显的作用。常用助剂有催干剂（如二氧化锰、氧化铝、氧化锌、醋酸钴、亚油酸盐、松香酸盐和环烷酸盐等，主要起促进干燥的作用）、固化剂（有些涂料需要利用酸、胺、过氧化物等固化剂与合成树脂发生化学反应才能固化、干结成膜，如用于环氧树脂漆的乙二胺、二乙烯三胺、邻苯二甲酸酐、酚醛树脂、氨基树脂、聚酞胺树脂等）和增韧剂（常用于不用油而单用树脂的树脂漆中，以减少脆性，如邻苯二甲酸二丁酯等酯类化合物、植物油、天然蜡等）。除上述3种助剂外，还有表面活性剂（改善颜料在涂料中的分散性）、防结皮剂（防止油漆结皮）、防沉淀剂（防止颜料沉淀）、防老化剂（提高涂膜理化性能和延长使用寿命）以及紫外线吸收剂、润湿助剂、防霉剂、增滑剂、消泡剂等。

7.4.2 涂料分类

涂料产品种类多达千种，用途各异，有许多分类方法。一般按成膜干燥机理和涂料中的主要成膜物质分类。根据成膜干燥机理，可将涂料分为溶剂挥发类和固化干燥类。前者在成膜过程中靠溶剂挥发或熔融后冷却等物理作用而成膜，为使成膜物质转变为流动的液态，必须将其溶解或熔化，而转为液态后，就能均匀地分布在工件表面，由于成膜时不伴有化学反应，所形成的漆膜能被再溶解或热熔以及具有热塑性，因而又称为热塑性涂料。后者的成膜物质一般是相对分子质量较低的线性聚合物，可溶解于特定的溶剂中，经涂装后，待溶剂挥发，就可通过化学反应变成固态的网状结构的高分子化合物，所形成的漆膜不能再被溶剂溶解或受热熔化，因此又称为热固性涂料。

目前我国涂料产品是以涂料中的主要成膜物质为基础来分类的。若主要成膜物质由两种以上的树脂混合组成，则按在成膜物质中起决定作用的树脂作为分类的依据。按此分类方法，将成膜物质分为 17 大类。

按涂膜功能分，涂料主要有装饰性涂料、保护性涂料和特殊功能涂料。装饰性涂料是使用着色颜料赋予涂膜以美丽的色彩，主要起装饰作用，同时也能给予涂膜以一定的遮盖力和耐久性。着色颜料是颜料品种中最多的一种。我国生产的着色颜料，许多品种耐晒性都较差，尤其无机颜料更差，为此常常要对颜料进行表面改性。保护性涂料主要是指金属防腐蚀涂料，涂料对金属的防腐蚀机理基本上有 3 种：隔绝环境作用（又称为物理覆盖作用）、缓蚀剂作用和阴极保护作用。除透水性非常小的涂料，绝大多数涂料都使用防锈颜料（起缓蚀剂作用）和金属粉（起阴极保护作用）来达到防止金属腐蚀的目的。特殊功能涂料除具有一般涂料的性能以外，还具有其独特的物理、化学和生物等功能，其品种非常多，有的用量很小。常用的特殊功能涂料有海洋防污涂料、导电涂料、防火阻燃涂料、迷彩伪装涂料、阻尼隔声涂料、绝缘涂料、示温涂料、红外辐射涂料、发光涂料、耐磨涂料、化纤保护涂料、金属热处理保护涂料、有机温控涂料、飞机蒙皮涂料、建筑涂料、防锈涂料、润滑涂料等。

7.4.3 涂装工艺

使涂料在被涂的表面形成涂膜的全部工艺过程称为涂装工艺。具体的涂装工艺要根据工件的材质、形状、使用要求、涂装用工具、涂装时的环境、生产成本等加以合理选用。涂装工艺的一般工序是涂前表面预处理→涂布→涂膜干燥固化。

（1）涂前表面预处理。涂前预处理的主要内容有：清除工件表面的各种污垢；对清洗过的金属工件进行各种化学处理，以提高涂层的附着力和耐蚀性；若切削加工未能消除工件表面的加工缺陷和得到合适的表面粗糙度，则在涂前要用机械方法进行处理。

（2）涂布。涂布的方法很多，主要有刷涂、揩涂、滚刷涂、刮涂、浸涂、淋涂、转鼓涂布法、空气喷涂法、无空气喷涂法、静电涂布法、电泳涂布法、粉末涂布法、自动喷涂、幕式涂布法、辊涂法、气溶胶涂布法、抽涂和离心涂布法等。

（3）涂膜干燥固化。涂膜干燥固化方法主要有自然干燥和人工干燥两种，人工干燥又有加热干燥和照射干燥两种。工业中应用的涂料大多采用加热干燥，干燥方式主要有热风对流加热、辐射加热和对流辐射加热。

静电喷涂是用静电喷枪使油漆雾化并带负电荷，与接地的工件间形成高压静电场，静电引力使漆雾均匀沉积在工件表面，形成均匀的漆膜。它是提高漆膜质量的一种方法，主要提高产品的装饰性，为轻工产品广泛采用。静电喷涂有手提式、固定式和自动式。固定式和自动式主要用于成批生产的、形状简单的中小型工件和形状较简单的大型工件。对形状复杂的工件可用手提式。

静电喷涂特点是：漆膜均匀，装饰性好，易于实现半自动化或自动化，提高生产率；

油漆利用率高，达 80%~90%（一般涂漆工艺为 60%~70%）；减少了漆雾飞散和污染，改善了环境卫生和劳动条件。对于形状复杂的工件，凹孔处不易喷到，凸尖部分漆膜不均匀，往往需要手工补涂；维护管理要求严格，操作不当或管理不当容易发生如击穿放电、引起火灾等。

电泳涂装是将电泳漆用水稀释到固体分为 10%~15%，加入电泳槽内，将工件浸入作为电极，通以直流电，这时电泳漆中的树脂和颜料移向工件，并沉积在工件表面，形成不溶于水的涂层，用水冲去附于表面的槽液，烘干后形成均匀的漆层。电泳涂装由电泳、电沉积、电渗和电解 4 个物理化学过程配合而进行。目前应用最广泛的是阳极电泳，发展较为迅速的是阴极电泳。

为减少金属腐蚀的损失，目前仍以有机涂层应用最为普遍。传统的油性漆，对金属表面有优异的湿润性和较好的耐候性，但涂膜本身的耐蚀性，特别是耐水性、耐化学介质性差，难以满足恶劣环境下的防腐蚀要求。人工合成的树脂，具有比较优异的耐蚀性能，但常规的液态树脂涂料一般涂层较薄，厚膜涂装困难，难以形成无缺陷的涂膜，无法满足苛刻环境下防腐蚀所需的厚膜涂层要求。并且，常规的液态树脂涂料中含有有机溶剂，若没有有机溶剂，则涂料的制造、储存、施工都会发生困难，涂层的质量难以保证，溶剂虽在涂料中占有一定比例，但成膜后几乎全部挥发到空气中，一方面造成材料的浪费，另一方面由于大多数溶剂是有毒有害物质，造成严重的环境污染，且易引起火灾和爆炸事故。为解决厚膜涂装及环境污染等问题，粉末涂料应运而生。

黏涂是将加入二硫化钼、金属粉末、陶瓷粉末和纤维等特殊填料的胶黏剂，直接涂敷于材料表面，使之具有耐磨、耐蚀、绝缘、导电、保温、防辐射等功能的一项新技术，目前主要用于表面强化和修复。

黏涂应力分布均匀，容易做到密封、绝缘、耐蚀和隔热，工艺简单，不需要专门设备，而是将配好的胶涂敷于清理好的材料表面，待固化后进行修整即可。它通常在室温操作，不会使工件产生热影响和变形等。

表面涂覆技术除上面介绍的以外，还有许多，主要有电火花表面涂覆、热浸镀、搪瓷涂覆、陶瓷涂层、塑料涂覆等。

思考题

答案 7

7-1 什么是热喷涂工艺，其技术特点是什么？

7-2 试述热喷涂粒子与基体表面的结合机理或者简述热喷涂涂层的结合机理？

7-3 热喷涂涂层组织的基本特点是什么？

7-4 等离子喷涂的基本原理是什么，其设备主要构成及功用？

7-5 超声速火焰喷涂的基本原理是什么，有何特点？

7-6 热喷涂工艺选用的基本原则是什么？

7-7 爆炸喷涂、超声速火焰喷涂的基本原理是什么？有何特点？

7-8 堆焊工艺与一般的焊接工艺主要区别是什么？

7-9 堆焊材料与基材为何要相容，在哪些方面要相容，为什么，堆焊层与基材产生何种结合，如何结合的？

7-10 为何说堆焊的焊缝熔合区是薄弱区，什么是堆焊层稀释率，如何控制稀释率？

8 表面改性技术

表面改性是指采用某种工艺手段使材料表面获得与其基体材料的组织结构、性能不同的一种技术。材料经表面改性处理后，既能发挥基体材料的力学性能，又能使材料表面获得各种特殊性能（如耐磨，耐腐蚀，耐高温，合适的射线吸收、辐射和反射能力，超导性能，润滑，绝缘，储氢等）。

表面改性技术可以掩盖基体材料表面的缺陷，延长材料和构件的使用寿命，节约稀、贵材料，节约能源，改善环境，并对各种高新技术的发展具有重要作用。表面改性技术的研究和应用已有多年历史。20 世纪 70 年代中期以来，国际上出现了表面改性热，表面改性技术越来越受到人们的重视。

8.1 金属表面形变强化

8.1.1 表面形变强化原理

表面形变强化是提高金属材料疲劳强度的重要工艺措施之一。基本原理是通过机械手段（滚压、内挤压和喷丸等）在金属表面产生压缩变形，使表面形成形变硬化层，此形变硬化层的深度可达 0. 5~1. 5mm。在此形变硬化层中产生两种变化：一是在组织结构上，亚晶粒极大地细化，位错密度增加，晶格畸变度增大；二是形成了高的宏观残余压应力。奥赫弗尔特以喷丸为例，对于残余压应力的产生提出两个方面的机制：一方面，由于大量弹丸压入产生的切应力造成了表面塑性延伸；另一方面，由于弹丸的冲击产生的表面法向力引起了赫兹压应力与亚表面应力的结合。根据赫兹理论，这种压应力在一定深度内造成了最大的切应力，并在表面产生了残余压应力，其分布如图 8-1 所示。表面压应力可以防止裂纹在受压的表层萌生和扩展。在大多数材料中这两种机制并存。在软质材料情况下第一种机制占优势；而在硬质材料的情况下第二种机制起主导作用。经喷丸和滚压后，金属表面产生的残余压应力的大小，不但与强化方法、工艺参数有关，还与材料的晶体类型、强度水平以及材料在单纯拉伸时的硬化率有关。具有高硬化率的面心立方晶体的镍基或铁基奥氏体热强合金，表面产生的压应力高，可达材料自身屈服点的 2~4 倍。材料的硬化率越高，产生的残余压应力越大。

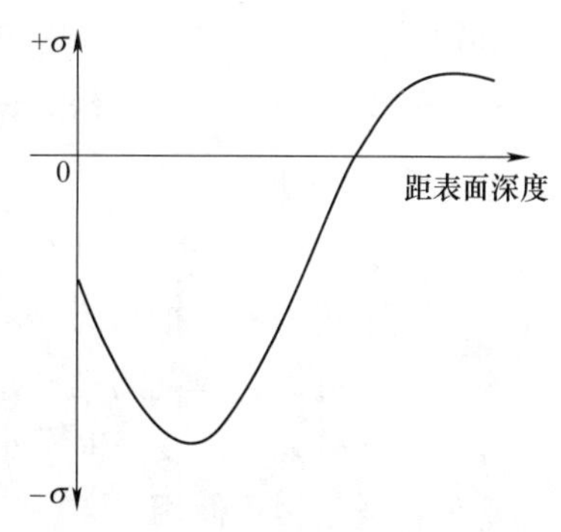

图 8-1 喷丸形成的残余应力示意图

此外，一些表面形变强化手段还可能使表面粗糙度略有增加，但却使切削加工的尖锐刀痕圆滑，因此可减轻由切削加工留下的尖锐刀痕的不利影响。

所以，喷丸表面强化层有着与未喷丸表面以及内层材料完全不同的表面形貌、组织结构和应力状态。圆滑的表面形貌、高密度的位错和细小的亚晶粒，提高了材料的屈服强度和疲劳强度。表面残余压应力的存在，可部分抵消引起零件疲劳破坏的循环拉应力或者使零件表面始终处于压应力状态，使疲劳源的形成进一步得到抑制，疲劳裂纹的扩展也被延缓，从而显著地提高了零件的抗疲劳性能和耐应力腐蚀性能。

即使在中温条件下，只要喷丸表面强化层的组织无明显回复，上述的强化效果仍将保留。如果处在高温，由于喷丸表面强化层内发生了回复与再结晶，表面残余压应力基本消失，但再结晶使零件表面层形成了一层不同于心部的细晶粒层，此细晶粒层可提高零件的高温疲劳强度。

8.1.2 表面形变强化的主要方法及应用

8.1.2.1 表面形变强化的主要方法

表面形变强化是近年来国内外广泛研究应用的工艺之一，强化效果显著，成本低廉。常用的金属表面形变强化方法主要有滚压、内挤压和喷丸等工艺，尤以喷丸强化应用最为广泛。

（1）滚压。图 8-2（a）为表面滚压强化示意图。目前，滚压强化用的滚轮、滚压力大小等尚无标准。对于圆角、沟槽等可通过滚压获得表层形变强化，并能在表面产生约 5mm 深的残余压应力，其分布如图 8-2（b）所示。

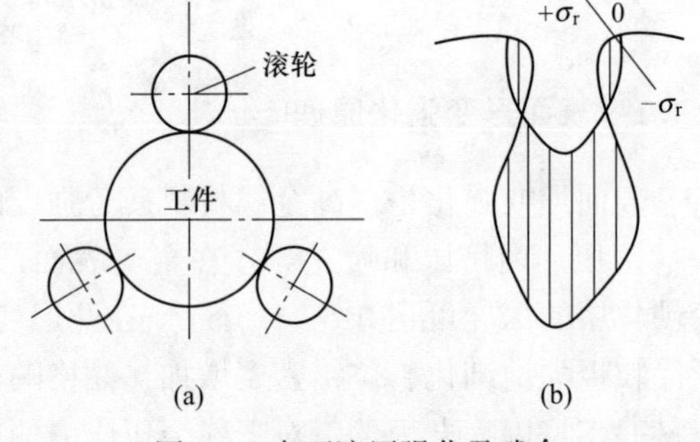

图 8-2 表面滚压强化及残余应力分布示意图

（2）内挤压。内孔挤压是使孔的内表面获得形变强化的工艺措施，效果明显。

（3）喷丸。喷丸是国内外广泛应用的一种在再结晶温度以下的表面强化方法，即利用高速弹丸强烈冲击零部件表面，使之产生形变硬化层并引起残余压应力。喷丸强化已广泛用于弹簧、齿轮、链条、轴、叶片、火车轮等零部件，可显著提高抗弯曲疲劳、抗腐蚀疲劳、抗应力腐蚀疲劳、抗微动磨损、耐点蚀（孔蚀）能力。

8.1.2.2 喷丸表面形变强化工艺及应用

A 喷丸材料

（1）铸铁弹丸。铸铁弹丸是最早使用的金属弹丸。铸铁弹丸碳的质量分数为 2.75%～3.60%，硬度（HRC）很高为 58～65，但冲击韧度低。弹丸经退火处理后，硬度（HRC）降至 30～57，可提高弹丸的韧性。铸铁弹丸的尺寸 d=0.2～1.5mm。使用中，铸铁弹丸易于破碎，损耗较大，需要及时分离排除破碎的弹丸，否则会影响零部件的喷丸强化质量。目前这种弹丸已很少使用。

（2）铸钢弹丸。铸钢弹丸的品质与碳含量有很大关系。其碳的质量分数一般为

0.85%~1.20%，锰的质量分数为0.60%~1.20%。目前，国内常用的铸钢弹丸成分为w(C)=0.95%~1.05%，w(Mn)=0.6%~0.8%，w(S)=0.4%~0.6%，w(P+S)≤0.05%。

（3）钢丝切割弹丸。当前使用的钢丝切割弹丸是用碳的质量分数一般为0.7%的弹簧钢丝（或不锈钢丝）切制成段，经磨圆加工制成的。常用钢丝直径d=0.4~1.2mm，硬度（HRC）为45~50最佳。钢弹丸的组织最好为回火马氏体或贝氏体。使用寿命比铸铁弹丸高20倍左右。

（4）玻璃弹丸。近十几年发展起来的新型喷丸材料，已在国防工业和飞机制造业中获得广泛应用。玻璃弹丸SiO_2的质量分数为67%以上，直径d=0.05~0.40mm范围，硬度（HRC）为46~50，脆性较大，密度2.45~2.55g/cm^3。目前，市场上按弹丸直径分为<0.05mm、0.05~0.15mm、0.16~0.25mm和0.26~0.35mm。

（5）陶瓷弹丸。弹丸硬度很高，但脆性较大。喷丸后表层可获得较高的残余压应力。

（6）聚合塑料弹丸。是一种新型的喷丸介质，以聚合碳酸酯为原料，颗粒硬而耐磨，无粉尘，不污染环境，可连续使用，成本低，而且即使有棱边的新丸也不会损伤工件表面。该弹丸常用于消除酚醛或金属零件的毛刺和耀眼光泽。

（7）液态喷丸介质。包括二氧化硅颗粒和氧化铝颗粒等。二氧化硅颗粒粒度为40~1700μm。很细的二氧化硅颗粒可作为液态喷丸介质，用于抛光模具或其他精密零件的表面。喷丸时用水混合二氧化硅颗粒，利用压缩空气喷射。氧化铝颗粒也是一种广泛应用的喷丸介质。电炉生产的氧化铝颗粒粒度为53~1700μm，其中颗粒小于180μm的氧化铝可用于液态喷丸光整加工，但喷射工件中会产生细屑。氧化铝干喷，则用于花岗岩和其他石料的雕刻、钢和青铜的清理及玻璃的装饰加工。

应当指出，强化用的弹丸与清理、成形、校形用的弹丸不同，必须是圆球形，不能有棱角毛刺，否则会损伤零件表面。

一般来说，黑色金属制件可以用铸铁丸、铸钢丸、钢丝切割丸、玻璃丸和陶瓷丸。有色金属如铝合金、镁合金、钛合金和不锈钢制件，则需采用不锈钢丸、玻璃丸和陶瓷丸。

B 喷丸强化用的设备

喷丸采用的专用设备，按驱动弹丸的方式可分为机械离心式喷丸机和气动式喷丸机两大类。喷丸机又有干喷式和湿喷式之分。干喷式工作条件差，湿喷式是将弹丸混合在液态中呈悬浮状，然后喷丸，因此工作条件有所改善。

（1）机械离心式喷丸机。机械离心式喷丸机又称叶轮式喷丸机或抛丸机。工作时，弹丸由高速旋转的叶片和叶轮离心力加速抛出。弹丸的速度取决于叶轮转速和弹丸的质量。通常，叶轮转速为1500~3000r/min，弹丸离开叶轮的切向速度为45~75m/s。这种喷丸机功率小，生产效率高，喷丸质量稳定，但设备制造成本较高，主要用于要求喷丸强度高、品种少、批量大、形状简单、尺寸较大的零部件。

（2）气动式喷丸机。气动式喷丸机以压缩空气驱动弹丸达到高速度后撞击工件的表面。这种喷丸机工作室内可以安置多个喷嘴，其方位调整方便，能最大限度地适应受喷零件的几何形状。另外，可通过调节压缩空气的压力来控制喷丸强度，操作灵活，一台喷丸机可喷多个零件，适用于要求喷丸强度低、品种多、批量少、形状复杂、尺寸较小的零部件。它的缺点是功耗大，生产效率低。

气动式喷丸机根据弹丸进入喷嘴的方式又可分为吸入式、重力式两种。吸入式喷丸机结构简单，多使用密度较小的玻璃弹丸或小尺寸金属弹丸，适用于工件尺寸较小、数量较少、弹丸大小经常变化的场合。重力式喷丸机结构比吸入式复杂，适用于密度和直径较大的金属弹丸。

不论哪一类设备，喷丸强化的全过程必须实行自动化，而且喷嘴距离、冲击角度和移动（或回转）速度等的调节都稳定可靠。喷丸设备必须具有稳定重现强化处理强度和有效区的能力。

C 喷丸强化工艺参数的确定

合适的喷丸强化工艺参数要通过喷丸强度试验和表面覆盖率试验来确定。

（1）喷丸强度试验。将一薄板试片紧固在夹具上进行单面喷丸。由于喷丸面在弹丸冲击下产生塑性伸长变形，喷丸后的试片产生凸向喷丸面的球面弯曲变形，如图 8-3 所示。

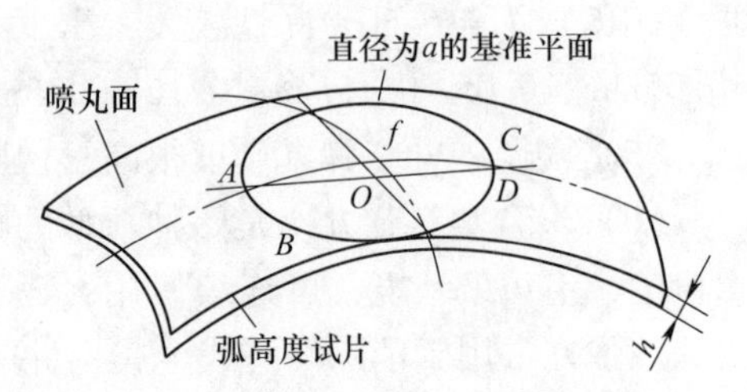

图 8-3 单面喷丸试片的变形及弧高度的测量位置

试片凸起大小可用弧高度 f 表示。弧高度 f 与试片厚度 h、残余压应力层深度 d 以及强化层内残余应力平均值 σ 之间有如下关系：

$$f = \frac{3a^2(1-\nu)\sigma d}{4Eh^2} \tag{8-1}$$

式中，E 为试片弹性模量；ν 为泊松比；a 为测量弧高度的基准圆直径。

试片材料一般采用具有较高弹性极限的 70 弹簧钢。试片尺寸应根据喷丸强度来选择，常用的 3 种试片尺寸参见表 8-1。

表 8-1 3 种弧高度试片的规格

规格	试片代号		
	N（或Ⅰ）（HRC73~76）	A（或Ⅱ）（HRC44~50）	C（或Ⅲ）（HRC44~50）
厚度/mm	0.79±0.025	1.3±0.025	2.4±0.025
平直度/mm	±0.025	±0.025	±0.025
长×宽/mm×mm	(76±0.2) ×$19_0^{-0.1}$	(76±0.2) ×$19_0^{-0.1}$	(76±0.2) ×$19_0^{-0.1}$
表面粗糙度/μm	0.63~1.25	0.63~1.25	0.63~1.25
使用范围	低喷丸强度	中喷丸强度	高喷丸强度

当用试片 A（或Ⅱ）测得的弧高度 $f<0.15$mm 时，应改用试片 N（或Ⅰ）来测量喷丸强度；当用试片 A（或Ⅱ）测得的弧高度 $f>0.6$mm 时，则应改用试片 C（或Ⅲ）来测量喷丸强度。

对试片进行单面喷丸时，初期的弧高度变化速率快，随后变化趋缓；当表面的弹丸坑占据整个表面（即全覆盖率）之后，弧高度无明显变化，这时的弧高度达到了饱和值。由此作出的弧高度与时间关系曲线如图 8-4 所示。饱和点所对应的强化时间一般均在 20~50s 范围之内。

当弧高度 f 达到饱和值，试片表面达到全覆盖率时，以此弧高度 f 定义为喷丸强度。喷丸强度的表示方法是 0.25C 或 $f_C=0.25$，字母或脚码代表试片种类，数字表示弧高度 f 值（单位为 mm）。

（2）表面覆盖率试验。喷丸强化后表面弹丸坑占有的面积与总面积的比值称为表面覆盖率。一般认为，喷丸强化零件要求表面覆盖率达到表面积的100%即全面覆盖时，才能有效地改善疲劳性能和抗应力腐蚀性能。但是，在实际生产中应尽量缩短不必要的过长的喷丸时间。

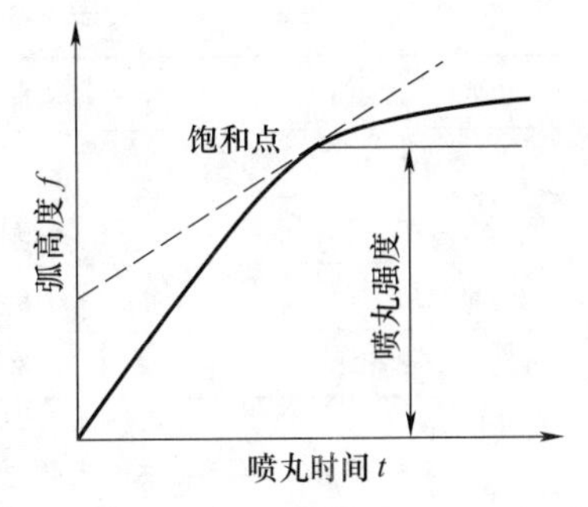

图 8-4 弧高度 f 与喷丸时间 t 的关系

D 旋片喷丸工艺

旋片喷丸工艺是喷丸工艺的一个分支和新领域。美国波音公司已制定通用工艺规范并广泛用于飞机制造和维修工作。20 世纪 80 年代初，旋片喷丸工艺在我国航空维修中得到应用，并在其他机械设备的维修中逐步推广。旋片喷丸工艺由于设备简单、操作方便、成本低及效率高等突出优点而具有很广阔的发展前景。

（1）旋片喷丸介质。旋片喷丸的旋片是把弹丸用胶黏剂黏结在弹丸载体上所制成。常用弹丸有钢丸、碳化钨丸等，但需经特殊表面处理（如钢丸应采用磷化处理），以增加胶黏剂对弹丸表面的浸润性与亲和力，提高旋片的使用寿命。常用的胶黏剂为 MH-3 聚氨酯，其弹性、耐磨性和硬度均较优良。弹丸的载体是用尼龙织成的平纹网或锦纶制成的网布。制成的旋片被夹缠在旋转机构上高速旋转，并反复撞击零件表面而达到形变强化目的。

（2）旋片喷丸用设备。风动工具是旋片喷丸的动力设备。要求压缩空气流量可调、输出扭矩和功率适当、噪声小、质量轻等。常用设备有美国的 ARO，最高转速达 12000r/min，质量 1100g；我国的 Z6-2 型风动工具最高转速达 17500r/min，质量 900g，功率 184W，噪声 85dB。旋片喷丸适用于大型构件、不可拆卸零部件和内孔的现场原位施工。

E 金属喷丸表面质量及影响因素

（1）金属喷丸表层的塑性变形和组织变化。金属的塑性变形来源于晶面滑移、孪生、晶界滑动、扩散性蠕变等晶体运动，其中晶面间滑移最重要。晶面间滑移是通过晶体内位错运动而实现的。金属表面经喷丸后，表面产生大量凹坑形式的塑性变形，表层位错密度大大增加。而且还会出现亚晶界和晶粒细化现象。喷丸后的零件如果受到交变载荷或温度的影响，表层组织结构将产生变化，由喷丸引起的不稳定结构向稳定态转变。例如，渗碳钢表层存在大量残留奥氏体，喷丸时这些残留奥氏体可能转变成马氏体而提高零件的疲劳强度；奥氏体不锈钢特别是镍含量偏低的不锈钢喷丸后，表层中部分奥氏体转变为马氏体，从而形成有利于电化学反应的双相组织，使不锈钢的抗蚀能力下降。

（2）弹丸粒度对喷丸表面粗糙度的影响。表 8-2 为 4 种粒度的钢丸喷射（速度均为 83m/s）热轧钢板的实测表面粗糙度 R_a。由表可见，表面粗糙度随弹丸粒度的增加而增加。但在实际生产中，往往不采用全新的粒度规范的球形弹丸，而采用含有大量细碎粒的弹丸工作混合物，这对受喷表面质量也有重要影响。表 8-3 列出了新弹丸和工作混合物对低碳热轧钢板喷丸后表面粗糙深度的实测值 R_t，可见，用工作混合物喷射所得表面粗糙深度较小。

表 8-2 弹丸直径对表面粗糙度的影响

弹丸粒度	弹丸名义直径/mm	弹丸类型	表面粗糙度 R_a/μm
S-70	0.2	工作混合物	4.4~5.5~4.5
S-110	0.3	工作混合物	6.5~7.0~6.0
S-230	0.6	新钢丸	7.0~7.0~8.5
S-330	0.8	新钢丸	8.0~10.0~8.5

表 8-3 新弹丸和工作混合物对低碳热轧钢板喷丸后表面粗糙深度的影响

弹丸粒度	表面粗糙深度 R_t/μm	
	新弹丸	工作混合物
S-70	20~25	19~22
S-110	35~38	28~32
S-170	44~48	40~46

（3）弹丸硬度对喷丸表面形貌的影响。弹丸硬度提高时塑性往往下降，弹丸工作时容易保持原有锐边或破碎而产生的新锐边；反之，硬度低而塑性好的弹丸，则能保持圆边或很快重新变圆。因此，不同硬度的弹丸工作时将形成有各自特征的工作混合物，直接影响受喷工件的表面结构。具有硬锐边的弹丸容易使受喷表面刮削起毛，锐边变圆后起毛程度变轻，起毛点分布也不均匀。

（4）弹丸形状对喷丸表面形貌的影响。球形弹丸高速喷射工件表面后，将留下直径小于弹丸直径的半球形凹坑，被喷面的理想外形应是大量球坑的包络面。这种表面形貌能消除前道工序残留的痕迹，使外表美观。同时，凹坑起储油作用，可以减少摩擦，提高耐磨性。但实际上，弹丸撞击表面时，凹坑周边材料被挤压隆起，凹坑不再是理想半球形；另一方面，部分弹丸撞击工件后破碎（玻璃丸、铸铁丸甚至铸钢丸均可能破碎），弹丸混合物包含大量碎粒，使被喷表面的实际外形比理想情况复杂得多。

锐边弹丸喷丸后的表面与球形弹丸喷射的表面有很大差别，肉眼感觉比用球形弹丸喷射的表面光亮。细小颗粒的锐边弹丸更容易使受喷表面出现所谓的“天鹅绒”式外观。另外，细小颗粒的锐边弹丸对工件表面有均匀轻微的刮削作用，经刮削的表面起毛使光线散射，微微出现银色的闪光。

（5）受喷材料性能、弹丸对喷丸表层残余应力的影响。喷丸处理能改善零件表层的应力分布。喷丸后的残余压应力来源于表层不均匀的塑性变形和金属的相变，其中以不均匀的塑性变形最重要。工件喷丸后，表层塑性变形量和由此导致的残余压应力与受喷材料的强度、硬度关系密切。材料强度高，表层最大残余压应力就相应增大。但在相同喷丸条件下，强度和硬度高的材料，压应力层深度较浅；硬度低的材料产生的表面压应力层较深。

常用的渗碳钢经喷丸后，表层中的残留奥氏体有相当大的一部分将转变成马氏体，因相变时体积膨胀而产生压应力，从而使得表层残余压应力场向着更大的压应力方向变化。

在相同喷丸压力下，采用大直径弹丸喷丸后的表面压应力较低，但压应力层较深；采用小直径弹丸喷丸后的表面压应力较高，但压应力层较浅，而且压应力值随深度下降很快。对于表面有凹坑、凸台、划痕等缺陷或表面脱碳的工件，通常选用较大的弹丸以获得较深的压应力表面层，使表面缺陷造成的应力集中减小到最低程度。表 8-4 列出了不同直径铸钢丸喷射 20CrMnTi 渗碳钢造成的表层残余应力分布。采用直径大的弹丸喷丸，虽然表面残余应力较小，但压应力层的深度增加，疲劳强度变化不是很显著（表 8-5）。

表 8-4 铸钢丸直径对 20CrMnTi 渗碳钢喷丸表面的残余应力的影响

工件材料	弹丸材料	弹丸直径/mm	残余应力值/MPa			
			表面	剥层 0.04mm	剥层 0.06mm	剥层 0.12mm
20CrMnTi 渗碳钢（渗层深 0.8~1.2mm，HRC58~64）	铸钢丸 HRC（45~50）	0.3~0.5	-850	-750	-400	
		0.5~1.2	-500	-950		-320
		1.0~1.5	-400	-820		-600

表 8-5 钢弹丸尺寸对疲劳强度的影响

钢弹丸直径/mm	工件材料	工件表面状态	弯曲疲劳试验	
			应力幅册/MPa	断裂循环周数 N
0.8	18CrNiWA（厚 3mm）	未喷	600	1.40×10^{5}
	18CrNiWA（厚 3mm）	喷丸	600	$>1.04\times10^{7}$
	18CrNiWA（厚 3mm）	喷丸	700	3.97×10^{7}
1.2	18CrNiWA（厚 3mm）	喷丸	700	$>1.04\times10^{7}$

表 8-6 为不同弹丸材料对残余应力的影响。可以发现，由于陶瓷丸和铸铁丸硬度较高，喷丸后残余应力也较高。

表 8-6 不同弹丸材料对残余应力的影响

弹丸材料	弹丸直径/mm	残余应力/MPa		
		表面	剥层（0.09mm）	剥层（0.12mm）
铸钢丸	0.5~1.0	-500	-900	-325
切割钢丸	0.5~1.0	-500	-1100	-400
铸铁丸	0.5~1.0	-600	-1150	-550
陶瓷丸	片状	-1000		

喷丸速度对表层残余应力有明显影响。试验表明，当弹丸直径和硬度不变，提高压缩空气的压力和喷射速度，不仅增大了受喷表面压应力，而且有利于增加变形层的深度，试验结果见表 8-7。

表 8-7 压缩空气压力、喷丸直径对残余应力的影响

项　目	参　数						
压缩空气压力/MPa	1	2	3	4	5	6	7
弹丸直径（试片 A）/mm	0.06	0.08	0.15	0.16	0.18	0.19	0.20
表面残余应力/MPa	-573	-675	-950	-900	-850	-900	-875
剥层残余应力/MPa	-500	-500	-700	-1100	-1100	-1300	-1350

（6）不同表面处理后的表面残余应力的比较。通常低合金钢经不同表面处理后的表面残余应力及疲劳极限见表 8-8。表面滚压强化可获得最高的残余应力。经喷丸或滚压后，疲劳极限也明显提高。

表 8-8 不同表面处理后的表面残余应力及疲劳极限

表面状态	疲劳极限/MPa	疲劳极限增量/MPa	残余应力/MPa	硬度（HRC）
磨削	360	0	-40	60~61
抛光	525	165	-10	60~61
喷丸	650	290	-880	60~61
喷丸+抛光	690	330	-800	60~61
滚压	690	330	-1400	62~63

F 喷丸强化的效果

检验喷丸强度的试验不仅是确定弧高度 f，同时又是控制和检验喷丸质量的方法。在生产过程中，将弧高度试片与零件一起进行喷丸，然后测量试片的弧高度 f。如 f 值符合生产工艺中规定的范围，则表明零件的喷丸强度合格。这是控制和检验喷丸强化质量的基本方法。

检验喷丸强化的工艺质量就是检验表面强化层深度和层内残余压应力的大小和分布。弧高度试片给出的喷丸强度，是金属材料的表面强化层深度和残余应力分布的综合值。若需了解表面强化层的深度、组织结构和残余应力分布情况，还应进行组织结构分析和残余应力测定等一系列检验。

被喷丸的零件表面粗糙度明显增加，而且表面层晶格发生严重畸变，表面层原子活性增加，有利于化学热处理。但是经喷丸的零件使用温度应低于该材料的再结晶温度，否则表面强化效果将降低。

G 喷丸强化的应用实例

（1）20CrMnTi 圆辊渗碳淬火回火后进行喷丸处理，残余压应力为-880MPa，寿命从 55 万次提高到 150~180 万次。

（2）40CrNiMo 钢调质后再经喷丸处理，残余压应力为-880MPa，寿命从 4.6×10^5 次提高到 1.04×10^7 次以上。

（3）铝合金 LD2 经喷丸处理后，寿命从 1.1×10^6 次提高到 1×10^8 次以上。

（4）在质量分数为 3%的 NaCl 水溶液中工作的 45 钢，经喷丸处理后，其疲劳强度 σ 从 100MPa 提高到 202MPa。

（5）铝合金（$w_{Zn}=6\%$、$w_{Mg}=2.4\%$、$w_{Cu}=0.7\%$、$w_{Cr}=0.1\%$）悬臂梁试样，经喷丸处理后，应力腐蚀临界应力从 357MPa 提高到 420MPa。

（6）耐蚀镍基合金（Hastelloy 合金）鼓风机叶轮在 150℃热氮气中运行，6 个月后发生应力腐蚀破坏。经喷丸强化并用玻璃珠去污，运行了 4 年都未发生进一步破坏。Hastelloy 合金 B_2 反应堆容器在焊接后，经局部喷丸以对产生的应力腐蚀裂纹进行修复，在未喷丸的表面重新出现裂纹，而经喷丸处理的部分几乎未产生进一步破裂。

（7）液体火箭推进剂容器的钛制零部件，未喷丸强化时在 40℃下使用 14h 就发生应力腐蚀破坏；容器内表面经玻璃珠喷丸强化后，在同样条件下试验30天还没有产生破坏。

此外，喷丸和其他形变强化工艺在汽车工业中的变速箱齿轮、宇航飞行器的焊接齿轮、喷气发动机的铬镍铁合金（Inconel 718）涡轮盘等制造中获得应用。

8.2 表面热处理

表面热处理是指仅对零部件表层加热、冷却，从而改变表层组织和性能而不改变成分的一种工艺，是最基本、应用最广泛的材料表面改性技术之一。当工件表面层快速加热时，工件截面上的温度分布是不均匀的，工件表层温度高且由表及里逐渐降低。如果表面的温度超过相变点达到奥氏体状态时，随后的快冷可获得马氏体组织，而心部仍保留原组织状态，从而得到硬化的表面层。也就是说，通过表面层的相变达到强化工件表面的目的。表面热处理工艺包括：感应加热表面淬火、火焰加热表面淬火、接触电阻加热表面淬火、浴炉加热表面淬火、电解液加热表面淬火、高能束表面淬火及表面保护热处理等。

8.2.1 感应加热表面淬火

8.2.1.1 感应加热表面处理的基本原理

在生产中常用工艺是高频和中频感应加热淬火，近年来又发展了超声频、双频感应加热淬火工艺，其交流电流频率范围见表8-9。

表8-9 感应加热淬火用交流电流频率

项 目	高 频	超音频	中 频	工 频
频率范围/Hz	$(100 \sim 500) \times 10^3$	$(20 \sim 100) \times 10^3$	$(1.5 \sim 10) \times 10^3$	50

（1）感应加热的物理过程当感应线圈通以交流电后，感应线圈内即形成交流磁场，置于感应线圈内的被加热零件引起感应电动势，所以在零件内将产生闭合感应电流即涡流。在每一瞬间，涡流的方向与感应线圈中电流方向相反。由于被加热的金属零件的电阻很小，所以涡电流很大，从而可迅速将零件加热。对于铁磁材料，除涡流加热外，还有磁滞热效应，可以使零件加热速度更快。

（2）感应电流透入深度即从电流密度最大的工件表面到电流值为表面的 $1/e$（自然常数 $e=2.718$）处的距离，可用 Δ 表示。Δ 的值（单位为mm）可根据下式求出：

$$\Delta = 56.386 \sqrt{\frac{\rho}{\mu f}} \tag{8-2}$$

式中，f 为电流频率，Hz；μ 为材料的磁导率，H/m；ρ 为材料的电阻率，Ω·cm。

超过失磁点的电流透入深度称为热态电流透入深度（$\Delta_{热}$）；低于失磁点的电流透入深度称为冷态电流透入深度（$\Delta_{冷}$）。热态电流透入深度比冷态电流透入深度大许多倍。对于钢，$\Delta_{热}$ 和 $\Delta_{冷}$ 的值（单位均为mm）为：

$$\Delta_{冷} \approx \frac{20}{\sqrt{f}} \quad \Delta_{热} \approx \frac{500}{\sqrt{f}} \tag{8-3}$$

（3）硬化层深度由于工件内部传热能力较大，硬化层深度总小于感应电流透入深度。频率越高，涡流分布越陡，接近电流透入深度处的电流越小，发出的热量也就比较小，又以很快的速度将部分热量传入工件内部，因此在电流透入深度处不一定达到奥氏体化温度，所以也不可能硬化。如果延长加热时间，实际硬化层深度可以有所增加。硬化层深度取决于加热层深度、淬火加热温度、冷却速度和材料本身淬透性等因数。

（4）感应加热表面淬火后的组织和性能快速加热时在细小的奥氏体内有大量亚结构残留在马氏体中，所以感应加热表面淬火获得的表面组织是细小隐晶马氏体，碳化物呈弥散分布。表面硬度（HRC）比普通淬火时高2～3，耐磨性提高。喷水冷却时差别更大。表层因相变体积膨胀而产生压应力，降低缺口敏感性，提高疲劳强度。感应加热表面淬火工件表面氧化、脱碳小，变形小，质量稳定。感应加热表面淬火加热速度快，热效率高，生产率高，易实现机械化和自动化。

8.2.1.2 中、高频感应加热表面热处理

感应加热是一种用途极广的热处理加热方法，可用于退火、正火、淬火、各种温度范围的回火以及各种化学热处理。感应加热类型和特性见表8-10。

表8-10 感应加热类型和特性

项目	感应加热类型	
	传导式加热（表层加热）	透入式加热（热容量加热）
含义	热透入深度小于淬硬层深度，超过$\Delta_{热}$的淬硬层，其温度的提高来自热传导	热透入深度大于淬硬层深度，淬硬层的热量由涡流产生，层内温度基本均匀
热能产生部位	表面	淬硬层内为主
温度分布	按热传导定律	陡，接近直角
表面过热度	快速加热时较大	小（快速加热时也小）
非淬火部位受热	较大	小
加热时间	较长（按分计），特别在淬硬深度大、过热度小时	较短（按秒计），当淬硬深度大、过热度小时也相同
劳动生产率	低	高
加热热效率	低；当表面过热度 $\Delta T=100℃$ 时，$\eta=13\%$	高，当表面过热度 $\Delta T=100℃$ 时，$\eta>30\%$

感应加热方式有同时加热和连续加热。用同时加热方式淬火时，零件需要淬火的区域整个被感应器包围，通电感应加热到淬火温度后迅速冷却淬火，可以直接从感应器的喷水孔中喷水冷却，也可以将工件移出感应器迅速浸入淬火槽中冷却。此法适用于大批量生产。用连续加热方式淬火时，零件与感应器相对移动，使加热和冷却连续进行。它适用于淬硬区较长、设备功率又达不到同时加热要求的情况。

选择功率密度要根据零件尺寸及其淬火条件而定。电流频率越低、零件直径越小及所要求的硬化层深度越小，则所选择的功率密度值应越大。高频淬火常用于零件直径较小、硬化层深度较浅的场合；中频淬火常用在大直径工件和硬化层深度较深的场合。

8.2.1.3 超高频感应加热表面热处理

（1）超高频感应加热淬火又称超高频冲击淬火或超高频脉冲淬火，是利用27.12MHz超高频率极强的集肤效应，使0.05~0.5mm厚的零件表层在极短的时间内（1~500ms）加热至上千摄氏度，其能量密度可达100~1000W/mm²，仅次于激光和电子束，加热速度为10^4~10^6℃/s，加热停止后表层主要靠自身散热迅速冷却，自身冷却速度高达10^6℃/s，达到淬火目的。由于表层加热和冷却极快，畸变量较小，不必回火，淬火表层与基体间看不到过渡带。超高频感应加热淬火主要用于小、薄的零件，如录音器材、照相机械、打印机、钟表、纺织钩针、安全刀等零部件，可明显提高质量，降低成本。

（2）大功率高频脉冲淬火频率一般为200~300kHz（对于模数小于1的齿轮使用1000kHz），振荡功率为100kW以上。因为降低了电流频率，增加了电流透入深度0.4~1.2mm，故处理的工件较大。一般采用浸冷或喷冷，以提高冷却速度。大功率高频脉冲淬火在国外已较为普遍地应用于汽车行业，同时在手工工具、仪表耐磨件、中小型模具上的局部硬化也得到应用。

普通高频淬火、超高频感应加热淬火和大功率高频脉冲淬火技术特性的比较见表8-11。

表8-11 普通高频淬火、超高频感应加热淬火和大功率高频脉冲淬火技术特性

项　目	普通高频淬火	超高频感应加热淬火	大功率高频脉冲淬火
频率	200~300kHz	27.12MHz	200~1000kHz
发生器功率密度	200W/cm²	10~30kW/cm²	1.0~10kW/cm²
最短加热时间	0.1~5s	1~500ms	1~1000ms
稳定淬火最小表面电流穿透深度/mm	0.5	0.1	—
硬化层深度/mm	0.5~2.5	0.05~0.5	0.1~1
淬火面积	取决于连续步进距离	10~100mm²（最宽3mm/脉冲）	100~1000mm²（最宽10mm/脉冲）
感应器冷却介质	水	单脉冲加热无需冷却	通水或埋入水中冷却
工件冷却	喷水或其他冷却	自身冷却	埋入水中或自冷
淬火层组织	正常马氏体组织	极细针状马氏体	细马氏体
畸变	不可避免	极小	极小

8.2.1.4 双频感应加热淬火和超声频感应加热淬火

（1）双频感应加热淬火对于凹凸不平的工件如齿轮等，当间距较小时，任何形状的感应器都不能保持工件与感应器施感导体之间的间隙一致。因而，间隙小的地方电流透入深度就大，间隙大的地方电流透入深度就小，难以获得均匀的硬化层。要使低凹处达到一定深度的硬化层，难免使凸出处过热；反之，低凹处得不到硬化层。

双频感应加热淬火是采用两种频率交替加热，较高频率加热时，凸出处温度较高；较低频率加热时，则低凹处温度较高。这样凹凸处各点温度趋于一致，可以均匀硬化。

（2）超声频感应加热淬火，使用双频感应加热淬火，虽然可以获得均匀的硬化层，但设备复杂，成本也较高，所需功率也大，而且对于低淬透性钢，高、中频淬火都难以获得凹凸零部件均匀分布的硬化层。若采用 20~50kHz 的频率可实现中小模数齿轮（$m=3\sim6$）表面的均匀硬化层。由于频率大于 20kHz 的波称为超声频波，所以这种处理称为超音频感应热处理。在上述模数范围内一般所采用的频率按下式计算：

$$f_1=\frac{6\times10^5}{m^2} \tag{8-4}$$

式中，f_1 为齿根电流频率的值，Hz；m 为齿轮模数。

如果模数超过这个范围，最好采用双频感应加热淬火。齿顶电流频率 f_2（单位 Hz），由下式确定：

$$f_2=\frac{6\times10^6}{m^2} \tag{8-5}$$

一般 $f_2/f_1=3.33$。

8.2.1.5　冷却方式和冷却介质的选择

感应加热淬火冷却方式和冷却介质可根据工件材料、形状、尺寸、采用的加热方式以及硬化层深度等综合考虑确定。常用冷却介质见表 8-12。

表 8-12　感应加热淬火常用的冷却介质

序号	冷却介质	温度范围/℃	简要说明
1	水	15~35	用于形状简单的碳钢件，冷速随水温、水压（流速）而变化。水压 0.10~0.4MPa 时，碳钢喷淋密度为 $10\sim40m^3/(cm^2\cdot s)$；低淬透性钢为 $100m^3/(cm^2\cdot s)$
2	聚乙烯醇水溶液①	10~40	常用于低合金钢和形状复杂的碳钢件，常用碳的质量分数为 0.05%~0.3%，浸冷或喷射冷却
3	乳化液	<50	用切削油或特殊油配成乳化液，其质量分数为 0.2%~24%，常用 5%~15%，现逐步淘汰
4	油	40~80	一般用于形状复杂的合金钢件。可浸冷、喷冷或埋油冷却。喷冷时，喷油压力为 0.2~0.6MPa，保证淬火零件不产生火焰

①聚乙烯醇水溶液配方为（质量分数）：聚乙烯醇≥10%，三乙醇胺（防锈剂）≥1%，苯甲酸钠（防腐剂）≥0.2%，消泡剂≥0.02%，余量为水。

8.2.2　火焰加热表面淬火

火焰加热表面淬火是应用氧-乙炔或其他可燃气体对零件表面加热，随后淬火冷却的工艺。与感应加热表面淬火等方法相比，具有设备简单、操作灵活、适用钢种广泛、零件表面清洁、一般无氧化和脱碳、畸变小等优点。常用于大尺寸和质量大的工件，尤其适用于批量少、品种多的零件或局部区域的表面淬火，如大型齿轮、轴、轧辊和导轨等。但加热温度不易控制，噪声大，劳动条件差，混合气体不够安全，不易获得薄的表面淬火层。

8.2.2.1　氧-乙炔火焰特性

氧-乙炔火焰分为中性焰、碳化焰和氧化焰，其火焰又分为焰心区、内焰区和外焰区 3 层，其特性见表 8-13。火焰加热表面淬火的火焰选择有一定的灵活性，常用氧、乙炔混合比 1.5 的氧化焰。氧化焰较中性焰经济，减少乙炔消耗量 20%时，火焰温度仍然很高，而且可降低因表面过热而产生废品的危险。

表 8-13 氧-乙炔焰分类及特性比较

火焰类别	混合比 β①	焰心	内焰	外焰	最高温度/℃	备注
氧化焰	>1.2，一般为1.3~1.7	淡紫蓝色	蓝紫色	蓝紫色	3100~3500	无碳素微粒层，有噪声。含氧越高，火焰越短，噪声越大
中性焰	1.1~1.2	蓝白色圆锥形，焰心长，流速快，温度≥950℃	淡橘红色，还原性，焰长10~20mm，距焰心2~4mm，温度最高3150℃	淡蓝色，氧化性，1200~2500℃	3050~3150	焰心外面分布有碳素微粒层
碳化焰	<1.1，一般为0.8~0.95	蓝白色，焰心较长	淡蓝色，乙炔量大时内焰较长	橘红色	2700~3000	可能有碳素微粒层，火焰层间无明显轮廓

①β 指氧气与乙炔的体积比。

8.2.2.2 火焰加热表面淬火方法和工艺参数的选择

火焰加热表面淬火方法可分为同时加热和连续加热两种，其操作方法、工艺特点和适用范围见表 8-14。

表 8-14 火焰加热表面淬火方法

加热方法	操作方法	工艺特点	适用范围
同时加热	固定法（静止法）	工件和喷嘴固定，当工件被加热到淬火温度后喷射冷却或浸入冷却	用于淬火部位不大的工件
	快速旋转法	一个或几个固定喷嘴对75~150r/min旋转的工件表面加热一定时间后冷却（常用喷冷）	适用于处理直径和宽度不大的齿轮、轴颈、滚轮等
连续加热	平面前进法	工件相对喷嘴作50~300mm/min直线运动，距喷嘴火孔10~30mm处设有冷却介质喷射孔，使工件淬火	可淬硬各种尺寸平面型工件表面
	旋转前进法	工件以50~300mm/min速度围绕固定喷嘴旋转，距喷嘴火孔10~30mm设冷却介质喷射	用于制动轮、滚轮、轴承圈等直径大表面窄的工件
	螺旋前进法	工件以一定速度旋转，喷嘴轴向配合运动，得螺旋状淬硬层	获得螺旋状淬硬层
	快速旋转前进法	一个或几个喷嘴沿75~150r/min旋转的工件定速移动，加热和冷却工件表面	用于轴、锤杆和轧辊等

工艺参数的选择应考虑火焰特性、焰心至工件表面距离、喷嘴或工件移动速度、淬火介质和淬火方式、淬火和回火的温度范围等。

8.2.2.3 火焰淬火的质量检验

（1）外观。表面不应有过烧、熔化、裂纹等缺陷。

（2）硬度。表面硬度应符合表 8-15 的规定。

表 8-15 表面硬度的波动范围

工 件 类 型		表面硬度波动范围			
		HRC		HV	
		≤50	>50	≤500	>500
火焰淬火回火后，只有表面硬度要求的零件	单件	≤6	≤5	≤75	≤105
	同一批件	≤7	≤6	≤95	≤125
火焰淬火回火后，有表面硬度、力学性能、金相组织、畸变量要求的零件	单件	≤5	≤4	≤55	≤85
	同一批件	≤6	≤5	≤75	≤105

8.2.3 接触电阻加热表面淬火

接触电阻加热表面淬火是利用触头（铜滚轮或碳棒）与工件间的接触电阻热使工件表面加热，并依靠自身热传导来实现冷却淬火。这种方法设备简单，操作灵活，工件变形小，淬火后不需回火。接触电阻加热表面淬火能显著提高工件的耐磨性和抗擦伤能力；但淬硬层较薄（0.15~0.30mm），金相组织及硬度的均匀性都较差。目前，该工艺多用于机床铸铁导轨的表面淬火，也用于汽缸套、曲轴、工模具等的淬火。

8.2.4 浴炉加热表面淬火

将工件浸入高温盐浴（或金属浴）中，短时加热，使表层达到规定淬火温度，然后激冷的方法称为浴炉加热表面淬火。此方法不需添置特殊设备，操作简便，特别适合于单件小批量生产。所有可淬硬的钢种均可进行浴炉加热表面淬火，但以中碳钢和高碳钢为宜，高合金钢加热前需预热。

浴炉加热表面淬火的加热速度比高频和火焰淬火低，采用的浸液冷却效果没有喷射强烈，所以淬硬层较深，表面硬度较低。

8.2.5 电解液加热表面淬火

电解液加热表面淬火原理如图 8-5 所示。工件淬火部分置于电解液中为阴极，金属电解槽为阳极。电路接通，电解液产生电离，阳极放出氧，阴极工件放出氢。氢围绕阴极工件形成气膜，产生很大的电阻，通过的电流转化为热能将工件表面迅速加热到临界点以上温度。电路断开，气膜消失，加热的工件在电解液中实现淬火冷却。此方法设备简单，淬火变形小，适用于形状简单小件的批量生产。

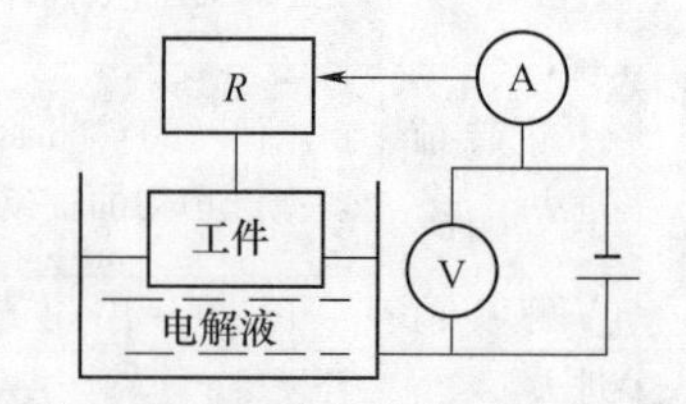

图 8-5 电解液加热表面淬火原理

电解液可用酸、碱或盐的水溶液，质量分数为 5%~18%的 Na_2CO_3 溶液效果较好。电解液温度不可超过 60℃，否则，影响气膜的稳定性和加速溶液蒸发。常用电压 160~180V，电流密度 4~10A/cm^2，加热时间由试验决定。

另外，高能束表面淬火包括激光、电子束、等离子体和电火花等表面淬火，其原理和应用分别参见激光、电子束、等离子体和电火花等表面处理相应章节。

8.3 金属表面化学热处理

金属表面化学热处理是利用元素扩散性能，使合金元素渗入金属表层的一种热处理工艺。其基本工艺过程是：将工件置于含有渗入元素的活性介质中加热到一定温度，使活性介质通过分解（包括活性组分向工件表面扩散以及界面反应产物向介质内部扩散）并释放出欲渗入元素的活性原子，活性原子被工件表面吸附并溶入表面，溶入表面的原子向金属表层扩散渗入形成一定厚度的扩散层，从而改变工件表层的成分、组织和性能。

金属表面化学热处理的目的表现为：（1）提高金属表面的强度、硬度和耐磨性。如渗氮可使金属表面硬度（HV）达到950~1200；渗硼可使金属表面硬度（HV）达到1400~2000等，因而工件表面具有极高的耐磨性。（2）提高材料疲劳强度。如渗碳、渗氮、渗铬等渗层中由于相变使体积发生变化，导致表层产生很大的残余压应力，从而提高疲劳强度。（3）使金属表面具有良好的抗黏着、抗咬合的能力和降低摩擦系数如渗硫等。（4）提高金属表面的耐蚀性。如渗氮、渗铝等。

化学热处理渗层的基本组织类型有：（1）形成单相固溶体。如渗碳层中的α铁素体相等。（2）形成化合物。如渗氮层中的ε相（$Fe_{2\sim3}N$），渗硼层中Fe_2B等。另外，一般可同时存在固溶体、化合物的多相渗层。

化学热处理后的金属表层、过渡层与心部，在成分、组织和性能上有很大差别。强化效果不仅与各层的性能有关，而且还与各层之间的相互联系有关。如渗碳表面层的碳含量及其分布、渗碳层深度和组织等均可影响材料渗碳后的性能。

根据渗入元素的活性介质所处状态不同，化学热处理可分以下几类：（1）固体法。包括粉末填充法、膏剂涂覆法、电热旋流法、覆盖层（电镀层、喷镀层等）扩散法等。（2）液体法。包括盐浴法、电解盐浴法、水溶液电解法等。（3）气体法。包括固体气体法、间接气体法、流动粒子炉法等。（4）等离子法。参见等离子处理有关章节。

8.3.1 表面渗镀技术

表面渗镀技术是在一定的温度下，在特定的活性介质中使钢的表面渗入适当元素，同时向钢内部扩散以获得预期的组织和性能的热处理过程，如渗碳、氮化、碳氮共渗、渗硼、渗硫、渗铬、渗铝等。表面渗扩通过改变钢表面层的化学成分和组织来改善表面性质。要使同一金属零件的表面和心部具备不同的成分和性能，采用表面化学渗扩是十分有效的方法。表面渗扩包括下述3个基本过程。

（1）化学介质的分解。在一定温度下，化学介质可发生化学分解反应，生成活性原子。例如在渗碳温度（920~930℃）时，含碳介质会发生如下分解反应：

$$2CO \rightleftharpoons CO_2 + [C] \tag{8-6}$$

$$C_n H_{2n} \rightleftharpoons nH_2 + n[C] \tag{8-7}$$

$$C_n H_{2n+2} \rightleftharpoons (n+1) H_2 + n[C] \tag{8-8}$$

氮化时，氨发生分解：

$$2NH_3 \longrightarrow 3H_2 + 2[N] \tag{8-9}$$

通常为了增加化学介质的活性，还加入适量催化剂或催渗剂，以加速反应过程，降低反应温度，缩短反应时间。例如，固体渗碳时加入碳酸盐，渗金属时常用氯化铵作为催渗剂。此外稀土元素的应用也具有很明显的催渗效果。

(2) 活性原子的吸收。介质分解生成活性原子，如［C］、［N］等，为钢的表面所吸附，然后溶入基体金属铁的晶格中。碳、氮等原子半径较小的非金属元素容易溶入 γ-Fe 中形成间隙固溶体。碳也可与钢中强碳化物元素直接形成碳化物。氢可溶于 α-Fe 中形成过饱和固溶体，然后再形成氮化物。

(3) 原子的扩散。钢表面吸收活性原子后，该种元素的浓度大大提高，形成了显著的浓度梯度。在一定的温度条件下，原子就能沿着浓度梯度下降的方向作定向的扩散，结果便能得到一定厚度的扩散层。

表征扩散过程速度的一个重要参数是扩散系数 D。它的物理意义是，在浓度梯度为 1 的情况下，单位时间内通过单位面积的扩散物质量。扩散系数越大，则扩散速度越快。影响扩散速度的主要因素是温度和时间。

扩散系数和温度的关系，可由下式表示：

$$D = Ae^{-\frac{Q}{RT}} \tag{8-10}$$

式中，D 为扩散系数；A 为方程式参数；T 为绝对温度；e 为自然对数之底；R 为气体常数；Q 为扩散激活能。

温度越高，扩散系数越大，如碳在铁中的扩散系数，当温度自 925℃增至 1100℃时，会增加 7 倍以上；而铬在铁中的扩散系数，当从 1150℃增至 1300℃时会增大 50 倍以上。

当温度一定时，加热时间越长，扩散层的厚度便越大，扩散层厚度与时间的关系为：

$$\delta = K\sqrt{\tau} \tag{8-11}$$

式中，δ 为扩散层厚度；τ 为时间；K 为常数。

8.3.1.1 渗硼

渗硼主要是为了提高金属表面的硬度、耐磨性和耐蚀性。它可用于钢铁材料、金属陶瓷和某些有色金属材料，如钛、钽和银基合金。这种方法成本较高。

A 渗硼基本原理

渗硼就是把工件置于含有硼原子的介质中加热到一定温度，保温一段时间后，在工件表面形成一层坚硬的渗硼层。

在高温下，供硼剂硼砂（$Na_2B_4O_7$）与介质中 SiC 发生反应：

$$Na_2B_4O_7 + SiC \longrightarrow Na_2O \cdot SiO_2 + CO_2 + O_2 + 4[B]$$

若供硼剂为 B_4C，活性剂为 KBF_4，则有以下反应：

$$KBF_4 \longrightarrow KF + BF_3$$

$$4BF_3 + 3SiC + 1.5O_2 \longrightarrow 3SiF_4 + 3CO + 4B$$

$$3SiF_4 + B_4C + 1.5O_2 \longrightarrow 4BF_3 + SiO_2 + CO + 2Si$$

$$B_4C + 3SiC + 3O_2 \longrightarrow 4B + 2Si + SiO_2 + 4CO$$

B 渗硼层的组织

硼原子在 γ 相或 α 相中的溶解度很小，当硼含量超过其溶解度时，就会产生硼的化合物 Fe_2B(ε)。当硼的质量分数大于 8.83%时，会产生 FeB(η′)。当硼含量在 6%~16%

时，会产生 FeB 与 Fe_2B 白色针状的混合物。一般希望得到单相的 Fe_2B。铁-硼相图如图 8-6所示。

钢中的合金元素大多数可溶于硼化物层中（例如络和锰）。因此认为硼化物是 $(Fe, M)_2B$或（Fe，M）B 更为恰当（其中 M 表示一种或多种金属元素）。碳和硅不溶于硼化物层，而被硼从表面推向硼化物前方而进入基材。这些元素在碳钢的硼化物层中的分布示意图如图 8-7 所示。硅在硼化物层前方的富集量可达百分之几。这会使低碳铬合金钢硼化物层前方形成软的铁素体层只有降低钢的含硅量才能解决这一问题。碳的富集会析出渗碳体或硼渗碳体（例如 $Fe_3B_{0.8}C_{0.2}$）。

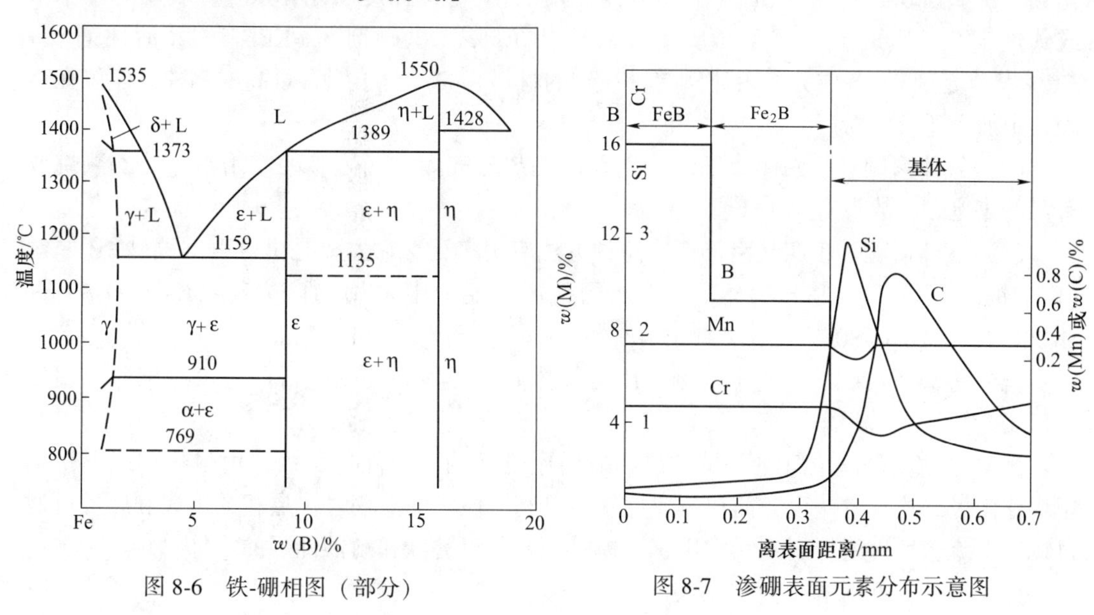

图 8-6　铁-硼相图（部分）

图 8-7　渗硼表面元素分布示意图

C　渗硼层的性能

（1）硬度很高。如 Fe_2B 的硬度（HV）为 1300~1800；FeB 的硬度（HV）为 1600~2200。由于 FeB 脆性大，一般希望得到单相的、厚度为 0.07~0.15mm 的 Fe_2B 层。如果合金元素含量较高，由于合金元素有阻碍硼在钢中的扩散作用，则渗硼层厚度较薄。硼化铁的物理性能参见表 8-16。

表 8-16　硼化铁的物理性能

硼化铁类型	w(B)/%	晶格常数	密度/g·cm^{-3}	线膨胀系数（200~600℃）	弹性模量/MPa	硼在铁中的扩散系数（950℃）/cm^2·s^{-1}
Fe_2B	8.83	正方（a=5.078，c=4.249）	7.43	7.85×10^{-6}/℃	3×10^5	1.53×10^{-7}（扩散区）
FeB	16.23	正交（a=4.053，b=5.495，c=2.946）	6.75	23×10^{-6}/℃	6×10^5	1.82×10^{-8}（硼化物层）

（2）在盐酸、硫酸、磷酸和碱中具有良好的耐蚀性，但不耐硝酸。

（3）热硬性高，在 800℃时仍保持高的硬度。

（4）在 600℃以下抗氧化性能较好。

D 渗硼方法

固体渗硼在本质上属于气态催化反应的气相渗硼。供硼剂在高温和活化剂的作用下形成气态硼化物（BF_2、BF_3），它在工件表面不断化合与分解，释放出活性硼原子不断被工件表面吸附并向工件内扩散，形成稳定的铁硼化物层。

（1）固体渗硼。是将工件置于含硼的粉末或膏剂中，装箱密封，放入加热炉中加热到950~1050℃保温一定时间后，工件表面上获得一定厚度的渗硼层方法。这种方法设备简单，操作方便，适应性强，但劳动强度大，成本高。固体粉末是由供硼剂（硼铁、碳化硼、脱水硼砂等）、活性剂（氟硼酸钾、碳化硅、氯化物、氟化物等）、填充剂（木炭或碳化硅等）组成。如配方（质量分数）：B_4C5%（供硼剂）+$KBF_4$5%（活性剂）+SiC%（填充剂）。各成分所占比例与被渗硼的材料有关。对于铝含量高的钢种，建议在渗硼粉中加入适量铬粉。

（2）气体渗硼。与固体渗硼的区别是供硼剂为气体。气体渗硼需用易爆的乙硼烷或有毒的氯化硼，故没有用于工业生产。

（3）液体渗硼。也叫盐浴渗硼。这种方法应用广泛。它主要是由供硼剂硼砂+还原剂（碳酸钠、碳酸钾、氟硅酸钠等）组成的盐浴，生产中常用的配方有：$Na_2B_4O_7$80%+SiC20%或$Na_2B_4O_7$80%+Al10%+NaF10%等。

（4）等离子渗硼。等离子渗硼可用与气体渗硼类似的介质，目前还没有工业应用的处理工艺。

（5）电解渗硼。电解渗硼是在渗硼盐浴中进行的。工件为阴极，用耐热钢或不锈钢坩埚作阳极。这种方法设备简单，速度快，可利用便宜的渗剂。渗层相的组成和厚度可通过调整电流密度进行控制。它常用于工模具和要求耐磨性和耐蚀性强的零件。

E 渗硼层的应用实例

渗硼在生产中的应用实例见表8-17。渗硼最合适的钢种为中碳钢及中碳合金钢。渗硼后为了改善基体的力学性质，应进行淬火+回火处理。

表8-17 渗硼应用实例

模具名称	模具材料	被加工材料	寿命（件/模）		使用单位
			淬火+回火	渗硼	
冷镦六方螺母凹模	Crl2MoV	Q235钢	$(0.3\sim0.5)\times10^4$	$(5\sim6)\times10^4$	北京标准件厂
冷冲模	CrWMn	25钢	$(300\sim500)\times10^3$	$(0.5\sim1)\times10^4$	北京机电研究所
冷轧顶头凸模	65Mn	Q235钢螺母	$(0.3\sim0.4)\times10^4$	2×10^4	沙市标准件厂
热锻模	5CrMnMo	齿轮40Mn2	300~500	600~700	江西机械厂

有色金属渗硼通常是在非晶态硼中进行的。某些有色金属如钛及其合金必须在高纯氨或高真空中进行，且必须在渗硼前对非晶硼进行除氧。大多数难熔金属都能渗硼。

钛及其合金的渗硼最好在1000~1200℃进行。在1000℃处理8h可得12μm致密的TiB_2层；15h后为20μm。硼化物层与基体结合良好。

铝的渗硼也用类似条件获得单相硼化铝层。在1000℃渗硼8h可得12μm的渗层。银合金IN-100（美国牌号）在940℃渗硼8h获得60μm厚的硼化物层。

8.3.1.2 渗碳

结构钢经渗碳后，能使零件工作表面获得高的硬度、耐磨性、耐侵蚀磨损性、接触疲劳强度和弯曲疲劳强度，而心部具有一定强度、塑性、韧性的性能。常用的渗碳方法有3种：

（1）气体渗碳。气体渗碳是目前生产中应用最为广泛的一种渗碳方法，工业上一般有井式炉滴注式渗碳和贯通式气体渗碳两种，它是在含碳的气体介质中通过调节气体渗碳气氛来实现渗碳的目的。按渗碳介质气氛中的基本渗剂可分为甲烷（CH_4）、丙烷（C_3H_8）和丁烷（C_4H_{10}）等数种，渗碳活性随渗剂组成的比例不同而不同。一般气体渗碳多用930℃的高温处理，但渗碳后还是采用较低的淬火温度为好。例如，合金渗碳钢常用的渗碳工艺是：930℃渗碳几小时后再在同样温度下扩散1~2h，然后降到800℃油淬，最后经130~150℃充分回火。

（2）液体渗碳。液体渗碳是将被处理的零件浸入盐浴渗碳剂中，通过加热使渗碳剂分解出活性的碳原子来进行渗碳。液体渗碳剂的基剂是氰化钠（NaCN），为了防止分解和避免渗碳过度等缺陷，还需添加氯化盐（$BaCl_2$、NaCl和KCl）或其他盐类，构成二元或二元系盐浴后才能使用。质量分数为Na_2CO_3 75%~85%、NaCl 10%~15%、SiC 8%~15%就是一种熔融的渗碳盐浴配方，10钢在950℃保温3h后可获得总厚度为1.2mm的渗碳层。

液体渗碳具有设备简单、操作方便、质量稳定、处理温度较低和减少零件变形等特点，所以在工业上特别是精密零件的生产中应用较多。

（3）固体渗碳。固体渗碳是一种传统的渗碳方法，它使用固体渗碳剂，其中木炭是渗碳基剂，碳酸钡是促渗剂。固体渗碳温度一般为900~950℃，在此高温下木炭与渗碳钢及空隙中的空气等构成Fe-C-O平衡系，并在渗碳钢表面发生界面反应而进行渗碳。为了使渗层在较短时间内达到一定温度和碳浓度，被渗件须在高温下经受长时间保温，从而引起晶粒粗化。因此渗碳钢一般经两次淬火：第一次是为细化晶粒而加热到A_3点以上的高温淬火；第二次是加热到A_1点以上，在大约800~850℃范围内进行淬火。

为了提高表面渗碳的效率，缩短工艺周期，提高生产率和得到高质量的工件，人们开发了许多渗碳新工艺，如高温渗碳、等离子渗碳、真空渗碳、高频渗碳和放电渗碳等。

（1）高温渗碳。渗碳是一种受扩散制约的工艺过程，而扩散系数是热力学温度的指数函数，因此，提高渗碳温度就可以获得较高的生产率。例如，将渗碳温度从900℃提高到950℃，时间就可以缩短一半；若将温度再从950℃提高到1010℃，时间则几乎又缩短了一半。

高温渗碳中粗化的晶粒可通过渗碳后再加热到奥氏体而得到细化，但时间不能缩短，因此，高温渗碳最好是选用高温渗碳钢。这种钢除了能防止晶粒长大之外，还具有优良的渗碳性能。例如，用含$w_{(Si)}$ 1.1%、$w_{(Cr)}$ 1.1%、$w_{(Mo)}$ 0.25%的高温渗碳钢，在1050℃下渗碳30~90min，渗碳层深度较浅，但组织较细，而且力学性能不会降低。

（2）等离子渗碳。等离子渗碳是目前继高温渗碳之后发展起来的一种新技术，在后面一节中专门讨论。

（3）真空渗碳。新发展起来的真空渗碳工艺能够缩短热处理周期时间，提高工件的力学性能，并具有与等离子渗碳相类似的许多优点。真空渗碳是在真空中进行的一个不平衡的增碳扩散型渗碳工艺。与气体渗碳相比，真空渗碳完全没有氧存在，钢材表面很洁净，渗层均匀，不会发生渗碳淬火后的表面异常层。由于处理温度高，渗碳时间可显著地缩短。

真空渗碳工艺由以下几个过程组成：

1）把工件放入炉内，将炉内气压降至1.33Pa，然后加热到820~1040℃长时间保温，使工件的温度均匀化。

2）向炉内通入纯碳氢化合物气体（甲烷或丙烷）或碳氢化合物的混合气体，使炉内气压达到4×10^4Pa，使碳氢化合物气体在工件表面分解增碳。同时，在工作温度下提供饱和碳至奥氏体的溶解度。渗碳完毕后，将炉内气压降至1.33Pa，进行扩散处理。

3）渗碳和扩散处理结束后，向炉内通入N_2，冷至500~600℃后再加热到淬火温度，使晶粒细化，然后进行淬火冷却。

（4）高频感应加热渗碳。简称高频渗碳，可直接加热工件，炉温可大大降低，同时气体仅在钢材的表面发生分解而使之渗碳，分解气体通过对流，使工件表面经常地保持着一定的碳势。

采用高频渗碳，如果精心设计感应圈，则可使之只加热所需加热的部位，从而实现局部渗碳，并可缩短渗碳的时间，而且费用也可降低40%。

（5）放电与电解渗碳。放电渗碳是切断电解液中的加热电流，利用电解急冷淬火的这一原理用于渗碳的一种工艺方法。用作电解渗碳的电解液，其溶剂或溶质都必须有碳源。从生产角度看，二乙醇的NaCl饱和溶液是较为适宜的电解液。在这种电解液中浸入与碳不发生活性反应的阳极板和被处理钢材（阴极），当在两极间加上0~240V的连续可变直流电压时，就会产生放电现象。电解液的溶剂或溶质所产生的渗碳性气体将包围被处理钢材，通过气体放电作用，使钢材表面的碳浓度迅速提高，可在2~3min的短时间内进行渗碳。工件经5min放电渗碳后，其表面碳浓度可达1.59%，渗碳深度为0.3mm，硬度（HV）达800。

电解渗碳是把低碳钢零件置于盐浴中加热，利用电化学反应使碳原子渗入工件表层。这是一种新型的渗碳方法。渗碳介质以碱土金属碳酸盐为主，加一些调整熔点和稳定盐浴成分的溶剂。阳极为石墨，工件作阴极，通以直流电后盐浴电解产生CO，CO分解产生新生态活性碳原子渗入工件表层。

8.3.1.3 渗氮

渗氮是在含有氮原子的介质中，将工件加热到一定温度，钢的表面被氮原子渗入的一种工艺方法。渗氮工艺复杂，时间长，成本高，所以只用于耐磨、耐蚀和精度要求高的耐磨件，如发动机气缸、排气阀、阀门、精密丝杆等。

钢经渗氮后获得高的表面硬度，在加热到500℃时硬度变化不大，具有低的划伤倾向和高的耐磨性，可获得500~1000MPa的残余压应力，使零件具有高的疲劳极限和高耐蚀性。在自来水、潮湿空气、气体燃烧物、过热蒸汽、苯、不洁油、弱碱溶液、硫酸、醋酸、正磷酸等介质中均有一定的耐蚀性。

A 渗氮的分类

按渗氮温度高低可分为低温渗氮和高温渗氮。

低温渗氮是指渗氮温度低于600℃的各种渗氮方法。渗氮层的结构主要决定于Fe-N

相图。主要渗氮方法有气体渗氮、液体渗氮、离子渗氮等。低温渗氮主要用于结构钢和铸铁。目前广泛应用的是气体渗氮法，即把需渗氮的零件放入密封渗氮炉内，通入氨气，加热至500~600℃，氨发生以下反应：

$$2NH_3 = 3H_2 + 2[N] \tag{8-12}$$

生成的活性氮原子［N］渗入钢表面，形成一定深度的渗氮层。

根据Fe-N相图，氮溶入铁素体和奥氏体中，与铁形成γ′相（Fe_4N）和ε相（$Fe_{2\sim3}N$），也溶解一些碳，所以渗氮后工件最外层是白色ε相或γ′相，次外层是暗色γ′+ε共析体层。

高温渗氮是指渗氮温度高于共析转变温度（600~1200℃）下进行的渗氮。主要用于铁素体钢、奥氏体钢、难熔金属（Ti、Mo、Nb、V等）的渗氮。

B 洁净渗氮

渗氮是利用某些化学物质除去工件表面氧化膜及油污层的渗氮方法。这些化学物质在炉内分解产生具有强烈的化学活性的气体，与工作表面的氧化物作用获得洁净表面，并加速渗氮过程。常用的化学物质有氯化铵、四氯化碳、氯化钠、氯化钙、聚乙烯树脂及盐酸等，前两者应用最广。加氯化铵洁净渗氮，一般可使渗氮周期缩短一半，单位时间内氨消耗量可减少50%。以四氯化碳和盐酸作为催渗物质，其效果与氯化铵相近。

C 高温渗氮及分段渗氮

渗氮温度升高，原子扩散速度增大，加速渗氮过程。在一般渗氮温度范围内，渗氮层深度和渗氮温度以近似直线关系增大，但硬度随之下降，零件变形量增大。因此，在满足硬度要求的条件，可适当提高温度以缩短渗氮周期。例如，某精密零件常在450℃渗氮，如在560℃左右渗氮，就可使渗氮时间缩短一半。对于硬度要求不高，需要抗蚀性的渗氮，可在600~700℃进行，渗氮时间可缩短到0.5~1.5h。

为了能缩短渗氮时间且保持较高硬度，可采用两段渗氮法。第一阶段温度较低，一般为510~520℃，使工件表面形成高度弥散的氮化物颗粒，从而保证高硬度；第二阶段温度为530~550℃，加速氮原子扩散，可缩短渗氮时间，但不会使氮化物明显聚集。两段渗氮法可使渗氮时间由80h缩短至50h左右，渗层硬度梯度也有所改善。

D 催渗渗氮

催渗渗氮即在渗氮介质中添加一种或几种起催渗作用的物质，如加氮渗氮和加钛渗氮。

加氮渗氮是在氨中加氮的混合气体中进行。加氮量的体积分数为30%~90%，可显著加速渗氮过程，并改善渗层组织，降低脆性和提高ε和γ相的稳定性。实验表明，在渗氮开始阶段，扩散层的形成速度可提高50%以上。这种渗氮方法的原理，主要是惰性氮的稀释作用，抑制氨的分解；活性氢原子减少，提高钢表面对活性氮原子的吸收，增大表层固溶体中氮浓度，加速氮原子向工件内扩散。

加钛渗氮是在镀钛渗氮基础上发展起来的。在工件上镀一层钛，然后渗氮，有一定的催渗作用。加钛渗氮法是利用海绵钛催渗渗氮的方法，就是首先将少量氯化铵放在不锈钢的小盒底部，其上再依次加一层硅砂和一层海绵钛，然后将盒放在炉罐底部进行渗氮。反应所产生的活性钛原子，被吸附在工作表面，有利于吸氮，加大表面氮浓度，加速氮向工件内扩散。另外，钛还可向钢内渗入，形成高度弥散的氮化钛。因此，加钛渗氮除可缩短1/2~2/3时间外，还可提高钢的硬度。钛不仅可以提高Fe-N的共析温度，使渗氮能在较高温度下进行，而且可提高氮在铁中的扩散系数。

E 电解气相催渗渗氮

将一定成分的电解气体供入渗氮炉中，供入的方法有：(1) 将电解气通入供氮气流中；(2) 将氨通入电解槽中，然后将电解气带入炉中；(3) 用氮等气体作为载气带入电解气。这种渗氮方法可起到显著的催渗作用，一般渗氮时间可缩短1/2~2/3。电解液分为酸性和碱性两种。前者主要为含氯离子的溶液，最简单的配方是将氯化钠溶于硫酸或盐酸中，有的则加氯化铵、氯化钠、海绵钛、甘油等；后者主要为甲醇或乙醇为基的氯化物碱性溶液。

在电解催渗渗氮过程中，电解所产生的氯和氯化氢起主要作用，这与洁净渗氮相似。这种渗氮特别适用于不锈钢，无需除去表面氧化膜即可直接装炉渗氮。此外，电解气含有氧和水，可起到加氧渗氮的作用，水的存在能使氯及氯化氢与金属表面作用。电解气中的氮可起加氮渗氮作用，含氢量增加可降低氮势，有利于降低某些钢的脆性。

电解催渗渗氮可在较高温度下进行，可获得较高的硬度和合格的金相组织，渗层较厚。与洁净渗氮相比，这种渗氮法还可调节电解气供入量，保持稳定的渗氮过程。此外，渗氮设备不复杂、成本低廉、操作方便，具有大规模生产的条件，很有推广价值。

F 渗氮新工艺

新的渗氮方法包括电接触加热渗氮、磁场加速渗氮、高频感应加热渗氮、超声波渗氮、电解渗氮和高压渗氮等。等离子渗氮将在下面一节中讨论。

(1) 电接触加热渗氮是直接向工件通电加热，可使工件迅速达到渗氮温度，周围氨的温度仍低于分解温度，只有氨与工件表面接触时才能分解产生活性氮原子，这样就减少了氨的分解，减轻了氨分解气体的阻碍作用，使活性氮原子保持高浓度和迅速被金属吸收并向内扩散。渗氮时间可缩短到一般炉内渗氮的1/8~1/5，可显著降低耗氨和耗电量。

(2) 磁场加速渗氮过程。试验表明，在磁场强度为25~30Oe（Oe是非法定单位，1Oe=79.6A/m）的工频激磁磁场中进行渗氮，比一般纯氨渗氮快2~3倍，而且可有效地消除钢的脆性，显著提高其疲劳强度和耐磨性。磁场加速渗氮的原理，被认为是磁场作用，使钢的组织变得具有一定方向性，加速氮在钢中的扩散。

(3) 高频感应加热渗氮兼有上述两种渗氮方法的优点，而且，工件在高频磁场中还产生磁致伸缩效应，有利于进一步促进氮原子的扩散。这种工艺比较成熟，已成功地应用于小零件的生产。渗氮温度通常为500~550℃，温度再升高，工件硬度下降，渗氮时间一般为0.5~3h，继续延长时间，渗层增厚并不明显。

(4) 超声波可用于气体渗氮和盐浴液体渗氮。气体渗氮时，工件与超声波振荡器连在一起。液体渗氮时，将振荡器的振头放在盐浴中。由于超声波引起的弹塑性变形与金属晶格间的相互作用，位错密度增大，形成大量过剩形变空位，促进氮原子的扩散，并可提高金属表面的吸附能力，加速渗氮过程。

(5) 电解渗氮是指通电电解盐浴软氮化，常用盐的成分为NaCN和Na_2CO_3，在电流作用下发生电解反应。氰化物分解产生CN^-离子，移向工件（阳极）起渗氮作用。此外，还常加入活性钛作催渗剂，这种方法可获得很大的渗氮速度和很高的渗层硬度。例如，20钢在600℃渗氮2h，渗层深度达0.15~0.3mm，硬度（HV）为1200。35钢在750℃和电流密度50A/dm^{2}条件下渗氮2h，渗层深度达5mm，最高硬度（HV）达1250。

（6）高压渗氮是在（5~55）×10^{5}Pa下进行。零件放在密封罐中，与热水加热的氨瓶相连。当温度升高时罐内的压力提高，在高压作用下表层金属中位错密度增大，从而提高表面活性和吸氮能力，加速渗氮的进行。

G 渗氮工艺的应用范例

（1）结构钢渗氮。任何珠光体类、铁素体类、奥氏体类以及碳化物类的结构钢都可以渗氮。为了获得具有高耐磨、高强度的零件，可采用渗氮专用钢种（38CrMoAlA）。近年来出现了不采用含铝的结构钢的渗氮强化。结构钢渗氮温度一般选在500~550℃，渗氮后可明显提高疲劳强度。

（2）高格钢渗氮。工件经酸洗或喷砂去除氧化膜后才能进行渗氮。为了获得耐磨的渗层，高铬铁素体钢常在560~600℃进行渗氮。渗氮层深度一般为0.12~0.15mm。

（3）工具钢渗氮。高速钢切削刃具短时渗氮可提高寿命0.5~1倍。推荐渗层深度为0.01~0.025mm，渗氮温度为510~520℃。对于小型工具（<615mm）渗氮时间为15~20min；对较大型工具（ϕ16~30mm）为25~30min；对大型工具为60min。上述规范可得到高硬度（HV1340~1460），热硬性为700℃时仍可保持硬度（HV）为700HV。Cr12模具钢经150~520℃、8~12h的渗氮后，可形成0.08~0.12mm的渗层，硬度（HV）可达1100~1200，热硬性较高，耐磨性比渗氮高速钢还要高。

（4）铸铁除白口铸铁、灰铸铁、不含Al、Cr等合金铸铁外均可渗氮，尤其是球墨铸铁的渗氮应用更为广泛。

（5）难熔合金也可以进行渗氮。用于提高硬度、耐磨性和热强性。

（6）钛及钛合金离子渗氮。经850℃，8h后可得到TiN渗层，层深为0.028mm，硬度（HV）可达800~1200。

（7）钼及钼合金离子渗氮。经1150℃以上温度渗氮1h，渗氮层深度达150μm，硬度（HV）达300~800。

（8）铌及铌合金渗氮。在1200℃渗氮可得到硬度（HV）>2000的渗氮层。

8.3.1.4 渗金属

渗金属方法是使工件表面形成一层金属碳化物的一种工艺方法，即渗入元素与工件表层中的碳结合形成金属碳化物的化合物层，如（Cr、Fe）$_7$C$_3$、VC、NbC、TaC等，次层为过渡层。此类工艺方法适用于高碳钢，渗入元素大多数为W、Mo、Ta、V、Nb、Cr等碳化物形成元素。为了获得碳化物层，基材中碳的质量分数必须超过0.45%。

渗金属形成的化合物层一般很薄，为0.005~0.02mm。层厚的增长速率符合抛物线定则$x^2=kt$，式中，x为层厚；k是与温度有关的常数；t为时间。经过液体介质扩渗的渗层组织光滑而致密，呈白亮色。当工件中碳的质量分数为0.45%时，工件表面除碳化物层外还有一层极薄的贫碳α层。当工件碳的质量分数大于1%时，只有碳化物层。渗金属层的硬度极高，耐磨性很好，抗咬合和抗擦伤能力也很高，并且具有摩擦系数小等优点。

（1）气相渗金属法：

1）在适当温度下，可从挥发的金属化合物中析出活性原子，并沉积在金属表面上与碳形成化合物。一般使用金属卤化物作为活性原子的来源。其工艺过程是将工件置于含有渗入金属卤化物的容器中，通入 H_2 或 Cl_2 进行置换还原反应，使之析出活性原子，然后活性原子进行渗入金属过程。

2）使用羰基化合物在低温下分解的方法进行表面沉积。例如 $W(CO)_6$ 在150℃条件下能分解出 W 的活性原子，然后渗入金属表面形成钨的化合物层。

（2）固相渗金属法：固相渗金属法中应用较广泛的是膏剂渗金属法。它是将渗金属膏剂涂在金属表面上，加热到一定温度后，使元素渗入工件表层。一般膏剂的组成如下：

1）活性剂。多数是纯金属粉末（粒径 0.050~0.071mm）。

2）熔剂。其作用是与渗金属粉末相互作用后形成相应的化合物的各种卤化物（被渗原子的载体）。

3）黏结剂。一般用四乙氧基甲硅烷，它起黏结作用并形成膏剂。

8.3.2 电化学热处理

大多数化学热处理处理时间长，局部防渗困难，能耗大，设备和材料消耗严重和污染环境等。若采用感应、电接触、电解、电阻等直接加热进行化学热处理，即电化学热处理对上述问题有某些改善，获得了较快的发展。

一般认为，电化学热处理之所以比普通化学热处理优越，主要有以下原因：

（1）电化学热处理比一般化学热处理的温度高得多，加速了渗剂的分解和吸附；而且，随着温度的升高，工件表面附着物易挥发或与介质反应，工件表面更清洁，更有活性，也促进了渗剂的吸附。

（2）快速电加热大都是先加热工件，渗剂可直接镀或涂在工件表面上。由于加热从工件开始，加热速度快，保温时间短，渗剂不易挥发和烧损，有利于元素渗扩。

（3）特殊的物理化学现象加速渗剂分解和吸附过程。

（4）由于电化学热处理比一般化学热处理的温度高得多，大大提高了渗入元素的扩散速度。

（5）快速电加热在工件内部和介质中形成大的温度梯度，不但有利于界面上介质的分解，而外层介质温度低而不会氧化或分解，因此有利于渗剂的利用。

常用的电化学渗金属的元素有 Cr、Al、Ti、Ni、V、W、Zn 等。

（1）钢铁电化学渗铬。工业纯铁（碳的质量分数<0.02%）表面镀铬，通交流电，以不同速度加热到温后保温 2min，测得渗铬层厚度见表 8-18。可见，随加热速度提高，渗层厚度明显增加。

表 8-18 加热速度和温度对纯铁镀铬渗层厚度的影响

加热速度 /℃·s^{-1}	渗层厚度/μm							
	915℃	930℃	950℃	1000℃	1050℃	1100℃	1150℃	1200℃
0.15	1.5	1.5	2	4	12	23	40	61
50	3	4	5	8	18	31	56	94
3000	6	7	9	14	23	42	104	130

涂膏法电加热渗铬也是一种有效渗铬方法。在需要渗铬的表面刷涂或喷涂或浸渍一层渗铬膏剂。膏剂质量分数为：75%铬粉（粒度 0.063 ~ 0.080mm）+25%冰晶石（Na_2AlF_6）。涂膏剂时可用硅酸乙酯黏结剂黏结。工件用 2kW 的 3MHz 高频电源感应加热，渗铬温度为 1250℃，从膏剂干燥到渗铬完成约 75s。渗层厚度约 0.05mm。工件可直接在空气中冷却，也可在水中淬火。这种渗铬方法比普通渗铬方法所花时间少得多。

（2）钢的电加热化学渗铝。传统的渗铝工艺温度高（1100℃以上），时间长（30h 以上），工件变形大。渗铝后工件心部性能变坏，需重新热处理。电加热渗铝可克服上述缺点。

快速电加热渗铝的方法主要有粉末法、膏剂法、气体法、液体法和喷铝后高频加热复合处理法。粉末法是将铝粉与特制的氯化物混合，在 600~650℃化合成铝的氯化物。也可使用 FeAl 与 NH_4Cl 或 FeAl + Al_2O_3 + NH_4Cl 等物质。对于 35-CrMoA 钢，电加热 800~1000℃、25s，可得到 20μm 的渗层；纯铁在 1200~1300℃ 加热 8s，可获得 300μm 的渗层。

常用膏剂渗铝的配方有 80% FeAl + 20% Na_2AlFe、68% FeAl + 20% Na_2AlF_6 + 10%SiO_2 + 2%NH_4Cl、75% Al + 25% Na_2AlF_6、98% FeAl + 2% I_2 等。一般认为88%FeAl+10%SiO_2 + 2%NH_4Cl 配方较好。黏结剂可用亚硫酸纸浆溶液，以 50℃/s 的速度加热至 1000℃保温 1min，渗层达 22~28μm。

喷铝的 4Cr9Si2 和 4Cr10Si2Mo 钢用高频加热至 700℃，保温 10~20s，渗层达 15~20μm；加热至 900℃，渗层达 130μm。

8.3.3 真空化学热处理

真空化学热处理是在真空条件下加热工件，渗入金属或非金属元素，从而改变材料表面化学成分、组织结构和性能的热处理方法。真空化学热处理由 3 个基本的物理和化学过程所组成：

（1）活性介质在真空加热条件下可防止氧化，分解、蒸发形成的活性分子活性更强，数量更多。

（2）在真空中材料表面光亮无氧化，有利于活性原子的吸收。

（3）在真空条件下，由于表面吸收的活性原子的浓度高，与内层形成更大的浓度差，有利于表层原子向内部扩散。

真空化学热处理可用于渗碳、渗氮、渗硼等各种非金属元素和金属元素，工件不氧化，不脱碳，表面光亮，变形小，质量好；渗入速度快，生产效率高，节省能源；环境污染少，劳动条件好。其缺点是设备费用大，操作技术要求高。

8.4 高能束表面处理

8.4.1 激光表面处理

激光表面处理是高能束表面处理技术中的一种最主要的手段。在一定条件下它具有传统表面处理技术或其他高能束表面处理技术不能或不易达到的特点，这使得激光表面处理技术在表面处理的领域内占据了一定的地位。目前，国内外对激光表面处理技术进行了大量的试验研究，有的已用在生产上，有的正逐步为实际生产所采用，已获得了很大的技术经济效果。

激光表面处理的目的是改变表面层的成分和显微结构。激光表面处理工艺包括激光相变硬化、激光熔覆、激光合金化、激光非晶化和激光冲击硬化等（图 8-8），从而提高表面性能，以适应基体材料的需要。激光表面处理的许多效果是与快速加热和随后的急速冷却分不开的。加热和冷却速度可达 10^6 ~ 10^8℃/s。目前，激光表面处理技术已用于汽车、冶金、石油、机车、机床、军工、轻工、农机以及刀具、模具等领域，并正显示出越来越广泛的工业应用前景。

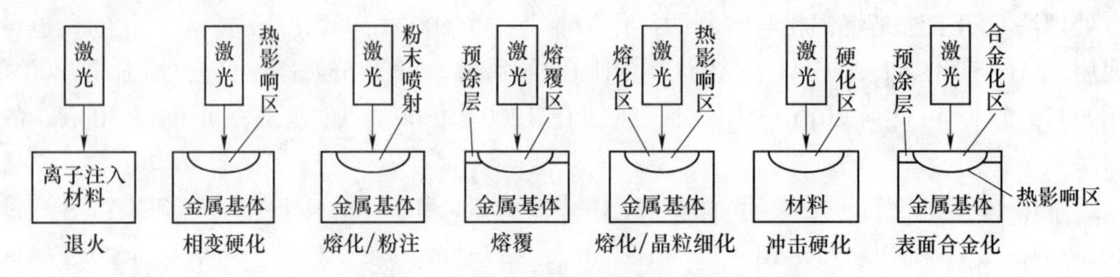

图 8-8 激光表面热处理技术简图

8.4.1.1 激光的特点

（1）高方向性。激光光束的发散角可以小于一到几个毫弧度，可以认为光束基本上是平行的。一般的平行平面型谐振腔的激光发射角 θ 由下式表示：

$$\theta = 2.44\lambda / d \tag{8-13}$$

式中，d 为工作物质直径；λ 为激光波长。

（2）高亮度性。激光器发射出来的光束非常强，通过聚焦集中到一个极小的范围之内，可以获得极高的能量密度或功率密度，聚集后的功率密度可达 $10^4 W/cm^2$，焦斑中心温度可达几千度到几万度，只有电子束的功率密度才能和激光相比拟。

（3）高单色性。激光具有相同的位相和波长，所以激光的单色性好。激光的频率范围非常狭，比过去认为单色性最好的光源如 Kr^{86} 灯的谱线宽度还小几个数量级。

8.4.1.2 激光器的种类

激活介质（也称工作物质）、激活能源和谐振腔三者结合在一起称为激光器。现已有几百种激光器，主要有：

（1）固体激光器：晶体固体激光器（如红宝石激光器、钕-钇铝石榴石激光器等）和玻璃激光器（如钕离子玻璃激光器）。

（2）气体激光器：中性原子气体激光器（如 He-Ne 激光器）、离子激光器（如 Ar^+ 激光器，Sn、Pb、Zn 等金属蒸气激光器）、分子气体激光器（如 CO_2、N_2、He、CO 以及它们的混合物激光器）、准分子气体激光器（如 Xe 激光器）。

（3）液体激光器：螯合物激光器、无机液体激光器、染料激光器。

（4）半导体激光器（砷化镓激光器）。

（5）化学激光器。

这些激光器发生的激光波长有几千种，最短的 21nm，位于远紫外区；最长的 4mm，已和微波相衔接。X 光区的激光器也将问世。

8.4.1.3 激光表面处理

(1) 激光束加热金属的过程。激光束向金属表面层的热传递，是通过“逆韧致辐射效应”（inverse bremsstrahlung effect）实现的。金属表层和其所吸收的激光进行光-热转换。当光子和金属的自由电子相碰撞时，金属导带电子的能级提高，并将其吸收的能量转化为晶格的热振荡。由于光子能穿过金属的能力极低（仅为 10^{-4}mm 的数量级），故仅能使其极表面的一薄层温度升高。由于导带电子的平均自由时间只有 10^{-3}s 左右，因此这种热交换和热平衡的建立是非常迅速的。从理论上分析，在激光加热过程中，金属表面极薄层的温度可在微秒（10^{-6}s）级、甚至纳秒（10^{-9}s）级或皮秒（10^{-12}s）级内就能达到相变或熔化温度。这样形成热层的时间远小于激光实际辐照的时间，其厚度明显远低于硬化层的深度。

(2) 激光处理前表面的预处理。材料的反射系数和所吸收的光能取决于激光辐射的波长。激光波长越短，金属的反射系数越小，所吸收的光能也就越多。由于大多数金属表面对波长10.6μm 的 CO_2 激光的反射率高达90%以上，严重影响激光处理的效率。而且金属表面状态对反射率极为敏感，如表面粗糙度、涂层、杂质等都会极大改变金属表面对激光的反射率，而反射率变化 1%，吸收能量密度将会变化 10%。因此在激光处理前，必须对工件表面进行涂层或其他预处理。常用的预处理方法有磷化、黑化和涂覆红外能量吸收材料（如胶体石墨、含炭黑和硅酸钠或硅酸钾的涂料等）。磷化处理后对 CO_2 激光吸收率约为 88%，但预处理工序烦琐，不易清除，其工艺过程见表 8-19。黑化方法简单，黑化溶液如胶体石墨和含炭黑的涂料可直接刷涂或喷涂到工件表面，激光吸收率高达 90%以上。

表 8-19 磷化处理工艺过程

工序号	工序名称	黑化工序溶液配方	黑化条件		备注
			温度/℃	时间/s	
1	化学脱脂	磷酸三钠 50~70g/L，碳酸钠 25~30g/L，氢氧化钠 20~25g/L，硅酸钠 4~6g/L，水余量	80~90	3~5	脱脂槽，蛇形管蒸汽加热
2	清洗	清水	室温	2	冷水槽
3	酸洗除锈	质量分数为 15%~20%的硫酸或盐酸水溶液	室温	2~3	酸洗槽
4	清洗	清水	室温或 30~40	2~3	清水槽
5	中和处理	碳酸钠 10~20g/L，肥皂 5~10g/L，水余量	50~60	2~3	中和槽
6	清洗	清水	室温	2	清水槽
7	磷化处理	碳酸锰 0.8~0.9g/L，硝酸锌 36~40g/L，磷酸（质量分数为 80%~85%）2.5~3.5ml/L，水余量	60~70	5	磷酸槽，蛇形管蒸汽加热

(3) 激光处理工艺及应用。

1) 激光表面强化。激光表面淬火的应用实例见表 8-20。

表 8-20　激光表面淬火实例

材料或零件名称	采用的激光设备	效　果	应用单位
齿轮转向器箱体内孔（铁素体可锻铸铁）	5 台 500W 和 12 台 1000W CO_2 激光器	每件处理时间 18s，耐磨性提高 9 倍，操作费用仅为声频淬火或渗碳处理的 1/5	美国通用汽车公司 Saginaw 转向器分部
EDN 系列大型增压采油机气缸套（灰铸铁）	5 台 500W CO_2 激光器	15min 处理一件，提高耐磨性，成为该分部 EMD 系列内燃机的标准工艺	美国通用汽车公司电力机车分部
轴承圈	1 台 1kW CO_2 激光器	用于生产线，每分钟淬 12 个	美国通用汽车公司
操纵器外壳	CO_2 激光器	耐磨性提高 10 倍	美国通用汽车公司
渗碳钢工具	2.5kW CO_2 激光器	寿命比原来提高 2.5 倍	美国通用汽车公司
中型卡车轴管圆角	5kW CO_2 激光器	每件耗时 7s	美国光谱物理公司
特种采油机缸套	每生产线 4 台 5kW CO_2 激光器	每 2min 处理一个缸套（包括辅助时间），大大提高耐磨性和使用寿命	美国通用汽车公司
汽车转向机导管内壁	每生产线 3 台 2kW 激光器	每天淬火 600 件，耐磨性提高 3 倍	美国福特汽车公司塞金诺转向器公司
轿车发动机缸体内壁	“975” 4kW 激光器	取消了缸套，提高了寿命	（意）菲亚特汽车公司
汽车缸套	3.5kW 激光器	处理一件需 21s	（意）菲亚特汽车公司
汽车与拖拉机缸套	国产 1～2kW CO_2 激光器	提高寿命约 40%，降低成本 20%，汽车缸套大修期从（10～15）$\times10^4$km 提高到 30×10^4km。拖拉机缸套寿命达 8000h 以上	西安内燃机配件厂
手锯条（T10 钢）	国产 2kW CO_2 激光器	使用寿命比国标提高 61%，使用中无脆断	重庆机械厂
发动机气缸体	4 条生产线 2kW CO_2 激光器	寿命提高一倍以上，行车超过 20×10^{-4}km	中国第一汽车制造厂
东风 4 型内燃机汽缸套	2kW CO_2 激光器	使用寿命提高到 50×10^4km	大连机车车辆厂
空客 2—351 飞机导轨	2kW CO_2 激光器	硬度和耐磨性远高于高频淬火的组织	第一汽车制造厂
硅钢片模具	美国 820 型 1.5kW CO_2 激光器	变形小，模具耐磨性和寿命提高约 10 倍	天津渤海无线电厂
采油机气缸套	HJ-3 型千瓦级 CO_2 激光器	可取代硼缸套，耐磨性和配副性优良	青岛激光加工中心
转向器壳体	2kW 横流 CO_2 激光器	耐磨性比未处理的提高 4 倍	江西转向器厂

2）激光表面涂敷。

①激光涂敷陶瓷层：火焰喷涂、等离子喷涂和爆燃枪喷涂等热喷涂的方法广泛用来进行陶瓷涂敷。但所有这些方法都不能令人满意，因为它们获得的涂层含有过多的气孔、熔渣夹杂和微观裂纹，而且涂层结合强度低，易脱落，这会导致高温时由于内部硫化、剥落、机械应变降低、坑蚀、渗盐和渗氧而使涂层早期变质和破坏。若使用激光进行陶瓷涂敷，即可避免产生上述缺陷，提高涂层质量，延长使用寿命。

②有色金属激光涂覆：激光表面涂覆可以从根本上改善工件的表面性能，很少受基体材料的限制，这对于表面耐磨、耐蚀和抗疲劳性都很差的铝合金来说意义尤为重要。但是，有色金属特别是铝合金表面实现激光涂覆比钢铁材料困难得多。因铝合金与涂覆材料的熔点相差很大，而且铝合金表面存在高熔点、高表面张力、高致密度的 Al_2O_3 氧化膜，所以涂层易脱落、开裂、产生气孔或与铝合金混合生成新合金，难以获得合格的涂层。研究表明，避免涂层开裂的简单方法是工件预热。一般铝合金预热温度为300~500℃；钛合金预热温度为400~700℃。西安交通大学等对ZAlSi7Mg（ZL101）铝合金发动机缸体内壁进行激光涂覆硅粉和 MoS_2，获得0.1~0.2mm的硬化层，其硬度可达基体的3.5倍。

3）激光表面非晶态处理。激光加热金属表面至熔融状态后，以大于一定临界冷却速度激冷至低于某一特征温度，防止晶体成核和生长，从而获得非晶态结构，也称为金属玻璃。这种方法称为激光表面非晶态处理，又称激光上釉。非晶态处理可减少表层成分偏析，消除表层的缺陷和可能存在的裂纹。非晶态金属具有高的力学性能，在保持良好韧性的情况下具有高的屈服点和非常好的耐蚀性、耐磨性以及特别优异的磁性和电学性能。

纺纱机钢令跑道表面硬度低，易生锈，造成钢令使用寿命低，纺纱断头率高。用激光非晶化处理后，钢令跑道表面的硬度（HV）提高至1000以上，耐磨性提高1~3倍，纺纱断头率下降75%，经济效益显著。汽车凸轮轴和柴油机铸钢套外壁经激光表面非晶态处理后，强度和耐蚀性均明显提高。激光表面非晶态处理对消除奥氏体不锈钢焊缝的晶界腐蚀也有明显效果，还可用来改善变形银基合金的疲劳性能等。

4）激光表面合金化。激光表面合金化是一种既改变表层的物理状态，又改变其化学成分的激光表面处理技术。方法是用镀膜或喷涂等技术把所需合金元素涂敷在金属表面（预先或与激光照射同时进行），这样，激光照射时使涂敷层与基体表面薄层熔化、混合，而形成物理状态、组织结构和化学成分不同的新的表层，从而提高表层的耐磨性、耐蚀性和高温抗氧化性等。

美国通用汽车公司在汽车发动机的铝气缸组的活门座上熔化一层耐磨材料，选用激光表面合金化工艺获得性能理想、成本较低的活门座零件。在Ti基体表面先沉积15nm的Pb膜，再进行激光表面处理，形成几百纳米深的Pb的摩尔分数为4%的表面合金层，具有较高的耐蚀性能。由Cr-Cu相图可知，用一般冶金方法不可能产生出Cr的摩尔分数大于1%的单相Cu合金，但用激光表面合金化工艺可获得铬的平均摩尔分数为8%的、深约240nm的表面合金层，在电化学试验时表面出现薄的氧化铬膜，保护Cu合金不发生阳极溶解，耐蚀性能显著提高。

由于激光功率密度、加热深度可调，并可聚焦在不规则零件上，激光表面合金化在许多场合可替代常规的热喷涂技术，得到广泛的应用。

5）激光气相沉积。激光气相沉积是以激光束作为热源在金属表面形成金属膜，通过控制激光的工艺参数可精确控制膜的形成。目前已用这种方法进行了形成镍、铝、铬等金属膜的试验，所形成的膜非常洁净。用激光气相沉积可以在低级材料上涂覆与基体完全不同的具有各种功能的金属或陶瓷，这种方法节省资源效果明显，受到人们的关注。

采用 CO_2 连续激光辐照 $TiCl_4+H_2+CO_2$ 或 $TiCl_4+CH_4$ 的混合气体，由于激光的分解作用，在石英板等材料上可化学气相沉积 TiO_2 或 TiC 薄层。

采用短波长激光照射 Al（CH_3）和 Si_2H_6，或它们与 NO_2 的混合气体，利用激光的分解作用，可在基体表面形成 Al 和 Si（或 Al_2O_3 和 SiO_2）薄层。日本等国已成功研制制造金刚石薄膜的激光化学气相沉积装置。

在真空中采用连续 CO_2 激光把陶瓷材料蒸发沉积到基材表面，可以在软的基材表面获得硬度（HV）达 2000~4500 的非晶 BN 薄层。

8.4.2 电子束表面处理

电子束表面改性技术与激光技术一样，都是在最近十几年迅速发展起来的表面加工技术。电子束加工技术使用更方便，可以较灵活地调节加热面积、加热区域和材料表面的能量密度，并且电子束的能量利用率更高，可以高达 95%。由于电子束在材料表面的作用范围为 0.01~0.2mm，因此利用电子束可以对材料的表层进行加热，使其达到某一所需温度或使材料熔化，即可以对材料进行表面改性。根据材料的表面层熔化与否，可以分为：(1) 固相加工——表面淬火（硬化）；(2) 液相加工——表面熔凝、合金化、熔覆和非晶化。

高速运动的电子具有波的性质。当高速电子束照射到金属表面时，电子能深入金属表面一定深度，与基体金属的原子核及电子发生相互作用。电子与原子核的碰撞可看作为弹性碰撞，因此能量传递主要是通过电子束的电子与金属表层电子碰撞而完成的。所传递的能量立即以热能形式传与金属表层原子，从而使被处理金属的表层温度迅速升高。这与激光加热有所不同，激光加热时被处理金属表面吸收光子能量，激光并未穿过金属表面。目前电子束加速电压达 125kV，输出功率达 150kW，能量密度达 $10^3 MW/m^2$，这是激光器无法比拟的。因此，电子束加热的深度和尺寸比激光大。

8.4.2.1 电子束表面处理主要特点

(1) 加热和冷却速度快。将金属材料表面由室温加热至奥氏体化温度或熔化温度仅几分之一到千分之一秒，其冷却速度可达 $10^6 \sim 10^8$ ℃/s。

(2) 与激光相比使用成本低。电子束处理设备一次性投资比激光少（约为激光的1/3），每瓦约 8 美元，而大功率激光器每瓦约 30 美元；电子束实际使用成本也只有激光处理的一半。

(3) 结构简单。电子束靠磁偏转动、扫描，而不需要工件转动、移动和光传输机构。

(4) 电子束与金属表面耦合性好。电子束所射表面的角度除 3°~4°特小角度外，电子束与表面的耦合不受反射的影响，能量利用率远高于激光。因此电子束处理工件前，工件表面不需加吸收涂层。

(5) 电子束是在真空中工作。以此保证在处理中工件表面不被氧化，但带来许多不便。

(6) 电子束能量的控制比激光束方便。灯丝电流和加速电压很容易实施准确控制。根据工艺要求，很早就开发了微机控制系统。

（7）与激光辐照的主要区别在于产生最高温度的位置和最小熔化层的厚度电子束加热时熔化层至少几个微米厚，这会影响冷却阶段固-液相界面的推进速度。电子束加热时能量沉积范围较宽，而且约有一半电子作用区几乎同时熔化。电子束加热的液相温度低于激光，因而温度梯度较小，激光加热温度梯度高且能保持较长时间。

（8）电子束易激发 X 射线。特别强调的是 X 射线辐射对人体有损害，因此需引起人们的重视。X 射线随屏蔽厚度呈指数递减，因此加速电压低于 60kV 时，电子枪和工作室的壁厚可以起到屏蔽效果，但应防止某些缝隙的 X 射线泄露，注意防护。

8.4.2.2 电子束表面处理工艺

（1）电子束表面相变强化处理。用散焦方式的电子束轰击金属工件表面，控制加热速度为 10^3~10^5℃/s，使金属表面加热到相变点以上，随后高速冷却（冷却速度达 10^8~10^{10}℃/s），产生马氏体等相变强化。此方法适用于碳钢、中碳低合金钢、铸铁等材料的表面强化处理。例如，用 2~3.2kW 电子束处理 45 钢和 T7 钢的表面，束斑直径为 6mm，加热速度为 3000~5000℃/s，钢的表面生成隐针和细针马氏体，45 钢表面硬度（HRC）达 62；T7 钢表面硬度（HRC）达 66。

（2）电子束表面重熔处理。利用电子束轰击工件表面使表面产生局部熔化并快速凝固，从而细化组织，达到硬度与韧性的最佳配合。对某些合金，电子束重熔可使各组成相间的化学元素重新分布，降低某些元素的显微偏析程度，改善工件表面的性能。目前，电子束重熔主要用于工模具的表面处理上，以便在保持或改善工模具韧性的同时，提高工模具的表面强度、耐磨性和热稳定性。如高速钢孔冲模的端部刃口经电子束重熔处理后，获得深 1mm、硬度（HRC）为 66~67 的表面层，该表层组织细化，碳化物极细，分布均匀，具有强度与韧性的最佳配合。

由于电子束重熔是在真空条件下进行的，表面重熔时有利于去除工件表层的气体，因此可有效地提高铝合金和钛合金表面处理质量。

（3）电子束表面合金化处理。先将具有特殊性能的合金粉末涂敷在金属表面上，再用电子束轰击加热熔化，或在电子束作用的同时加入所需合金粉末使其熔融在工件表面上，在工件表面上形成一层新的具有耐磨、耐蚀、耐热等性能的合金表层。电子束表面合金化所需电子束功率密度约为相变强化的 3 倍以上，或增加电子束辐照时间，使基体表层的一定深度内发生熔化。

（4）电子束表面非晶化处理。电子束表面非晶化处理与激光表面非晶化处理相似，只是所用的热源不同而已。利用聚焦的电子束所特有的高功率密度以及作用时间短等特点，使工件表面在极短的时间内迅速熔化，而传入工件内层的热量可忽略不计，从而在基体与熔化的表层之间产生很大的温度梯度，表层的冷却速度高达 10^4~10^8℃/s。因此，这一表层几乎保留了熔化时液态金属的均匀性，可直接使用，也可进一步处理以获得所需性能。

8.4.2.3 电子束表面处理的应用

（1）汽车离合器凸轮电子束表面处理。汽车离合器凸轮由 SAE5060 钢（美国结构钢）制成，有 8 个沟槽需硬化。沟槽深度 1.5mm，要求硬度（HRC）为 58。采用 42kW 六工位电子束装置处理，每次处理 3 个，一次循环时间为 42s，每小时可处理 255 件。

（2）薄形三爪弹簧片电子束表面处理。三爪弹簧片材料为T7钢，要求硬度（HV）为800。用1.75kW电子束能量，扫描频率为50Hz，加热时间为0.5s。

（3）美国SKF工业公司与空军莱特研究所共同研究成功了航空发动机主轴轴承圈的电子束表面相变硬化技术。用Cr的质量分数为4.0%、Mo的质量分数为4.0%的美国50钢所制造的轴承圈，容易在工作条件下产生疲劳裂纹而导致突然断裂。然而，采用电子束进行表面相变硬化后，在轴承旋转接触面上得到0.76mm的淬硬层，有效地防止了疲劳裂纹的产生和扩展，提高了轴承圈的寿命。

8.4.3 离子束表面处理

离子注入是将所需物质的离子（例如N^+、C^+、O^+、Cr^+、Ni^+、Ti^+、Ag^+、Ar^+等非金属或金属离子），在电场中加速成具有几万甚至几百万电子伏能量的载能束高速轰击工件表面，使之注入工件表面一定深度的真空处理工艺，也属于PVD范围。离子注入将引起材料表层的成分和结构的变化，以及原子环境和电子组态等微观状态的扰动，由此导致材料的各种物理、化学或力学性能发生变化。

20世纪50年代，离子注入技术已开始在半导体工业中应用，并取得了成功，从而激发了人们将它应用于金属、陶瓷和高分子聚合物等工程材料的表面改性，并逐步成为最活跃的研究方向之一。离子注入在表面非晶化、表面冶金、表面改性和离子与材料表面相互作用等方面都取得了可喜的研究成果，特别是在工件表面合金化方面取得了突出的进展。用离子注入方法可获得高度过饱和固溶体、亚稳定相、非晶态和平衡合金等不同组织结构形式，大大改善了工件的使用性能。目前，离子注入在微电子技术、生物工程、宇航、医疗等高技术领域获得了比较广泛的应用，尤其是在工具和模具制造工业的应用上效果突出。最近，离子注入又与各种沉积技术、扩渗技术相结合形成复合表面处理新工艺，如离子辅助沉积（IAC）、离子束增强沉积（IBED）等离子体浸没离子注入（PSII）以及PSE-离子束混合等，为离子注入技术开拓了更广阔的前景。

8.4.3.1 离子注入的原理

离子束和电子束基本类似，也是在真空条件下将离子源产生的离子束经过加速、聚焦后使之作用在材料表面。所不同的是，除离子与电子的电荷相反带正电荷外，主要是离子的质量比电子要大千万倍。例如，氢离子的质量是电子的7.2万倍。由于质量较大，故在同样的电场中加速较慢，速度较低。但一旦加速到较高速度时，离子束比电子束具有更大的能量。高速电子在撞击材料时，质量小速度大，动能几乎全部转化为热能，使材料局部熔化、气化。它主要通过热效应完成。而离子本身质量较大，惯性大，撞击材料时产生了溅射效应和注入效应，引起变形、分离、破坏等机械作用和向基体材料扩散，形成化合物产生复合、激活的化学作用。

离子注入装置包括离子发生器、分选装置、加速系统、离子束扫描系统、试样室和排气系统。从离子发生器发出的离子由几万伏电压引出，进入分选部，将一定的质量/电荷比的离子选出。在几万至几十万伏电压的加速系统中加速获得高能量，通过扫描机构扫描轰击工件表面。离子进入工件表面后，与工件内原子和电子发生一系列碰撞。这一系列碰撞主要包括3个独立的过程：

（1）核碰撞入射离子与工件原子核的弹性碰撞。碰撞结果使固体中产生离子大角度散射和晶体中产生辐射损伤等。

（2）电子碰撞。入射离子与工件内电子的非弹性碰撞，其结果可能引起离子激发原子中的电子或使原子获得电子、电离或X射线发射等。

（3）离子与工件内原子作电荷交换。

无论哪种碰撞都会损失离子自身的能量，离子经多次碰撞后能量耗尽而停止运动，作为一种杂质原子留在固体中。

研究表明，具有相同初始能量的离子在工件内的投影射程符合高斯函数分布。因此注入兀素在离表面 x 处的体积离子数 $n(x)$ 为：

$$n(x) = n_{max} e^{-\frac{1}{2}x^2}$$

式中，n_{max} 为峰值体积离子数。

设 N 为单位面积离子注入量（单位面积的离子数）；L 是离子在固体内行进距离的投影；d 是离子在固体内行进距离的投影的标准偏差。则注入元素的距表面 x 处体积离子数可由下式求出：

$$n(x) = \frac{N}{d\sqrt{2\pi}} \exp\left[-\frac{(x-L)^2}{2d}\right]$$

离子进入固体后对固体表面性能发生的作用除了离子挤入固体内的化学作用外，还有辐照损伤（离子轰击产生晶体缺陷）和离子溅射作用，它们在改性中都有重要意义。

8.4.3.2 沟道效应和辐照损伤

高速运动的离子在注入金属表层的过程中与金属内部原子发生碰撞。由于金属是晶体，原子在空间呈规则排列。当高能离子沿晶体的主晶轴方向注入时，可能与晶格原子发生随机碰撞，若离子穿过晶格同一排原子附近而偏转很小并进入表层深处，这种现象称为沟道效应。显然，沟道效应必然影响离子注入晶体后的射程分布。实验表明：离子沿晶向注入，则穿透较深；离子沿非晶向注入，则穿透较浅。实验还表明：沟道离子的射程分布随着离子剂量的增加而减少，这说明入射离子使晶格受到损伤；沟道离子的射程分布受到离子束偏离晶向的显著影响，并且随着靶温的升高沟道效应减弱。

离子注入除了在表面层中增加注入元素含量外，还在注入层中增加了许多空位、间隙原子、位错、位错团、空位团、间隙原子团等缺陷。它们对注入层的性能有很大影响。具有足够能量的人射离子，或被撞出的离位原子，与晶格原子碰撞，晶格原子可能获得足够能量而发生离位，离位原子最终在晶格间隙处停留下来，成为一个间隙原子，它与原先位置上留下的空位形成空位-间隙原子对，这就是辐照损伤。只有核碰撞损失的能量才能产生辐照损伤，与原子碰撞一般不会产生损伤。

辐照增强了原子在晶体中的扩散速度。由于注入损伤中空位数密度比正常的高许多，原子在该区域的扩散速度比正常晶体的高几个数量级。这种现象称辐照增强扩散。

8.4.3.3 离子注入的特征

离子注入提供的新技术与现有的电子束和激光束等表面处理工艺不同，其突出的特点是：

（1）离子注入法不同于任何热扩散方法，注入元素的种类、能量和剂量均可选择，可注入任何元素，且不受固溶度和扩散系数的影响。因此，用这种方法可能获得不同于平衡结构的特殊物质，即其他方法不能得到的新合金相，并且与基体结合牢固，无明显界面和脱落现象，是开发新型材料的非常独特的方法。

（2）离子注入一般在常温或低温下进行，但离子注入温度和注入后的温度可以任意控制，且在真空中进行，不氧化，不变形，不发生退火软化，表面粗糙度一般无变化，可作为最终工艺。

（3）可控性和重复性好。通过改变离子源和加速器能量，可以调整离子注入深度和分布；通过可控扫描机构，不仅可实现在较大面积上的均匀化，而且可以在很小范围内进行局部改性。

（4）可获得两层或两层以上性能不同的复合材料，复合层不易脱落。注入层薄，工件尺寸基本不变。

（5）离子注入在表面产生压应力，可提高工件的抗疲劳性能。

（6）通常离子注入层的厚度不大于1μm，离子只能直线行进，不能绕行，对于复杂的和有内孔的零件不能进行离子注入，设备造价高，所以应用还不广泛。

8.4.3.4 离子注入在表面改性中的应用

（1）离子注入在高精度零件上的应用。离子注入可以满足高精度零件综合性能表面处理的要求。轴承和齿轮是具有严密尺寸公差的零件，只适合进行少数常规表面改性处理；此外，剥离的威胁也使得在这些零件进行镀覆处理变得非常危险。离子注入处理可以保持高精度轴承和齿轮的尺寸完整性和表面粗糙度，而且在注入层与基体材料之间不存在明显的界面，从而消除了存在于硬质镀层中的剥离危险。

在有润滑条件下，经过钛和碳离子注入处理的钢表面与对磨面的滑动磨损抗力有明显改善，注入钛和碳离子的表面不仅大量减少滑动磨损，而且明显减少磨损的可变化性。这种处理的结果使离子注入的零件表面形成一层氧化层，这样使滑动表面之间的金属与金属的接触磨损减至最小。

钛和碳离子注入到高精度仪器轴承上是提高合金耐咬合磨损性能的有效方法。离子注入可以改善仪器轴承性能的原因，是在界面层润滑条件下消除了滚珠与滚道之间的粗糙接触及冷焊。在轴承上的成功应用是离子注入的重大突破。采用离子注入处理技术可以很方便而且低成本地处理大量尺寸较小的滚珠轴承。这种技术适宜处理滚珠轴承的滚珠和滚道。对用于航天飞机发动机的燃料氧化剂涡轮泵轴承的试验证明，离子注入处理能使滚珠轴承的性能得到明显改善。特别是在液氮环境条件下，将注入钛和碳离子的不锈钢滚珠与注入铝和氮离子钢滚道对磨，其耐磨性和没有处理过的钢比较可提高两个数量级。

用离子注入法注入铬、钽或类似的物质，是提高钢耐蚀性的有效方法。当在钢样品的固溶体中注入铬时，便形成一层钝化层，它可以保护钢基体免受液态氯化物的侵蚀。采用铬离子注入处理最大的汽轮机主轴，可获得令人满意的耐蚀性效果。

由于钽能显著改善铁基合金的耐磨损和耐蚀性能，所以钽离子注入轴承和齿轮可减少在滑动和咬合情况下不同钢制零件的摩擦和磨损。美国已将注入钽离子的齿轮应用于气轮机的压缩机和直升飞机发动机的传动系统。试验证明，注入钽离子的齿轮性能明显优于普通齿轮，并在很多情况下大大减少咬合磨损。大量试验证明，同时注入钛和碳离子的轴承和驱动齿轮的性能明显改善。

国外生产的电冰箱、洗衣机等的活塞门，材料基本与我国的相同，甚至用普通低碳钢，由于采用了所谓“专利性”离子注入处理工艺，使用寿命是我国同类产品的几倍到几十倍。有的钢铁材料经离子注入后耐磨性可提高 100 倍以上。铝、不锈钢中注入 He^+，铜中注入 B^+、He^+、Al^+和 Cr^+离子，金属或合金耐大气腐蚀性明显提高。其机理是离子注入的金属表面上形成了注入元素的饱和层，阻止金属表面吸附其他气体，从而提高金属耐大气腐蚀性能。在低温下向工件注入氢或氘离子可提高韧脆转变温度，并改善薄膜的超导性能。在钢表面注入氮和稀土，可获得异乎寻常的高耐磨性。如在 En58B（国外牌号）不锈钢表面注入低剂量的 Y^+（5×10^{15}个/cm^2）或其他稀土元素，同时又注入 2×10^{17}个/cm^2 的氮离子，磨损率起初阶段减少到原来的 0.11%，5h 后磨损率为原来的 3.3%。铂离子注入到钛合金涡轮叶片中，在模拟高温发动机运行条件下进行试验，结果表明疲劳寿命提高 100 倍以上。表 8-21 是离子注入在提高金属材料性能上的部分应用实例。

表 8-21 离子注入在提高金属材料性能上的应用实例

离子种类	母材	改善性能	适用产品
Ti^++C^+	Fe 基合金	耐磨性	轴承、齿轮、阀、模具
Cr^+	Fe 基合金	耐蚀性	外科手术器械
Ta^++C^+	Fe 基合金	抗咬合性	齿轮
P^+	不锈钢	耐蚀性	海洋器件、化工装置
C^+、N^+	Ti 合金	耐磨性、耐蚀性	人工骨骼、宇航器件
N^+	Al 合金	耐磨性、脱模能力	橡胶、塑料模具
Mo^+	Al 合金	耐蚀性	宇航、海洋用器件
N^+	Zr 合金	硬度、耐磨性、耐蚀性	原子炉构件、化工装置
N^+	硬 Cr 层	硬度	阀座、搓丝板、移动式起重机
Y^+、Ce^+、Al^+	超合金	抗氧化性	涡轮机叶片
Ti^++C^+	超合金	耐磨性	纺丝模口
Cr^+	铜合金	耐蚀性	电池
B^+	Be 合金	耐磨性	轴承
N^+	WC+Co	耐磨性	工具、刀具

离子沉积法是把离子束溅射和离子注入结合起来的一种表面处理技术，它可以在轴承上和相类似的零件上产生一层黏着紧密的固体润滑剂。把软的有韧性的元素如金、银、铝注入并沉积在轴承零件上，用离子沉积法处理的轴承能在重负荷和高温条件下的真空设备中连续运转几百个小时，并明显减少在运转过程中所产生的噪声。

（2）离子注入在工模具等方面的应用。离子注入处理已广泛应用于工模具的表面处理，在这方面大多数成功的例子是用于如塑料、纸张、合成纤维、软织物等材料成型、切割和钻孔的工模具。这些工模具都遭受到适度的黏着和腐粒磨损，并在某些情况下由于腐蚀加速了磨损的过程。这种类型的工模具包括用于高品质穿孔和聚合物板切割的高速钢冲模、塑料和纸张印痕切割溜刀。

用离子注入法可处理切割纸币的刀片，打标记的穿孔底板和针也是用离子注入法处理的。在这些应用中，氮离子的注入是最普通的处理。改变注入离子的种类，用钛和碳离子注入这类工具，已取得了很大的成功。

连续压制非铁棒的热轧轧辐是用工具钢制造的，工作时经受剧烈的黏着磨损。用针和碳离子注入轧辐能够提高使用寿命6倍以上，并且已经生产出光滑以及具有更低表面粗糙度的轧辐。

近年来已在压制压塑盘的模板上进行过大量的注入钛和碳的试验，离子注入处理可以提高这些模板的脱模率和使用寿命。对各种不同的用于工程塑料和热固化塑料的模具，使用离子注入处理都能得到满意的结果。尤其是用氮离子镀银的纤维光学耦合器模具，可以显著增加它的硬度和耐磨性。

氮离子注入处理用于冲制或压制热轧钢和奥氏体不锈钢的高速钢外冲头和模具，可以增加它们的使用寿命10~12倍。我国生产的各类冲模和压制模一般寿命为2000~5000次，而英、美、日本的同类产品采用各种离子注入后寿命达50000次以上。

（3）离子注入在生物医学材料中的应用。在矫形医学领域内，离子注入法对减少钛基全关节取代物的磨损非常有效，其优越的耐磨性是由于增加了钛合金的硬度。

实验表明，钛合金注入氮和碳离子后，显微硬度增加到原来的3倍。最近的研究表明，将氮离子注入钛合金中，可以改变这种合金的双相结构（α和β相），并使之变得不受腐蚀剂的浸蚀。氮离子的注入可使得钛合金的摩擦系数从0.49减至0.15，大量以钛为基础的人造关节、腕、肩、手指和脚趾，通常都是用离子注入法进行处理的。例如，用作人工关节的钛合金Ti-6Al-4V耐磨性差，用离子注入N^+后，耐磨性提高1000倍，生物兼容性能也得到改善，与骨骼配合良好。在全关节取代物中，钛部件连接支靠在超高分子的聚乙烯表面。Ti-6Al-4V合金在耐磨损方面的改进对矫形医学的推广有着重大的意义。

（4）离子注入在其他方面的应用。20世纪80年代开始把离子注入应用于陶瓷材料。研究表明，注入陶瓷的离子会形成亚稳的置换固溶体或间隙固溶体而产生固溶强化。由于离子注入产生的缺陷可引起缺陷强化或由于阻碍位错运动引起硬化。离子注入还可以消除表面裂纹或减小裂纹的严重程度，或在表面产生压应力层，从而提高材料的力学性能。

利用离子注入还可以提高有机聚合物的耐蚀性、导电性、抗氧化性及其他性能。例如，在15-8PDA聚丁二炔试样上注入N^+离子，注入量为10^{18}个/m^2，使该材料在可见光范围内吸收谱完全损失，成为透明的膜。这是由于15-8PDA失去骨干结合，导致化学改性或链的断裂所致。注入N^+离子剂量增加时，膜逐渐变为暗灰色，吸收谱具有传导膜特性。在高离子剂量下，其结构发生重大变化，电导率显著增加，这是由于离子束辐照下聚合物发生碳化引起的。例如，离子注入聚苯硫酸（PPS），电导率提高14个数量级。研究还发现，离子注入能提高天然高分子和合成高分子材料的使用寿命。用Al、Sn、Ni、O、P、B、Si、C等元素的离子注入尼龙、棉纤维、合成纤维，都得到较好的结果。例如用Al^+离子注入尼龙（注入量为10^{20}个/m^2，16keV），其使用寿命为原来的4倍以上。

（5）离子注入表面改性技术的发展动向。用离子注入法进行金属材料表面改性，已开始由基础研究进入应用阶段，由实验室逐步走向工业生产。为了满足工业生产的实际需要，离子注入改性技术已在单纯的一次离子注入基础上发展了轰击扩散镀层、离子束增强沉积法和不同能量的重叠注入法等。目前，离子注入表面改性技术已广泛地用于宇航尖端零件、化工零件、医学矫形材料以及模具、刀具和磁头的表面改性。离子注入表面改性技术不仅成功地用于金属材料的表面改性，而且为陶瓷材料和高分子材料的改性技术开拓了新的方向。

轰击扩散镀层技术，是在基体金属上预先用电子束蒸发台或磁控发射台沉积一层$(3\sim8)\times10^{-8}$m 厚的待合金化元素，如 Cr、Ti、Ni 等，然后用 N 或惰性气体离子进行轰击，利用注入离子的直接反冲、级联碰撞混合作用及辐射来增加扩散效应，使镀层元素进入基体材料中。该技术的进一步发展，出现了离子束与蒸发沉积混合束形成合金薄膜技术，它综合了蒸发沉积速率高与注入混合两种技术的优点，弥补了离子注入层较浅的弱点，提高了效率，增加了工艺的灵活性。

美国威斯康辛大学 Conrad 等于 1987 年发表了等离子源离子注入技术。这一技术是将被注入的工件放置在等离子体中加上 10～100kV 的脉动负偏压。注入束流达到 100～1000mA（现有离子注入设备的典型值为 10mA），这就使生产率大为提高，克服了现有离子注入工业化的障碍——生产率低。此外，注入离子来自包围工件的等离子体，对复杂工件可实现均匀注入，而现有离子注入还是利用单方向的束流，对复杂工件的均匀注入还是一难题。Conrad 等的研究结果表明，等离子源离子注入具有良好的工业应用前景。

金属材料表面改性的程度，在很大程度上取决于基体中注入离子的实际数量，注入量越大，改性越显著。单一能量注入工艺的缺陷是受饱和浓度的限制，当注入离子浓度达到饱和浓度后，继续增加剂量无助于提高基体中注入离子的数量。采用不同能量的重叠注入工艺则能展宽饱和浓度区域，增加实际注入量，提高材料表面性能。

金属、陶瓷等工程材料的表面改性通常需要大的离子注入剂量，而注入成分的纯度没有半导体工业那样严格，因此在离子注入装备方面有了较大的改变。1986 年美国加州大学 L. G. Brown 等成功开发的金属蒸气真空弧（metal vapor vacuum arc，简称 MEVVA）源，为制造各种强流金属离子注入机奠定了良好的基础，并且可以提供 48 种金属元素离子束。

总之，离子注入技术作为机械工程材料表面处理的一种新方法，其应用领域正在向纵深发展，它的有效性和灵活性，将会吸引越来越多的工程技术人员采用它。

思 考 题

答案 8

8-1 表面淬火技术的原理，对比感应加热表面淬火、火焰加热表面淬火、激光淬火技术基本原理、适用范围、特点及不足。

8-2 表面淬火技术与常规（整体）淬火技术有何区别，表面淬火处理之前为何常进行预先热处理，进行何种预先热处理？

8-3 阐述受控喷丸技术、表面滚压技术原理及其对材料表面形貌与性能的影响。

8-4 简述热扩渗的渗层形成机理，渗层形成的基本条件是什么，根据基体和渗入元素的特性如何判定渗层形成的可能性？

8-5 什么是激光合金化和激光涂覆？

8-6 什么是气体渗氮（氮化），这种方法有何特点与不足，多用来处理何种零件？

8-7 离子氮化的机理是什么，有何特点，离子氮化层的性能如何？

9 气相沉积技术

气相沉积技术是近30年来迅速发展的一门新技术，是利用气相之间的反应，在各种材料或制品表面沉积单层或多层薄膜，从而使材料或制品获得所需的各种优异性能。气相沉积技术不仅可以沉积金属膜、合金膜，还可以沉积化合物、非金属、半导体、陶瓷、塑料膜等。按照使用要求，几乎可以在任何基体上沉积任何物质的薄膜。气相沉积技术具有十分广阔的应用前景。

9.1 物理气相沉积

在真空条件下，利用各种物理方法，将镀料汽化成原子、分子或使其离子化为离子，直接沉积到基体表面上的方法称为物理气相沉积（PVD）。物理气相沉积主要包括真空蒸镀膜、溅射镀膜和离子镀膜。沉积过程概括为3个阶段，从原材料中发射出粒子、粒子运动到基材（工件）及粒子在基材上沉积成膜，如图9-1所示。

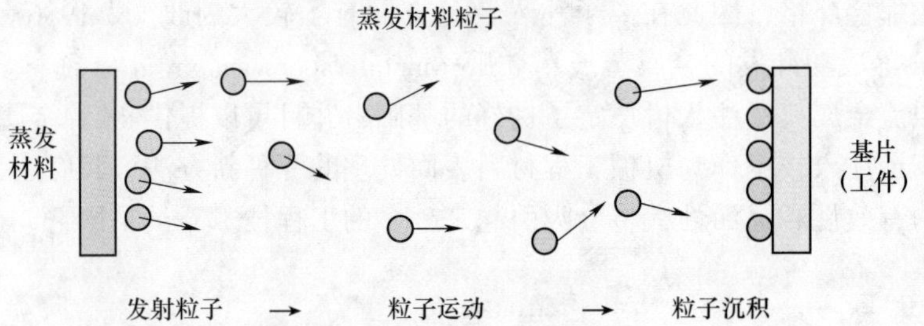

蒸发材料粒子
蒸发材料
基片（工件）
发射粒子 → 粒子运动 → 粒子沉积

图9-1 物理气相沉积过程示意图

物理气相沉积技术具有工艺简单、节省材料、无污染、膜层厚度均匀、膜层致密、与基体材料附着力好等特点，且工艺过程中温度低，工件畸变小，不会产生退火软化，一般不需要进行再加工。目前，物理气相沉积技术已经广泛应用于机械、航空航天、电子、光学、轻工业和建筑业等领域，用于制备耐磨、耐蚀、耐热、导电、绝缘、光学、刺血、压点、润滑、超导、装饰等。

随着物理气相沉积设备大型化、通用化、自动化及功能不断完善，PVD的应用范围和可镀工件尺寸不断扩大。近年来，各种复合技术，如离子注入与PVD复合，已经在新材料涂层、功能涂层、超硬涂层的开发制备中应用。

9.1.1 真空蒸镀膜

在真空条件下，用一定的方法加热镀膜材料（简称膜料）使之气化，并沉积在工件表面形成固态薄膜的方法称为真空蒸镀，简称蒸镀。

蒸镀是一种发展较早和应用较广泛的物理气相沉积技术。该方法工艺成熟，设备较完善，低熔点金属蒸发效率高，在适当工艺条件下，能够制备非常纯净的，并且在一定程度上具有特定结构和性能的薄膜涂层，可用于制备介质膜、电阻、电容等，也可以在塑料薄膜和纸上连续蒸镀铝膜。

9.1.1.1 真空蒸镀原理及结合

真空蒸镀的物理过程：采用各种热能转换方式，使膜料蒸发或升华，气化为具有一定能量（0.1~0.3eV）的粒子（原子、分子或原子团）；气态粒子通过基本无碰撞的直线运动飞速传输到基体；粒子沉积在基体表面上并凝聚成薄膜。传输到基体的蒸发粒子与基体碰撞后一部分被反射，另一部分被吸附在基体表面发生表面扩散，沉积粒子之间产生二维碰撞，形成簇团，有的在表面停留一段时间后再蒸发。粒子簇团与扩散粒子相碰撞，或吸附单粒子，或放出单粒子，这种过程反复进行，当粒子数超过某一临界值时就变为稳定核，再不断吸附其他粒子而逐步长大，最后与邻近稳定核合并，进而变成连续膜。组成薄膜的原子重新排列或化学键合发生变化。蒸发镀原理如图 9-2 所示。

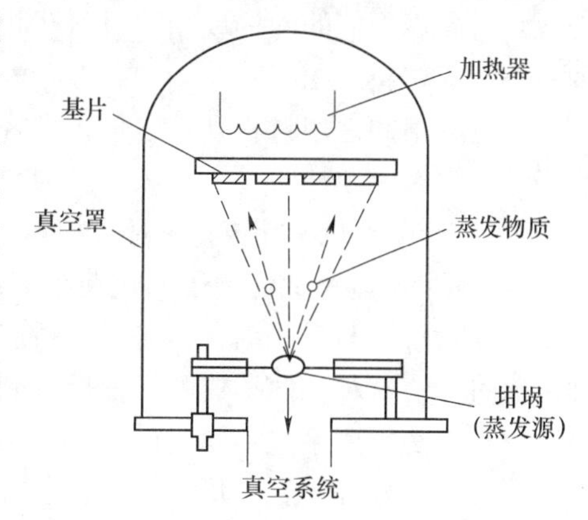

图 9-2 蒸发镀原理

衬底表面的性质与衬底材料内部不同，材料内部的原子受周围原子吸引，而在衬底表面的固-气界面或相界面上将发生高位能，其超过部分称表面能。当沉积原子进入表面力场后，将与衬底表面原子之间发生物理、化学、静电力作用，并降低其表面能，这就是产生吸附现象的原因。在固体材料内部，表现为内聚力。

理想单晶表面，原子排列有序，位能是有规律的周期分布，但实际晶体的位能分布严重偏离周期性。在具有弛豫、重构、台阶、晶格缺陷等晶界处有较高的表面能，沉积原子将在此处优先吸附、凝结成核。根据薄膜与衬底的结合力和结合界面形态，可分为以下几种：

（1）物理吸附。沉积的原子或分子，与衬底表面首先发生物理吸附。其作用力为范德华力。物理吸附分子，其间距在 0.2~0.4nm。对不同材料，膜与衬底的间距变化较大，吸附能力 0.04~0.4eV，相应附着力在 10^{-1}~10^{3}N/mm^2 之间。衬底表面吸附第一层原子或分子后，可继续吸附第二层、第三层。相邻层结合力将逐步由吸附转变为被吸附物质分子间内聚力。物理吸附不需要给被吸附原子输入能量，吸附过程快，在很低温度下也可进行。

（2）化学吸附。衬底表面原子与沉积原子发生了化学反应或类似化学反应，原子间产生了电子转移或共有，形成化学键合。化学键能比物理吸附能大 5~10eV，相应吸附力为 10^{6}N/m^2。化学键力作用距离小，为 0.1~0.3nm。只有对衬底表面原子具有化学吸附的吸附原子，化学吸附才能发生；另外，对某些吸附原子或分子，输入足够的化学激活能后化学吸附才能发生。化学吸附为不可逆过程。

化学吸附形成的衬底与薄膜之间的界面层厚度可达几倍晶格间距，可由合金、金属间化合物及化学键合（如氧化物、氮化物）组成。利用反应蒸发，衬底表面渗杂质可以得到化学吸附界面层，此界面层处于衬底与薄膜间，并在结构、材料成分上有逐渐转化的特点。

(3) 机械结合。当衬底表面粗糙，衬底温度高，沉积原子有足够大的迁移率时，可形成薄膜与衬底间的机械镶嵌结合。衬底表面粗糙度适当，薄膜材料弹性好，抗剪切力高，则薄膜与衬底镶嵌结合牢固。

(4) 简单附着。当衬底结构致密，表面光滑，且衬底表面与薄膜间无扩散和化学反应发生时，可形成一种清晰的突变界面层。

具有高表面能的同种或相容材料互相附着牢固，如高熔点金属。相反，表面能低的同种或不相容材料互相附着差，如高聚合塑料。相同材料附着好，次之是能互相形成固溶体材料，具有不同键型材料则难以得到良好附着，如金属与塑料。表面受到污染会引起表面能降低，附着差。

(5) 扩散吸附。当薄膜和衬底材料具有可溶性或部分可溶性时，若给界面层的原子1~10eV能量，则可促使原子通过薄膜与衬底界面进行互相扩散，形成薄膜与衬底间扩散吸附。相对薄膜与衬底而言，薄膜与衬底间因扩散形成的界面层晶体结构和化学成分是一种渐变过程。这种扩散形成的界面层有利于薄膜与衬底间形成牢固结合，且可降低薄膜与衬底材料因热膨胀系数不同引起的热应力。通过在镀膜时给衬底加热、电场吸引荷能沉积粒子、镀后处理等措施，均可促进扩散吸附。

对不相容材料，也可通过高能粒子注入、离子溅射混合方法来形成扩散吸附。这是由于离子轰击产生较高结构缺陷及应力，有利于薄膜与衬底的牢固附着。

由于衬底表面结构及成分上的复杂性、薄膜材料与衬底材料性能上的差异以及镀膜工艺的影响，使衬底与薄膜结合不会局限于一种形式，往往以多种结合形式产生牢固结合。图9-3表示了薄膜与衬底间部分吸附界面层类型。由图可以看出，化学键合因键能最高，所以附着牢固；共价键、离子键及金属键均为强化学键，但由共价键、离子键键合形成的界面层，常为脆性化合物界面层；而金属键形成的界面层为韧性合金界面层。

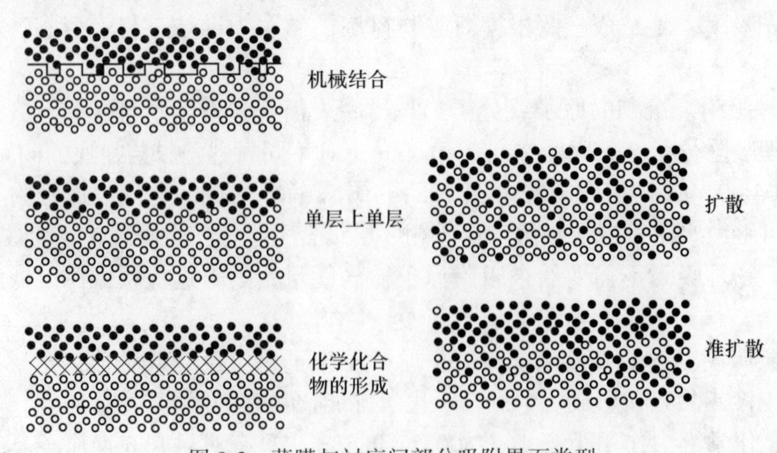

图9-3 薄膜与衬底间部分吸附界面类型

当薄膜与衬底间结合为弱吸附时（如物理吸附），可在薄膜与衬底表面之间采用中间层来提高其结合能。如在玻璃上镀金时，因金膜附着不良而先镀一层易氧化的铬，再镀金。铬易附着在衬底上并与金形成合金，附着牢固。

由晶体或微晶材料作衬底时，原子排列易在表面处突然中断，使表面产生结构缺陷，如点缺陷、位错线、解离面上形成的台阶、凸凹、空位等；此外表面原子重新排列，将发生弛豫和重构。由于上述缺陷，可使表面能增高，有利于原子在表面位移，缺陷处优先吸附、起化学反应和类化学反应，提高薄膜与衬底间的结合。因此，在镀膜前，对衬底表面进行机械研磨、抛光、超声波及化学清洗、离子溅射清洗等，造成表面的机械及化学损伤或明显增加机械划痕、裂纹、多孔及凹凸不平，可增强薄膜与衬底的结合。但机械损伤严重时，在薄膜沉积生长时，伤痕会复现在膜中，使薄膜表面不平整光滑，对有些膜将严重影响其性能。

此外，当化合物或合金作为衬底材料时，清洁表面可改变其表面成分。化学清洗合金时，由于其中某一些成分反应活泼将优先腐蚀，其他成分将在表面浓缩。例如多组分硅酸盐玻璃用酸处理时，将分离出碱性氧化物，而浓缩二氧化硅到表面层。又如在离子溅射清洗时，对其中某一成分优先溅射，使其成分富集于表面，也可提高薄膜与衬底的结合。

在清洗、研磨、抛光过程中，研料与表面材料起化学反应或研磨料、油脂等残留在表面裂纹、孔洞内，一般方法难以去除；此外，清洗后的表面，很快又会吸附气体、蒸气分子等，改变表面成分，甚至起化学反应。上述原因均会污染衬底表面，使其失去化学活性，导致薄膜与衬底附着不良。镀膜时衬底温度对膜附着力影响大。增高温度时，可使气体脱附、易清除挥发物、增强扩散和增高激活能、加速化学反应等，从而使薄膜附着力明显增强。

9.1.1.2 真空蒸镀方式

真空蒸镀装置由真空抽气系统和蒸发室组成。真空抽气系统由（超）高真空泵、低真空泵、排气管道和阀门等组成。此外，还附有冷阱（用以防止油蒸气的返流）和真空测量计等。蒸发室大多用不锈钢制成。在蒸发室内配有真空蒸镀时不可缺少的蒸发源、基片和蒸发空间。此外，还置有控制蒸发原子流的挡板，测量膜厚并用来监控薄膜生长速率的膜厚计，测量蒸发室的真空变化和蒸发时剩余气体压力的（超）高真空计，以及控制薄膜生长形态和结晶性基片温度调节器等。

蒸发源是用来加热膜料使之气化蒸发的部件。可以按发热体的形状来区分热源，也可以根据能量输入方式将蒸发源分为：电阻加热、电子束加热、高频感应加热、电弧加热和激光加热等。

A 电阻加热

由于电阻加热法很简单，是普遍应用的方法，把丝状或片状的高熔点金属（如 W、Mo、Ti 等）做成适当形状的蒸发源，其先装上待蒸发材料，接通电源，蒸镀材料蒸发，这便是电阻加热法。

采用电阻加热法首先应考虑蒸发源的材料和形状。蒸发源材料主要考虑因素有：蒸发源材料的熔点和蒸气压；蒸发源材料与镀膜材料的反应以及由镀膜材料引起的湿润性。因为镀膜材料的蒸发温度（平衡蒸气压为 1.33Pa 时的温度）多数在 1000~2000℃之间，蒸发源材料的熔点必须高于此温度。然而，只满足这个条件是不够的，在选择蒸发源材料时，还必须考虑蒸发源材料会有着随蒸镀材料蒸发而成为杂质进入镀膜中的问题。因此，必须了解有关蒸发源常用材料的蒸气压。

电阻加热法另一个问题是某些蒸发源材料与镀膜材料之间产生反应和扩散而形成化合物和合金。如钽和金高温时形成合金，又如高温时铝、铁、镍、钴等也会与钨、钼、钽等蒸发源材料形成合金。一旦形成合金，熔点就下降，蒸发源也就容易烧断。因此，蒸发源的材料应该选择不会与镀膜材料形成合金的材料。

镀膜材料对蒸发源材料的“湿润性”问题。这种湿润性与材料表面的能量有关。高温熔化的薄膜材料在蒸发源材料上有扩散倾向时，容易湿润。在湿润情况下，由于镀膜材料的蒸发是从表面上发生，一般可认为是面蒸发源的蒸发；湿润小的时候，一般可认为是点蒸发源的蒸发。再有，如果容易发生湿润，那么，膜材料与蒸发源相互润湿，因而蒸发状态稳定；如果是难以湿润的，则蒸发材料就容易从蒸发源上掉下来。

B 电子束加热

电子束加热式即用电子束直接照射蒸镀材料使其蒸发。用这种方法可得到纯度高的镀层，常用于电子元件和半导体用的铝及铝合金。电子束加热法对于 W、Mo、Ta 等高熔点金属的蒸发也是有效的。其热能是由钨灯丝加热到 2800℃，并受到几千伏正极化电极加速所产生的电子轰击而获得。为了防止产生电弧，灯丝要置于蒸发流之外。电子束加热和激光束加热可以使部分蒸发物质发生电离，也可当作是一种激发蒸镀法。

C 高频感应加热

高频感应加热蒸发源是在高频感应线圈中放入氧化铝及石墨坩埚进行高频感应加热，使坩埚中蒸发材料蒸发，主要用于 Al 的大量蒸发。坩埚与高频感应线圈不接触，在线圈中通过高频电流可使蒸发材料中产生电流。如蒸发料块小，感应线圈和蒸发料之间有效耦合所需的频率要高一些。如果蒸发料一块就有几克重，可用约 10~500kHz 的频率；一块只有几毫克重时，必须用几兆赫的频率。感应线圈通常用铜管制作，线圈要进行水冷。蒸发料是金属时，蒸发料中就可以生热。因此，坩埚就不需要导电或向蒸发料导热，并可选用和蒸发料反应最小的材料。由传导引起的热损耗可减到最小，因为功率是直接送往蒸发料。

但是，高频感应加热也存一些缺点：需要较复杂和昂贵的高频发生器，感应线圈在真空系统内占了相当大的地方；如果线圈附近的压力上升到超过 1.33×10^{-4}Pa 时，高频电场就会使残余气体电离，功率耗损，高频发生装置必须屏蔽，防止无线电干扰；坩埚会受热冲击而破裂，或与蒸发料发生反应。

D 激光加热

激光加热为用激光照射在膜料表面，使其加热蒸发。由于不同材料吸收激光的波段范围不同，因而需要选用相应的激光器。如采用 CO_2 激光器加热陶瓷材料使其蒸发，在基材上蒸镀得陶瓷层。例如，在 1.33×10^{-4}Pa 的真空条件下，把激光束照在 Al_2O_3 烧结体上使之蒸发，会在铝合金基体上形成氧化铝层。若用 1.5kW 的激光器加热，涂层沉积速度达 0.3μm/min，生成的涂层硬度（HV）可达 1200。

9.1.1.3 真空蒸镀工艺

A 一般蒸镀工艺

真空蒸镀工艺是根据产品要求确定的，一般非连续蒸镀的工艺流程是：镀前准备→抽真空→离子轰击→烘烤→预热→蒸发→取件→镀后处理→检测→成品。

镀前准备主要有工件清洗、蒸发源制作和清洗、真空室和工件架清洗、安装蒸发源、膜料清洗和放置、装工件等。工件放入真空室后，先抽真空至0.1~1Pa进行离子轰击，即对真空室内铝棒加一定的高压电，产生辉光放电，使电子获得很高的速度，工件表面迅速带有负电荷，在此吸引下正离子轰击工件表面，工件吸附层与活性气体之间发生化学反应，使工件表面得到进一步的清洗。离子轰击一定时间后，关掉高压电，再提高真空度，同时进行加热烘烤，控制在一定温度，使工件及工件架吸附的气体迅速逸出。达到一定真空后，先对蒸发源通以较低功率的电，进行膜料的预热或预熔，然后再通以规定的电流，使膜料迅速蒸发。蒸发结束后，停止抽气，再充气，打开真空室取出工件。有的膜层如镀铝等，质软和易氧化变色，需要施涂面漆加以保护。

B 合金蒸镀工艺

合金中各组分在同一温度下具有不同的蒸气压，即具有不同的蒸发速率，因此，在基材上沉积的合金薄膜和合金膜料相比，通常存在较大的组分偏离。为消除这种偏离，可采用多源同时蒸镀法和瞬源同时蒸镀法。多源同时蒸镀法是将各元素分别装在各自的蒸发源，然后独立控制各蒸发源的蒸发温度，设法使到达基体上的各种原子与所需镀膜组成相对应。瞬源同时蒸镀法又叫闪蒸发，是把合金做成粉末或细颗粒，放入能保持高温的加热器和坩埚之类的蒸发源中，使膜料在蒸发源上实现瞬间完全蒸发。为保证一个个颗粒蒸发完后就有下次蒸发颗粒的供给，蒸发速率不能太快。颗粒原料通常是从加料斗的孔出来，再通过滑槽落到蒸发源上。除一部分合金（如Ni-Cr等）外，金属间化合物如GaAs、InSb、PbTe、AlSb等，在高温时会发生分解，而两组分的蒸气压又相差很大，故也常用闪蒸法制薄膜。

C 化合物蒸镀工艺

化合物在真空加热蒸发时，一般都会发生分解。可根据分解难易程度，采用两类不同方法：对于难分解或沉积后又能重新结合成原膜料组分配比的化合物（前者如SiO_2、Bi_2O_3、MgF_2、NaCl、AgCl等，后者如ZnS、PbS、CdTe、CdS等），可采用一般的蒸镀法。对于极易分解的化合物如In_2O_3、MoO_3、MgO、Al_2O_3等，必须采用恰当蒸发源材料、加热方式、气氛，并且在较低蒸发温度下进行。例如蒸镀Al_2O_3时得到缺氧的Al_2O_3-X膜，为避免这种情况，可在蒸镀时充入适当氧气。

D 高熔点化合物

蒸镀氧化物、碳化物、氮化物等材料的熔点通常很高，而且制取高纯度的这类化合物也很昂贵，因此常采用“反应蒸镀法”来制备此类材料的薄膜。具体做法是在膜料蒸发的同时充入相应气体，使两者反应化合沉积成膜，如Al_2O_3、Cr_2O_3、SiO_2、Ta_2O_5、AlN、ZrN、TiN、SiC、TiC等。如果在蒸发源和基材之间形成等离子体，则可提高反应气体分子的能量、离化率和相互间的化学反应程度，这称为“活性反应蒸镀”。

E 离子束辅助蒸镀

蒸发原子或分子到达基材表面时能量很低（约0.2eV），加上已沉积粒子对后来飞达的粒子造成影响，使膜层呈含有较多孔隙的柱状呈粒状聚集体结构，结合力差，又易吸潮和吸附其他气体分子而造成性质不稳定。为改善这种状况，可用离子源进行轰击，镀膜前先用数百电子伏特的离子束轰击清洗和增强表面活性，然后蒸镀中用低能离子束轰击。离子源常用氮气。也可以进行掺杂，例如用锰离子束辅助蒸镀 ZnS，得到电致发光薄膜 Zn-SiMn。也可用此法制备化合物薄膜等。

F 非晶蒸镀

采用快速蒸镀，有利于非晶薄膜的形成。Si、Ge 等共价键元素和某些氧化物、碳化物、铁酸盐、铌酸盐、锡酸盐等在室温或其以上温度下可得到非晶薄膜，而纯金属需在液氮温度附近的基板上才能形成非晶薄膜。采用金属或非金属元素，或两种在高浓度下互不相溶的金属元素共同蒸镀，比纯金属容易形成非晶薄膜。另外，也可通过加入降低表面迁移率的某些气体或离子来获得非晶薄膜。非晶薄膜往往有一些独特的性能和功能，具有重要用途。

另外，也有激光束辅助蒸镀和单晶蒸镀，如在电子束蒸发膜料的同时，用 10~60W 的宽束 CO_2 激光辐照基板，制得性能优良的 HfO_2 和 Y_2O_3 等介质薄膜。

9.1.1.4 真空蒸镀应用

真空蒸镀可制各种金属、合金和化合物薄膜，应用于许多科技和工业领域。

(1) 真空蒸镀铝膜制镜。用这项技术制成的镜，反射率高，映像清晰，经济耐用，又不污染环境，故大量应用于人们的日常生活中，也应用于科技和工业中。制镜有许多方法，其中用箱式真空蒸镀设备制镜是一种经济实用的方法。

(2) 真空蒸镀光反射体。采用真空蒸镀铝膜来提高灯的照明亮度和装饰性已很普遍。反射罩可用各种金属、玻璃、塑料等制成。为提高膜层的平整度和反射效果，往往在镀铝之前，涂一层涂料。

(3) 塑料表面金属化。它是利用物理或化学的方法，在塑料表面镀覆金属膜，获得导电性、磁性、金属光泽等性能，用于电学、磁学、光学、光电子学、热学和美学等领域。具体制备方法有电镀、化学镀、真空蒸镀、磁控溅射镀和化学还原法。其中，真空蒸镀因工艺简单、成本低廉、种类多样、质量容易控制和没有环境污染而得到广泛应用。

9.1.2 溅射镀膜

以动量传递的方法，用荷能粒子轰击材料表面，使其表面原子获得足够的能量而飞逸出来的过程称为溅射，被轰击的材料称为靶。由于离子易于在电磁场中加速或偏转，所以荷能粒子一般为离子，这种溅射称为离子溅射。用离子束轰击靶而发生的溅射，则称为离子束溅射。溅射可以用来刻蚀、成分分析（二次离子质谱）和镀膜等。

溅射镀膜是利用溅射现象来达到制取各种薄膜目的，即在真空室中利用荷能离子轰击靶表面，使被轰击出的气态粒子在基片（工件）上沉积的技术。与真空蒸镀相比，溅射镀膜特点是：依靠动量交换作用使固体材料的原子、分子进入气相，溅射出粒子的动能从几个到几十个电子伏特，比真空蒸镀高 10~100 倍，沉积在基底表面上之后，尚有足够的动能在基底表面上迁移，因而镀层质量较好，与基底结合牢固；任何材料都能溅射镀膜，材料溅射特性差别不如其蒸发特性的差别大，即使高熔点材料也易进行溅射，对于合金、化合物材料易制成与靶材组分比例相同的薄膜，因而溅射镀膜应用非常广泛；溅射镀膜中入射离子一般利用气体放电得到，因而其工作压力在 10^{-2}~10Pa 范围，溅射粒子在飞行到基底前往往与真空室内的气体分子发生过碰撞，其运动方向随机偏离原来的方向，而且溅射一般是从较大靶表面积中射出的，因而比真空蒸镀容易得到均匀厚度的膜层，对于具有沟槽、台阶等镀件，能将阴极效应造成的膜厚差别减小到可忽略的程度，但较高压力下溅射会使薄膜中含有较多的气体分子；溅射镀膜除磁控溅射外，一般沉积速率都较低，设备比真空蒸镀复杂，价格较高，但操作单纯，工艺重复性好，易实现工艺控制自动化。溅射镀膜比较适宜大规模集成电路、磁盘、光盘等产品的连续生产工艺，也适宜于大面积高质量镀膜玻璃等产品的连续生产。

9.1.2.1 溅射镀膜原理

A 溅射现象

用几十电子伏或更高动能的荷能离子轰击固体表面时，将发生一系列物理和化学现象，如图9-4所示。这些现象包括：二次电子发射、二次正离子或负离子发射、入射离子的反射、γ光子和X射线的发射、加热、化学分解或反应、体扩散、晶格损伤、气体的解析与分解、被溅射离子返回轰击表面而产生散射粒子等。从表面释放出来的中性原子和分子就是溅射膜的材料源。

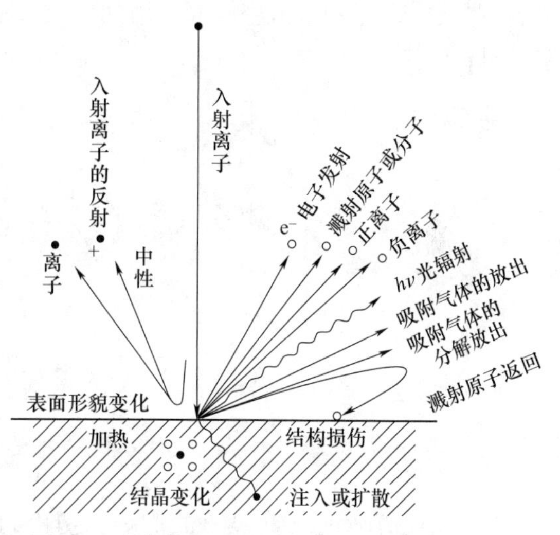

图9-4 电荷能离子碰撞表面所产生的各种现象

在等离子体中，任何表面具有一定负电位时，就会发生上述溅射现象，只是强弱程度不同。所以，靶、真空室壁、基片都有可能产生溅射现象。以靶的溅射为主时，称为溅射成膜；基片的溅射现象称为溅射刻蚀；真空室和基片在高压下的溅射称为溅射清洗。若要实现某一种工艺，只需调整其相对于等离子体的电位。

入射一个离子所溅射出的原子个数称为溅射率或溅射产额。显然，溅射率越大，生成膜的速度就越大。一般认为，溅射率与轰击离子的种类和能量有关，与靶材原子的种类和结构有关，与溅射时靶材表面发生的分解、扩散、化合等状况有关，与溅射气体的压力有关，但在很宽的温度范围内与靶材温度没有关系。

随着轰击离子质量的增加，溅射率总的趋势是增大，溅射率与轰击离子的原子序数之间呈周期性的起伏现象，而且与周期表的分组相吻合。轰击离子能量存在一个溅射能量阈值，当轰击离子能量小于此阈值时，溅射现象不会发生。对于大多数金属来说，溅射阈值为20~40eV，当轰击离子能量达到阈值后，随着轰击离子能量增加，溅射率先迅速增大，之后增大幅度逐渐变小，达到极值后逐渐变小。

溅射率与靶材原子序数的变化表现出与元素周期表类似的周期性，随靶材原子d壳层电子填满程度的增加，溅射率变大，即Cu、Ag、Au等最高，而Ti、Zr、Nb、Mo、Hf、Ta、W等最低。随着轰击离子入射角的增大，溅射率逐渐增大，当入射角达到70°~80°之间时，溅射率最大，呈现一个峰值；此后，入射角再增大，溅射率急剧减小，以至为零。在溅射气体的压力较低时，溅射率不随压力变化，但在高压时，因溅射粒子与气体分子碰撞而返回靶表面，从而使得溅射率随压力增大而减小。在与升华相关的某一温度范围内，溅射率几乎不随靶表面温度的变化而变化，但当温度超过这一范围时，溅射率有急剧增加的倾向。

B 直流辉光放电

辉光放电是溅射过程中产生荷能离子的源。辉光放电是在 10^{-2} ~ 10Pa 真空度范围内，在两个电极之间加上直流电压产生的放电现象。图 9-5 是辉光放电的全伏安特性曲线：*AB* 段电压由零逐渐增加时，出现非常微弱的电流（10^{-6} ~ 10^{-8}A），这是由于宇宙辐射引起的电子发射和空间电离所产生的；*BC* 段是自持的暗放电，电流几乎是一个常数，因为所有出现的电荷都在流动着，这就是汤森放电，其特征是有微弱的发光；*CD* 段为过渡区；*DE* 段是正常辉光放电，电流与电压无关，两极间产生明亮的辉光；*EF* 段是反常辉光放电，其特征是放电电压和电流密度同时增加；*FG* 段是弧光放电，电压下降很小的数值，电流迅速下降。

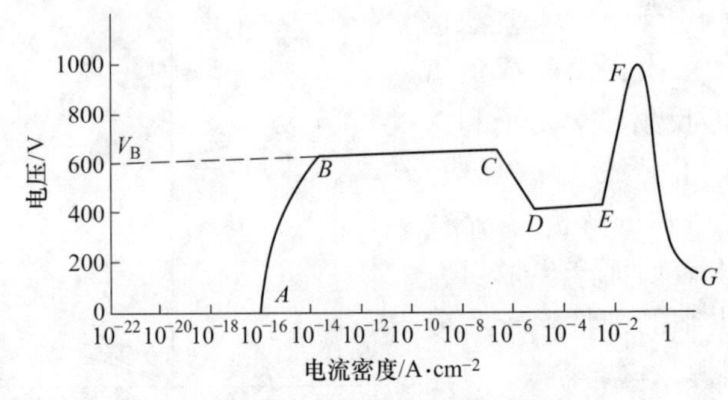

图 9-5 直流弧光放电特性

习惯称从暗放电到自持的正常辉光放电过程为“雪崩”过程，离子轰击阴极，释放出次级电子，后者与中性气体原子碰撞，形成更多的离子，这些离子重复上述过程又回到阴极，又产生出更多的电子，并进一步形成更多的离子，如此循环，如同滚雪球的过程。当产生的电子数正好能形成足够量的离子，这些离子能再生出同样数量的电子时，放电达到自持。正常辉光放电的电流密度与阴极物质、气体种类、气体压力、阴极形状等有关，但其值总体来说较小，所以在溅射和其他辉光放电作业时均在反常辉光放电区工作。

如果施加的是交流电，并且频率增高到 50kHz 以上射频，所发生的辉光放电称为射频辉光放电。利用射频辉光放电的溅射称为射频溅射，又叫 RF 溅射。射频辉光放电有两个重要属性；其一是辉光放电空间中电子振荡达到足够产生电离碰撞能量，故减少了放电对二次电子的依赖性，并且降低了击穿电压；其二是射频电压可以耦合穿过各种阻抗，故电极就不再限于导电体，其他材料甚至是绝缘材料都可用作电极而参与溅射。一般说来，与直流辉光放电相比，射频辉光放电可以在低一个数量级的压力下进行。

C 射频弧光放电

上面分析了直流辉光放电的情况。在气体放电时产生的正离子向阴极运动，而一次电子向阳极运动。放电是靠正离子撞击阴极产生二次电子，通过克鲁克斯暗区被加速，以补充一次电子的消耗来维持。如果施加的是交流电，并且频率增高到 50Hz 以上，那么会发生两个重要的效应：

(1) 辉光放电空间中电子振荡达到足够产生电离碰撞能量，故减少了放电对二次电子的依赖性，并且降低了击穿电压。

(2) 由于射频电压可以耦合穿过各种阻抗，故电极就不再要求是导电体，完全可以溅射任何材料。

在二极射频溅射过程中，由于电子质量小，其迁移率高于离子，所以当靶电极通过电容耦合加上射频电压时，到达靶上的电子数目远大于离子数，电子又不能穿过电容器传输出去，这样逐渐在靶上积累电子，使靶具有直流负电位。在平衡状态下靶的负电位使到达靶的电子数目和离子数目相等，因而通过电容与外加射频电源相连的靶电路中就不会有直流电通过。实验表明，靶上形成的负偏压幅值大体上与射频电压峰值相等。对于介质材料，正离子因靶面上有负偏压而能不断轰击它，在射频电压的正半周时，电子对靶面的轰击能中和积累在靶面上的正离子。如果靶为导电材料，则靶与射频电源之间必须串入100~300pF 的电容，以使靶具有直流负电位。

D 反应溅射原理

自从人们发明射频溅射装置以后，就能制取 SO_2、Al_2O_3、Si_3N_4、TiO_2、玻璃等蒸气压比较低的绝缘体薄膜。但是，在采用化合物靶时，多数情况下所获得的薄膜成分与靶化合物成分发生偏离。为了对薄膜成分和性质进行控制，特地在放电气体中加入一定的活性气体而进行溅射，这称为反应溅射，以此可得到所需要的氧化物、氮化物、碳化物、硫化物、氢化物等。它既可用直流溅射，又可用射频溅射；若制取绝缘体薄膜，一般用射频溅射。

一般认为，化合物薄膜是到达基底的溅射原子和活性气体在基底上进行反应而形成的。但是，由于在放电气氛中引入了活性气体，在靶上也会发生反应，依化合物性质不同，除物理溅射外也可能引起化学溅射，后者在离子的能量较低时也能发生。如果离子能量升高，会加上物理溅射，使溅射率随溅射电压成比例增加。人们以沉积速率与活性气体压力密切关系的实验结果为依据，提出了在靶面上由表面沿厚度方向的反应模型、由吸附原子在靶面上的反应模型、被溅射原子的捕集模型等，试图说明反应溅射的机制。

9.1.2.2 溅射镀膜方式

溅射镀膜工艺的形式是多种多样的，而且随着设备或仪器的改进还会不断衍生出新的工艺方法。按溅射离子的来源分，溅射镀膜有辉光放电阴极溅射和离子束溅射两大类。辉光放电阴极溅射的工艺形式，从不同的角度来看，有不同的分类方法。从电极结构的角度分有二极溅射、三极溅射、四极溅射（等离子弧柱溅射）、磁控溅射等；从电源与放电形式分有直流溅射、射频溅射、非对称交流溅射、偏压溅射、溅射离子镀等；从气氛控制分有惰性气体溅射、反应溅射、吸附溅射、溅射清洗和高压力溅射；从成膜材料和结构特点分有纯金属溅射、合金溅射、介质溅射和化合物溅射等。

二极溅射是使用最高也是最广泛的溅射工艺，其真空室只有阴极和阳极，阴极上装着靶材，接负高压（直流二极溅射）或接电容耦合端（射频二极溅射），基片为阳极（通常接地）。其特征是构造简单，在大面积的基片上可以制取均匀的薄膜，放电电流随压力和电压的变化而变化。其工艺参数为 DC 1~7kV，0.15~1.5mA/cm^2，或 RF 0.3~10kW，1~10W/cm^2，氩气压力约 1.3Pa。

三极或四极溅射通过热阴极和阳极形成一个与靶电压无关的等离子区，使靶相对于等离子区保持负电位，并通过等离子区的离子轰击靶来进行溅射。有稳定电极的称为四极溅射；无稳定电极的称为三极溅射。稳定电极的作用就是使放电稳定。其特征是可实现低气压、低电压溅射，放电电流和轰击靶的离子能量可独立调节控制，可自动控制靶的电流，也可进行射频溅射。其工艺参数为 DC 0~2kV 或 RF 0~1kW，氩气压力 $6\times10^{-2}\sim10^{-1}$Pa。

对向靶溅射是两个靶对向放置，在垂直于靶的表面方向加上磁场，以此增加溅射的电离过程，它可以对磁性材料进行高速低温溅射。其工艺参数用 DC 或 RF，氩气压力 $10^{-2}\sim10^{-1}$Pa。

射频溅射是在靶上加射频电压，电子在被阳极收集之前，能在阳极、阴极之间的空间来回振荡，有更多机会与气体分子产生碰撞电离，使射频溅射可在低气压（0.1~1Pa）下进行。另一方面，当靶电极通过电容耦合加上射频电压后，靶上便形成负偏压，使溅射速率提高，不仅能沉积金属膜，而且能沉积绝缘体薄膜。其工艺参数为 RF 0.3~10kW，DC 0~2kV，射频频率通常为 13.56MHz，氩气压力约 1.3Pa。

偏压溅射是在基片上设置适当的负偏压，吸引部分离子在镀膜过程中也轰击基片表面，从而把沉积膜吸附的气体轰击出去，提高膜的纯度。它在镀膜中可同时清除 H_2O、H_2 等杂质气体。其工艺参数为在基片上施加 0~500V 范围内的相对于阳极的正或负的电位，氩气压力约 1.3Pa。

非对称交流溅射在装置结构上与普通二极溅射相似，只是施加电源为非对称的交流电流波形，在振幅大的半周期内对靶进行溅射，在振幅小的半周期内对基片进行较弱的离子轰击，把杂质气体轰击出去，提高膜的纯度，可获得高纯度的镀膜。其工艺参数为 AC 1~5kV，0.1~2mA/cm^2，氩气压力约 1.3Pa。

吸气溅射是利用活性溅射粒子的吸气作用，除去杂质气体，提高膜的纯度，以获得高纯度的镀膜。其工艺参数为 DC 1~7kV，0.15~1.5mA/m^2，或 RF 0.3~10kW，1~10W/cm^2，氮气压力约 1.3Pa。

通常纯金属膜可采用直流溅射和射频溅射，合金膜采用直流溅射，介质膜采用射频溅射，化合物膜则采用反应溅射。反应溅射有两种形式：其一，是以化合物作靶，溅射时离子轰击使靶材化合物分解，为保证组分成分，需在氩气中通入适量的反应气体；其二，是靶材本身是纯金属、合金或混合物，在惰性气体和反应气体的混合气氛中，通过溅射合成为化合物的膜。其工艺参数为 DC 1~7kV 或 RF 0.3~10kW，在氩气中通入适量的活性气体。

离子束溅射与其他各种溅射工艺（工件都是浸没在等离子体中）不同，其离子源和工件是分开的，不在同一真空环境中，离子源空间的工作压力约为 10Pa，镀膜样品室的工作压力可以是 $10^{-4}\sim10^{-2}$Pa。它是在非离子体状态下成膜，成膜质量高，膜层结构和性能可调节和控制，但束流密度小，成膜速率低，沉积大面积薄膜有困难，其工艺参数为 DX，氩气压力约 10^{-3}Pa。

9.1.2.3 溅射镀膜工艺

阴极溅射镀膜由镀前预处理、装件、抽真空、烘烤与轰击、溅射沉积、冷却、取件和后处理构成。对于磁控溅射，是一种高溅射速率、低基片加热的溅射技术，是在“磁控管模式”运行下的二极溅射，它不依靠外加能源来提高放电电离效率，而是利用溅射引起的二次电子本身来实现高速低温的目标。应检查磁控靶的绝缘情况，屏蔽罩与靶应有很好的绝缘性，也应该注意清理磁控靶表面吸附的磁性尘屑。同时，在第一次镀件前需要对新靶进行一次溅射处理，清除靶材表面的氧化皮和污染层。它是工业应用实际中最有成效和最有发展前景的溅射工艺，是最重要的薄膜制备和工业生产的手段。

（1）磁控溅射镀膜原理。磁控溅射是在与二极溅射靶表面平行的方向上施加磁场，利用电场和磁场相互垂直的磁控管原理建立垂直于电场（亦即垂直于靶面）的一个环形封闭磁场，该电、磁正交场形成一个平行于靶面的电子捕集阱，来自溅射靶面的二次电子落入正交场捕集阱中，不能直接飞向阳极，而是在正交场作用下来回振荡，近似作摆线运动，并不断与气体分子发生碰撞，把能量传递给气体分子，使之电离，而其本身变为低能电子，最终沿磁力线漂移到阴极附近的阳极进而被吸收。由于磁控截射装置的阳极在阴极的四周，基片不在阳极上。而放置在靶对面浮动电位的基片架上，这就避免了高能粒子对基片的强烈轰击，消除了二极截射中基片被轰击加热和被电子辐射引起损伤的根源，体现了磁控溅射中基片“低温”的特点。另外，由于磁控溅射产生的二次电子来回振荡，使二次电子到达阳极的行程大大加长，电离概率大大增大，溅射速率大大提高，体现了“高速”溅射的特点。

（2）磁控溅射镀膜设备。溅射镀膜设备的真空系统与真空蒸镀相比，除增加充气装置外，其余均相似；基材的清洗、干燥、加热除气、膜厚测量与监控等也大体相同。但是主要的工作部件是不同的，即蒸发镀膜机的蒸发源被溅射源所取代。目前普遍使用的磁控溅射镀膜机主要由真空室、排气系统、磁控溅射源系统和控制系统等 4 部分组成。其中磁控溅射源有多种结构形式，按磁场形成的方式分，有电磁型和永磁型两种。通常工业生产型设备大部分采用永磁型，它结构简单，成本低，场强分布可调整，靶的均匀区可较大，但场强较弱，场强一旦调整完毕后，在运行中无法任意调控，靶面易吸引铁磁性杂质和碎片而形成“磁性污染”。电磁型磁控溅射源的优缺点与永磁型正好相反，它只在靶材是铁磁材料时，或溅射过程中磁场要经常调整来控制镀膜质量时，或在一些特殊的研究工作中需要电磁靶时才考虑优先选用。按结构分，磁控截射源主要有实心柱状或空心柱状磁控靶、溅射枪或 S 枪、平面磁控溅射靶，如图 9-6 所示。柱状磁控靶结构简单，可有效地利用空间，可在更低的气压下溅射成膜，适用于形状复杂、几何尺寸变化大的镀件。枪型靶呈圆锥形，制作困难，可直接取代蒸发镀膜机上的电子枪，用于对蒸发镀膜设备的改造，适于小型制作。平面磁控靶按靶面形状分，又有圆形和矩形两种，它制备的膜厚均匀性好，对大面积的平板可连续溅射镀膜，适合于大面积和大规模的工业化生产。

（3）磁控溅射镀膜工艺。一般间歇式的磁控溅射工序为：镀前表面处理→真空室的准备→抽真空→磁控溅射→镀后处理。镀前表面处理与蒸发镀膜相同。真空室的准备包括清洁处理，检查或更换靶（不能有渗水、翻水，不能与屏蔽罩短路），装工件等。磁控溅射工艺参数为 0.2～1kV（高速低温），3～30W/cm^2，氩气压力 10^{-2}～10^{-1}Pa。

9.1.2.4 溅射镀膜应用

溅射镀膜技术凭其操作单纯、工艺重复性好、镀膜种类的多样性、膜层质量以及容易实现精确控制和自动化生产等优点，广泛应用于各类薄膜的制备和工业生产，并且成为许多高新技术产业的核心技术。

溅射薄膜按其不同的功能和应用大致可分为机械功能薄膜和物理功能薄膜。前者包含耐磨、减摩、耐蚀等表面强化薄膜材料、固体润滑薄膜材料；后者包含电、磁、声、光等功能薄膜材料等。太阳能真空管镀膜是磁控溅射镀膜技术的典型应用。采用高硼硅特硬玻璃制

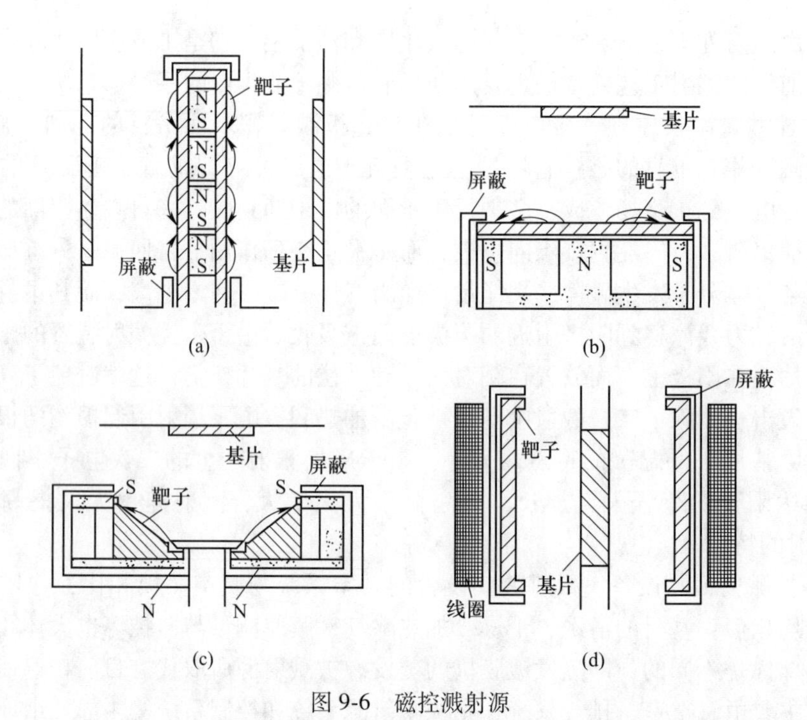

图 9-6 磁控溅射源

(a) 实心柱状；(b) 平面磁控溅射靶；(c) 溅射枪或 S 枪；(d) 空心柱状磁控靶

造，在内管外壁采用磁控溅射镀膜技术，溅射选择性吸附涂层，如铝、纯铜、不锈钢或铝氮铝等。其中，最里层是铜反射层，中间层是不锈钢吸附层，最外层为氮化铝减反射层。

同时，溅射薄膜还用于镀制铝镜，溅射铝的晶粒细，密度高，镜面反射率和表面平滑性优于蒸发镀铝。又如在集成电路制作中，溅射铝膜附着力强，晶粒细，台阶覆盖好，电阻率低，可焊性好，因而取代了蒸发镀铝。溅射薄膜也可用于工具、刀具上制备 TiN、TiC 等超硬膜层，但效果不如离子镀膜好。

9.1.3 离子镀膜

离子镀是在真空蒸发和溅射技术基础上发展起来的一种新的镀膜技术。离子镀是在真空条件下，利用气体放电使气体或被蒸发物质部分电离，气体离子或被蒸发物质离子轰击作用，同时把蒸发物质或其反应产物沉积在基片上。它把真空蒸发技术与气体的辉光放电、等离子体技术结合在一起，使镀料原子沉积与带能离子轰击改性同时进行，不但兼有真空蒸发的沉积速度快和溅射镀的离子轰击清洁表面的特点，而且具有镀制膜层的附着力强、绕射性好、可镀材料广泛等优点。

从原理上看，许多溅射镀可归为离子镀，亦称溅射离子镀，而一般所说的离子镀常指采用蒸发源的离子镀。两者镀层质量相当，但溅射离子镀的基片温度显著低于采用蒸发源的离子镀。

9.1.3.1 离子镀膜原理

离子镀膜的技术基础是真空镀膜，离子镀的基本过程包括镀膜材料的蒸发、材料离子化、离子加速及粒子轰击工件表面沉积成膜。

镀前将真空室抽至10^{-4}~10^{-3}Pa的高真空，随后通入惰性气体（如氩），使真空度达到1.3~0.13Pa。接通高压电源，则在蒸发源（阳极）和基片（阴极）之间建立起一个低压气体放电的低温等离子体区。放电产生的高能惰性气体离子轰击基片表面，可有效地清除基片表面的气体和污染物。与此同时，镀料气化蒸发后，蒸发粒子进入等离子体区，与等离子体区中的正离子和被激活的惰性气体原子以及电子发生碰撞，其中一部分蒸发粒子被电离成正离子。正离子在负高压电场加速作用下，沉积到基片表面成膜。由此可见，离子镀膜层的成核与生长所需的能量，不是靠加热方式获得，而是由离子加速的方式来激励的。在离子镀的全过程中，被电离的气体离子和镀料离子一起以较高的能量轰击基片或镀层表面。因此，离子镀是指镀料原子沉积与带能离子轰击同时进行的物理气相沉积技术。离子轰击的目的是改善膜层与基片之间的结合强度，并改善膜层性能。显然，只有当沉积作用超过溅射剥离作用时，才能发生薄膜的沉积过程。

9.1.3.2 离子镀膜类型及装置

一般说来，离子镀设备是由真空室、蒸发源（或气源、溅射源等）、高压电源、离化装置和安置工件的阴极等部分组成。

根据膜材不同的气化方式和离化方式，可构成不同的离子镀膜类型。膜材气化方式主要有电阻加热、电子束加热、等离子电子束加热、高频感应加热、阴极弧光放电加热等。气体分子或原子的离化和激活方式主要有辉光放电型、电子束型、热电子型、等离子电子束型和高真空电弧放电型，以及各种形式的离子源等。不同的蒸发源与不同的电离或激发方式又可以有多种不同的组合。目前，国内外常用的离子镀类型主要有直流二极型离子镀、三极型离子镀、射频离子镀、磁控溅射离子镀、反应离子镀、空心阴极放电离子镀和多弧离子镀。图9-7为直流二极型离子镀原理示意图。

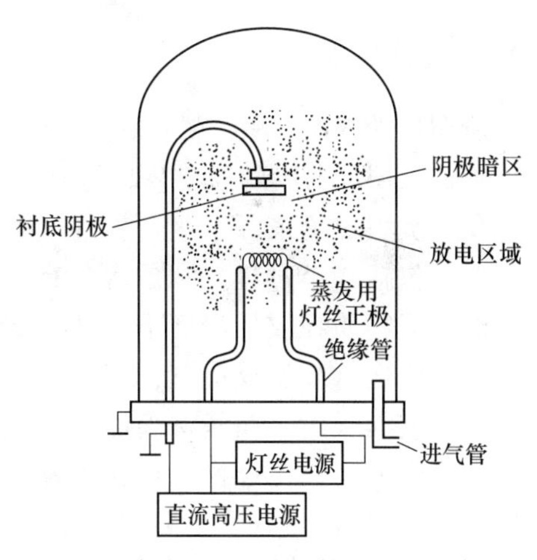

图9-7 直流二极型离子镀的原理示意图

是利用基片和蒸发源两电极之间的辉光放电产生离子，并由基片上施加的1~5kV负偏压对离子加速沉积成膜，工作气压在1.33Pa左右。由于二极型离子镀设备简单，用普通真空镀膜机即可改装，镀膜工艺也易实现，故目前仍具有一定的使用价值。

三极型离子镀也属于直流放电型，它在蒸发源和基片之间分别设置灯丝和阳极，以改进二极型离子镀在低气压下难以激发和维持辉光放电的缺点。与二极型离子镀相比，它的主要特点是：依靠热阴极灯丝电流和阳极电压的变化，可独立控制放电条件，从而可有效地控制膜层的晶体结构和颜色、硬度等；主阴极（基片）所加的维持辉光放电的电压较低，减小了高能离子对基片的轰击作用，使基片温升得到控制，工作气压0.133Pa，低于二极型离子镀，镀层富有光泽而致密。

9.2 化学气相沉积

化学气相沉积（CVD）是一种制备材料的气相生长方法，是把一种或几种含有构成薄膜元素的化合物、单质气体通入放置有基材的反应室，借助空间气相化学反应在基材表面上沉积固态薄膜的工艺技术。它是一种非常灵活、应用极为广泛的工艺，可以用来制备几乎所有的金属和非金属及其化合物的涂层、粉末、纤维和元器件。与 PVD 比较，其主要特点是：覆盖性更好，可在深孔、阶梯、洼面或其他复杂的三维形体上沉积；可在很宽广的范围控制所制备薄膜的化学计量比，可制备各种各样高纯的、具有所希望性能的晶态和非晶态金属、半导体及化合物薄膜和涂层；成本低，既适合于批量生产，也适合于连续生产，与其他加工过程有很好的相容性。CVD 技术除广泛用于微电子和光电子技术中薄膜和器件的制作外，还用来沉积各种各样的冶金涂层和防护涂层，广泛应用于各种工具、模具、装饰，以及抗腐蚀、抗高温氧化、热腐蚀和冲蚀等场合。其主要缺点是需要在较高温度下反应，基材温度高，沉积速率较低（一般每小时只有几微米到几百微米），基材难于局部沉积，参加沉积反应的气源和反应后的余气都有一定的毒性等。因此，CVD 工艺的应用不如溅射和离子镀广泛。

9.2.1 基本原理

所谓化学气相沉积，就是利用化学反应原理，从气相物质中析出固相物质沉积于工件表面形成涂层或薄膜的新工艺。与 PVD 不同的是，沉积粒子来源于化合物的气相分解反应，包括 3 个过程：一是将含有薄膜元素的反应物质在较低温度下气化；二是将反应气体送入高温反应室；三是气体分子被基材表面吸附，在基材表面产生化学反应，析出金属或化合物沉积在工件表面形成涂层，如图 9-8 所示。常见的 CVD 反应类型有如下几种：

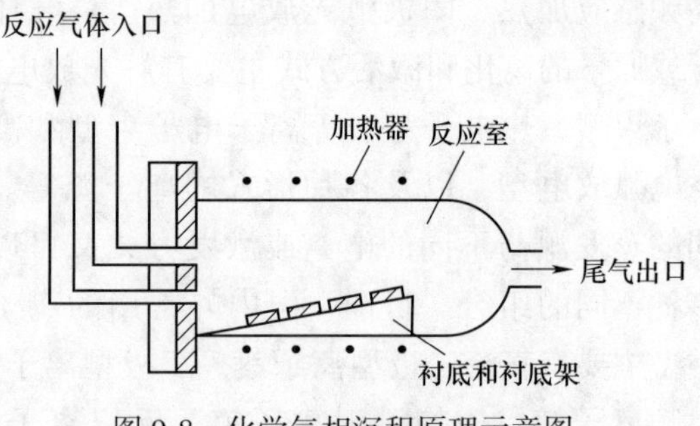

图 9-8 化学气相沉积原理示意图

（1）热分解反应。通常涉及气态氢化物、羰基化合物以及金属有机化合物等在基材上的热分解沉积，如：

$$SiH_4(g) \longrightarrow Si(s) + 2H_2(g)\,(650℃)$$

$$Ni(CO)_4 \longrightarrow Ni(s) + 4CO(g)\,(180℃)$$

（2）还原反应。通常是用氢气作为还原剂还原气态的卤化物、羰基卤化物、含氧卤化物或其他含氧化合物，如：

$$SiCl_4(g) + 2H_2(g) \longrightarrow Si(s) + 4HCl(g)\,(1200℃)$$

也可采用单质金属作为还原反应的还原剂，如：

$$BeCl_2 + Zn \longrightarrow Be + ZnCl_2$$

还可用基材作为还原反应的还原剂。如金属卤化物被硅基片还原：

$$2WF_6 + 3Si \longrightarrow 2W + 3SiF_4$$

（3）化学输送。在高温区被置换的物质构成卤化物或与卤素反应生成低价卤化物，它们被输送到低温区，由非平衡反应在基材上形成薄膜，如：

在高温区：　$Si(s) + I_2(g) \longrightarrow SiI_2(g)$

在低温区：　$2SiI_2(g) \longrightarrow Si(s) + SiI_4(g)$

（4）氧化反应。主要用于在基材上制备氧化物薄膜，如：

$$SiH_4(g) + O_2(g) \longrightarrow SiO_2(s) + 2H_2(g) \quad (450℃)$$

$$4PH_3(g) + 5O_2(g) \longrightarrow 2P_2O_5(s) + 6H_2(g) \quad (450℃)$$

（5）水解反应。某些金属卤化物在常温下能与水完全发生反应，故将其和 H_2O 的混合气体输至基材上来制膜，如：

$$2AlCl_3 + 3H_2O \longrightarrow Al_2O_3 + 6HCl$$

其中，H_2O 是由 $CO_2 + H_2 \longrightarrow H_2O + CO$ 反应得到。

（6）综合反应。许多镀层的沉积过程包含上述两种或几种基本反应，如在沉积氮化物或碳化物时，有的包括热分解和还原反应：

$$TiCl_4(g) + CH_4(g) \longrightarrow TiC(s) + 4HCl(g)$$

$$AlCl_3(g) + NH_3(g) \longrightarrow AlN(s) + 3HCl(g)$$

此外，还有等离子体激发、光和激光激发等反应。

化学气相沉积必须满足进行化学反应的热力学和动力学条件，同时又要符合该技术本身的特定要求：一是必须达到满足的沉积温度；二是在规定的沉积温度下，参加反应的各种物质必须有足够的蒸气压；三是参加反应的物质都是气态（也可由液态蒸发或固态升华成气态），而生成物除了所需的涂层材料为固态外，其余也必须是气态。CVD 的源物质可以是气态、液态和固态。

9.2.2 沉积方法

（1）热化学气相沉积（TCVD）。TCVD 是利用高温激活化学反应气相生长的方法。按其化学反应形式分又有化学输运法、热解法和合成反应法。化学输运法虽能制备薄膜，但一般用于块状晶体生长；热分解法通常用于沉积薄膜；合成反应法则两种情况都用。TCVD 应用于半导体和其他材料，广泛应用的 CVD 技术如金属有机化学气相沉积、氢化物化学气相沉积等都属于此范围。

（2）低压化学气相沉积（IPCVD）。PCVD 的压力范围一般在 $1 \sim 4 \times 10^4 Pa$ 之间。由于低压下分子平均自由程增加，因而加快了气态分子的输运过程，反应物质在工件表面的扩散系数增大，使薄膜均匀性得到改善。对于表面扩散动力学控制的外延生长，可增大外延层的均匀性，这在大面积大规模外延生长中（如大规模硅器件工艺中的介质膜外延生长）是必要的。但是对于由质量输送控制的外延生长，上述效果并不明显。低压外延生长，对设备要求较高，必须有精确的压力控制系统，增加了设备成本。低压外延有时是必须采用的手段，如当化学反应对压力敏感时，常压下不易进行的反应，在低压下变得容易进行。低压外延有时会影响分凝系数。

（3）等离子体化学气相沉积（PCVD）。在常规的化学气相沉积中，促使其化学反应的能量来源是热能，因此沉积温度一般较高，对于许多应用来说是不适宜的。而 PCVD 是在反应室内设置高压电场，除热能外，还借助外部所加电场的作用引起放电，使原料气体成为等离子体状态，变为化学上非常活泼的激发分子、原子、离子和原子团等，促进化学反应，在基材表面形成薄膜。PCVD 由于等离子体参与化学反应，可以显著降低基材温度，具有不易损伤基材等特点，并有利于化学反应的进行，使通常从热力学上进行比较缓慢或不能进行的反应能够得以进行，从而能开发出各种组成比的新材料。

（4）激光（诱导）化学气相沉积（LCVD）。LCVD 是使用激光的能量激活 CVD 化学反应，即在化学沉积过程中利用激光束的光子能量激发和促进化学反应实现薄膜的沉积。LCVD 所用的设备是在常规的 CVD 设备的基础上添加激光器、光路系统和激光功率测量装置。与常规 CVD 相比，LCVD 可以大大降低基材的温度，防止基材中杂质分布受到破坏，可在不能承受高温的基材上合成薄膜。如用 TCVD 制备 SiO_2、Si_3N_4、AlN 薄膜时基材需加热到 800~1200℃，而用 LCVD 只需 380~450℃。与 PCVD 相比，LCVD 可以避免高能粒子辐照在薄膜中造成的损伤。由于给定的分子只吸收特定波长的光子，因此，光子能量的选择决定了什么样的化学键被打断，这样使薄膜的纯度和结构得到较好的控制。

（5）金属有机化合物化学气相沉积（MOCVD）。MOCVD 是 CVD 的一个特殊领域，是使用金属有机化合物和氢化物（或其他反应气体）作为原料气体的一种热解 CVD 方法。它利用金属有机化合物热分解反应进行气相外延生长，即把含有外延材料组分的金属有机化合物通过前驱气体物运到反应室，在一定温度下进行外延生长。有机金属化合物是一类含有碳-金属键的物质。目前，采用 MOCVD 可以沉积各种各样的材料，包括单晶外延膜、多晶膜和非晶态膜，但最重要的应用是Ⅴ-Ⅲ族及Ⅱ-Ⅵ族半导体化合物材料（如 GaAs、InAs、InP、GaAlAs 等）的气相外延。

9.2.3 特点与应用

9.2.3.1 CVD 的特点

（1）薄膜的组成和结构可控。由于化学气相沉积是利用气体反应来形成薄膜的，可以通过反应气体成分、流量、压力等控制，来制取各种组成和结构薄膜，包括半导体外延、金属、氧化物、碳化物、硅化物等膜。

（2）薄膜内应力较低。内应力主要来自：一是薄膜沉积过程中，荷能粒子轰击正在生长的薄膜，使薄膜表面原子偏离原有的平衡位置，从而产生所谓的本征应力；二是高温沉积薄膜冷却到室温时，由于薄膜材料与基体材料的热膨胀系数不同，从而产生热应力。据研究，薄膜内本征应力占主要部分，而热应力占的比例很小。化学气相沉积薄膜的内应力主要为热应力，即内应力小，可以得到较厚膜层，如化学气相沉积的金刚石薄膜，厚度可达 1mm。

（3）薄膜均匀性好。由于 CVD 可以通过控制反应气体的流动状态，使工件上的深孔、凹槽、阶梯等复杂的三维形体上，都能获得均匀的沉积薄膜。对于 PVD 来说，往往难于做到这样的薄膜均匀性和深镀能力。

（4）不需要昂贵的真空设备。CVD 的许多反应可以在大气压下进行，因而系统中无需真空设备。

（5）沉积温度高。可提高镀层与基材的结合力，改善结晶完整性，为某些半导体用镀层所必需。使许多基体材料的使用受到限制，如许多钢铁材料在高温下发生软化、晶粒长大和变形等，从而不能正常使用或造成失效。

(6) CVD 大多反应气体有毒性。气源以及反应后的余气大多有毒，必须加强防范。

9.2.3.2 CVD 膜层的应用

近年来，CVD 技术应用发展很快，尤其在电子、半导体、机械、仪表、宇航等领域。从发展水平来看，一是沉积涂层，二是制取新材料。目前，CVD 法可获得多种金属、合金、陶瓷或化合物涂层，常用的涂层有 TiC、TiN、Al_2O_3、TaC 和 TiB_2。

总之，CVD 技术的应用是相当有限的，虽然近几年来随着高温应用碳-碳复合材料的出现，而使 CVD 技术的应用得到发展。在这些应用中，所采用的典型镀层包括碳化硅、氮化硅、氧化铝以及各种难熔金属硅化物。例如 SiC 除了具有高温耐摩擦性和化学稳定性外，它还有高的硬度、强度以及化学稳定性。SiC 高温性能取决于它的纯度及微观结构。化学气相沉积 SiC 的室温强度和高温强度都显然高于传统陶瓷工艺生产的整块 SiC。化学气相沉积 SiC 具有特别细的晶粒，并认为这些就是它具有高强度的原因。

9.3 分子束外延

外延是指在单晶基片上生长出位向相同的同类单晶体（同质外延），或者生长出具有共格或半共格联系的异类单晶体（异质外延）。外延方法主要有气相外延、液相外延和分子束外延。

分子束外延（MBE）是将真空蒸镀膜加以改进和提高而形成的一种成膜技术，它是在超高真空条件下，精确控制蒸发源给出的中性分子束流强度，在基片上外延成膜的技术。由于 MBE 过程基本上是一种由不同沉积条件控制的超高真空蒸镀过程，所以可以蒸发的材料也能够用 MBE 方法沉积在所选择的基片上。MBE 的优点在于能生长极薄的单晶膜层，并且能精确地控制膜厚、组分与掺杂，适于制作微波、光电和多层结构器件，从而为制作集成光学和超大规模集成电路提供有力手段，对于许多半导体、金属和介质薄膜的外延生长，MBE 是通用的技术。

9.3.1 外延特点

分子束外延是一种外延生长半导体单晶薄膜的方法，其本质上是一种真空蒸镀技术。但因一般的真空蒸镀达不到半导体薄膜要求的高纯度、晶体的完整性和杂质的控制，限制了它在制备半导体薄膜方面的应用。分子束外延是气态蒸镀材料运动方向几乎相同的分子流，即分子束进行外延生长的。分子束是由加热喷射坩埚而产生的，从喷射坩埚喷发出来的射束，再由射束孔和射束快门控制，以直线路径射到基片表面，在基片上冷凝和生长。MBE 的主要特点如下：

(1) 属于真空蒸镀范畴，但因严格按照原子层逐层生长，故又是一种全新的晶体生长方法；

(2) 薄膜晶体生长过程是在非热平衡条件下完成的、受基片的动力学制约的外延生长；

(3) 在超高真空下进行的干式工艺，杂质混入少，可保持表面清洁，外延膜质量好，面积大而均匀；

(4) 低温生长，如硅在 500℃左右生长，GaAs 在 500~600℃下生长；

（5）生长速度慢，能够严格控制杂质和组分浓度，并同时控制几个蒸发源和基片的温度，外延膜质量好，面积大而均匀。

MBE 的缺点是生长时间长，表面缺陷密度大，设备价格昂贵，分析仪器易受蒸气分子的污染。

9.3.2 外延装备及方法

MBE 设备由真空系统、蒸发源、监控系统和分析测试系统构成。分子束加热和遮板的开闭是精确控制的关键。图 9-9 是一种计算机控制的分子束外延生长装置示意图。该装置为超高真空系统，在一个真空室内安装了分子束源、可加热的基片支架、四级质谱仪、反射高能电子衍射装置、俄歇电子谱仪、二次离子质量分析仪等。开辟了薄膜生长基本过程可原位观察的新途径，并且观测数据立刻反馈，用计算机控制薄膜生长，全部过程实现自动化。早期使用的装置为单室结构。现在的 MBE 设备一般是生长室、分析室和基片交换室的三室分离型设备。

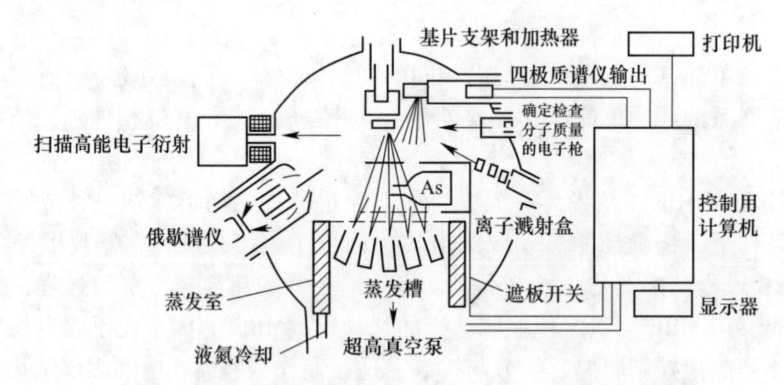

图 9-9 用计算机控制的分子束外延生长装置示意图

现以 GaAs 为例说明，用 MBE 法制备Ⅲ-Ⅴ族半导体单晶膜的情况。对经过化学处理的 GaAs 基片，在 10Pa 的超高真空下用 As 分子束碰撞，经 1min 加热，基片温度达到 650℃，获得清洁的表面，生长温度可选择在 500~700℃；Ga 和 As 分子束从分子束盒射至基片上，形成外延生长；分子束强度按一定关系求得，并用设置在分子束路径上的四级质量分析仪检测，调节分子束盒温度和遮板开闭。

9.3.3 外延技术的应用

自 20 世纪 60 年代末，分子束外延在真空蒸镀的基础上发展迅速。其中，引入气态的分子束源，构成所谓化学束外延（CBE）。用砷烷（AsH_3）和磷烷（PH_3）生长 InGaAsP 等四元材料，或将金属有机化合物引入分子束源形成所谓金属有机化合物分子束外延（MOMBE）。这两项新技术是把 MBE 和目前发展很快的金属有机化合物气相沉积（MOCVD）技术相结合，进一步改进了 MBE 的生长和控制能力。

把分子束外延和脉冲激光结合起来，发展成所谓激光分子束外延（L-MBE）技术。它是用激光照射靶来代替分子（原子）束源，更容易实现对蒸发过程精确控制，显示了比常规分子束外延更加广阔的应用前景。分子束外延的应用领域有：

（1）在高温超导薄膜和器件的研究和应用方面将发挥重要作用，由于 L-MBE 能够人工控制原子层的有秩序堆积，可以外延生长出含有几个原子层组成绝缘的 YBCO/I/YBCO 夹心结构，具备研制三层夹心型超导隧道结的条件；

（2）外延生长含有低熔点、易挥发的多元化合物半导体薄膜，在精确调整化合物成分比以便调节隙宽度方面具有优势；

（3）人工合成具有特殊层状晶体结构的新型材料，探索新型高温超导体或具有特殊性质的新材料；

（4）激光分子束外延在研究和发展多元金属间化合物、亚稳态材料方面也可能有应用的前景。

思考题

答案 9

9-1 什么是气相沉积，它有哪几类？

9-2 气相沉积的基本过程包括哪些步骤，与热喷涂、化学镀等相比有什么特点？

9-3 物理气相沉积的基本镀膜技术有哪几种，这些方法的基本原理是什么？比较它们沉积粒子的能量与膜、基体结合强度有什么区别？

9-4 镀制化合物膜可采用哪些方法？

9-5 辉光放电和弧光放电各用在什么场合？

9-6 简述磁控溅射的特点、优点及存在的问题。

9-7 对比物理气相沉积，化学气相沉积薄膜的内应力低，为什么？

9-8 新发展了哪些化学气相沉积方法以克服传统化学气相沉积的什么问题？

参考文献

[1] 徐滨士，刘世参. 表面工程技术手册 [M]. 北京：化学工业出版社，2009.
[2] 姚寿山，李戈扬，胡文彬. 表面科学与技术 [M]. 北京：机械工业出版社，2005.
[3] 曾晓雁，吴懿平. 表面工程学 [M]. 北京：机械工业出版社，2015.
[4] 钱苗根，姚寿山，张少宗. 现代表面技术 [M]. 北京：机械工业出版社，2013.
[5] 徐滨士，朱绍华. 表面工程的理论与技术 [M]. 2 版. 北京：国防工业出版社，2010.
[6] 王兆华，张鹏，林修洲，等. 材料表面工程 [M]. 北京：化学工业出版社，2019.
[7] 徐滨士，刘世参. 表面工程新技术 [M]. 北京：国防工业出版社，2002.
[8] 师昌绪. 材料大辞典 [M]. 北京：化学工业出版社，1994.
[9] 冯端，师昌绪，刘治国. 材料科学导论：融贯的论述 [M]. 北京：化学工业出版社，2002.
[10] 中国腐蚀与防护学会，曹楚南. 腐蚀与防护全书：腐蚀电化学 [M]. 北京：化学工业出版社，1994.
[11] 王学武. 金属表面处理技术 [M]. 北京：机械工业出版社，2014.
[12] 陈鸿海. 金属腐蚀学 [M]. 北京：北京理工大学出版社，1995.
[13] 孙秋霞. 材料腐蚀与防护 [M]. 北京：冶金工业出版社，2001.
[14] 赵麦群，雷阿丽. 金属的腐蚀与防护 [M]. 北京：国防工业出版社，2002.
[15] 姜晓霞，沈伟. 化学镀理论及实践 [M]. 北京：国防工业出版社，1999.
[16] 郭忠诚，杨显万. 化学镀镍原理及应用 [M]. 昆明：云南科技出版社，1998.
[17] 叶杨祥，潘肇基. 涂装技术实用手册 [M]. 北京：机械工业出版社，1998.
[18] 汪泓宏. 离子束表面强化 [M]. 田民波，译. 北京：机械工业出版社，1992.
[19] 闻立时. 固体材料界面研究的物理基础 [M]. 北京：科学出版社，1987.
[20] 徐亚伯. 表面物理导论 [M]. 杭州：浙江大学出版社，1992.
[21] 钱苗根. 材料科学及其新技术 [M]. 北京：机械工业出版社，1992.
[22] 郭鹤桐，陈建勋，刘淑兰. 电镀工艺学 [M]. 天津：天津科学技术出版社，1985.
[23] 渡边彻. 非晶态电镀方法及应用 [M]. 于维平，李荻，译. 北京：北京航空航天大学出版社，1992.
[24] 间宫，富士雄. 金属的化学处理 [M]. 刘俊哲，译. 北京：化学工业出版社，1987.
[25] 高云震，任继嘉，宁福元. 铝合金表面处理 [M]. 北京：冶金工业出版社，1991.
[26] 雷作鍼，胡梦珍. 金属磷化处理 [M]. 北京：机械工业出版社，1992.
[27] 虞兆年. 防腐蚀涂料和涂装 [M]. 北京：化学工业出版社，1994.
[28] 鲍明远，孟凡吉. 氧乙炔火焰粉末喷涂和喷焊技术 [M]. 北京：机械工业出版社，1993.
[29] 陈学定，韩文政. 表面涂层技术 [M]. 北京：机械工业出版社，1994.
[30] 朱荆璞. 金属表面强化技术：金属表面工程学 [M]. 北京：机械工业出版社，1989.
[31] 王力衡，郑海涛，黄运添. 薄膜物理与技术 [M]. 北京：高等教育出版社，1994.
[32] 李宁，袁国伟，黎德育. 化学镀镍基合金理论及技术 [M]. 哈尔滨：哈尔滨工业大学出版社，2000.
[33] 王廷相，白玉俊，马利芹. 新编实用电镀工艺手册 [M]. 北京：人民邮电出版社，2007.
[34] 张向宇. 实用化学手册 [M]. 北京：国防工业出版社，2011.
[35] 黎鼎鑫，王永录. 贵金属提取与精炼 [M]. 修订版. 长沙：中南大学出版社，2003.
[36] 黄磊. 陶瓷粉体化学镀银的研究 [D]. 浙江大学，2003.
[37] 李宁，屠振密. 化学镀使用技术 [M]. 北京：化学工业出版社，2004.
[38] 胡文彬，刘磊，仵亚婷. 难镀基材的化学镀镍技术 [M]. 北京：化学工业出版社，2003.
[39] 赵文珍. 金属材料表面新技术 [M]. 西安：西安交通大学出版社，1992.
[40] 黄少强. 非金属粉体材料表面化学镀银研究 [D]. 北京工业大学，2004.
[41] 刘远延. Nano-Al_2O_3化学镀铜粉末烧结行为的研究 [D]. 浙江大学，2004.

[42] 张超. 超细 Al_2O_3-TiC-Co 复合粉体的制备及复合材料的研究 [D]. 浙江大学, 2004.
[43] 魏美玲. 用化学镀法制备低发射率材料 [D]. 武汉理广大学, 2002.
[44] 张慧泽. 化学镀法制备 Si_3N_4-Co 复合纳米粉末新技术研究 [D]. 浙江大学. 2003.
[45] 朱圣龙. 反应溅射动力学理论及应用 [D]. 中国科学院金属研究所, 1997.